纺织服装高等教育“十三五”部委级规划教材
纺织科学与工程一流学科建设教材

人工智能技术原理与应用

Principles, Techniques and Applications of Artificial Intelligence

钟跃崎 编著

東華大學出版社
·上海·

内容提要

本书从人工智能技术的基本原理出发，涵盖人工神经网络的基本原理、网络优化过程中的超参数设置，以及卷积神经网络的基本概念与常见架构。在此基础上，详细介绍深度学习技术在目标检测、图像分割、少样本学习、风格迁移及生成对抗等常见任务中的应用原理，并结合相关研究领域的新进展，介绍深度学习在三维模型及服装推荐系统中的应用。

本书针对零编程基础的读者讲解人工智能技术的基础知识，及其在纺织服装领域若干问题上的使用方法和流程。可供纺织院校高年级本科生以及低年级研究生作为教材，也可供相关生产企业和研究单位的专业技术人员阅读参考。

图书在版编目(CIP)数据

人工智能技术原理与应用／钟跃崎编著. —上海：东华大学出版社，2020.9

ISBN 978-7-5669-1786-7

Ⅰ. ①人… Ⅱ. ①钟… Ⅲ. ①人工智能－高等学校－教材
Ⅳ. ①TP18

中国版本图书馆 CIP 数据核字(2020)第 170738 号

责任编辑　张　静
封面设计　魏依东

人工智能技术原理与应用
RENGONG ZHINENG JISHU YUANLI YU YINGYONG

钟跃崎　编著

出　　版：东华大学出版社(地址：上海市延安西路 1882 号　邮政编码：200051)
出版社网址：http://dhupress.dhu.edu.cn
天猫旗舰店：http://dhdx.tmall.com
出版社邮箱：dhupress@dhu.edu.cn
营 销 中 心：021-62193056　62373056　62379558
印　　刷：苏州望电印刷有限公司
开　　本：787 mm×1092 mm　1/16
印　　张：19.25
字　　数：480 千字
版　　次：2020 年 9 月第 1 版
印　　次：2020 年 9 月第 1 次印刷
书　　号：ISBN 978-7-5669-1786-7
定　　价：79.00 元

前言

人工智能技术在近几年的发展现状，可以用火爆两个字概括。那么，究竟什么是人工智能技术，它与纺织服装行业中遇到的许多技术难题之间有什么关联？或者说，如何把这么时髦的技术应用到纺织科学与工程的实践中去呢？在回答这个问题之前，先讲一个故事。

大约在2009年的时候，我负责的课题组（简称"课题组"）接触到一个题目，即"羊绒和羊毛纤维的显微图像自动识别"。

自古以来，人们对山羊绒(cashmere)一直推崇备至，不仅因为它作为毛纺原材料的一种，品质特性优异，细密轻暖，是任何其他纺织原料无法比拟的，还因为它资源稀少，仅占动物纤维总量的0.2%而更显珍贵。经过分梳的山羊绒平均细度在13～26 μm，长度为20～60 mm，有规则的卷曲，大多无髓。山羊绒纤维由鳞片层和皮质层组成，鳞片呈环形，边缘较光滑，自然卷曲度高，抱合力强，皮质层呈典型的双边结构。这些特性决定了羊绒制品的光泽和弹性好，而且不易起球，它把纤细、柔软、轻暖这三个特点集于一身。由于羊绒纤维具有优良的品质和特性，因此它的价格十分昂贵，被称作纺织纤维中的"软黄金"。

羊毛(wool)纤维是由绵羊中的细毛羊产生的，其中以美丽奴羊毛最为著名，平均细度往往在18～22 μm，是高档毛纺制品的重要原材料。但是，即便是最高端的羊毛制品，在羊绒制品面前，那也是不值一提的，两者的差价可以达到十几倍至几十倍。所以，利用包括羊毛、牦牛绒、劣质绒等在内的其他动物纤维掺假羊绒的现象屡禁不止，这使得生产企业头疼不已。由此多出来的成本，则附加在生产企业和消费者的身上。因此，在生产企业的实验室里，鉴别一批原材料中羊绒纤维和其他动物纤维的质量百分比，是一项非常重要的检测工作。

山羊绒和绵羊毛都属于蛋白质纤维，而且由于山羊和绵羊属于近亲，因此两者的DNA相似度很高，造成羊绒纤维和羊毛纤维的形态学特征比较接近。一个没有经过长期培训的检测人员，单凭肉眼观察，很难从这两种纤维的光学显微照片将其区分开来。当然，有读者可能会问，为什么不用电子显微照片来区分呢？有两个原因：第一，电子显微照片的拍摄需要特殊的试样准备和昂贵的设备，很难达到快速给出检测报告的要求；第二，电子显微镜的整体视野与光学显微镜相比减小很多，一根纤维的不同部位可能会被误认为是不同纤维的不同部位，因此很难给出具体的一幅图像对应哪一根纤维的哪个部位，更不用说给出根数百分比，从而换算为质量百分比。

所以说，课题组面临的实际上是这样的一个命题，即"如何将检测人员的肉眼观察和判断所形成的经验，通过科学的方式，转换为可供计算机自动识别和完成的"整套算法流程"。

对于人眼而言，图像是色彩斑斓的映像。对机器(计算机)而言，纤维的光学显微图像只是一个由具体的像素值组成的矩阵。对人类而言，需要经过培训才能上岗。在这期间，检测人员会观察和识别大量已知纤维的显微照片，从中归纳和总结出属于自己的经验。如果要让机器做这件事情，应该设计一个算法流程，让它可以从中学习到最佳的预测函数。学过图像检测的人都知道，图像领域的问题属于机器视觉方面的研究内容，其中一个主要的数据处理技术就是机器学习，通过合理地设置特征指标，建立预测函数，最终得到预测结果。因此，自然而言地，课题组踏上了通过机器学习来解决羊绒和羊毛形态学特征识别的道路。

不幸的是，传统的机器学习算法，从支持向量机到BP神经网络，均无法从数据集中学习到有用的特征从而构造出高性能的预测函数。时间就这样慢慢地流逝，一届又一届的研究生带着遗憾毕业了，每个人都在精通机器学习和特征提取算法之后，证明了自己最初提出的方案在更大规模的数据集下不成立。或者说，那些年得到的预测函数，都带着浓厚的过拟合(overfitting)特质，而当时未能意识到这一点。放眼同时代的研究人员，很多人都断言，羊绒和羊毛纤维的纤维图像自动识别不可能通过机器视觉方案予以解决。最初委托给课题组这项研究的企业领导，也已经换了三茬。项目经费早就断供，支持课题组继续这项工作的，只剩下情怀。我问自己："真的就没有办法了吗?"

世事难料，峰回路转。2016年，Alpha Go一声炮响，给人们送来了深度学习。当年，Alpha Go横扫围棋届的各位人类冠军之后，深度学习就如雨后春笋般地在全球开了花。课题组也感受到了这股力量的推动：是啊，大数据就是好数据啊。

我还记得当时课题组里的一位博士刚刚通过词包模型(bag-of-words)解决了样本量在10 000以内的识别问题，并且发表了他的第一篇SCI一作论文。我对他和他的硕士师弟说："二位，看看斯坦福李飞飞教授和吴恩达教授的工作，咱们用卷积神经网络来试试这个问题吧。"于是在那个夏天，师弟天天泡在实验室里进行拍摄和标注，师兄则开始了自修深度学习的旅程。很快地，预测精度有了稳定的提高苗头。课题组采购了更好的显卡，更换了更容易上手的深度学习框架，经过1年多的努力，整体的识别精度稳定在93%左右，而且可以识别紫绒、青绒、白绒、美丽奴羊毛、土种羊毛等多个类别。这对师兄弟也顺利地完成了学业，没有遗憾地离开了课题组。(事实上，在写这本教材的时候，单根纤维的识别精度已经超过98%。)

有人说过，时光如能倒流，每个人都是智者。回首这段颇为坎坷的探索之路，如果课题组一开始就知道深度学习这么有用，那该多好啊。可惜，技术的进步不以人的意志为转移。在2009年的时候，这项技术还处于蛰伏期，而在2013年之后，随着ILSVRC(ImageNet Large Scale Visual Recognition Challenge)竞赛的推动，这一领域的成果才一个接一个地迸发出来。所以说，只有成熟的深度学习机制和网络模型问世之后，只有合理的训练方法被验证之后，课题组才会有利器来解决面临的问题。

羊绒/羊毛自动鉴别的故事，到这里暂时告一个段落。我想说，目前在纺织服装领域开展基于人工智能的培训和教育是非常有必要的。从课题组的实践来看，零基础的学生也能学会该领域的基础知识，理解并掌握深度学习框架，然后通过实战提高自己的水平和能力，最终彻底掌握这门技术。

本书共分十六章。第一至九章由钟跃崎编写。第十章由胡梦莹、余志才、禹立、罗炜豪、潘博编写。第十一章由余志才、钟跃崎编写。第十二章由余志才编写。第十三章由禹立编写。第十四章由谢昊洋编写。第十五、十六章由王鑫编写。王鑫、余志才、陈佳宇、梅琛楠负责图表绘制，胡梦莹负责文献整理。全书由钟跃崎统稿和负责定稿。

这本教材的写作在很大程度上是按照课题组内各位学生的学习曲线，以及我在东华大学给高年级本科生和低年级研究生讲授这门课程的讲义基础上发展而来的。在这个过程中，课题组深深地受益于斯坦福大学的李飞飞(Li Feifei)教学组和吴恩达(Andrew Ng)教学组发布在网络上的公开课讲义和课件。为了能够让更多零编程基础的纺织和服装专业的本科生、研究生及博士生尽快掌握人工智能技术原理，课题组根据自己浅薄的理解和实践心得，编写了这本教材，其中肯定有很多疏漏。敬请各位专家学者和广大读者批评指正，以便在后续的修订版中补充、修改和完善。

钟跃崎

国庆节当天于东华大学办公室

2019-10-01

目　录

绪 论

在学习和科研中，我们经常会遇到这样三类基本问题：

1. 什么是什么？

2. 什么怎么办？

3. “蓝瘦香菇”还是“难受想哭”？

对于第一类问题，常见的命题是：什么是水？什么是纺织材料？什么是舒适性？

对于“什么是水”这个问题，一开始的答案是无色透明液体，学了化学之后，对它的回答是 H_2O。同理，一个纺织专业的学生，需要回答什么是棉、麻、丝、毛，什么是纺织品的声、光、力、热、电学性能，什么是服装的舒适性等问题。

但是，弄明白这些术语的专业解释，对于实际能力的提高还远远不够。比如说像荷叶一样的高疏水织物，其组织结构应该如何设计？一件提供给交警在炎热的夏季穿着的制服，如何控制其凉爽感？或者给定一个设计主题，比如“回家的感觉”，这样的产品应该如何设计？凡此种种，都是怎么办的问题。要解决这些问题，唯一的方法就是拓宽自己的知识面，同时尽可能深入了解每个知识点的技术特点和适用范围。这就好比要先构建出不同色彩和形状的乐高积木，然后再用它们搭建各种问题的解决方案。

我们通过学习掌握很多先进技术和手段后，在实战应用时，往往对实际问题的解决并不能找到一个完美的解析解，而通常是一个近似解。假设“难受想哭”是问题的真实值(ground truth)，对于一个普通话不标准的人来说，可能用自己的方言表达出来就是“蓝瘦香菇”。此时，“蓝瘦香菇”就是对真实值的一个近似解，而问题的核心就是尽量减少两者的误差，使它更接近于真实值。于是，求解问题的思路变成如何尽快地将真实值与预测值之间的误差降低到一个合理的范围。当然，很多情况下，并不能预先知道什么范围是合理的。相反，能够观察到的往往是两者之间的误差，可能通过某种方式将其逐渐缩小到不能再缩小。换言之，可能在多次迭代之后，得到一个预测值的收敛值。这个往往就是用来解决问题的最终模型，或者说逼近于真实值的最优解，如图 0-1 左所示。

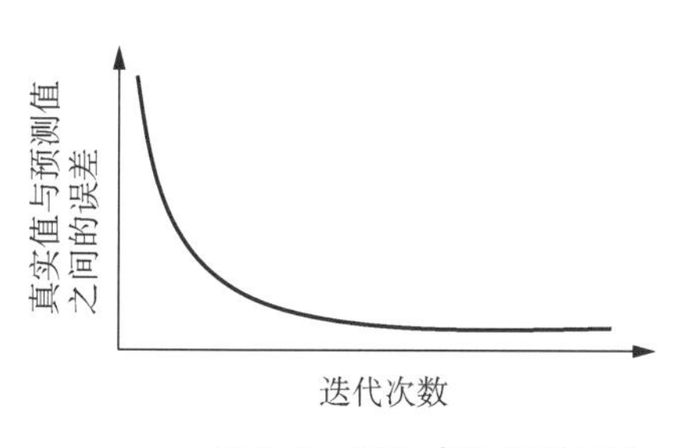

图 0-1 逼近真实值的过程，是一个最优化求解的过程

那么，应该如何最快地将真实值与预测值之间的误差降低呢？举一个例子，假设有人站在山顶上，代表着误差开始的位置，而山脚则代表误差最小的位置。那么是不是应该寻找一条最快速下山的路径呢？如图 0-1 右所示。实际上，在高等数学中学习过，沿着误差函数的梯度方向下降，就能够到达山脚下。

但是，且慢，如果下山的过程中有很多低矮的山洼，万一下到这些山洼里面，而不是山脚下呢？这个问题提的很好，这就是梯度下降过程中最常见的局部最优值与全局最优值的区别，所幸的是，目前有相当多成熟的方法来解决这个问题。

有了这样一个认知作为基础，下面来看一个极相似动物纤维的识别案例，从中了解一下人工智能技术，或者更确切地说，深度学习技术在纺织服装领域中的具体应用。

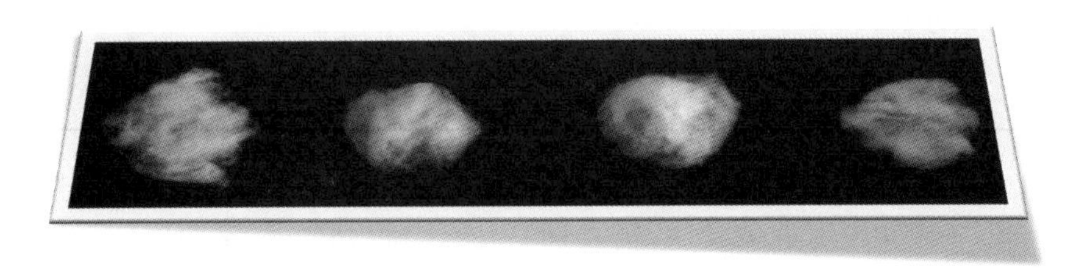

图 0-2　蒙古青绒、国产青绒、白绒、细羊毛（从左到右）的外观形态

如果用肉眼分辨图 0-2 中的四种纤维，相信大部分的读者都无法胜任。因此，这个识别问题就是一个典型的“什么怎么办”的问题。为了表述方便，暂时以最简单的羊绒与羊毛的自动识别为例，拍摄了羊绒和羊毛的光学显微镜照片，如图0-3 所示。

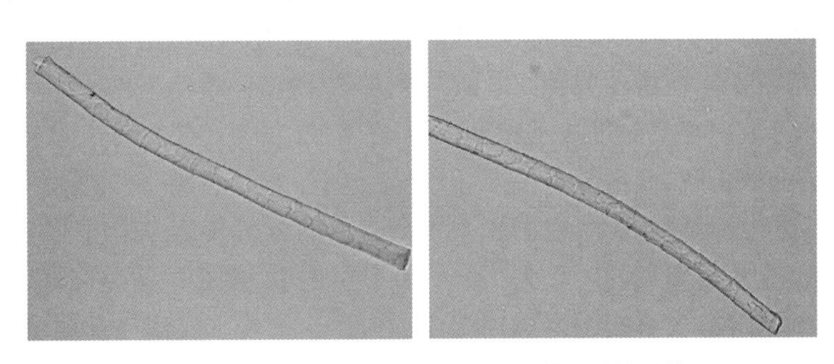

图 0-3　羊绒（左）与羊毛（右）的光学显微镜照片

很明显，如果不是事先知道左边是羊绒而右边是羊毛，普通的检测人员根本无法用肉眼分辨出谁是谁的？事实上，这个问题与图 0-4 所示的松饼与吉娃娃的图像识别问题有着惊人的相似之处。

在计算机科学中，经常会利用机器视觉的方式来判断给定图像的类别。机器视觉中的分类问题，实际上是计算机科学中“机器学习”这个分支下的一个热门研究内容。那么，什么是机器学习呢？机器学习是人工智能的一个分支，而人工智能的研究历史，是从以“推理”为重点，到以“知识”为重点，再到以“学习”为重点的。其中，机器学习是实现人工智能的一个途径，即以机器学习为手段解决人工智能中的问题。

在许多教科书中，对于机器（计算机）学习有这样一段描述：

A computer program is said to learn from experience E with respect to some class of tasks T and performance measure P, if its performance at tasks in T, as measured by P, improves with experience E.

这段关于机器学习的定义,听上去像绕口令一样。其中文含义:

对于某类任务 T 和度量 P,如果一个计算机程序在某些任务 T 上以度量 P 的性能随着经验 E 的增加而提高,则称这个计算机程序从经验 E 中学习。

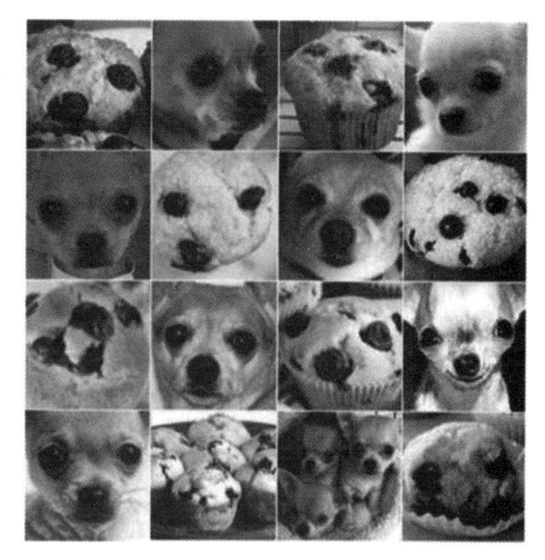

图 0-4 松饼还是吉娃娃?

下面解释相关的术语:

(1) 任务 T

机器学习的任务通常定义为让计算机学会如何处理样本。基本的机器学习任务如下:

分类(classification):最常见的机器学习任务之一,根据样本特征判断样本类别,即输入特征,输出有限的离散值。例如,根据天气情况判断是否会下雨,根据图片判断其中物体的类别。

回归(regression):另一种常见的机器学习任务,根据输入的样本特征输出一个连续的属性值。例如,根据天气情况预测明天的温度,根据特征情况预测房价等。

聚类(clustering):将样本点根据特征划分为不同的类簇。例如,根据客户的属性特征将客户自动聚合成不同类别,根据面料的悬垂形态将不同风格的面料归为一类。

密度估计:根据所给的样本点,估计样本的分布情况。例如,产品的异常检测问题。

除此之外,机器学习能够做的一些具体的任务还包括转录、机器翻译、结构化输出等。

(2) 度量 P

为了评估机器学习的优劣,需要对算法的输出结果进行定量的衡量分析,这就需要一些合适的度量指标,常见的有准确率(accuracy)、错误率(error rate)、精度(precision)和召回率(recall)等。

需要注意的是,度量指标通常要根据任务情况选取。对于部分简单的任务而言,可以比较容易地选择性能度量指标,而对于很多复杂的任务而言,选取合适的度量指标需要综合考虑很多因素。另外,为了更准确有效地衡量机器学习算法的能力,通常会将数据划分出一部分作为测试集,使用模型在这部分数据的输出结果衡量其性能,详见后文。

(3) 经验 E

所谓经验 E 可以被理解为学习算法,目前主要分为以下两类:

有监督学习算法(supervised learning):训练集的数据中包含样本特征和标签值。常见的分类和回归算法都是有监督学习算法。

无监督学习算法(unsupervised learning):训练集的数据中只包含样本特征,算法需要从中学习特征中隐藏的结构化特征。聚类、密度估计等都是无监督的学习算法。

在初步了解了什么是机器学习之后,对于初学者而言,很重要的一点,就是当遇到“什么怎么办?”的问题时,需要清楚地知道什么时候可以采用机器学习的手段。对于这个问题,可以依照以下三个原则：

- 待研究的命题存在某种模式；
- 无法用数学方法显式地解决它；
- 但是拥有关于它的大量数据。

很显然，对于羊绒、羊毛鉴别问题，羊绒和羊毛的形态之间有着某种程度的不同，即存在某种模式。其次，找不到一个数学公式能够计算出哪幅图像代表羊绒，哪幅图像代表羊毛。最后，可以通过拍摄大量的纤维显微照片得到一个大数据集。换言之，人类检测人员在培训期间，每天需要观看大量不同的纤维显微照片，从中归纳出某种规律。与之类似，机器学习的一个途径，就是让神经网络通过“观看”大量不同的纤维照片，像人类一样学会分辨何为羊绒，何为羊毛。

那么，什么是神经网络呢？简单地说，神经网络就是根据数据提取特征的一个非线性拟合函数。这里涉及的两个术语，即“数据”与“特征”的含义如下：

首先，数据是指所搜集的原始特征的集合。比如拍摄了上万张羊绒、羊毛的光学显微镜照片，每张照片及其标签（即是羊绒还是羊毛?）构成一个数据，每张照片上的像素点取值构成这个数据的特征。许多读者在没有接触到神经网络之前，总是将数据与特征设想得非常抽象。实际上，很多时候，甚至会将整个原始输入的每个构成分量作为一个特征。然后通过神经网络，将这些特征从底层到高层，逐渐归纳，最终服务于所要完成的识别、回归、聚类等问题。

其次，数据集是数据的集合。假设每幅纤维图像上取三个特征，一个共包含 1 000 幅纤维图像的样本集合就是一个 $3\times1\ 000$ 的矩阵，或者说 (n_x, m) 的矩阵。这里的 n_x 表示特征的数量，m 表示样本的数量。

需要说明的是，数据的类型有很多，如广告类、房价类、图像视频类、音频类等，并且数据可以被分为结构化数据（如数据库中的数据）与非结构化数据（如图像）。

第一章　神经网络基础(一)

第一节　什么是神经网络

前面讲到，机器学习离不开对神经网络的训练。为了理解神经网络，先看一个棉纱强力预测的例子。

假设有6根不同细度的棉纱，先通过细度仪测出这些棉纱的细度，然后再使用强力仪测出这些棉纱的强力。现在欲建立一个预测函数，其可通过棉纱细度预测棉纱强力，而无需每次都使用强力仪进行测量(设想某公司职员出差在外，刚刚登上飞机，手机里收到一封邮件，里面有某批试样的细度，需要估算这批试样的强力范围，看其是否能满足某个特定的工艺要求，这时就需要这样的预测函数)。

数据分析时，最直观的方法就是先将数据绘制在图上，观察其分布规律，从而确定相应的求解方法。假设图1-1就是棉纱细度-棉纱强力散点图。可使用线性回归法对图1-1中的散点进行拟合，即建立一个回归方程，得到一根拟合直线，如图1-2所示。

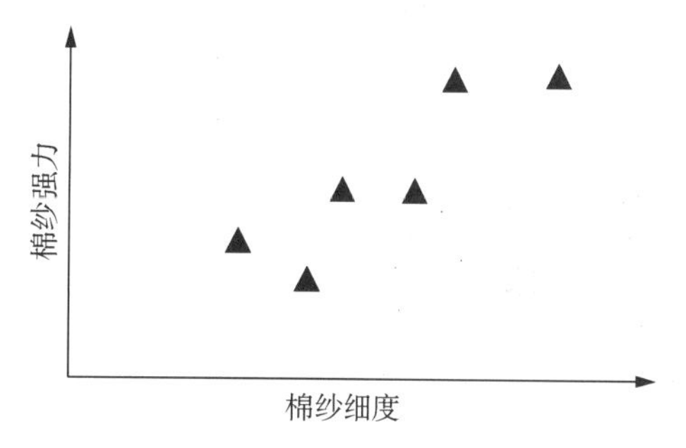

图1-1　棉纱细度-棉纱强力散点图

鉴于棉纱强力不可能是负值，当棉纱细度小于某个临界值时(此时，纤维间的抱合力不足以成纱)，棉纱强力应该为零。图1-3所示为修正后的棉纱细度-棉纱强力拟合直线，即在棉纱细度临界值的地方，通过水平折线令棉纱强力为零，即为棉纱强力预测函数。

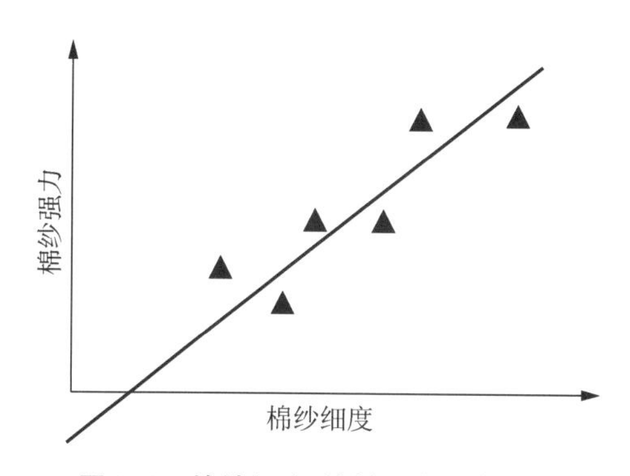

图1-2　棉纱细度-棉纱强力拟合直线

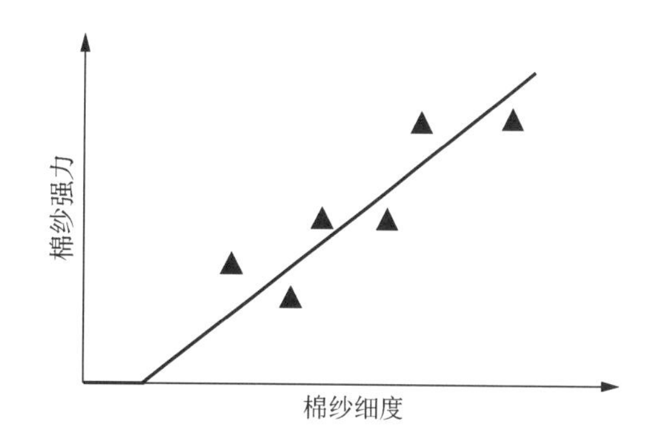

图1-3　棉纱细度-棉纱强力拟合直线(修正后)

这个棉纱强力预测函数可以用一个简单神经网络表示，如图 1-4 所示：神经网络的输入称为“x”，它代表棉纱细度；x 进入中间部分的圆圈，称为神经元(neuron)；然后输出棉纱强力，称为“y”。

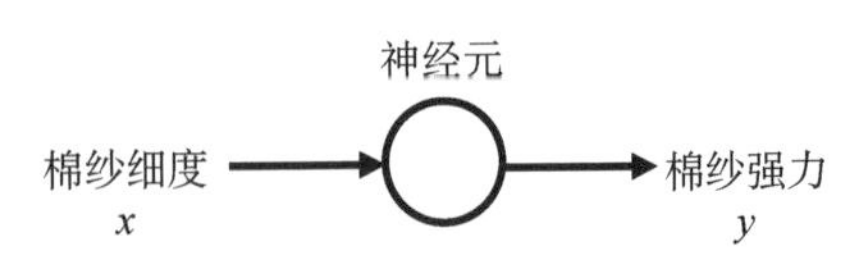

图 1-4　棉纱强力预测简单神经网络(单个神经元)

图 1-4 中，圆圈代表神经网络中的单个神经元，它实现了图 1-3 所示的预测功能。向这个神经元输入一个棉纱细度值 x，并与棉纱细度临界值比较，如果 x 小于后者，就令对应的棉纱强力为零；如果 x 大于后者，就将 x 代入预测函数，其会输出相应的棉纱强力预测值 y。

图 1-4 所示为只有一个神经元的神经网络，而通常意义上的神经网络实际上是通过许许多多个神经元堆叠在一起所形成的。输入 x，通过神经网络中各个神经元的计算，输出预测值 y。

影响棉纱强力的因素远远不止棉纱细度一个。在真实的工艺条件下，至少有纤维原料性能、纺纱工艺过程、成纱结构和成纱均匀度等四个方面的因素，都会影响棉纱强力。纤维原料性能方面包括纤维的长度、细度、断裂长度、成熟度、短纤维含量等物理参数；纺纱工艺方面包括开松除杂、牵伸、粗梳(精梳)、并条等工序的工艺参数；成纱结构方面包括纤维的伸直平行度及纤维在纱线中的排列分布情况等参数；成纱均匀度方面包括质量不匀、条干不匀、捻度不匀等参数。为了更清楚地表达，将上述影响因素列于表 1-1 中。

表 1-1　棉纱强力的影响因素

纤维原料性能	纺纱工艺	成纱结构	成纱均匀度
长度 细度 断裂长度 成熟度 短纤维含量 ……	开松除杂工艺 牵伸工艺 粗梳(精梳)工艺 并条工艺 ……	纤维的伸直平行度 纤维在纱线中的排列分布情况 ……	质量不匀 条干不匀 捻度不匀 ……

若将表 1-1 第二行中每一列内的参数作为输入量 x_i $(i=1, 2, \cdots, n)$ 输入神经网络，用来预测棉纱强力 y，可以构建图 1-5 所示的全连接型神经网络。注意：这里的输入量 x_i，都有可能对第二级的参数(即纤维原料性能、纺纱工艺、成纱结构和成纱均匀度)产生影响，而影响幅度，或者用术语讲，权重(weight)各不不同。举例来说，假设 x_1 代表纤维长度，那么它对纤维原料性能的权重可能会大于它对其他三个因素的权重。

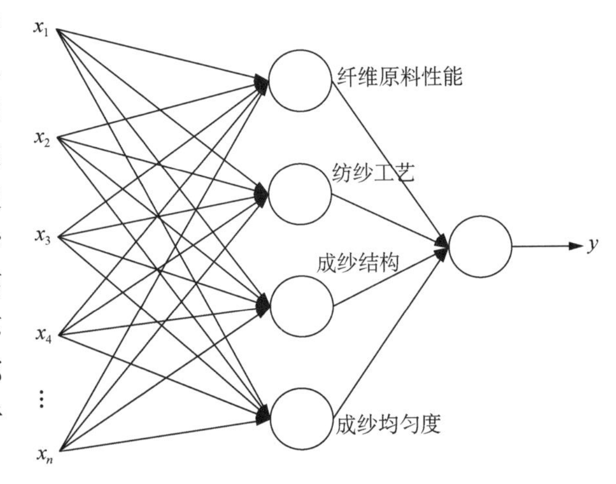

图 1-5　用全连接型神经网络预测棉纱强力

事实上，根据全连接型神经网络的

定义，由纤维原料性能、纺纱工艺、成纱结构和成纱均匀度所构成的中间层称为隐含层。隐含层的层数可多可少，每一层的神经元个数也可根据预测问题的不同而不同。这里只是用棉纱强力预测做一个比喻，不代表未来在神经网络的训练中需要显式地指出隐含层中每个神经元的具体含义。换言之，可以把神经网络理解为一个黑箱。通过基于数据集的训练，神经网络从中学习到每个输入值 x 所对应的最佳权重值 w，就可以构造一个足够强大的拟合函数，对现有的数据集进行恰当地拟合，得到预测值 y。

注意：如果按照图 1-5 训练一个预测棉纱强力的神经网络，每一批次的工艺参数 $x=[x_1, x_2, \cdots, x_n]$ 加上其所对应的棉纱强力 $y=[y_1, y_2, \cdots, y_n]$，在数据集中构成一个数据 (x, y)，并且 x 和 y 都是已知的。当有足够多的此类数据时，可以通过神经网络的训练得到最终的预测函数。这个过程称为有监督学习。

第二节　有监督学习

有监督学习，简单地说，就是输入一个数据，告诉神经网络这个数据所对应的结果。举一个例子：输入一幅纤维图像，告诉神经网络，这幅图像对应羊绒；再输入一幅纤维图像，告诉神经网络，这幅图像对应羊毛。当神经网络中输入成千上万幅已经标记出其为羊绒还是羊毛的纤维图像之后，它就有可能学习到识别羊绒和羊毛的预测函数。

事实上，许多目前被证明神经网络能够有效运用的例子，都来自于有监督学习机制，比如房价预测、在线广告投放、图像分类、语音识别、自动翻译、自动驾驶等。其中，房价预测与棉纱强力预测有着类似的逻辑。房屋面积、房屋的地理位置及是否为学区房等因素，都影响着房价。通过统计面积、地理位置等房屋的特征参数及其所对应的房价，构造一个数据集。在这个数据集中，每个输入量 x 代表房屋的特征参数，而输出量 y 代表房价。当数据充足时，就有可能对某个地段的房价做出合理预测。这个过程就是一个典型的有监督学习的过程。

同样地，用于在线广告投放的神经网络模型，首先要已知用户的一些信息，比如年龄、职业等；然后要已知这样的用户在面对一个特定的广告内容时，是否会去点击，"是"就记为"1"，"不是"就记为"0"。在这个数据集中，用户信息是输入量 x，是否点击是输出量 y。当网站或者广告投放商累积了足够多的数据时，就有可能通过神经网络的训练，对新用户的点击行为做出预测。这个过程也是一个典型的有监督学习的过程。

近几年，"歌神"张学友有了一个新的称呼，叫作"罪犯克星"。在他的演唱会上，安检过程使用了人脸识别系统，通过对每位观众进行逐一筛查，可以精确地找出哪些是正在通缉的嫌疑人或者在逃罪犯。这是一个非常典型的计算机视觉利用深度学习技术取得突破的案例。前面讲过的羊绒和羊毛的鉴别，以及在线购物时的服装款式识别与推荐技术，往往都需要用到基于深度学习的神经网络进行预测。在训练之前，首先要对纤维图像进行标记，比如这幅是羊绒，那幅是羊毛；或者在服装款式识别中，标记这件是长裤，那件是短裙；等等。因此，这些神经网络的训练也是利用有监督学习的机制完成的。

再举一个例子，现在有些输入法可以通过语音录入并转化为文字，甚至可以在神经网络中输入一段音频，它就能输出对应的文本。由于深度学习的存在，机器翻译也取得了巨大的进步。在神经网络中输入英文句子，可直接输出中文句子。人们去国外旅行的时候，可以不必学会当地的语言，就能轻松自如地完成旅程。

在自动驾驶领域，神经网络通过车载镜头所采集的图像及车载雷达所采集的信息构成的数据集进行训练，告诉驾驶员路面上其他车辆和行人的位置。即便不是自动驾驶，而是辅助驾驶系统，也能帮助人们明显地降低车祸发生的概率。

可以说，通过神经网络创造的价值，很大程度上是通过巧妙地选择输入量 x，以及所针对的特定问题合理确定输出量 y，然后构造成一个基于有监督学习的神经网络而获得的。

不同类型的神经网络对应不同的应用。例如，在房价预测和在线广告投放的案例中，可以使用标准的全连接型神经网络。对于图像应用，通常会使用卷积神经网络(convolutional neural network，简称 CNN)。对于音频而言，由于音频是具有时间分量的数据，随着时间的推移，音频被播放出去，所以音频最自然地表示为一个一维的时间序列或一维的时间分量序列。序列数据经常使用递归神经网络(recurrent neural network，简称 RNN)进行分析和训练。对于语言，无论是英文还是中文、字母或单词，使用时都是一次一个地传递的，所以语言也自然地表示为序列数据，并使用更复杂的 RNN。

在机器学习的应用中，还会接触到结构化数据和非结构化数据等概念。那么，它们的含义是什么呢?

结构化数据是指由数据构成的数据库。例如，在房价预测中，可能有一个数据库或表格给出房屋面积和房间数量，这就是结构化数据。再举一个例子，在预测用户是否点击广告的应用中，可能会获得有关用户的信息(如年龄)及有关广告的信息，然后标记用户点击广告的原因，这也是结构化数据。在结构化数据中，每个特征(如房屋面积、房间数量或用户年龄)都具有非常明确的含义。

非结构化数据指的是原始音频或待识别的图像或文本中的内容，其特征可能是图像中的像素值或文本中的某个单词。在深度学习兴起之前，与结构化数据相比，计算机很难理解非结构化数据。但是，人类非常善于理解音频、图像和文字这样的非结构化数据。这也是深度学习在语音识别、图像识别及对文本进行自然语言处理等方面的进步非常显著的原因之一。

需要说明的是，在深度学习风靡全球之前，对于神经网络(neural network，简称 NN)，常用的名称是人工神经网络(artificial neural network，简称 ANN)。在深度学习流行起来之后，有许多不同的神经网络架构，如卷积神经网络(CNN)、递归神经网络(RNN)、生成对抗网络(generative adversarial network，简称 GAN)。人们在阅读文献时，如果遇到 ANN，会意识到这多半来自于深度学习兴起之前的时代。

第二章 神经网络基础（二）

第一节 二元分类问题与符号表达

深度学习之所以能够大行其道，与计算机视觉领域在图像分类方面的进展密不可分。大约在2012年，深度学习算法在CIFAR-10和ImageNet数据集上的分类任务中逐渐领先，并在性能上与传统的特征提取算法之间的差异越来越明显。因此，通过图像分类的例子来说明深度学习的许多技术，会使读者更容易理解一些。

假设有一张照片，要判断它是否为绒山羊。如果是，就将其标记为“1”；如果不是，就将其标记为“0”。很显然，这是一个有监督学习的过程。首先，收集成千上万张绒山羊与非绒山羊的照片，对其一一进行标记（原始图像的标记是一件很费时费力的工作），这样就能够构造出一个数据集。从这个数据集中选取一部分用于训练神经网络，称之为**训练集**；再选取一部分用于测试神经网络的性能，称之为**测试集**。注意，同一张照片不能同时存在于测试集与训练集之中。因为在测试神经网络的性能时，一定要给它一张从未“见过”的照片，让它来判断这张照片是否为绒山羊，从而真正地了解它在识别绒山羊方面的能力。

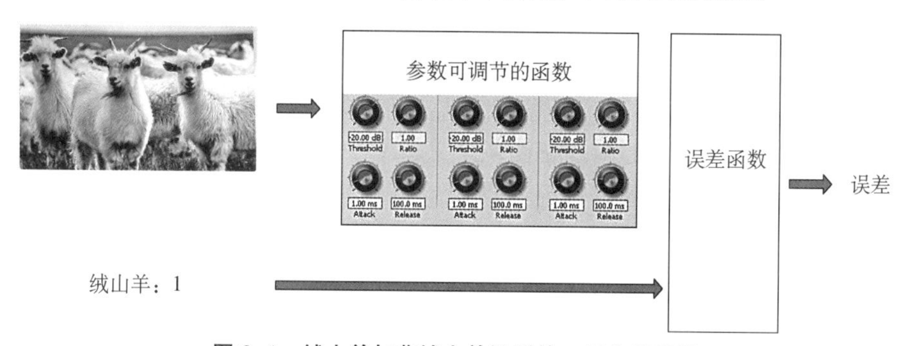

图 2-1 绒山羊与非绒山羊识别的二元分类问题

假设训练集中的每幅图像（即一个样本）上有 n_x 个特征参数，每个特征参数对应一个权重值（表征这个特征参数对最终判断这幅图像是否为绒山羊的影响程度）。如图2-1所示，要做的事情如下：

- 设计一个带旋钮的机器（能够改变每个特征参数的权重）。
- 选择一个训练样本，运行它并测量预测误差。
- 找出旋钮的调整方向，以尽快地降低预测误差。
- 对其他所有训练样本重复上述步骤，直到旋钮的位置固定下来。

在这个过程中，选择或者设计一个带旋钮的机器，就是选择或者搭建一个神经网络。让一个训练样本(即一幅已知是绒山羊/非绒山羊的图像)通过这个机器,并测量预测误差的过程,就是单个样本在神经网络中的向前传播(forward propagation)计算过程;找出旋钮的调整方向,并按照这个方向尽快地降低预测误差的过程,就是单个样本在神经网络中的向后传播(backward propagation)计算过程。至于对所有训练样本重复运行上述过程,直到旋钮的位置固定下来的过程,就是整个神经网络的训练过程。换言之,通过向前/向后传播的不断迭代,训练该神经网络,使之"学习"如何调整旋钮,直至最终输出一个合理的权重矩阵,从而具备预测绒山羊/非绒山羊的能力。

下面详细分析整个流程的具体实现步骤。首先,根据图像内容,人为将其标注为"1"(绒山羊)或者"0"(非绒山羊),并把这幅图像记为小写字母"x",对应的标签量记为小写字母"y",一幅标注好的图像记为(x, y)。由于大部分图像通常都是彩色的,因此这个数据集一般而言是由彩色图像构成的数据集。一幅彩色图像,若按照 RGB 色彩模式,是按照它的红、绿、蓝三个通道的具体像素值存储在计算机中的,如图 2-2 所示。

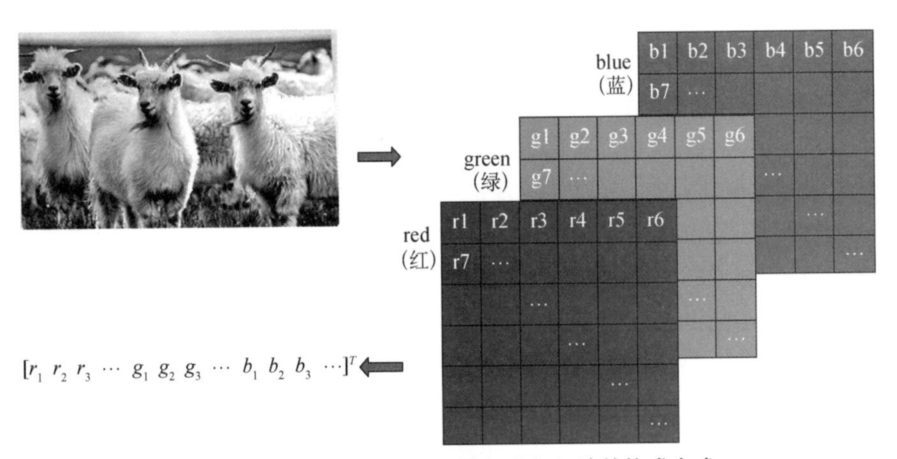

图 2-2 数字图像的构成及输入特征矩阵的构成方式

现在首先要做的一件事情是对这幅图像定义若干个特征(即机器上的旋钮),比如图像分析领域中常用的灰度、轮廓、频率直方图等信息。但是,这样做的效果并不是特别好。既然找不到一个非常直接的方案来告诉我们绒山羊的特征应该怎样定义,索性将绒山羊照片上的每个像素值当作一个特征。将来会发现,利用深度神经网络可以很有效地从这些底层特征中筛选出有益的高层特征,进而帮助神经网络对绒山羊/非绒山羊进行准确的判断。

再举一个汽车/非汽车的例子。如图 2-3 所示,当利用卷积神经网络对汽车/非汽车图像识别进行训练时,底层特征可能是具体的点、线、角、色块等信息,而中层特征可能是更具意义的弧线或者纹理,高层特征则有汽车的轮子、车灯等信息。换言之,卷积神经网络通过非线性特征的提取,逐步地将原始像素信息抽象和归纳为分类特征。无需事先指定特征的数量和具体的数学表达式,交给神经网络即可。这大概是深度学习之所以在业界如此流行的原因,也是它被许多数学家诟病的地方,因为整个过程缺乏可解释性。

要将整幅图像的所有像素值当作最初的输入特征,首先要将所有像素值构造成一个适合编程实现的表达方式。具体做法很简单,把一张彩色照片中的红、绿、蓝三个通道的具体像素值写入一个列矩阵。先写红色通道的,之后是绿色通道的,然后是蓝色通道的,得到如

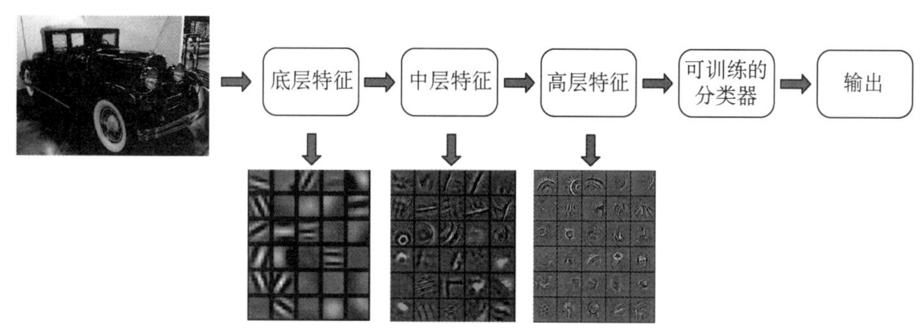

图 2-3　卷积神经网络中输入特征的分层图示[2]

图 2-2 所示的列矩阵 $[r_1\, r_2\, r_3 \cdots g_1\, g_2\, g_3 \cdots b_1\, b_2\, b_3 \cdots]^T$。如果这幅图像的宽度为 w,高度为 h,那么这个列矩阵就有 $n_x = w \times h \times 3$ 个元素。

若一个已经标注好的训练集包含 m 个训练样本,可将符号定义说明如下:

每一个样本 $x \in R^{n_x}$ 及其标签量 $y \in \{0,1\}$ 意味着 x 是一个包含 n_x 个特征分量的向量,而其标签 y 非 0 即 1。对于训练集而言,其中的第 i 个数据记为 $(x^{(i)}, y^{(i)})$。由于整个训练集由 m 个样本构成,故该集合可以表示为 $\{(x^{(1)}, y^{(1)}), (x^{(2)}, y^{(2)}), \cdots, (x^{(m)}, y^{(m)})\}$。

通常,在编写程序进行神经网络的训练时,会通过一个更简洁的方式来表达包含 m 个训练样本的训练集 (X,Y),其中:

$$X = \begin{bmatrix} \vdots & \vdots & & \vdots \\ x^{(1)} & x^{(2)} & \cdots & x^{(m)} \\ \vdots & \vdots & & \vdots \end{bmatrix}, Y = [y^{(1)}\ y^{(2)} \cdots y^{(m)}] \tag{2-1}$$

为了便于记忆和理解,可以打一个比方。如图 2-4 所示,将每个样本 x 展平之后的列矩阵想象为一根黄瓜,将 X 想象为一盒黄瓜。这样的话,每根黄瓜依次排列,构成包含 m 根黄瓜的样本集合。单独看每根黄瓜,从上至下,就是式(2-1) 中列矩阵,或者说,每根黄瓜包含 n_x 个特征,一共有 m 根黄瓜,故 X 是一个 $n_x \times m$ 矩阵,其中,行数代表特征的数量,列数代表样本的数量。同理,将每个样本 x 所对应的标签量 y 也写成矩阵的形式,就是式(2-1)中的行矩阵。

图 2-4　假设每一列是一根切开的黄瓜,分段的数量代表特征的数量。对于整个保鲜盒而言,有 m 根黄瓜(m 个样本),每根黄瓜被分割为 n_x 段(n_x 个特征)。这一整盒黄瓜就是一个样本集合

由于在深度学习的实战过程中，搞清楚矩阵的维度是非常重要的一件事情，因此需要牢固掌握式(2-1)的表达方式，并明确 X 的维度为(n_x, m)，Y 的维度为$(1, m)$。

第二节 损失函数与代价函数

对于前面给出的识别图像是否为绒山羊的这样一个二元分类问题，更合理的表述为“给定一个样本 x，希望得到一个预测值 $\hat{y}$，来预测这是一幅绒山羊图像的概率有多大”？换言之，预测值 $\hat{y}$ 是对实际值 y 的一个估计。把这个问题用数学方式表达：

给定一个训练样本 $x \in R^{n_x}$，求 $\hat{y} = P(y = 1 \mid x)$，其中 $0 \leqslant \hat{y} \leqslant 1$

换言之，如果将 x 输入某个神经网络，求出一个 $\hat{y}$ 值，比如说 0.74，那么就意味着输入的这幅图像为绒山羊的概率是 74%。

在数学中，常采用逻辑回归(logistic regression)处理因变量为分类变量的问题。前面假设了样本 x 的每个像素都作为特征输入神经网络，即 x 是一个 n_x 维的向量，如果对应每个特征的旋钮都需要一个权重参数 $w_k(k = 0, 1, \cdots, n_x)$($w$ 为 weight 的首字母)。很显然，这些权重、参数构成的权重矩阵 w 也应该是一个 n_x 维的向量。在表达上，由于前面采用列矩阵的形式表述样本 x，因此权重矩阵 w 也应该是一个列矩阵。按照逻辑回归的分类方式，可以得到 $\hat{y}$ 的表达式：

$$\hat{y} = w_0 + w_1 x_1 + w_2 x_2 + w_3 x_3 + \cdots + w_{n_x} x_{n_x}$$

其中：w_0 是一个实数。

为了便于理解，将 w_0 用实数 b 替代，它代表一个偏置量(bias)。用矩阵表达的方式重写上式，有：

$$\hat{y} = w^T x + b \tag{2-2}$$

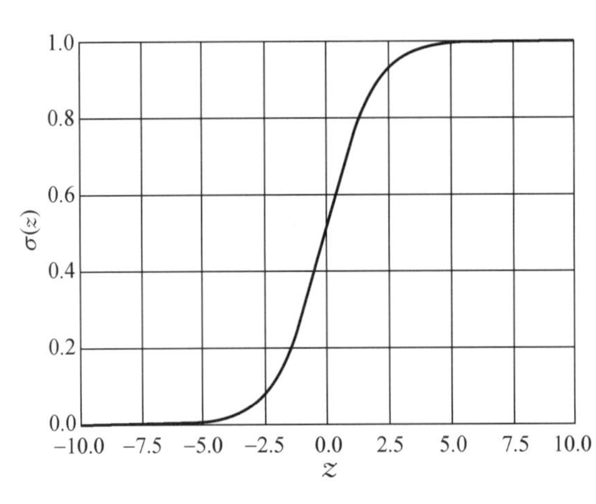

图 2-5 Sigmoid 函数

然而，通过式(2-2)计算出来的 $\hat{y}$，可以是正数，也可以是负数，可以是绝对值小于 1 的数，也可以是绝对值大于 1 的数。因此，直接用式(2-2) 计算 $\hat{y}$ 的话，很难满足 $0 \leqslant \hat{y} \leqslant 1$ 的要求。换言之，这里的 $\hat{y}$ 代表的是概率，它的值不能大于 1。对于这个问题，我们的思路如下：找到一个函数，对 $w^T x + b$ 的计算结果进行调制，使其属于 $[0, 1]$。这个函数称为激活函数，可以有 Sigmoid、tanh、ReLU、Leaky ReLU 等多种选择。这里先介绍 Sigmoid 函数(图 2-5)。

若令 $z = w^T x + b$，则对应的激活函数 Sigmoid 的定义：

$$\sigma(z)=\frac{1}{1+e^{-z}} \tag{2-3}$$

分别在 z 为非常大的正数，以及 z 为非常大的负数的条件下，验算上述函数，会发现：当 z 为非常大的正数时，$\sigma(z)$ 的值接近于1；当 z 为非常大的负数时，$\sigma(z)$ 的值接近于0。也就是说，通过 Sigmoid 函数，可以将 z 的值限制在[0, 1]范围内。这样的话，前述二元回归问题可以用一种更清晰的方式表达如下：

对于一个给定的训练集 $\{(x^{(1)}, y^{(1)}), (x^{(2)}, y^{(2)}), \cdots, (x^{(m)}, y^{(m)})\}$，若令 $\hat{y}=\sigma(w^T x+b)$，且 $\sigma(z)=\frac{1}{1+e^{-z}}$，则我们的目标是使得 $\hat{y}^{(i)} \approx y^{(i)}$。其中，$\hat{y}^{(i)}$ 是第 i 个样本的预测值，而 $y^{(i)}$ 是它对应的真值(ground truth)。

由此可见，问题的关键在于如何衡量 $\hat{y}^{(i)}$ 与 $y^{(i)}$ 之间的差异；或者说，衡量预测值与真值之间的差异。为此，构造一个损失函数(loss function) $L(\hat{y}, y)$ 来表达这个差异。一个直接的天真算法是采用平方误差(squared error)来衡量损失函数，即：

$$L(\hat{y}, y)=\frac{1}{2}(\hat{y}-y)^2$$

但是，这个形式的函数是一个非凸函数(non-convex function)，存在许多极小值。在基于梯度下降法的计算过程中，容易得到局部最优解而非全局最优解，从而给神经网络的训练带来困扰。因此，这里通常用另外一个凸函数形式的损失函数(交叉熵损失函数：cross entropy loss function)来表征 $\hat{y}^{(i)}$ 与 $y^{(i)}$ 之间的差异：

$$L(\hat{y}, y)=-[y\log \hat{y}+(1-y)\log(1-\hat{y})] \tag{2-4}$$

式(2-4)所示函数的性质如下：

- 当 $y=1$ 的时候，$L(\hat{y}, y)=-\log \hat{y}$。若 $\hat{y}$ 越接近于1，则 $L(\hat{y}, y)\approx 0$，说明代价几乎为0，这意味着预测结果很好；若 $\hat{y}$ 越接近于0，则 $L(\hat{y}, y)\approx +\infty$，代表预测误差非常大，几乎为正的无穷大，说明预测结果非常糟糕。
- 当 $y=0$ 的时候，$L(\hat{y}, y)=-\log(1-\hat{y})$。若 $\hat{y}$ 越接近于0，则 $L(\hat{y}, y)\approx 0$，说明代价几乎为0，这意味着预测结果很好；若 $\hat{y}$ 越接近于1，则 $L(\hat{y}, y)\approx +\infty$，代表预测误差非常大，几乎为正的无穷大，说明预测结果非常糟糕。

总结而言，式(2-4)能够很好地表达 $\hat{y}$ 与 y 之间的差异，因此选择它作为衡量单个样本的预测值与真值之间的差异的损失函数是合理的。这样一来，训练一个神经网络的目标就是最小化每个样本的损失函数。换言之，给定不同的 w 和 b，会得到不同的 $w^T x+b$；而不同的 $w^T x+b$，又会带来不同的 $\hat{y}=\sigma(w^T x+b)$。因此，损失函数最小化的过程，实际上是 w 和 b 取值变化的过程。由于样本 x 是已知的，所对应的标签 y 也是已知的，故整个神经网络在训练的过程中，实际上求解的是预测代价最小化时的矩阵 w 和实数 b。

损失函数是针对单个样本的，对于由 m 个样本所构成的训练集而言，其预测值与真值之间的差异用代价函数(cost function) $J(w, b)$ 的形式表达。它实际上是全部训练数据集的损失函数值总和之后的平均值。

$$J(w, b)=\frac{1}{m}\sum_{i=1}^{m}L(\hat{y}^{(i)}, y^{(i)})=-\frac{1}{m}\sum_{i=1}^{m}[y^{(i)}\log\hat{y}^{(i)}+(1-y^{(i)})\log(1-\hat{y}^{(i)})] \tag{2-5}$$

可见，代价函数是矩阵 w 和实数 b 的函数，而优化的目标就是通过神经网络的训练，迭代计算出最佳的 w 和 b 的值，使得 $J(w, b)$ 尽可能地接近于 0。

第三节　逻辑回归中的梯度下降法

3.1　梯度下降

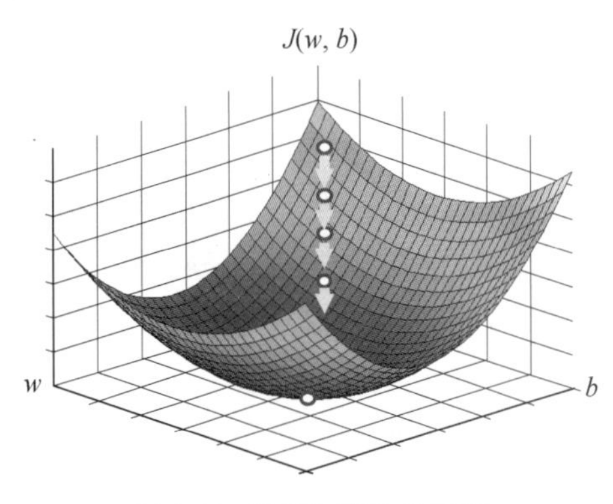

图 2-7　梯度下降法示意图

回想一下导数的概念，用它可以求出函数的极值。于是，我们自然而然地希望通过求导的方式来解决 w 和 b 最优化取值的问题。为了方便阐述，假设 w 只有一个值，加上 b 的取值，对应一个 $J(w, b)$ 的取值，这样就可以在三维空间中将三者的关系绘制出来，如图 2-7 所示。

假设已经随机初始化 w 和 b 的值，如图 2-7 中最上边的圆圈所示，直觉是让这个圆圈沿着最陡的下坡方向到达图 2-7 所示的谷底。在数学中，这意味着要沿着每次下降时梯度的方向进行。为了表达的方便，可以进一步简化问题，假设先舍去 b，只考察样本集合中 w 和 $J(w)$ 之间的关系，如图 2-8 所示。

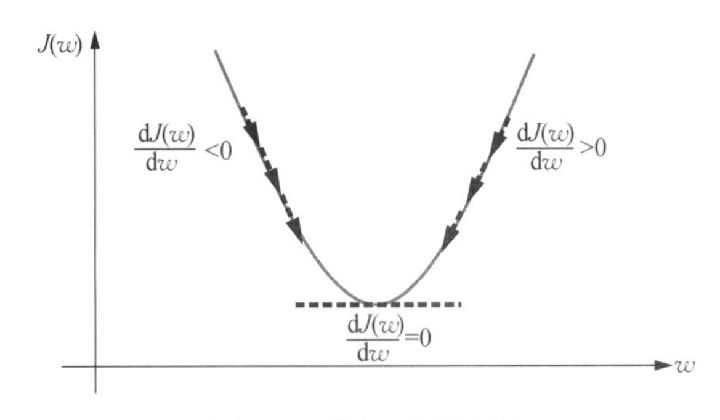

图 2-8　梯度下降法示例

如果编写一段伪代码（pseudo code）来表述 w 从初始值变化到最小值的过程，可以如下编写：

Repeat

{

$$w := w - \alpha \frac{\mathrm{d}J(w)}{\mathrm{d}w}$$

}

这里的“:=”符号代表着赋值，即将右侧的“$w - \alpha \frac{\mathrm{d}J(w)}{\mathrm{d}w}$”赋值给左侧的“$w$”。“$\alpha$”被称为学习率(learning rate)，由于它是用来调节参数 w 的，所以是超参数(hyper parameter)。

从图 2-8 中可以看出，$\frac{\mathrm{d}J(w)}{\mathrm{d}w}$ 代表的是函数曲线 $J(w)$ 上每个点的斜率。假设 w 从一个很大的正数开始取值，由于图 2-8 中右半部分的曲线斜率为正值，$w - \alpha \frac{\mathrm{d}J(w)}{\mathrm{d}w}$ 实际上是不断缩小的，故随着 $w := w - \alpha \frac{\mathrm{d}J(w)}{\mathrm{d}w}$ 的不断迭代，会得到不断缩小的 w 值，直到其达到函数 $J(w)$ 的最小值。同理，如果 w 从一个很大的负数开始取值，由于图 2-8 中左半部分的曲线斜率为负值，$w - \alpha \frac{\mathrm{d}J(w)}{\mathrm{d}w}$ 实际上是不断增加的，故随着 $w := w - \alpha \frac{\mathrm{d}J(w)}{\mathrm{d}w}$ 的不断迭代，会得到不断增大的 w 值，直到其达到函数 $J(w)$ 的最小值。这样看来，通过前面选择的凸函数形式的代价函数 $J(w)$，以及利用合适的学习率 α 来控制 w 的更新步长，就可以通过求导的方式得到使 $J(w)$ 最小化时的 w 的取值。

由于学习率 α 决定着 $w - \alpha \frac{\mathrm{d}J(w)}{\mathrm{d}w}$ 的值，当 α 过大时，$w - \alpha \frac{\mathrm{d}J(w)}{\mathrm{d}w}$ 的值可能与 w 的值符号相反，造成图 2-9 左所示的振荡式发散，不仅梯度不能下降，还会越来越大；而当 α 过小时，$w - \alpha \frac{\mathrm{d}J(w)}{\mathrm{d}w}$ 的值与 w 的值差异不大，造成梯度下降非常缓慢，整个神经网络训练需要很长时间才能收敛(图 2-9 右)。因此，不难发现 α 作为一个超参数，对神经网络的训练起着非常重要的作用。

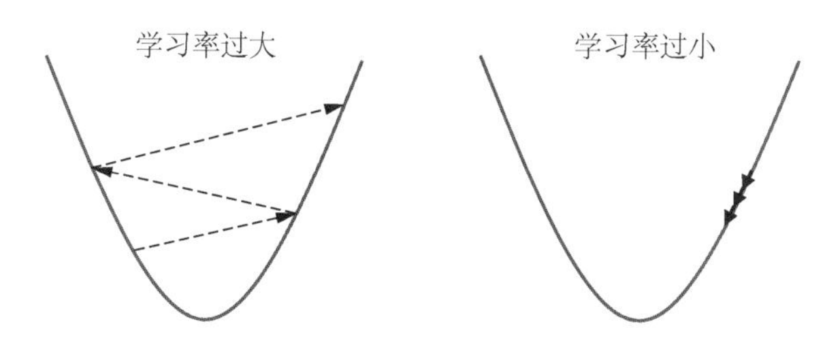

图 2-9　学习率的大小影响梯度下降的性能

如果同时考虑 w 和 b，那么前述的导数就应该是偏导数的形式，此时的迭代可用伪代码表述如下：

$$
\begin{aligned}
&\text{Repeat}\\
&\{\\
&\qquad w := w - \alpha \frac{\partial J(w,\ b)}{\partial w}\\
&\qquad b := b - \alpha \frac{\partial J(w,\ b)}{\partial b}\\
&\}
\end{aligned}
$$

注意：在编程实践中，通常用变量 dw 代表$\frac{\partial J(w,\ b)}{\partial w}$，用 d$b$ 代表$\frac{\partial J(w,\ b)}{\partial b}$。

3.2 向前传播与向后传播的计算

先通过一个实例来看看逻辑回归模型中是如何实现向前传播和向后传播的(即通过梯度下降更新 w 和b)。为了便于理解，假设每个样本只有两个特征，分别是 x_1 和 x_2，对应着两个权重参数 w_1 和 w_2。先来看单个样本在向前传播时的计算步骤：首先计算出 z 值，然后计算出 z 值经过激活函数激活之后的激活值 a (activation value)。具体如下：

$$
z = w^T x + b = w_1 x_1 + w_2 x_2 + b
$$

$$
\hat{y} = a = \sigma(z)
$$

得到激活值 a 或者预测值 $\hat{y}$ 之后，可以计算相应的损失函数 $L(a,\ y)$(注意：由于是单个样本，因此是损失函数，而非代价函数)：

$$
L(a,\ y) = -[y\log a + (1-y)\log(1-a)]
$$

计算过程如图 2-10 所示。

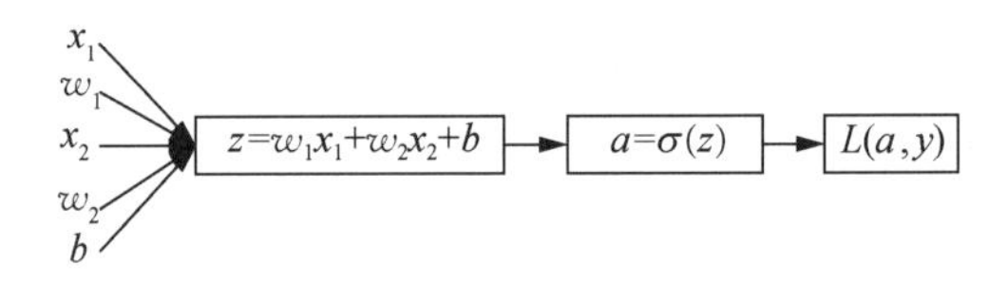

图 2-10 向前传播计算过程(以两个特征为例)

现在执行向后传播的计算。所谓的向后传播，就是从损失函数 $L(a,\ y)$ 开始，对其一步一步地求导，最终得到 dw 和 db 的计算过程，即 L 对 w 和 b 的偏导数(无需求 L 对 x 的偏导数，因为对于有监督学习而言，x 作为原始特征，不需要被更新)。根据求导过程中的链式法则，有：

$$
\frac{\partial L}{\partial w} = \frac{\partial L}{\partial a}\frac{\partial a}{\partial z}\frac{\partial z}{\partial w}
$$

$$
\frac{\partial L}{\partial b} = \frac{\partial L}{\partial a}\frac{\partial a}{\partial z}\frac{\partial z}{\partial b}
$$

下面对照图 2-10，从 $L(a,\ y)$ 开始，首先对激活值 a 求导：

$$\mathrm{d}a=\frac{\partial L(a,y)}{\partial a}=-\frac{y}{a}+\frac{1-y}{1-a} \tag{2-6}$$

然后求 $L(a, y)$ 对 z 的导数：

$$\mathrm{d}z=\frac{\partial L(a,y)}{\partial z}=\frac{\partial L(a,y)}{\partial a}\cdot\frac{\partial a}{\partial z} \tag{2-7}$$

上式中的 $\frac{\partial a}{\partial z}$ 实际上就是 Sigmoid 函数的导数。具体计算过程如下：

$$\begin{aligned}\sigma'(z)&=\left(\frac{1}{1+\mathrm{e}^{-z}}\right)'=\frac{\mathrm{e}^{-z}}{(1+\mathrm{e}^{-z})^2}=\frac{1+\mathrm{e}^{-z}-1}{(1+\mathrm{e}^{-z})^2}=\frac{1}{1+\mathrm{e}^{-z}}\cdot\left(1-\frac{1}{1+\mathrm{e}^{-z}}\right)\\&=\sigma(z)\cdot[1-\sigma(z)]=a(1-a)\end{aligned} \tag{2-8}$$

将式(2-8)代入式(2-7)，得到：

$$\mathrm{d}z=\left(-\frac{y}{a}+\frac{1-y}{1-a}\right)\cdot a(1-a)=a-y \tag{2-9}$$

于是，可以求 $L(a, y)$ 对 w_1、w_2 及 b 的偏导数。

同样，按照链式法则，有：

$$\mathrm{d}w_1=\frac{\partial L(a,y)}{\partial w_1}=\frac{\partial L(a,y)}{\partial z}\cdot\frac{\partial z}{\partial w_1}=x_1(a-y)$$

$$\mathrm{d}w_2=\frac{\partial L(a,y)}{\partial w_2}=\frac{\partial L(a,y)}{\partial z}\cdot\frac{\partial z}{\partial w_2}=x_2(a-y)$$

$$\mathrm{d}b=\frac{\partial L(a,y)}{\partial b}=\frac{\partial L(a,y)}{\partial z}\cdot\frac{\partial z}{\partial b}=a-y=\mathrm{d}z$$

由此，可以通过上面三个公式，在给定学习率 α 之后，通过计算得到 w_1、w_2 及 b 在执行一次向后传播之后的更新值：

$$w_1 := w_1-\alpha\,\mathrm{d}w_1$$

$$w_2 := w_2-\alpha\,\mathrm{d}w_2$$

$$b := b-\mathrm{d}b$$

至此，实现了逻辑回归模型中针对单个训练样本的梯度下降算法。那么，对于有 m 个训练样本的训练集而言，应该如何实现梯度下降呢？按照式(2-5)给出的“整个训练集的代价函数 $J(w, b)$，实际上是全部训练数据的损失函数值加和之后的平均值”这个思路，可以说，整个训练集的代价函数 $J(w, b)$ 对参数 w 和 b 的偏导数，实际上是全部训练数据的损失函数对参数 w 和 b 的偏导数加和之后的平均值。具体如下：

$$\frac{\partial J(w,b)}{\partial w_1}=\frac{1}{m}\sum_{i=1}^{m}\frac{\partial L(a^{(i)},y^{(i)})}{\partial w_1}=\frac{1}{m}\sum_{i=1}^{m}\mathrm{d}w_1^{(i)}$$

$$\frac{\partial J(w,b)}{\partial w_2}=\frac{1}{m}\sum_{i=1}^{m}\frac{\partial L(a^{(i)},y^{(i)})}{\partial w_2}=\frac{1}{m}\sum_{i=1}^{m}\mathrm{d}w_2^{(i)}$$

$$\frac{\partial J(w,b)}{\partial b}=\frac{1}{m}\sum_{i=1}^{m}\frac{\partial L(a^{(i)},y^{(i)})}{\partial b}=\frac{1}{m}\sum_{i=1}^{m}\mathrm{d}z^{(i)}$$

总结而言,对于每个样本只有两个特征的整个样本集而言,已知的是 $(x^{(i)},y^{(i)})$,要编程求解的是 $\mathrm{d}w_1^{(i)}$、$\mathrm{d}w_2^{(i)}$ 及 $\mathrm{d}b^{(i)}$。在下一节中,将用 Python 语言讲解单次迭代中梯度下降算法的实现过程。为了不失一般性,不再假设每个样本只有两个特征,而是恢复到本章开始时所讲述的,每个样本有 n_x 个特征。

第四节　单次迭代中梯度下降算法的编程实现

在编写代码之前,首先需要确定待求解的目标是什么。对于梯度下降算法而言,核心是求出 $\mathrm{d}w$ 和 $\mathrm{d}b$,从而实现对 w 和 b 的更新。这里,用变量 X 代表样本集合,变量 Y 代表对应的标签集合,变量 nx 代表每个样本所包含的特征数量 n_x[3]。

首先初始化变量 $\mathrm{d}w$ 及 $\mathrm{d}b$。$\mathrm{d}w$ 代表 $n_x\times 1$ 矩阵,即对应着 n_x 个特征;$\mathrm{d}b$ 代表偏置量,是一个实数。在 Python 语言的 Numpy 库中,可以用 zeros 语句对 $\mathrm{d}w$ 中的所有元素进行置零操作。

```
import numpy as np
dw = np.zeros((nx, 1))
db = 0
```

完成相应变量的全零初始化之后,来看看向前传播和向后传播的实现方式。已知:

$$X=\begin{bmatrix}\vdots & \vdots & & \vdots\\ x^{(1)} & x^{(2)} & \cdots & x^{(m)}\\ \vdots & \vdots & & \vdots\end{bmatrix},\ Y=[y^{(1)}\ y^{(2)}\ \cdots\ y^{(m)}]$$

现在用类似的方式来表征向前传播时的 z 和激活值 a。对于整个样本集合而言,构造两个矩阵 Z 和 A:

$$Z=[z^{(1)}\ z^{(2)}\ \cdots\ z^{(m)}]=w^T\cdot X+[b\ b\ \cdots\ b]=[w^Tx^{(1)}+b\ w^Tx^{(2)}+b\ \cdots w^Tx^{(m)}+b]$$

这里需要说明的是,在 Python 语言中,实数 b 可以与一个代表矩阵的数组相加。这是通过一种称之为广播(broadcasting)的机制,将实数 b 自动扩展为一个 $1\times m$ 的矩阵$[b\ b\ \cdots\ b]$。另外,$w^T\cdot X$ 意味着两个矩阵的点积。

按照同样的逻辑,将所有样本的激活值写为矩阵形式,即用大写字母 A 代替激活值矩阵,则有:

$$A=[a^{(1)}\ a^{(2)}\ \cdots\ a^{(m)}]=\sigma(Z)$$

在 Python 语言中，上述 Z 和 A 的计算过程可以用两行代码写为：

```
Z = np.dot(w.T, X) + b
A = sigmoid(Z)
```

这里，“w.T”代表的是 w 的转置计算；“sigmoid”是一个事先定义好的求 Sigmoid 的函数，代码如下：

```
def sigmoid(x, derivative=False):
    sigm = 1. /(1. + np.exp( - x))
    if derivative:
        return sigm * (1. - sigm)
    return sigm
```

该代码给出了“sigmoid”及其导数的求法，当 derivative==False 时(即无需求导时)，返回的是 Sigmoid 函数的值；当 derivative==True 时(即需要导数时)，返回的是 Sigmoid 函数的导数值。注意，Python 语言中判断两个量是否相等时，沿用的是 C 语言的风格，两个等号连用。

上述两个步骤(即 Z 和 A 的计算)完成了向前传播的编程，下面介绍向后传播的编程实现。

首先，要计算 $\mathrm{d}Z$(因为是针对整个样本集的，所以采用大写字母 Z)。由于对单个样本而言，$\mathrm{d}z$ 的计算总是采用 $\mathrm{d}z=a-y$ 的形式，因此对于由 m 个样本所构成的整个样本集而言，有：

$$\mathrm{d}Z=A-Y=[a^{(1)}-y^{(1)}\ a^{(2)}-y^{(2)}\ \cdots\ a^{(m)}-y^{(m)}]$$

注意：这里 $\mathrm{d}Z$ 的维度是$(1, m)$，即一个 $1\times m$ 的矩阵。

另外，虽然代价函数对于求解 $\mathrm{d}w$ 和 $\mathrm{d}b$ 没有贡献，但它是衡量当前预测值与真值之间误差的函数，因此在编程实现的过程中，通常将代价函数的具体数值求出来，即：

$$J=\frac{1}{m}\sum_{i=1}^{m}Y\cdot\log(A^{T})+(1-Y)\cdot\log(1-A)^{T}$$

不难发现：

$$\mathrm{d}b=\frac{1}{m}\sum_{i=1}^{m}\mathrm{d}z^{(i)}$$

最后，可以证明：

$$\mathrm{d}w=\frac{1}{m}X\cdot\mathrm{d}Z^{T}$$

于是，如果用 Python 语言编写 dZ、dw 及 db 的计算过程，可以如下编写：

```
J = - 1/X * np.sum(np.dot(Y, np.log(A).T) + np.dot((1 - Y), np.log(1 - A).T))
dZ = A - X
dw = 1/m * np.dot(X,dZ.T)
db = 1/m * np.sum(dZ)
```

这样就完成了单次迭代中梯度下降算法的编写(注意：这里没有具体的 X、Y 及学习率 α 的初始化，只是描述向前、向后传播计算流程的代码片段)：

```
import numpy as np
...

dw = np.zeros((nX, 1))
db = 0
Z = np.dot(w.T, X) + b
A = sigmoid(Z)
dZ = A - Y
dw = 1/m * np.dot(X,dZ.T)
db = 1/m * np.sum(dZ)
w = w - alpha * dw
b = b - alpha * db
J = - 1/m * np.sum(np.dot(Y, np.log(A).T) + np.dot((1 - Y), np.log(1 - A).T))
```

如果想通过多次迭代得到最优化的矩阵 w 和实数 b，可以将上述单次计算迭代执行若干次，得到理想的最终结果。

总结而言，在整个逻辑回归模型中，最复杂的就是向前传播和向后传播的计算步骤。其中，向前传播用两行代码就可以完成编写，分别计算 Z 和 A；而向后传播需要三行代码，分别计算 dZ、dw 及 db。在此基础上，通过反复迭代，更新 w 和 b，就能获得最终的矩阵 w 和实数 b。

最后，为了加深印象，让我们来检查一下每个矩阵的大小。对于已知的样本集 X 而言，它是 $n_x \times m$ 的矩阵，其中 n_x 代表着每个样本有 n_x 个特征，m 代表着有 m 个样本。对于已知的标签集 Y 而言，它是一个 $1 \times m$ 的矩阵，代表着每个样本所对应的标签，取值非 0 即 1。

编程求解的是 w、b、Z、A、dZ、dw 和 db 等变量。其中，w 是维度为$(n_x, 1)$的权重矩阵，b 是一个实数，可以通过广播机制与任意矩阵进行运算。Z、A、dZ 及 dw 均为 $1 \times m$ 的矩阵。在具体的 Python 语言编程实战中，一个良好的习惯就是在完成初始化之后，首先对上述变量分别用 shape 语句查询其维度，以避免后道程序中出现意外的缺陷。

可能有的读者会问，如果改变激活函数的形式，比如从 Sigmoid 函数变成 tanh 函数，将会发生什么？事实上，从前面的讲解中已经可以看到，向后传播过程实际上是一个根据链式法则求导的过程。当激活函数改变之后，相应的导数也会发生变化，因此最终的 dw 和 db 也

不再与 *Sigmoid* 函数求导所得结果相同。

这就提出了一个问题，对于本章中较为简单的案例而言，可以事先通过强大的数学功底推导出每个步骤的偏导数。但是如果神经网络非常复杂，这种方法就不太实用了。这就是诸如 Tensorflow、PyTorch、Caffe 和 PaddlePaddle 等深度学习框架流行的原因，它们能够自动完成反向传播的梯度下降计算。有了这些框架的加持，我们在训练深度神经网络时才能更加关注模型的建立、损失函数的选择及超参数调整等事宜。

参考文献：

[1] LeCun Y. CERN colloquium on deep learning and the future of AI[Z/OL]. (2016-03-24)[2019-09-26]. https://indico.cern.ch/event/510372/attachments/1245509/1840815/lecun-201-60324-cern.pdf.
[2] Zeiler M D, Fergus R. Visualizing and understanding convolutional neural networks[C]// European Conference on Computer Vision. Springer International Publishing, 2013: 818-833.
[3] Britz D. Implementing a neural network from scratch[CP/OL]. (2017-10-19)[2019-09-26]. http://github.com/dennybritz/nn-from-scratch.

第三章 全连接神经网络

第一节 什么是全连接神经网络

按上一章给出的逻辑回归模型，可将其放大绘制成图 3-1 所示的神经元构成。

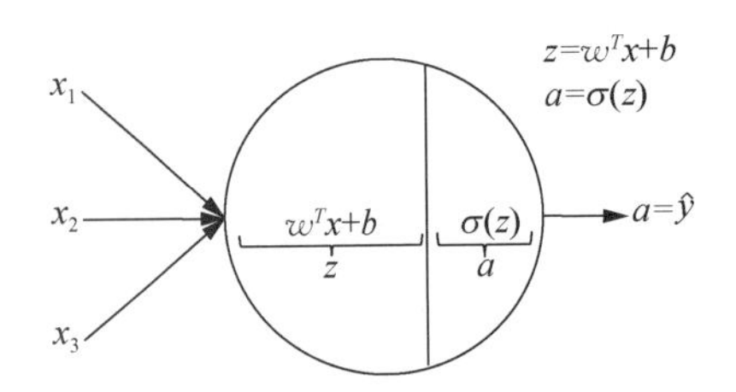

图 3-1 神经元构成

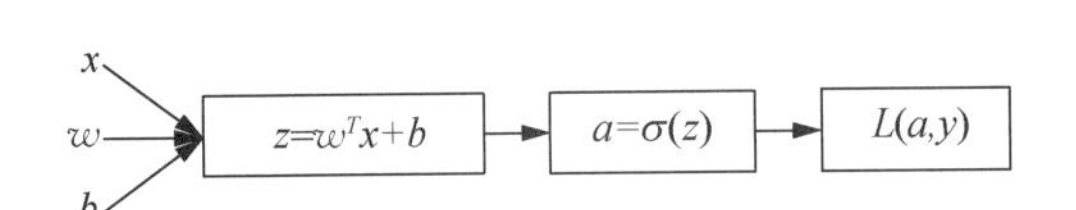

图 3-2 单个神经元向前传播的计算过程

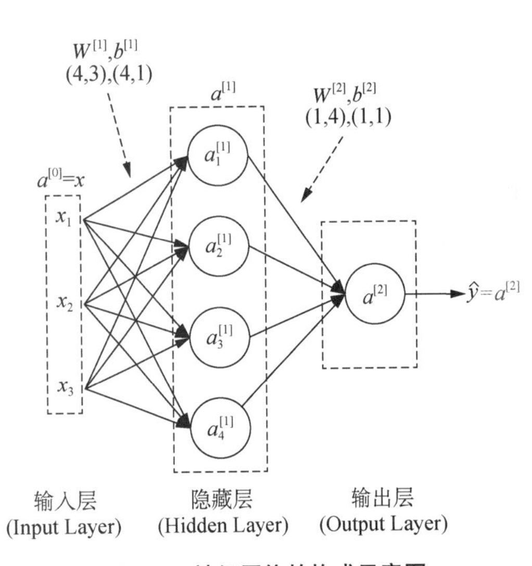

图 3-3 神经网络的构成示意图

按照图 3-1 中箭头所指的信息流动方向（即向前传播的方向），其计算步骤如图 3-2 所示。

其中，x 是已知的样本特征，w 和 b 分别是未知待求的权重参数和偏置量，z 是 w^Tx+b，a 是 z 被非线性激活函数（如 Sigmoid 函数）激活之后的值（即预测值 $\hat{y}$），而 $L(a, y)$ 是一次向前传播所得预测值 a 与真值 y 之间的误差（即损失函数的值）。按照这个思路，可将若干个神经元堆砌起来，构成如图 3-3 所示的神经网络。

聪明的读者应该已经意识到，神经网络向前传播时的计算，无非就是将单个神经元中的运算进行多次重复。与图 3-1 中的神经元一样，对于图 3-3 中的每个神经元而言，圆圈代表两个步骤的计算，其形式为：

$$z = w^Tx + b$$
$$a = \sigma(z)$$

在前面一章中，用圆括号的上标代表不同的样本，用下标代表不同的特征，而在这里，用中括号的上标表示神经网络的不同层。为便于表述，将单个神经元的输入特征所对应的权重矩

阵记为 w，而将神经网络中某一层上所有神经元的输入特征所对应的权重矩阵记为 W。举例说明，在计算过程中，$w_3^{[1](2)}$ 意味着第二个样本的输入特征在第一层上第三个神经元中的权重矩阵，而 $W^{[1](2)}$ 意味着第二个样本的输入特征在第一层上所有神经元中的权重矩阵。下面以单个样本为例展开说明。

图 3-3 中包括箭头和圆圈，其中每个箭头代表一个权重矩阵，每个圆圈代表一个神经元。对于神经网络而言，通常不把输入层看作一个标准的层，所以图 3-3 所示的神经网络是一个两层神经网络。换言之，将输入的特征 x 作为第零层，则第一层就是图 3-3 中由四个神经元所构成的那一层，第二层就是输出层，只有一个神经元。

若用小写字母"l"表示神经网络的某一层(即英文 layer 的首字母)，则对于第一层而言，$l=1$。若输入的特征数量为 n_x(图 3-3 中，$n_x=3$)，那么第一层($l=1$)的权重矩阵 $W^{[1]}$ 的维度就是$(4, n_x)$，其中 4 代表第一层的神经元个数。偏置量 b 也不再是一个实数，而是一个实数矩阵，其维度为$(4, 1)$，其中 4 依然代表第一层的神经元个数，1 代表针对每个输入的特征，其偏置量只有一个。更一般地，若神经网络中第 l 层的神经元个数为 n_l，则该层的权重矩阵 $W^{[l]}$ 的维度就是(n_l, n_{l-1})。图 3-3 中，当 $l=1$ 时，$n_l=4$，$n_{l-1}=n_x=3$，故 $W^{[1]}$ 的维度为$(4,3)$。

按照上述符号定义，第一层向前传播的计算公式如下：

$$z^{[1]}=W^{[1]}x+b^{[1]},\ a^{[1]}=\sigma(z^{[1]}) \tag{3-1}$$

其中，$W^{[1]}$ 是一个维度为$(4, 3)$的矩阵，x 是一个维度为$(3, 1)$的矩阵，两者相乘，得到一个维度为$(4, 1)$的矩阵，再加上维度为$(4, 1)$的偏置量矩阵 $b^{[1]}$，其结果依然是一个维度为$(4, 1)$的矩阵，即 $z^{[1]}$ 是一个 4×1 的矩阵。如果利用非线性激活函数对其进行激活，所得激活值矩阵 $a^{[1]}$ 也是一个 4×1 的矩阵。

也许有的读者会好奇，为什么要将第 l 层的权重矩阵 $W^{[l]}$ 的维度设置为(n_l, n_{l-1})的形式？注意：这里的 n_l 代表的是神经元的个数(或者说第 l 层输出特征的数量)。

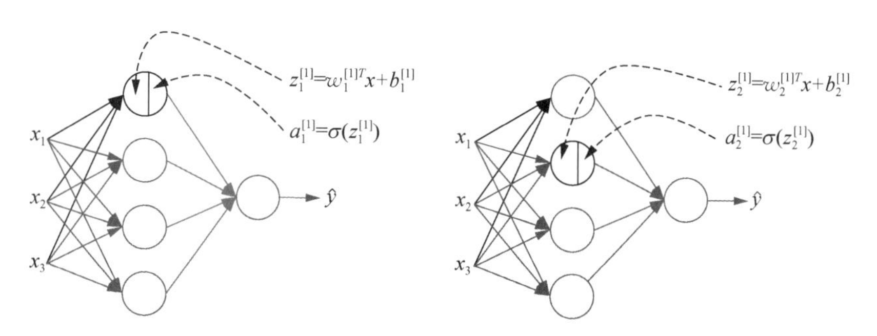

图 3-4　第一层前两个神经元中的向前传播计算步骤

为了回答这个问题，让我们用图 3-3 中从上至下前两个神经元举例说明(参见图 3-4)。此时，每个神经元可以被看作一个逻辑回归单元，因此可以按照逻辑回归单元的方式完成向前传播的计算。对于第一个神经元而言：

$$z_1^{[1]}=w_1^{[1]T}x+b_1^{[1]},\ a_1^{[1]}=\sigma(z_1^{[1]})$$

对于第二个神经元而言：

$$z_2^{[1]}=w_2^{[1]T}x+b_2^{[1]},\ a_2^{[1]}=\sigma(z_2^{[1]})$$

同理，对于剩下的两个神经元而言，其向前传播的计算方式：

$$z_3^{[1]}=w_3^{[1]T}x+b_3^{[1]},\ a_3^{[1]}=\sigma(z_3^{[1]})$$

$$z_4^{[1]}=w_4^{[1]T}x+b_4^{[1]},\ a_4^{[1]}=\sigma(z_4^{[1]})$$

换言之，对于第一层而言，若将图 3-4 中的四个神经元看作四个逻辑回归单元，且第 k 逻辑回归单元对应的权重矩阵为 $w_k^{[1]}(k=1,2,3,4)$，则通过堆叠这四个 $n_x\times1$ 的矩阵（转置后为 $1\times n_x$），即可得到一个维度为(4, 3)的权重矩阵 $W^{[1]}=\begin{bmatrix}w_1^{[1]T}\\w_2^{[1]T}\\w_3^{[1]T}\\w_4^{[1]T}\end{bmatrix}$，从而可以用一个简洁的矩阵化表达（即矢量化编程）方式来完成 $z^{[1]}$ 的计算：

$$z^{[1]}=\begin{bmatrix}w_1^{[1]T}\\w_2^{[1]T}\\w_3^{[1]T}\\w_4^{[1]T}\end{bmatrix}\begin{bmatrix}x_1\\x_2\\x_3\end{bmatrix}+\begin{bmatrix}b_1^{[1]}\\b_2^{[1]}\\b_3^{[1]}\\b_4^{[1]}\end{bmatrix}=\begin{bmatrix}w_1^{[1]T}x+b_1^{[1]}\\w_2^{[1]T}x+b_2^{[1]}\\w_3^{[1]T}x+b_3^{[1]}\\w_4^{[1]T}x+b_4^{[1]}\end{bmatrix}=\begin{bmatrix}z_1^{[1]}\\z_2^{[1]}\\z_3^{[1]}\\z_4^{[1]}\end{bmatrix}$$

$$a^{[1]}=\begin{bmatrix}a_1^{[1]}\\a_2^{[1]}\\a_3^{[1]}\\a_4^{[1]}\end{bmatrix}=\sigma(z^{[1]})$$

再次强调一下，用中括号的上标表示神经网络的不同层，用下标代表不同的特征，如图 3-5 所示。

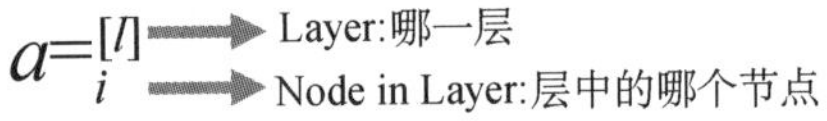

$a_i^{[l]}$ → Layer:哪一层

→ Node in Layer:层中的哪个节点

图 3-5　上下标的含义

对于第二层而言，$l=2$。在神经网络中，这一层的输入就是前一层的输出。前面讲过，第 l 层神经网络的权重矩阵，其维度为$(n_l,\ n_{l-1})$。因此，这一层的权重矩阵 W 的维度就是(1, 4)。第二层只有一个神经元，因此 $n_l=1$，而它前面一层即第一层有四个神经元，即 $n_{l-1}=4$。因此，第二层的权重矩阵 $W^{[2]}$ 的维度是(1, 4)，它的偏置量 b 的矩阵维度总是$(n_l,\ 1)$，即(1, 1)。用公式表达如下：

$$z^{[2]}=W^{[2]}a^{[1]}+b^{[2]},\ a^{[2]}=\sigma(z^{[2]}) \tag{3-2}$$

这里，$W^{[2]}$ 是一个 1×4 的矩阵，$a^{[1]}$ 是一个 4×1 的矩阵，两者相乘的结果是一个 1×1 的矩阵，再与 1×1 的 $b^{[2]}$ 相加，最终所得 $z^{[2]}$ 也是一个 1×1 的矩阵，而它的激活值 $a^{[2]}$（即最终的预测值 $\hat{y}$）自然也是一个 1×1 的矩阵。这样的话，如果用计算图的形式表示整个向前传播的计算步骤，会得到如图 3-6 所示的完整流程。

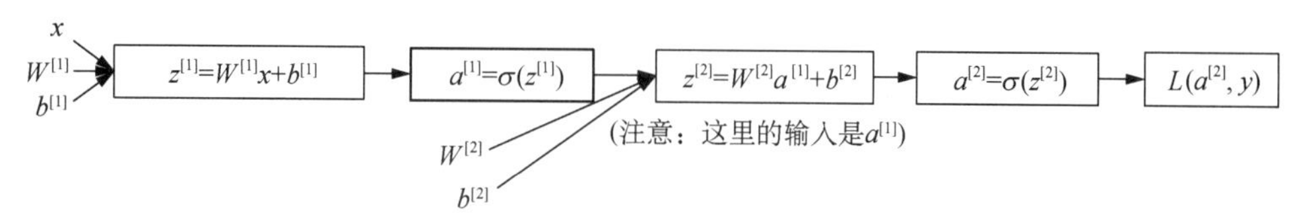

图 3-6　神经网络向前传播时的计算过程

假设用变量 W1、b1 及 W2、b2 分别代表上述两层神经网络的权重和偏置量，n_x 代表输入特征数量，n_y 代表真值标签量的数量（在图 3-3 所示的例子中，这个标签量是非 0 即 1 的二元分类标签），n_h 代表隐藏层中神经元的数量，那么用 Python 语言对其进行初始化的代码如下：

```
W1 = np.random.randn(n_h, n_x) * 0.01
b1 = np.zeros((n_h, 1))
W2 = np.random.randn(n_y, n_h) * 0.01
b2 = np.zeros((n_y, 1))
```

其中 W1 和 W2 采用随机初始化（具体原因将在本章的最后阐明），而 b1 和 b2 采用全零初始化。在这个基础上，对于图 3-3 所示的神经网络，单个样本在训练过程中向前传播的计算流程按照式(3-1)和式(3-2)编程实现。

下面来看对于 m 个样本而言，其向前传播的计算过程是怎样的。由于对于 m 个样本而言，每个样本在整个神经网络中的计算方式都是类似的，只是将其重复 m 次，可用 Python 语言编写相应的代码如下：

for i = 1 to m：

$$z^{[1](i)}=W^{[1]}x^{(i)}+b^{[1]}$$
$$a^{[1](i)}=\sigma(z^{[1](i)})$$
$$z^{[2](i)}=W^{[2]}a^{[1](i)}+b^{[2]}$$
$$a^{[2](i)}=\sigma(z^{[2](i)})$$

由于代码执行时，循环计算的速度慢于矢量化计算，因此需要采用前面讲过的“盒里装黄瓜”的思路，将所有的 $x^{(i)}$ 依次堆叠起来，形成一个矩阵 X，从而将上面的这个循环在编程时用四行矩阵运算表达出来：

$$Z^{[1]}=W^{[1]}X+b^{[1]}$$
$$A^{[1]}=\sigma(Z^{[1]})$$
$$Z^{[2]}=W^{[2]}A^{[1]}+b^{[2]}$$
$$A^{[2]}=\sigma(Z^{[2]})$$

为了加深理解，将 $Z^{[1]}$ 的实现过程解释如下：

$$Z^{[1]}=\begin{bmatrix} w_1^{[1]T} \\ w_2^{[1]T} \\ w_3^{[1]T} \\ w^{[1]T} \end{bmatrix}\begin{bmatrix} x^{(1)} & x^{(2)} & \cdots & x^{(m)} \end{bmatrix}+\begin{bmatrix} b_1^{[1]} \\ b_2^{[1]} \\ b_3^{[1]} \\ b_4^{[1]} \end{bmatrix}$$

为了不失一般性，假设样本集 X 中的每个样本包含 n_x 个特征，即 X 的维度为(n_x, m)。那么权重矩阵 $W^{[1]}$ 的维度，按照前面的定义(n_l, n_{l-1})，其中 $n_l=4$(第一层的神经元个数)，$n_{l-1}=n_x$(第零层的神经元个数，也就是原始输入的特征个数)，就是$(4, n_x)$，再与维度为(n_x, m)的输入特征矩阵 X 相乘，其结果是一个 $4\times m$ 的矩阵，与 $4\times m$ 的偏置量矩阵 b 相加，依然是一个 $4\times m$ 的矩阵，即：

$$Z^{[1]}=\begin{bmatrix} z^{[1](1)} & z^{[1](2)} & \cdots & z^{[1](m)} \end{bmatrix}$$

其中 $z^{[1](i)}(i=1, 2, \cdots, m)$，参照式(3-2)，是一个 4×1 的矩阵。因此，将 m 个这样的矩阵堆叠起来，就得到一个 $4\times m$ 的矩阵。

同理，$Z^{[1]}$ 的激活值矩阵 $A^{[1]}$ 也是一个 $4\times m$ 的矩阵：

$$A^{[1]}=\begin{bmatrix} a^{[1](1)} & a^{[1](2)} & \cdots & a^{[1](m)} \end{bmatrix}$$

下面做一个思维测试：对于激活矩阵 $A^{[1]}$ 而言，它的第一个元素 $a_1^{[1](1)}$ 的含义是什么？答案是第一层中第一个隐藏单元(神经元)对第一个样本的激活值。$a_2^{[1](1)}$ 是第一层中第二个隐藏单元(神经元)对第一个样本的激活值。更一般地，$a_j^{[l](i)}$ 是第 l 层中第 j 个隐藏单元(神经元)对第 i 个样本的激活值。

总结而言，一个多层神经网络的主要技术特点如下：

- 由多层构成，每层中有若干神经元，如图 3-3 所示。
- 每个神经元根据其输入，计算加权之和，即 $Z=W^{[l]}A^{[l-1]}+b$。
- 将加权求得的和 (Z) 输入一个非线性激活函数进行激活。
- 学习算法能够有效地改进权重 $W^{[l]}$ 的值。

回顾目前为止所讲述的内容，需要明确两个概念：第一，当神经网络由若干层组成时，除了第一层的输入是设置的原始特征之外，剩下的每一层的输入都是前一层所输出的激活值矩阵；第二，在神经网络的构成图示中，每个箭头代表一个权重参数，每个圆圈代表一个输入的特征[当 $l\neq 0$ 时，即为第$(l-1)$层输出的激活值]和一个输出的激活值。因此，除了第零层的原始特征外，可通过设置神经网络的层数及每层的神经元个数，有效地控制各隐藏层所提取的激活值(即“新的特征”或者“该层的特征”)，并输入下一层的神经元中进行激活，直至最终的输出层。在整个过程中，原始特征信息通过向前和向后传播，能够实现对有用特征的“学习”。由于图 3-3 所示神经网络中每一层上的神经元与前一层和后一层之间都是完全连接的，因此这样的神经网络通常称为全连接神经网络。

第二节　神经网络常用的激活函数

2.1　各种非线性激活函数

不知道读者有没有好奇过，为什么要把非线性 Sigmoid 函数称为激活函数？事实上，在神经网络这门技术发源的时候，人们试图从脑科学的研究中获取灵感，比如将人脑的神经元转换为一种数学表达，如图 3-7 所示。

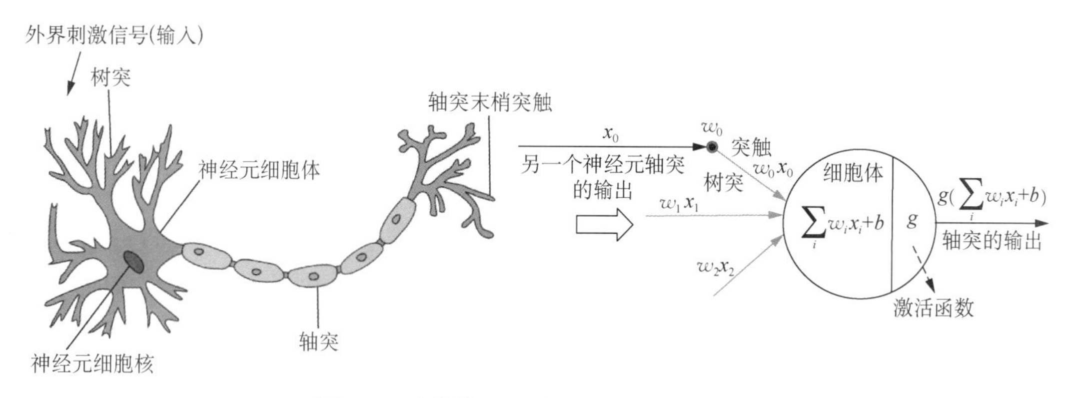

图 3-7　生物神经元(左)及其数学模型(右)

大脑的基本计算单元是神经元。在人类神经系统中，可以发现大约 860 亿个神经元，它们与 $10^{14}\sim10^{15}$ 个突触相连。图 3-7 显示了生物神经元(左)及其数学模型(右)。每个神经元接收来自其树突的输入信号，并沿其轴突产生输出信号。轴突的末端分支又通过突触连接到其他神经元的树突。

在图 3-7 所示的数学模型中，沿着轴突行进的信号（x_0）是否能够与另一个神经元的树突相互作用(w_0x_0)，取决于该突触的激发强度(w_0)。这是基于如下假设：突触的激发强度(权重 w)是可学习的，并且控制着一个神经元对另一个神经元的影响力及其方向。换言之，兴奋时权重值为正，抑制时权重值为负。在图 3-7 所示的生物神经元中，树突将信号传递到细胞体并对其加权求和，如果最终的和高于某个阈值，则该神经元可以被激活，沿其轴突发送脉冲信号。在图 3-7 所示的数学模型中，假设何时发送脉冲信号是无关紧要的，只有脉冲的频率才能传达信息，用激活函数 $g(z)$ 模拟神经元的激发速率，即激活函数 $g(z)$ 表示沿轴突的脉冲的频率。从历史上看，激活函数最初的一个共同选择是 Sigmoid 函数，因为它采用实值输入(加和之后的信号强度)，并将其压缩到 0～1。

在现代的深度学习教学中，很多时候倾向于不再将生物学上的神经元与人工神经网络中的神经元进行类比，因为两者的工作机制事实上是很不相同的。但是，我们依然在人工神经网络中保留了“激活函数”这样的称谓。下面详细地解读各种激活函数的特点。

2.1.1 Sigmoid 函数

Sigmoid 函数的数学形式如下：

$$a=\sigma(z)=\frac{1}{1+e^{-z}}$$

如图 3-8 所示，它输入实值数并将其“压扁”在 0～1。特别是对于大的负数，可将其转为趋于 0；而对于大的正数，则将其转为趋于 1。Sigmoid 函数曾经被经常使用，因为它能很好地解释神经元被激活的过程，即从完全不激活(0)到完全激活，并达到最大频率(1)。

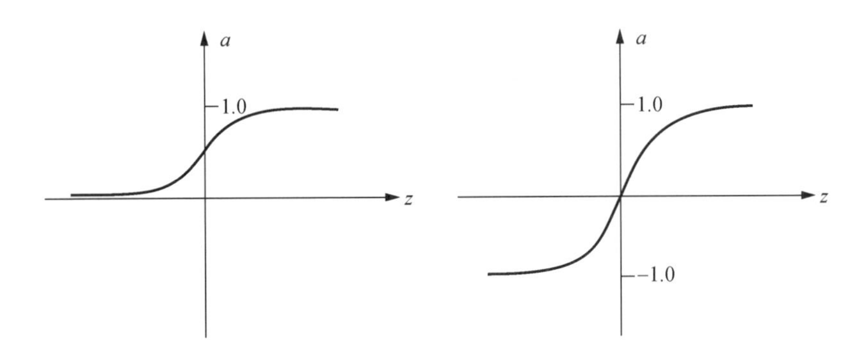

图 3-8 Sigmoid 函数(左)与 tanh 函数(右)

但是，Sigmoid 函数有两个主要缺点：

- Sigmoid 函数在饱和状态时梯度难以下降。当神经元的激活值接近 0 或 1 的时候，函数曲线几乎为直线，斜率几乎为零，意味着这些区域的梯度几乎为零。回顾一下，在反向传播过程中，如果局部梯度非常小，使得整体的梯度无法下降，信号将无法通过神经元反向传输。此外，如果 Sigmoid 函数的初始权重太大，那么大多数神经元将变得饱和，神经网络几乎不会学到有用的权重。
- Sigmoid 函数的输出不是以零为中心的。由于输出始终在 0～1，意味着应用 Sigmoid 函数后，输出始终为正数。因此，在梯度下降期间，权重的梯度在反向传播期间将始终为正数或负数，具体取决于神经元的输出。这可能在权重的梯度更新中引入不希望的锯齿形动态变化(即跳跃现象)，如图 3-9 所示，导致收敛的过程变得非常缓慢。不过，对于一批训练数据而言，权重的最终更新可能会因为某层梯度为正数、某层梯度为负数而互相抵消，从而在某种程度上缓解上述问题。因此，这个问题并非致命，只是计算上存在潜在的风险，与上述饱和状态时的问题相比，后果没那么严重。

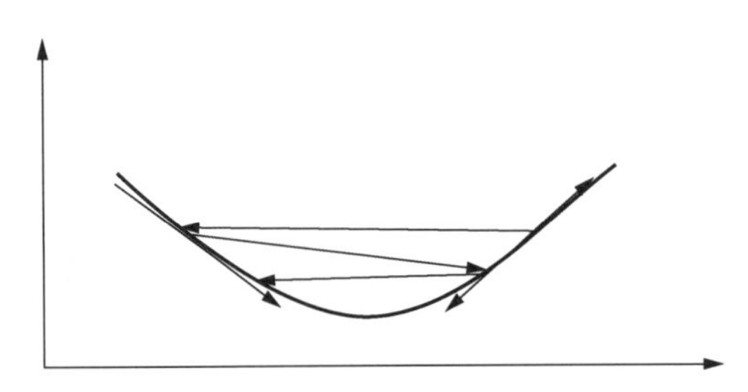

图 3-9 Sigmoid 函数非零中心所带来的梯度跳跃现象

为了不失一般性，当使用不同于 Sigmoid 函数的其他非线性激活函数时，可将激活函数表达为 $g(z)$。比如说，对于图 3-3 所示的第一层神经元，它们的激活函数可以写为 $g(z^{[1]})$。

2.1.2　tanh 函数

图 3-8 还给出了常用的 tanh 函数（hyperbolic tangent，双曲正切函数），它实际上是 Sigmoid 函数向下平移和伸缩的结果，即：

$$a=\tanh(z)=2\sigma(2z)-1=\frac{e^{z}-e^{-z}}{e^{z}+e^{-z}}$$

因此，它的值域介于+1～−1。事实证明，采用激活函数 $g(z)=\tanh(z)$ 的效果总是优于 Sigmoid 函数。因为它的值域为[−1, 1]，其中心值更接近 0 而不是 0.5，因此相较于 Sigmoid 函数，中心归零的这一性质会使得下一层的学习（即梯度有效地下降）更加简单。

为了便于理解，读者需要将神经网络的“学习”这个术语与“梯度的有效下降”建立关联。只有梯度下降了，权重和偏置矩阵才能得到有效的更新，网络预测的代价函数才能不断地降低预测误差，使得最终的神经网络能够准确地预测，即学习到怎样才能做出正确的预测。

由于 tanh 函数实际上是 Sigmoid 函数的一个变种，因此它的第一个缺点和 Sigmoid 函数一样，即当 z 为很大的负数或者很大的正数时，函数曲线的导数接近于 0，出现梯度无法下降的现象，使得神经网络学习不到有用的权重。

2.1.3　ReLU 函数

在各种激活函数中，特别是对于深度神经网络，目前更为流行的是图 3-10 所示的 ReLU 函数及其改进版本，其计算公式如下：

$$a=\max(0, z)$$

实际上，该函数的激活就是简单地以零为阈值进行比较：如果 $z>0$，激活值为 z；如果 $z\leqslant 0$，激活值为 0。该函数最突出的特点就是在 z 为正值的情况下，导数恒等于 1；而当 z 为负值时，导数恒等于 0。其优缺点如下：

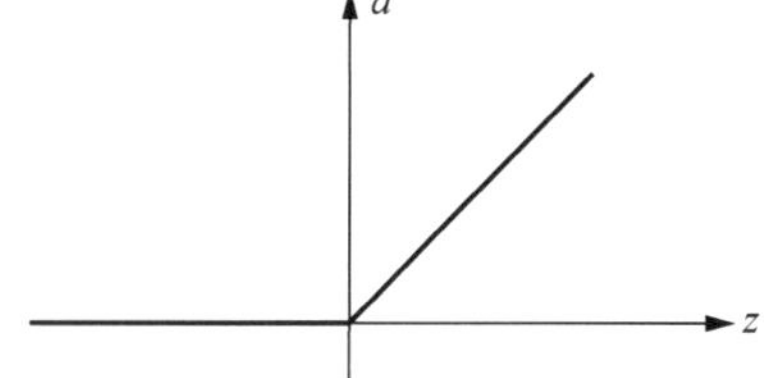

图 3-10　修正线性单元（ReLU: Rectified Linear Unit）激活函数

- 与 Sigmoid 函数或 tanh 函数相比，它在随机梯度下降（stochastic gradient descent）计算时，收敛速度大大加快（如 Krizhevsky 等[1]报道的为 tanh 函数的 6 倍左右）。有学者认为这是由于它的线性、非饱和形式所导致的。
- 与开销昂贵的 Sigmoid 函数、tanh 函数相比，它可以简单地将 z 矩阵通过阈值化为零来实现激活。
- 不幸的是，使用 ReLU 函数的神经元在训练期间可能会很脆弱，并且可能“死亡”。由于 $z\leqslant 0$ 时，激活值为 0。因此，当通过 ReLU 函数的神经元的 z 值为一个较大的负数时，就会出现梯度为 0 的现象，导致权重不再更新，即流经该神经元的梯度从此时开始永远为零。换言之，采用 ReLU 函数的神经元可能在训练期间不可逆转地“死亡”，数据流经过这些神经元时毫无变化，使得这类神经元实际上可以从神经网络中被淘汰。有时学习率设置得太高，可能有多达 40%的神经元处于“死亡”状态，导致神经网络的稀疏现象。不过，这个问题可以通过适当设置学习率予以解决。

2.1.4 Leaky ReLU 函数

为了避免采用 ReLU 函数时神经元出现“死亡”现象，人们提出了 Leaky ReLU 函数(图 3-11)，当 $z<0$ 时，它的值是很小的非零数，比如 0.01，其计算公式为：

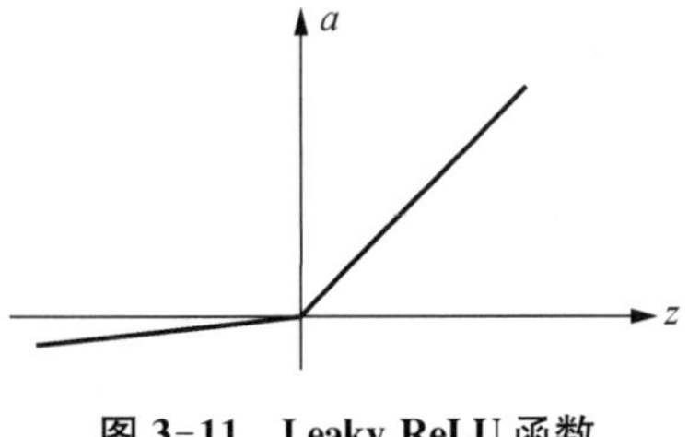

图 3-11 Leaky ReLU 函数

$$a=\max(0.01z,\ z)$$

事实上，如果预测输出是一个二分类问题，通常可以在输出层选择 Sigmoid 函数，而其他各层选择 ReLU 函数。如果在隐含层上不确定使用哪个激活函数，那么通常使用 ReLU 函数，有时也会使用 tanh 函数。在具体的实践中，先遵循上述规则，然后再尝试不同的激活函数，看看结果是否更好，从而总结出相应的规律。

2.2 为什么需要非线性激活函数

那么为什么一定要非线性激活函数呢？让我们来推导一下，以图 3-12 所示的神经网络为例。

其向前传播的具体计算步骤如下：

$$z^{[1]}=W^{[1]}x$$
$$a^{[1]}=g(z^{[1]})$$
$$z^{[2]}=W^{[2]}a^{[1]}+b^{[2]}$$
$$a^{[2]}=g(z^{[2]})$$

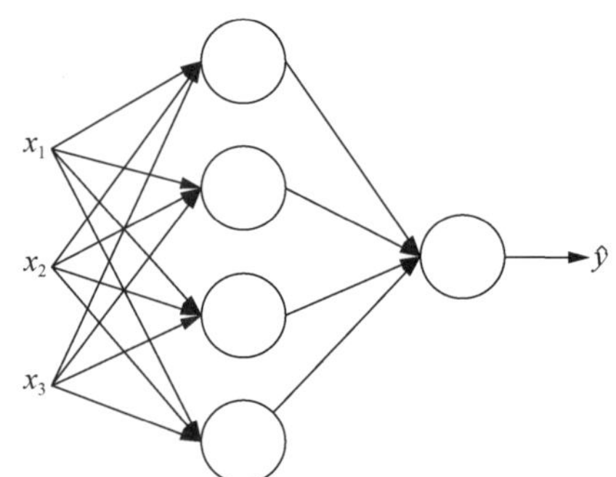

图 3-12 神经网络示例

如果将激活函数从非线性的改为线性的，比如说，假设 $a^{[1]}=z^{[1]}$，$a^{[2]}=z^{[2]}$，结果会怎样呢？将 $a^{[1]}=z^{[1]}=W^{[1]}x+b^{[1]}$ 代入 $a^{[2]}$ 的计算中，有：

$$a^{[2]}=z^{[2]}=W^{[2]}a^{[1]}+b^{[2]}=W^{[2]}(W^{[1]}x+b^{[1]})+b^{[2]}=W^{[2]}W^{[1]}x+(W^{[2]}b^{[1]}+b^{[2]})$$

令 $W'=W^{[2]}W^{[1]}$，$b'=W^{[2]}b^{[1]}+b^{[2]}$，则上式可以改写为：

$$a^{[2]}=W'x+b'$$

也就是说，采用线性激活函数 $g(z)=z$ 时，无论神经网络有多深，始终在计算一个形如 $W'x+b'$ 的线性方程，而这是一个简单的线性拟合，从而丢失了神经网络对复杂特征的学习能力。

如前所述，若将各种激活函数用符号 $g(z)$ 表示，则有：

- Sigmoid 函数的形式为 $g(z)=\frac{1}{1+\mathrm{e}^{-z}}$
- tanh 函数的形式为 $g(z)=\tanh(z)=\frac{\mathrm{e}^{z}-\mathrm{e}^{-z}}{\mathrm{e}^{z}+\mathrm{e}^{-z}}$
- ReLU 函数的形式为 $g(z)=\max(0,\ z)$
- Leaky ReLU 函数的形式为 $g(z)=\max(0.01z,\ z)$

第三节　激活函数的导数

鉴于梯度下降的计算过程离不开激活函数的导数，因此在本节中给出上一节中介绍的几种激活函数的导数计算过程。

3.1　Sigmoid 函数的导数

Sigmoid 函数的形式为 $g(z)=\frac{1}{1+\mathrm{e}^{-z}}$，其导数为：

$$g'(z)=g(z)(1-g(z))=\sigma(z)(1-\sigma(z)) \tag{3-3}$$

为便于理解，再次给出其推导过程：

$$\begin{aligned} g'(z)&=\frac{\mathrm{d}}{\mathrm{d}z}g(z)=\frac{1}{1+\mathrm{e}^{-z}}\left(1-\frac{1}{1+\mathrm{e}^{-z}}\right) \\ &=g(z)(1-g(z)) \end{aligned}$$

注意：该函数在取值接近 $+\infty$ 和 $-\infty$ 时，导数为 0；而在 $z=0$ 时，导数为 $\frac{\mathrm{d}}{\mathrm{d}z}g(z)=g(z)(1-g(z))=\frac{1}{4}$。

3.2　tanh 函数的导数

tanh 函数的形式为 $g(z)=\tanh(z)=\frac{\mathrm{e}^{z}-\mathrm{e}^{-z}}{\mathrm{e}^{z}+\mathrm{e}^{-z}}$，它的导数为：

$$g'(z)=1-g(z)^{2}=1-(\tanh(z))^{2} \tag{3-4}$$

前面讲过，tanh 函数的中文名为双曲正切函数，它的定义为双曲正弦函数 $\sinh(z)=\frac{\mathrm{e}^{z}-\mathrm{e}^{-z}}{2}$ 除以双曲余弦函数 $\cosh(z)=\frac{\mathrm{e}^{z}+\mathrm{e}^{-z}}{2}$，即：

$$\tanh(z)=\frac{\sinh(z)}{\cosh(z)}$$

因此，在求它的导数的时候，用如下方式简化计算：

$$g'(z)=\frac{\mathrm{d}}{\mathrm{d}z}g(z)=\left(\frac{\sinh(z)}{\cosh(z)}\right)'=\frac{\cosh(z)(\sinh(z))'-(\sinh(z)(\cosh(z))')}{\cosh^2(z)}$$
$$=\frac{\cosh^2(z)-\sinh^2(z)}{\cosh^2(z)}=1-\frac{\sinh^2(z)}{\cosh^2(z)}=1-\tanh^2(z)$$

对于 tanh 函数，当取值接近 $+\infty$ 和 $-\infty$ 时，导数为 0；当取值为 0 时，导数为 1，即 $g'(0)=\frac{\mathrm{d}}{\mathrm{d}z}g(0)=1-0^2=1$。

3.3 ReLU 函数和 Leaky ReLU 函数的导数

ReLU 函数的定义为 $g(z)=\max(0,\ z)$，它的导数为：

$$g'(z)=\begin{cases}0 & z<0\\ 1 & z>0\\ \text{undefined} & z=0\end{cases} \tag{3-5}$$

一般在编程的时候，若遇到 $z=0$ 的情况，可以令 $g'(z)=0$，或者 $g'(z)=1$。虽然这种情况很少遇到，但是这个细节往往决定着最终代码的质量。

Leaky ReLU 函数的定义为 $g(z)=\max(0.01z,\ z)$，它的导数为：

$$g'(z)=\begin{cases}0.01 & z<0\\ 1 & z>0\\ \text{undefined} & z=0\end{cases} \tag{3-6}$$

同样地，在编程的时候，若遇到 $z=0$ 的情况，可以令 $g'(z)=0$，或者 $g'(z)=1$。

以上是一些常用的激活函数的导数。有了这些作为基础，就可以了解一个全连接神经网络的梯度下降是如何计算的。

第四节　全连接神经网络向后传播时的梯度计算

事实上，神经网络向后传播时的梯度计算与逻辑回归十分类似，只是中间需要更多次的计算。以图 3-13 所示的两层神经网络为例，它包含一个输入层（不计入层数）、一个隐藏层和一个输出层。

在这个神经网络中，最后一层（即输出层）的激活函数为 Sigmoid 函数，中间层的激活函数可以选择 tanh 函数或者 ReLU 函数。对于单个样本而言，在向前传播的过程中，先计算

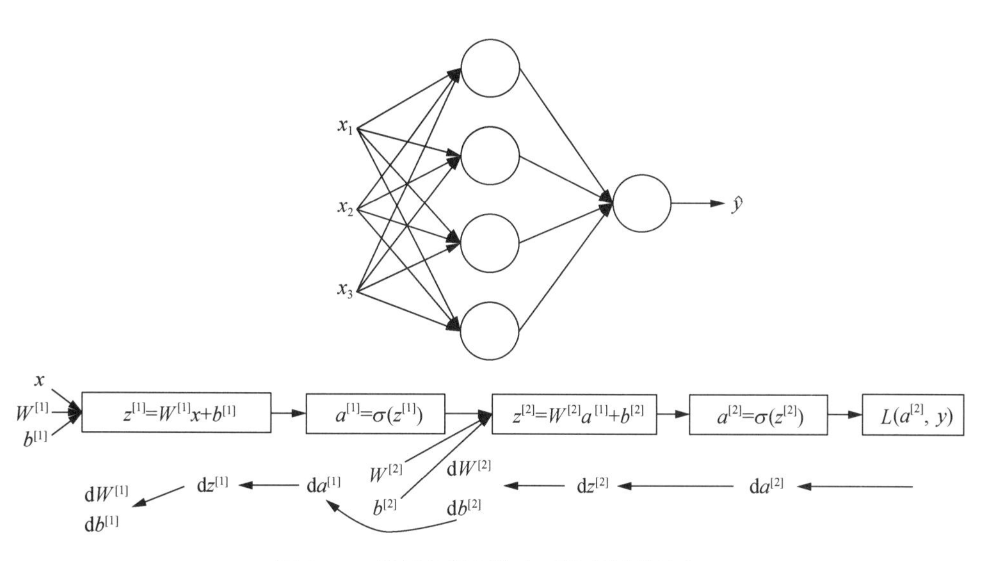

图 3-13　浅层神经网络向后传播计算流程

$z^{[1]}$，然后是 $a^{[1]}$，接下来是 $z^{[2]}$（由它计算出 $a^{[2]}$），最后是损失函数 L；而在向后传播的过程中，需要按照链式法则对上述各项分别求导，即先推算出 $\mathrm{d}a^{[2]}$，然后推算出 $\mathrm{d}z^{[2]}$（由它计算出 $\mathrm{d}W^{[2]}$ 和 $\mathrm{d}b^{[2]}$），接着推算出 $\mathrm{d}a^{[1]}$，然后推算出 $\mathrm{d}z^{[1]}$（由它计算出 $\mathrm{d}W^{[1]}$ 和 $\mathrm{d}b^{[1]}$）。记住，不需要对 x 求导，因为 x 对于有监督学习而言是固定的，因此没必要对 x 进行优化，我们的目标是对 $W^{[1]}$ 和 $W^{[2]}$ 及 $b^{[1]}$ 和 $b^{[2]}$ 进行优化。

这里省略了 $\mathrm{d}a^{[2]}$ 的计算（最终的公式中用不到），并将其与 $\mathrm{d}z^{[2]}$ 的计算过程合并讲解。由于最后一层使用的是 Sigmoid 函数，因此 $\mathrm{d}z^{[2]}$ 的值与前面所讲述的逻辑回归模型类似：

$$\mathrm{d}z^{[2]}=a^{[2]}-y \tag{3-7}$$

有了 $\mathrm{d}z^{[2]}$，这一层的 $\mathrm{d}W^{[2]}$ 和 $\mathrm{d}b^{[2]}$ 可以分别计算出来，与逻辑回归中 $\mathrm{d}w=\mathrm{d}z \cdot x$ 的形式类似：

$$\mathrm{d}W^{[2]}=\mathrm{d}z^{[2]}a^{[1]T} \tag{3-8}$$

$$\mathrm{d}b^{[2]}=\mathrm{d}z^{[2]} \tag{3-9}$$

即用 $a^{[1]T}$ 替代了 $\mathrm{d}z \cdot x$ 中的 x。这里，$a^{[1]}$ 需要进行转置的原因在于小写的 $w_i^{[l]}$ 与大写的 $W^{[l]}$ 之间的关系是转置的。在这个例子中，当 $l=1$ 时：

$$W^{[1]}=\begin{bmatrix} w_1^{[1]T} \\ w_2^{[1]T} \\ w_3^{[1]T} \\ w_4^{[1]T} \end{bmatrix}$$

到这里，完成了一半的向后传播的计算。下一步理论上应该计算 $\mathrm{d}a^{[1]}$，但是在实际编程的时候，$\mathrm{d}a^{[1]}$ 与 $\mathrm{d}z^{[1]}$ 的计算往往合并为一步进行，与前面的 $\mathrm{d}a^{[2]}$ 与 $\mathrm{d}z^{[2]}$ 的处理方式一致。这里省略了具体的推导过程，直接给出 $\mathrm{d}z^{[1]}$ 的计算结果：

$$dz^{[1]} = W^{[2]T} dz^{[2]} * g^{[1]'}(z^{[1]}) \tag{3-10}$$

这里的“$*$”代表的是矩阵 $W^{[2]T}dz^{[2]}$ 与矩阵 $g^{[1]'}(z^{[1]})$ 按位相乘(有时称为**智积**)的结果。

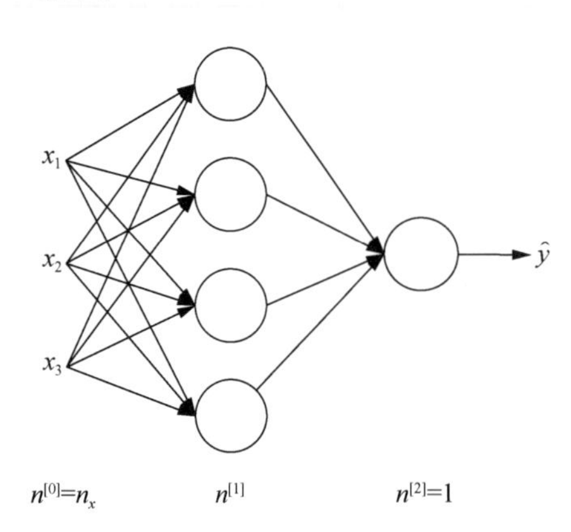

图 3-14 神经网络各层的节点数统计

参考图 3-14,可以验算等号两边的矩阵的维度。$W^{[2]}$ 的维度是$(n^{[2]}, n^{[1]})$,转置之后的维度就是$(n^{[1]}, n^{[2]})$;$dz^{[2]}$ 的维度与 $z^{[2]}$ 的维度相同,都是$(n^{[2]}, 1)$,所以两者相乘的维度是$(n^{[1]}, 1)$;$dz^{[1]}$ 的维度与 $z^{[1]}$ 的维度相同,都是$(n^{[1]}, 1)$,所以“$*$”左右的两部分矩阵按位相乘的结果是一个维度为$(n^{[1]}, 1)$的矩阵,与 $dz^{[1]}$ 的维度一致。总结而言,上式中的维度计算如下:

$$(n^{[1]}, 1) = (n^{[1]}, n^{[2]})(n^{[2]}, 1) * (n^{[1]}, 1)$$

有两点需要注意:1)在实际编程中,foo 与 $dfoo$ 的维度总是相同的,比如 z 与 dz 及 w 与 dw;2)在实际编程中,预先验算相应算式中左右两边的维度是否相等,能够消除很多潜在的错误,使得代码能够顺利地执行。

最后,有了 $dz^{[1]}$,可以得到 $dW^{[1]}$ 和 $db^{[1]}$:

$$dW^{[1]} = dz^{[1]} a^{[0]T} = dz^{[1]} x^T \tag{3-11}$$

$$db^{[1]} = dz^{[1]} \tag{3-12}$$

至此,可以得到 6 个用于计算单个样本向后传播时的导数公式,具体如下:

$$\begin{aligned}
dz^{[2]} &= a^{[2]} - y \\
dW^{[2]} &= dz^{[2]} a^{[1]T} \\
db^{[2]} &= dz^{[2]} \\
dz^{[1]} &= W^{[2]T} dz^{[2]} * g^{[1]'}(z^{[1]} \\
dW^{[1]} &= dz^{[1]} a^{[0]T} = dz^{[1]} x^T \\
db^{[1]} &= dz^{[1]}
\end{aligned}$$

回忆一下,对于 m 个训练样本而言,用矩阵编程风格表示,我们已经学会将向前传播写为如下形式:

$$\begin{aligned}
Z^{[1]} &= W^{[1]} X + b^{[1]} \\
A^{[1]} &= g(Z^{[1]}) \\
Z^{[2]} &= W^{[2]} A^{[1]} + b^{[2]} \\
A^{[2]} &= g(Z^{[2]})
\end{aligned}$$

其中:

$$Z^{[1]} = [z^{[1](1)} \quad z^{[1](2)} \quad \cdots \quad z^{[1](m)}]$$

按照类似的逻辑，这里不加证明地列出向后传播时的导数矩阵：

$$\mathrm{d}Z^{[2]}=a^{[2]}-y$$

$$\mathrm{d}W^{[2]}=\frac{1}{m}\mathrm{d}Z^{[2]}A^{[1]T}$$

$$\mathrm{d}b^{[2]}=\frac{1}{m}\sum\mathrm{d}Z^{[2]}$$

$$\mathrm{d}Z^{[1]}=W^{[2]T}\mathrm{d}Z^{[2]}*g^{[1]'}(Z^{[1]})$$

$$\mathrm{d}W^{[1]}=\mathrm{d}Z^{[1]}a^{[0]T}=\mathrm{d}Z^{[1]}x^{T}$$

$$\mathrm{d}b^{[1]}=\frac{1}{m}\sum\mathrm{d}Z^{[1]}$$

至此，给出了图 3-14 所示的浅层神经网络向前和向后传播时的梯度计算过程。然而，并非所有的神经网络都只有一个隐含层。下面介绍多层神经网络的构成及其向前、向后传播时的梯度计算过程。

第五节　多层神经网络

当一个神经网络有多个隐含层时，称之为多层神经网络（或者深层神经网络）。这里依然遵循输入层为第零层，不计入命名的原则。因此，以图 3-15 中的神经网络为例，假设输入特征有三个，那么这个神经网络就有三个隐含层，加上输出层，共计四层，即一个四层全连接型神经网络。

为了更好地掌握多层神经网络的编程实现，需要再次强调表征这样一个网络时的符号系统和表征原则。依然以图 3-15 为例，其输入特征向量为 x（或者称为激活值向量 $a^{[0]}$）。

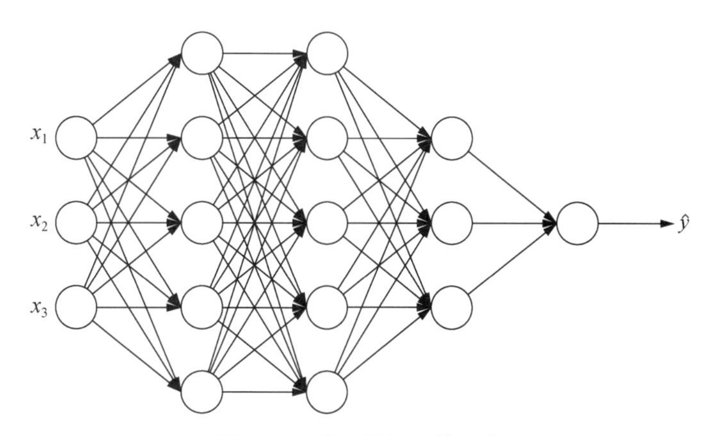

图 3-15　多层神经网络示意

这里用大写字母 L 代表神经网络的总层数（不包括第零层，即输入层）。因此，在图 3-15 所示的例子中，$L=4$。

用 $n^{[l]}$ 代表第 l 层上的神经元数量，对于图 3-15 所示的神经网络，有：

$$n^{[0]} = n_x = 3$$

$$n^{[1]} = 5,\ n^{[2]} = 5,\ n^{[3]} = 3,\ n^{[4]} = n^{[L]} = 1$$

用 $a^{[l]}$ 表示第 l 层上激活值所构成的向量，即 $a^{[l]} = g^{[l]}(z^{[l]})$。这里，激活函数 $g(z)$ 可以是 ReLU 函数或者 tanh 函数，或者其他函数，取决于多层神经网络的设计。

最后，用大写字母 $W^{[l]}$ 代表第 l 层的权重矩阵，$b^{[l]}$ 代表第 l 层的偏置量矩阵。

5.1 多层神经网络的向前传播计算

神经网络向前传播的过程，主要是计算加权值 $z^{[l]}$ 和它的激活值 $a^{[l]}$。对于单个样本，有通用的计算公式：

$$z^{[l]} = W^{[l]} a^{[l-1]} + b^{[l]} \tag{3-13}$$

$$a^{[l]} = g^{[l]}(z^{[l]}) \tag{3-14}$$

因此，对于图 3-20 所示的神经网络，具体的计算流程如下：

$$z^{[1]} = W^{[1]} x + b^{[1]}$$
$$a^{[1]} = g^{[1]}(z^{[1]})$$

$$z^{[2]} = W^{[2]} a^{[1]} + b^{[2]}$$
$$a^{[2]} = g^{[2]}(z^{[2]})$$

$$z^{[3]} = W^{[3]} a^{[2]} + b^{[3]}$$
$$a^{[3]} = g^{[3]}(z^{[3]})$$

$$z^{[4]} = W^{[4]} a^{[3]} + b^{[4]}$$
$$a^{[4]} = g^{[4]}(z^{[4]}) = \hat{y}$$

对于整个样本集，可以通过矩阵形式表达 m 个样本一次性向前传播的计算过程，其通用计算公式如下：

$$Z^{[l]} = W^{[l]} A^{[l-1]} + b^{[l]} \tag{3-15}$$

$$A^{[l]} = g^{[l]}(Z^{[l]}) \tag{3-16}$$

因此，对于图 3-16 所示的神经网络，具体的计算流程如下：

$$Z^{[1]} = W^{[1]} A^{[0]} + b^{[1]}$$
$$A^{[1]} = g^{[1]}(Z^{[1]})$$
$$Z^{[2]} = W^{[2]} A^{[1]} + b^{[2]}$$
$$A^{[2]} = g^{[2]}(Z^{[2]})$$
$$Z^{[3]} = W^{[3]} A^{[2]} + b^{[3]}$$
$$A^{[3]} = g^{[3]}(Z^{[3]})$$
$$Z^{[4]} = W^{[4]} A^{[3]} + b^{[4]}$$
$$\hat{Y} = A^{[4]} = g^{[4]}(Z^{[4]})$$

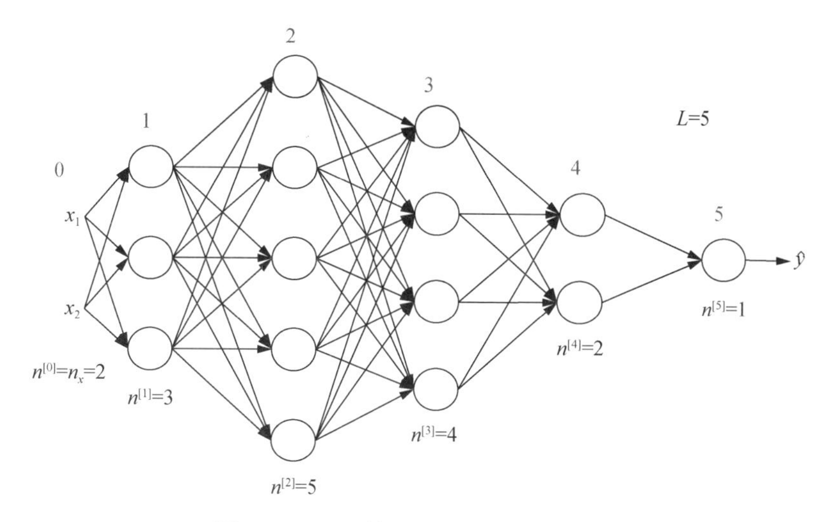

图 3-16　五层神经网络的参数维度核算

上述计算过程在编程实现之前，必须明确其维度。这里，首先关心的是每一层的参数 $W^{[l]}$ 和 $b^{[l]}$ 的维度，然后是它们的导数（即向后传播时的梯度）的维度。通用计算方式见表 3-1。

表 3-1　神经网络中各参数和中间计算量的维度

参数名称	维度计算方式	参数名称	维度计算方式
$W^{[l]}$	$(n^{[l]},\ n^{[l-1]})$	$\mathrm{d}z^{[l]}$	$(n^{[l]},\ 1)$
$b^{[l]}$	$(n^{[l]},\ 1)$	$\mathrm{d}a^{[l]}$	$(n^{[l]},\ 1)$
$\mathrm{d}W^{[l]}$	$(n^{[l]},\ n^{[l-1]})$	$Z^{[l]}$	$(n^{[l]},\ m)$
$\mathrm{d}b^{[l]}$	$(n^{[l]},\ 1)$	$A^{[l]}$	$(n^{[l]},\ m)$
$z^{[l]}$	$(n^{[l]},\ 1)$	$\mathrm{d}Z^{[l]}$	$(n^{[l]},\ m)$
$a^{[l]}$	$(n^{[l]},\ 1)$	$\mathrm{d}A^{[l]}$	$(n^{[l]},\ m)$

注：m 为样本个数。

注意，各参数的维度并不随着样本数量的多少而改变，因为它们是用来调节神经网络中每层的神经元对输入特征的影响程度的。在这个基础上，对于单个样本，按照 $z^{[l]}=W^{[l]}a^{[l-1]}+b^{[l]}$ 进行计算，得到 $z^{[l]}$ 的维度为 $(n^{[l]},\ 1)$，而 $a^{[l]}$ 的维度与其相同。

对于由 m 个样本构成的整个样本集而言，$Z^{[l]}$ 的维度为 $(n^{[l]},\ m)$。同样地，激活值矩阵 $A^{[l]}$ 的维度为 $(n^{[l]},\ m)$。同时，不要忘记 $\mathrm{d}Z^{[l]}$ 和 $\mathrm{d}A^{[l]}$ 的维度也是 $(n^{[l]},\ m)$。下面以图 3-16 所示的五层神经网络为例，核算其参数维度。

对于单个样本而言，第一层上各个变量的维度计算如下：

$$\begin{array}{cccc} z^{[1]} & = & W^{[1]}x & + & b^{[1]} \\ (3,\ 1) & & (3,\ 2)(2,\ 1) & & (3,\ 1) \\ & & (n^{[1]},\ n^{[0]})(n^{[0]},\ 1) & & (n^{[1]},\ 1) \end{array}$$

第二层上各个变量的维度计算如下：

$$\begin{array}{ccccc} z^{[2]} & = & W^{[2]}a^{[1]} & + & b^{[2]} \\ (5,1) & & (5,3)(3,1) & & (5,1) \end{array}$$

对于 m 个样本而言：

$$\begin{array}{ccccc} Z^{[1]} & = & W^{[1]}x & + & b^{[1]} \\ (n^{[1]},m) & & (n^{[1]},n^{[0]})(n^{[0]},m) & & (n^{[1]},m) \end{array}$$

即通用维度核算公式为：

$$\begin{array}{ccccc} Z^{[l]} & = & W^{[l]}A^{[l-1]} & + & b^{[l]} \\ (n^{[l]},m) & & (n^{[l]},n^{[l]-1})(n^{[l-l]},m) & & (n^{[l]},m) \end{array}$$

再次强调，激活值矩阵 $a^{[l]}$ 和 $A^{[l]}$ 的维度与 $z^{[l]}$ 和 $Z^{[l]}$ 相同。

5.2 多层神经网络向前/向后传播的编程模块

假设图 3-17 所示的虚线框为该神经网络的第 l 层，以它为例详细说明单个样本和多个样本在向前/向后传播过程中的基本计算模块。

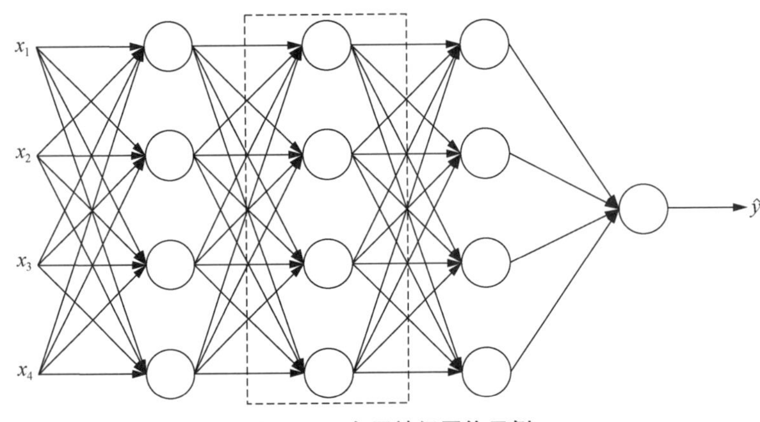

图 3-17 多层神经网络示例

对于单个样本而言，在向前传播的过程中，输入 $a^{[l-1]}$，输出 $a^{[l]}$，则：

$$z^{[l]}=W^{[l]}a^{[l-1]}+b^{[l]}$$
$$a^{[l]}=g^{[l]}(z^{[l]})$$

其中，在编程时，还需要缓存 $a^{[l-1]}$、$z^{[l]}$、$W^{[l]}$ 和 $b^{[l]}$。

在向后传播的过程中，输入 $\mathrm{d}a^{[l]}$，输出 $\mathrm{d}a^{[l-1]}$ 及 $\mathrm{d}w^{[l]}$ 及 $\mathrm{d}b^{[l]}$。也就是说，给出针对激活值 $a^{[l]}$ 的导数 $\mathrm{d}a^{[l]}$ 之后，希望 $a^{[l-1]}$ 相应地变化，即计算第 $l-1$ 层的激活值的导数。在这个过程中，还会计算 $\mathrm{d}z^{[l]}$，得到用于更新的 $\mathrm{d}w^{[l]}$ 及 $\mathrm{d}b^{[l]}$。具体的计算公式可以不加证明地给出：

$$dz^{[l]}=da^{[l]}*g^{[l]\prime}(z^{[l]}) \tag{3-17}$$

$$dW^{[l]}=dz^{[l]}a^{[l-1]} \tag{3-18}$$

$$db^{[l]}=dz^{[l]} \tag{3-19}$$

$$da^{[l-1]}=W^{[l]T}dz^{[l]} \tag{3-20}$$

其中:“$*$”代表按位相乘。

如果将 $da^{[l]}$ 代入 $dz^{[l]}$ 的计算公式,即将 $da^{[l]}=W^{[l+1]T}dz^{[l+1]}$ 代入式(3-17),会发现 $dz^{[l]}=W^{[l+1]T}dz^{[l+1]}*g^{[l]\prime}(z^{[l]})$,也就是本章第四节直接给出的结果。

图 3-18 给出了上述基本模块,由此可以得到整个神经网络的计算流程(图 3-19)。

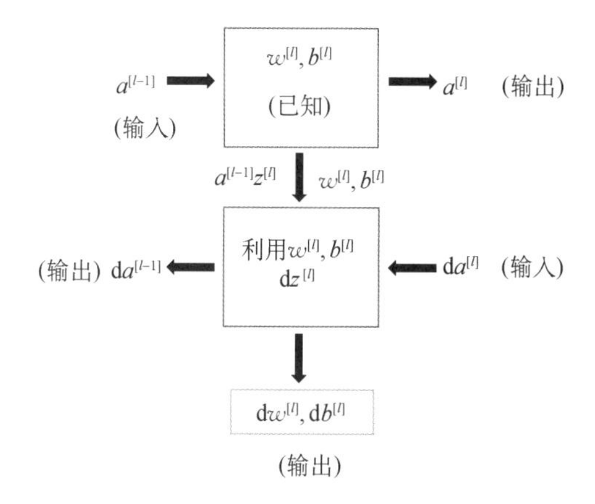

图 3-18 多层神经网络第 l 层的基本模块

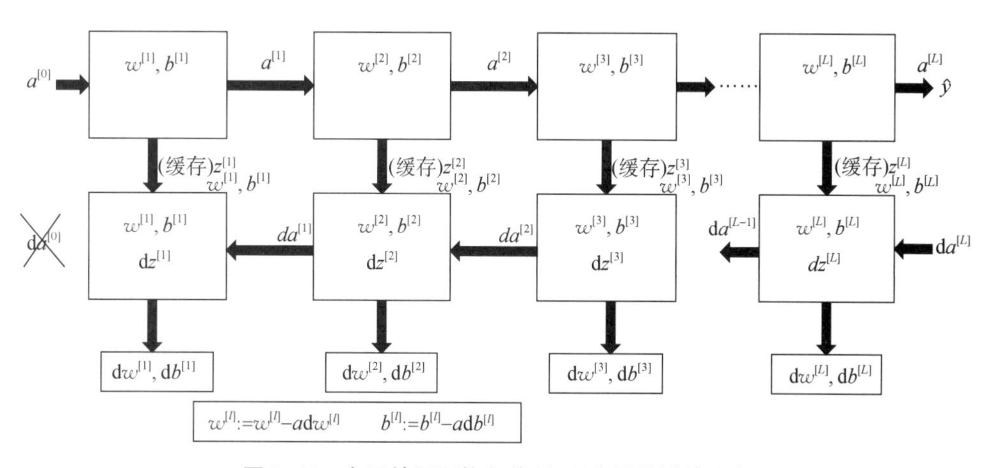

图 3-19 多层神经网络向前/向后传播的计算流程

在完成了向前传播的迭代之后,向后传播将经历类似的迭代过程。注意:$da^{[0]}$ 是针对样本的特征向量 x 的,而非参数 W 和 b 的。对于有监督学习而言,不需要更新样本的特征,因此 $da^{[0]}$ 是用不到的。由此,经过图 3-19 中箭头所示的向前和向后传播,每次计算都可以得到新的$dw^{[l]}$ 及 $db^{[l]}$,用于更新 $W^{[l]}$ 及 $b^{[l]}$。

下面来看 m 个训练样本下的计算流程：

对于第 l 层，在向前传播的过程中，输入 $A^{[l-1]}$，输出 $A^{[l]}$，具体的计算公式如下：

$$Z^{[l]}=W^{[l]}A^{[l-1]}+b^{[l]} \tag{3-21}$$

$$A^{[l]}=g^{[l]}(Z^{[l]}) \tag{3-22}$$

其中，需要缓存 $A^{[l-1]}$、$Z^{[l]}$、$W^{[l]}$ 及 $b^{[l]}$。

对于第 l 层，在向后传播的过程中，输入 $\mathrm{d}A^{[l]}$，输出 $\mathrm{d}A^{[l-1]}$、$\mathrm{d}W^{[l]}$ 和 $\mathrm{d}b^{[l]}$：

$$\mathrm{d}Z^{[l]}=\mathrm{d}A^{[l]}*g^{[l]\prime}(Z^{[l]}) \tag{3-23}$$

$$\mathrm{d}W^{[l]}=\frac{1}{m}\mathrm{d}Z^{[l]}A^{[l-1]} \tag{3-24}$$

$$\mathrm{d}b^{[l]}=\frac{1}{m}\sum\mathrm{d}Z^{[l]} \tag{3-25}$$

$$\mathrm{d}A^{[l-1]}=W^{[l]T}\mathrm{d}Z^{[l]} \tag{3-26}$$

再次强调，缓存 $A^{[l-1]}$、$W^{[l]}$、$b^{[l]}$ 及 $Z^{[l]}$，有助于编程实现。或者说，在编程实现过程中，包含向前传播、向后传播及变量缓存三个部分的内容。

下面举一个三层神经网络的例子进一步说明。如图 3-20 所示，三层神经网络由两个隐含层（激活函数为 ReLU 函数）和一个输出层（激活函数为 Sigmoid 函数）所构成。

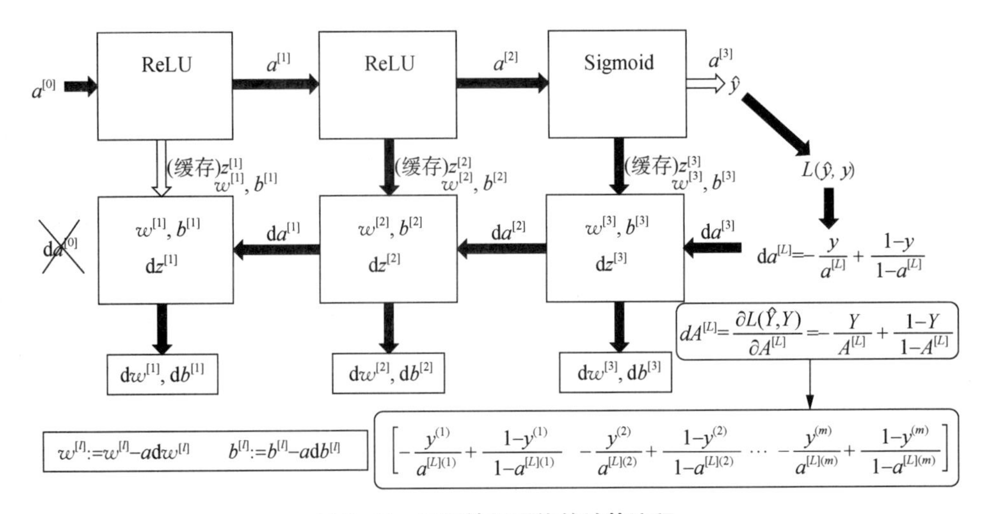

图 3-20　三层神经网络的计算流程

现在，我们已经充分了解各种类型的全连接神经网络向前/向后传播的计算流程。读者在阅读相关文献时，有时会遇到术语“多层感知器神经网络（multi layered perception，简称 MLP）”，它实际上就是全连接神经网络。

在本章结束之前，还有最后一个问题需要关注：“在神经网络的初始化过程中，是应该采用全零初始化，还是随机初始化呢？”

第六节 神经网络的随机初始化

为简化表述，采用图 3-21 所示的神经网络。如果将这个神经网络中维度为(4，3)的第一层 $W^{[1]}$ 上所有神经元所对应的权重矩阵初始化为 0，则有：

$$W^{[1]}=\begin{bmatrix}0&0&0\\0&0&0\\0&0&0\\0&0&0\end{bmatrix},\ b^{[1]}=\begin{bmatrix}0\\0\\0\\0\end{bmatrix}$$

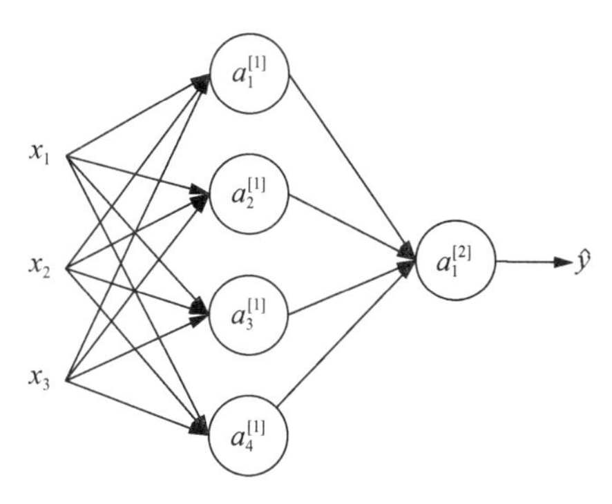

图 3-21 神经网络示意图

事实上，把偏置量 b 初始化为 0 是可行的。但是把权重初始化为 0，就会产生问题。

这种情况下，对于任何一个训练样本，第一层上所有神经元的 z 值都为 0。经过激活之后，其激活值矩阵 $A^{[1]}$ 中的所有元素也相同，即 $a_1^{[1]}=a_2^{[1]}=a_3^{[1]}=a_4^{[1]}$，因为它们所计算的是完全相同的值 $g(WX+b)=g(0)$。这样的话，在向后传播的过程中，如果第二层上权重矩阵 $W^{[2]}$ 也全部初始化为 0，会发现隐含层上所有神经元的 $\mathrm{d}z$ 值都是相同的，即 $\mathrm{d}z_1^{[1]}=\mathrm{d}z_2^{[1]}=\mathrm{d}z_3^{[1]}=\mathrm{d}z_4^{[1]}$。这意味着第一层上四个神经元是完全相同的，有时称之为神经元呈现出对称性质。换言之，这样计算出来的 $\mathrm{d}W^{[1]}=\begin{bmatrix}u&v&w\\u&v&w\\u&v&w\\u&v&w\end{bmatrix}$ 中的每一行都是相同的，或者说，每个隐藏神经元对于输入的影响程度是一样的。这种情况下，按照权重矩阵更新的公式 $W^{[1]}:=W^{[1]}-\alpha \mathrm{d}W^{[1]}$，经过一次迭代之后，第一层上四个神经元的 $\mathrm{d}W^{[1]}$ 依然是相同的。于是，无论经过多少次迭代，这四个神经元的计算内容都是完全相同的。换言之，再多的神经元也没有任何意义，因为再庞大的隐含层也等同于一个大的神经元。这就背离了神经网络的设计初衷："希望不同的神经元计算不同的功能，提取不同的特征。"

若第一层的激活函数为 tanh 函数或者 ReLU 函数，且第二层的权重矩阵 $W^{[2]}$ 全部初始化为 0，则 $W^{[2]T}\mathrm{d}Z^{[2]}$ 就是一个全零矩阵，使得 $\mathrm{d}Z^{[1]}=W^{[2]T}\mathrm{d}Z^{[2]}*g^{[1]'}(Z^{[1]})$ 成为一个全零矩阵，这意味着 $\mathrm{d}W^{[1]}$ 为全零矩阵。由于 $\mathrm{d}W^{[l]}$ 的每一行代表的是第 l 层上每个神经元的梯度，若每个神经元的梯度都相同，这些神经元就是一样的。因此，全零初始化是行不通的。这个问题的解决方法就是将 $W^{[1]}$ 进行随机初始化，比如利用 Python 语言中的 Numpy 库，可以这样计算：

$$W^{[1]}=\mathrm{np.random.randn}(n\_h,n\_x)*0.01$$
$$b^{[1]}=\mathrm{np.zeros}((n\_h,1))$$

其中 n_h 为第一层上隐含神经元的个数，而 n_x 为输入特征数。如果阅读 Numpy 库的说明文档，读者会知道这里的“np.random.randn”实际上是生成若干满足高斯分布的随机数，我们通常会给它再乘上一个很小的系数“0.01，将 $W^{[1]}$ 初始化为一个由很小的随机数构成的矩阵。这样，不同的神经元就会计算出不同的结果，从而打破前面所说的对称性问题。类似地：

$$W^{[2]} = \text{np.random.randn(n\_y, n\_h)} * 0.01$$

$$b^{[2]} = 0$$

其中：n_y=1 为输出层上神经元的个数。

读者也许会疑惑，为什么要选择系数为“0.01”，而不是“100”或者“1 000”。这是因为，我们通常倾向于初始化为绝对值很小的随机数。如果用 tanh 函数或者 Sigmoid 函数作为激活函数，对于 $z^{[1]} = W^{[1]}x + b^{[1]}$，$a^{[1]} = g^{[1]}(z^{[1]})$。若 W 的绝对值很大，z 的绝对值就会很大，a 的值也会很大或者很小，它很可能位于 tanh/sigmoid 函数曲线的平坦区域（即导致梯度饱和的区域），其梯度很小，意味着梯度下降很慢，因此神经网络的学习也很慢。

现在我们对神经网络的构成及其基本概念已经有一个较深入的了解。事实上，在神经网络的训练过程中，不仅权重和偏置量的计算非常重要，整个网络的设置也同样重要。比如算法中的学习率 α、梯度下降计算过程中迭代循环的数量、隐藏层的数量、隐藏层上的神经元数量、激活函数的选择等，都需要合理设置。实际上，随着学习的深入，会发现深度学习技术中还有许多超参数，如动量的大小、小批量的大小、正则化时的参数等。

在实战的过程中，一套良好的超参数设置会使同样的神经网络架构得到不同的训练结果和预测精度。然而不幸的是，神经网络的超参数设置，除了一些默认的初始值以外，对于每个具体的问题，其实还没有方法进行很好的预知。目前通用的方法都是“试凑法”，即给定一套超参数，反复尝试各种可能值，最终得到理想的超参数集合。类似于我们在收听调频广播时，根据自己的“感受”不断尝试旋钮的调节量和调节方向，直至达到理想的效果。

第七节　二元分类问题案例分析

在这一节中，将用一个二元分类问题案例，进一步巩固前面所述内容。首先访问一个网址“https://playground.tensorflow.org”，在默认情况下，会遇到一个如图 3-22 所示的二元分类问题：

假设数据集分别由灰点和黑点构成，其分布如同环状，特别是灰点，形成类似于字母 C 的形状。我们的目标是找到一个二元分类问题的决策函数（或者决策边界），能够将两个类别的数据区分开来。

仔细观察图 3-22，由于这个数据集位于二维平面坐标上，因此数据的特征（features）只能是 x 和 y 方向的坐标，输入的 x_1 和 x_2 分别在垂直和水平方向。假设采用一个三层全连接

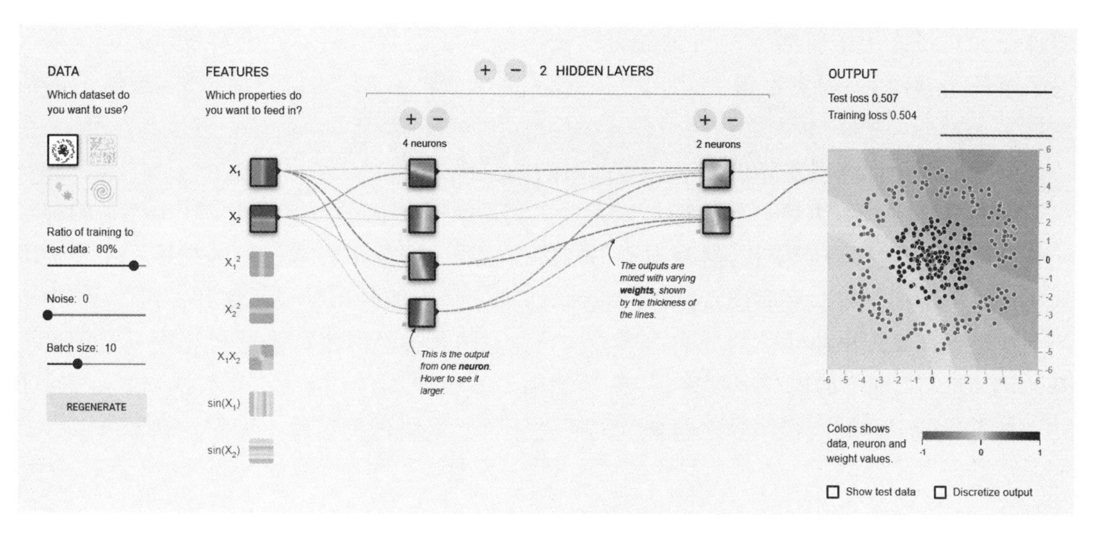

图 3-22　二元分类问题的可视化

型神经网络，其包含两个隐含层 $a^{[1]}$ 和 $a^{[2]}$，其中 $a^{[1]}$ 由四个神经元构成，经过随机初始化之后所提取的分类特征基本上是各种斜线段；$a^{[2]}$ 由两个神经元构成，经过随机初始化之后所提取的分类特征基本上是曲线型边界和斜线段。假设将学习率设为固定的“0.03”，两个隐含层的激活函数均为 tanh 函数。在这个神经网络开始训练之前，将训练集和测试集按照 8∶2 的比例分割。这意味着在训练集上训练神经网络，并在测试集上进行验证（详见下一章），训练误差（training loss）为 0.504，测试误差为 0.507。说明神经网络在训练之前，如果随机猜测，最终猜测的结果是一半分类正确，一半分类不正确。

下面开始训练，大概经过 45 次迭代（45 个 Epoch）之后，会发现输出的决策边界已经很不错。如图 3-23 所示，此时的训练误差和测试误差分别是 0.016 和 0.017，两者非常接近，说明神经网络没有出现过拟合现象，泛化性能不错（详见下一章）。除此之外，图 3-23 所示的神经元之间的连接（记得“连接”代表权重）线的粗细开始变得不同，这是不同

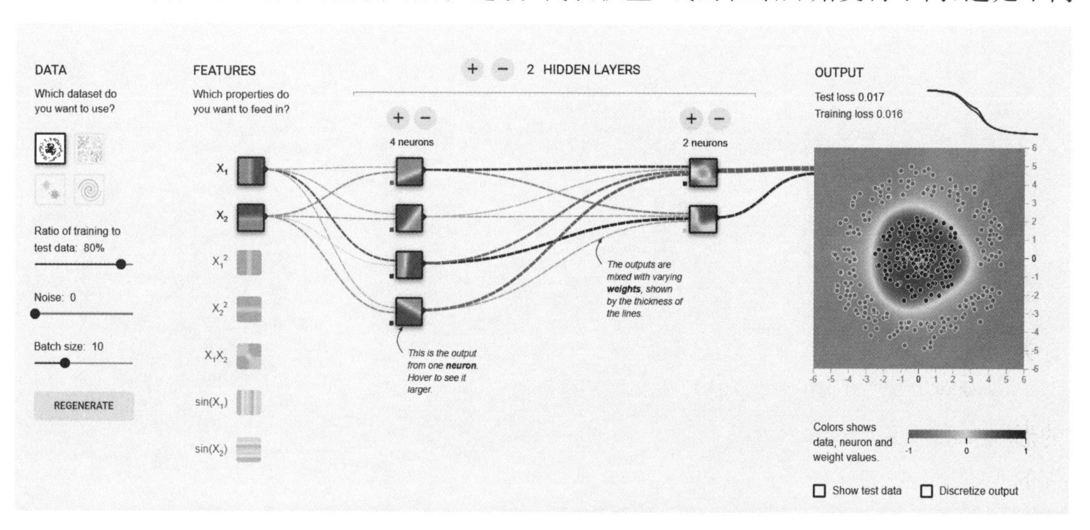

图 3-23　经过 45 次迭代后的神经网络的表现

的神经元对最终决策所给予的贡献随着梯度下降不断更新的结果。不难发现，$a_1^{[2]}$(第一层上第一个神经元)的贡献最大,因为它的权重最大,即流经它的信号最强烈,被激活的信息最多。

继续训练至训练误差降低为 0.001,此时的测试误差为 0.003。

如图 3-24 所示,决策边界已经相当完美地将两类数据区分开来。此时,$a^{[1]}$ 中的神经元经过训练,斜线段有所变化,但基本形态依然是斜线。这意味着这一层的神经元主要提取的还是底层特征。将这些底层特征作为输入,送到 $a^{[2]}$ 中的两个神经元中,会看到 $a^{[2]}$ 中的两个神经元都呈现出非线性的分类边界。这首先意味着神经网络在训练过程中通过梯度下降,确实“学习”到了如何分配权重,使得预测值与真值之间的误差最小;其次,输入和输出 $a_1^{[2]}$“权重”线都很粗壮,说明这个神经元对于整个神经网络做出正确决策的贡献最大。

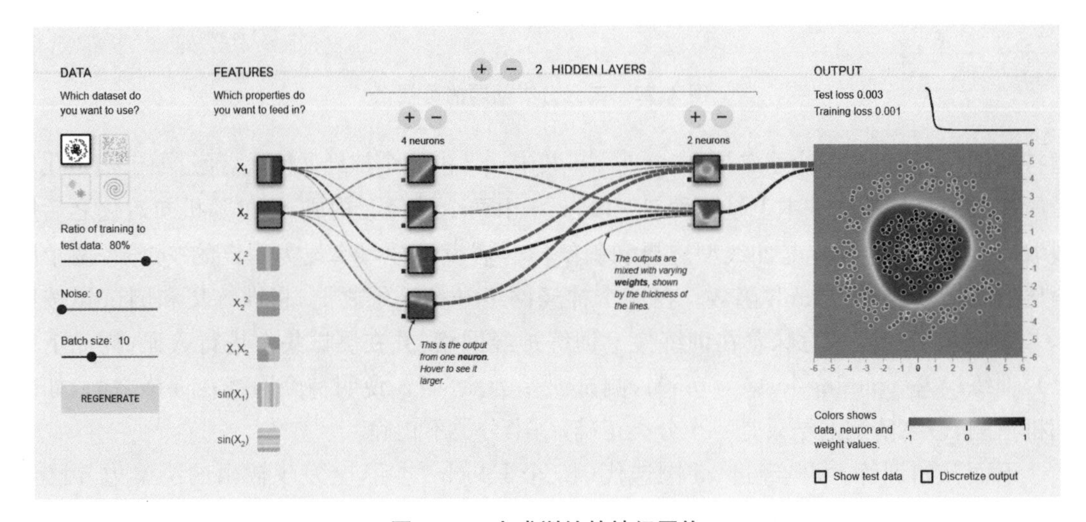

图 3-24　完成训练的神经网络

为了加深我们对这个案例的理解,现在将 $a^{[2]}$ 中的神经元个数从两个调整到三个,看看会有哪些变化,如图 3-25 所示。

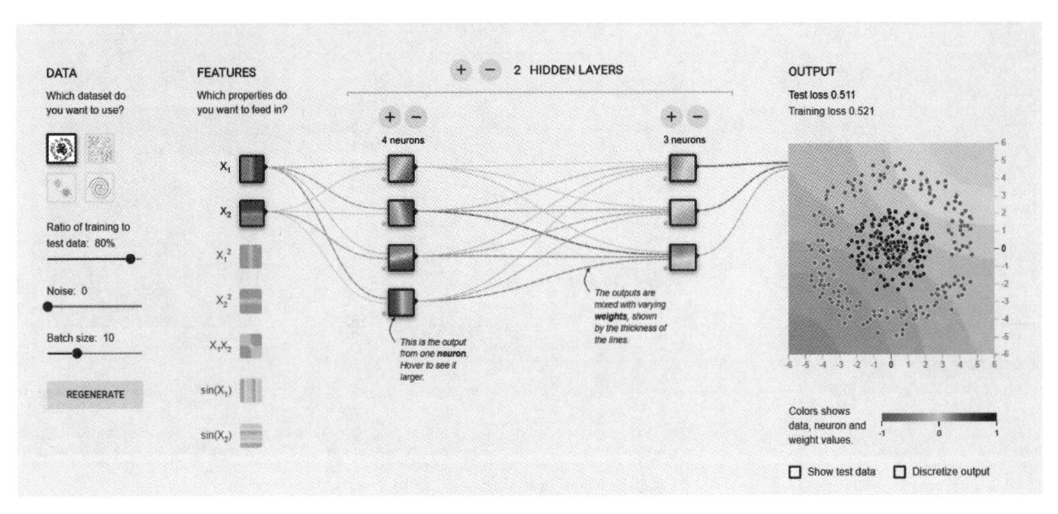

图 3-25　新架构神经网络

第一个变化是在未经训练的前提下，训练误差和测试误差有所增大，这可能意味着更多的神经元对于一个简单二元分类问题未必总是有益的。图 3-25 中的神经网络经过 45 次训练，就变成了图 3-26 所示的样子。

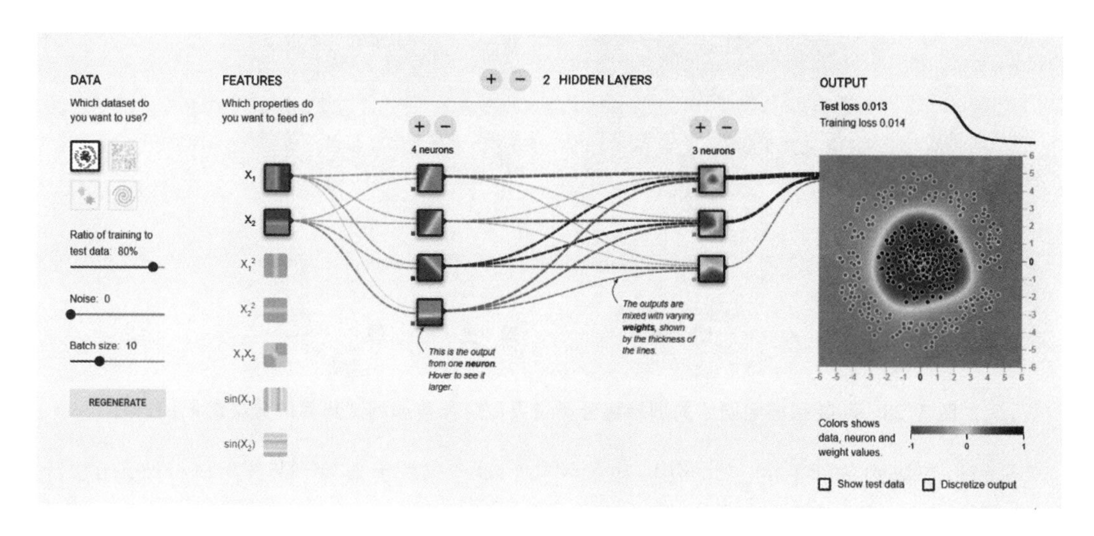

图 3-26　训练 45 次后的新架构神经网络的表现

可以看到，训练误差为 0.014，测试误差为 0.013，两者均小于原来的神经网络，且两者之间的差异更小。继续训练神经网络，直至训练误差和测试误差均达到 0.001，如图 3-27 所示。

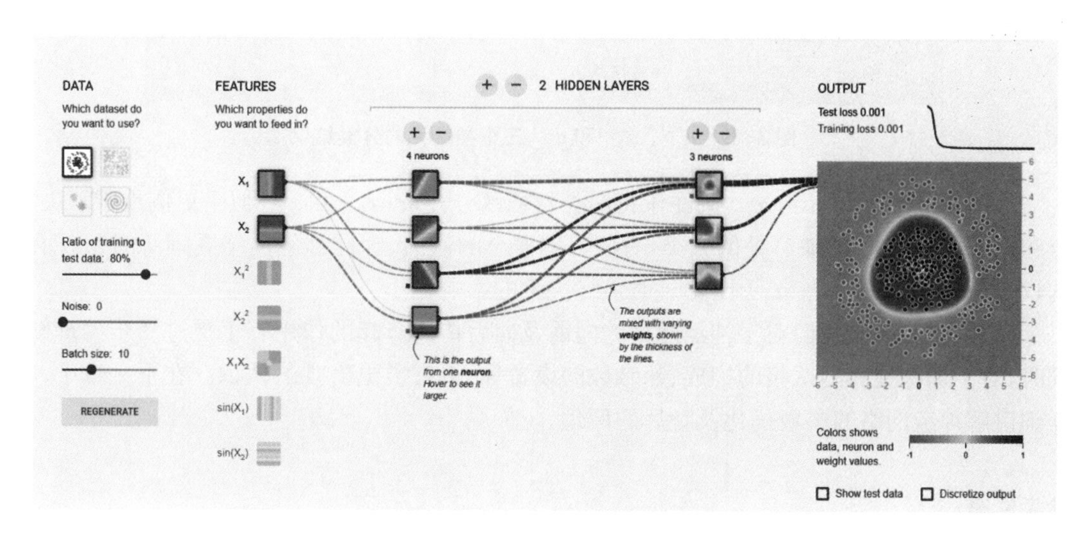

图 3-27　完成训练的新架构神经网络

对比图 3-27 和图 3-24，会发现两个神经网络都能完成二元分类问题的决策，且精度都不错。但是，两者给出的决策边界不尽相同。新架构神经网络的训练误差和测试误差之间的差异更小，这或许意味着它的泛化性能更好，如图 3-28 所示。

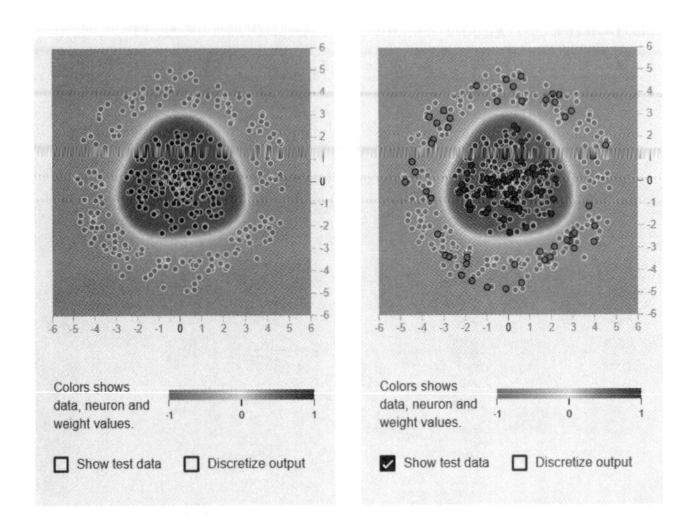

图 3-28 新架构神经网络的训练集分类结果(左)及叠加测试集后的分类结果(右)

下面将新架构条件下的 $a_1^{[2]}$、$a_2^{[2]}$ 和 $a_3^{[2]}$ 三个神经元放大观察(读者在自行练习的时候,将鼠标放在某个神经元上,就能在右侧看到放大后的结果)。

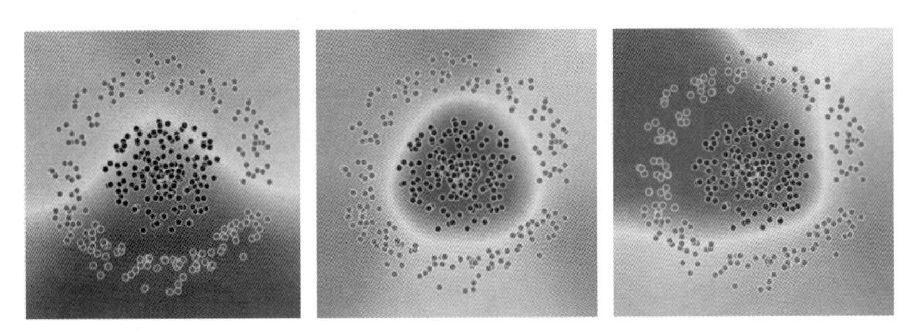

图 3-29 $a_1^{[2]}$、$a_2^{[2]}$ 和 $a_3^{[2]}$ 三个神经元的分类结果

从图 3-29 可以看出,$a_1^{[2]}$ 关注于将两类特征区分开来;$a_2^{[2]}$ 和 $a_3^{[2]}$ 似乎更侧重于解决黑点和 C 型灰点在 C 的缺口处的分类,有些以偏概全的倾向,因此神经网络在训练时,这两者的权重值均小于 $a_1^{[2]}$,且 $a_3^{[2]}$ 比 $a_2^{[2]}$ 对最终决策的影响更小。

通过这个案例,我们对于神经网络的向前及向后传播所起的作用有了更进一步的理解。同时,对于训练集和测试集的构成、超参数的设置等,也有了更直观的认识。在下一章中,将详细讲解神经网络的参数优化及背后的原理。

参考文献:

[1] Krizhevsky A, Sutskever I, Hinton G. ImageNet classification with deep convolutional neural networks [C]// NIPS. Curran A ssociates Inc, 2012: 879-886.

第四章 神经网络调优(一)

上一章详细讲述了全连接神经网络在进行特征提取和结果预测时,所需的向前和向后传播的基本计算步骤,相关激活函数的含义,以及梯度下降对于神经网络"学习"的重要性。从这一章开始,开始讲述如何面向实际问题有效地对数据集进行分割,并合理设置超参数,确保神经网络训练的快速有效。

第一节 训练集、验证集及测试集

1.1 定义

通常,在训练神经网络时,需要做出很多决策,例如:神经网络分多少层,每层含有多少个隐藏单元,各层采用哪些激活函数,以及在具体训练时需要设置怎样的超参数,等等。

在上一章的最后一节中,给出了一个二分类的案例,其第一个问题就是如何处理数据。通常要求数据集所包含的数据尽量来自同一个数据源,或者说其数据分布一致。比如说,如果做纤维检测,要求拍摄使用的光学显微镜系统和图像分辨率及放大倍数等在整个数据采集过程中都保持一致。

在得到完整的数据集之后,通常会将其中的数据划分成几个部分,通过随机抽样的方式,将一部分数据划归训练集(training set);一部分数据划归交叉验证集(cross validation set),有时也称为验证集(validation set);剩余部分数据则作为测试集(testing set)。注意,这三个集合不能有交集。

接下来,用训练集对网络模型进行训练,并通过验证集对性能进行评估模型,选择合适的网络模型。最后,在测试集上对最终的网络模型进行无偏估计。注意,测试集的数据必须是网络训练和调优过程中从未涉及的数据,且测试集的数据尽量与训练集和验证集的数据来源一致,并服从同样的概率分布。

如果参加比赛,举办方一般只提供一个标注的数据集(作为训练集)和一个没有标注的测试集。选手在构建网络模型时,通常会从训练集中划分一个验证集出来。事实上,测试集的目的是对最终所选定的神经网络模型做出无偏估计,如果不需要无偏估计,也就不需要设置测试集。

1.2 数据集的划分原则

在机器学习发展的小数据量时代,常见做法是将所有数据三七分,就是人们常说的 70%

训练集、30%测试集。如果采用全连接神经网络，当数据量比较少，如 100、1 000 或 1 万个数据时，可以按照 60%训练集、20%验证集和 20%测试集，或者 80%训练集、10%验证集和 10%测试集进行划分。

但是在大数据时代，当数据量达到百万个及以上时，验证集和测试集的占比趋于变得更小。因为验证集的目的在于验证不同的算法，检验哪种算法更有效，所以验证集只要足够大就可以了。比如有 100 万个数据，那么取 1 万个数据便足以用于评估(validation)，找出其中表现最好的几种算法。以前面讲过的分类问题为例，对于经过验证集筛选之后选择的分类器，测试集的主要目的是测试该分类器的性能。所以，当拥有百万个及以上的数据量时，只需要 1 万个数据，便足以准确评估该分类器的性能。也就是说，假设有 100 万个数据，其中 1 万个作为验证集，1 万个作为测试集，两者的占比均为 1%，则训练集占比为 98%。对于数据量超过百万个的应用，训练集的占比甚至可以达到 99.5%，验证和测试集各占 0.25%(或者验证集占 0.4%，测试集占 0.1%)。如图 4-1 所示。

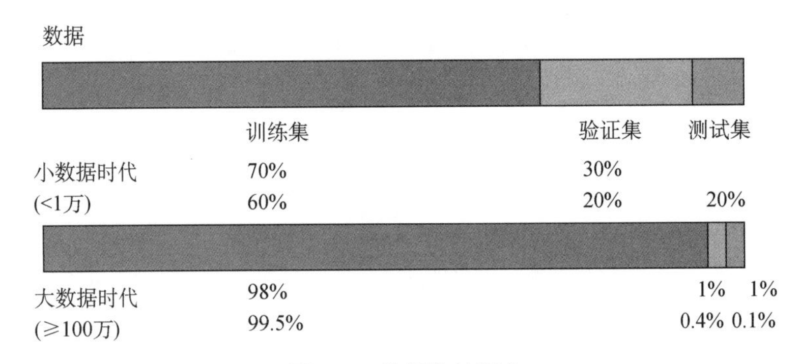

图 4-1 数据集的划分

尽管在实验室里可以要求所有数据的来源一致，并服从同样的分布。但是在实际应用中，不同的数据来源同时存在的现象是非常普遍的。深度学习的一个趋势就是在训练集和测试集的分布不匹配的情况下进行训练。此时，应该将所有数据打乱(shuffle)后重新按照上述原则进行划分，尽量使每个集合中的数据保持类似的分布。

事实上，训练集、验证集及测试集的合理分配，不仅是提高神经网络性能的基石，也是衡量神经网络模型是否存在欠拟合或者过拟合的有效途径。那么，什么是神经网络的欠拟合(underfit)与过拟合(overfit)，或者说，高偏差(high bias)还是高方差(high variance)问题呢?

第二节 偏差与方差

假设在做分类的问题，需要设计一个分类器。在对神经网络模型的性能进行评估时，按照上一节所讲的三个数据集(训练集、验证集、测试集)，分类器会分别给出神经网络模型在这三个数据集上的预测精度。在很多情况下，会发现神经网络模型在训练集上表现得很好，但是在验证集或测试集上表现得很差，称为过拟合现象(或者高方差现象)。有时会发现神经网络模型在训练集上的预测精度也不高，称为欠拟合现象(或者高偏差现象)。那么，为什么同一个神经网络模型在不同的数据集上会出现欠拟合或者过拟合的现象？该如何解决这类问题？下面详细地进行分析。

假设数据集如图 4-2 所示，×和○分别代表两类不同的数据。在逻辑回归时，如果用一条直线拟合这个数据集，会发现直线不能很好地拟合，这就是欠拟合现象，如图 4-2(a)所示。

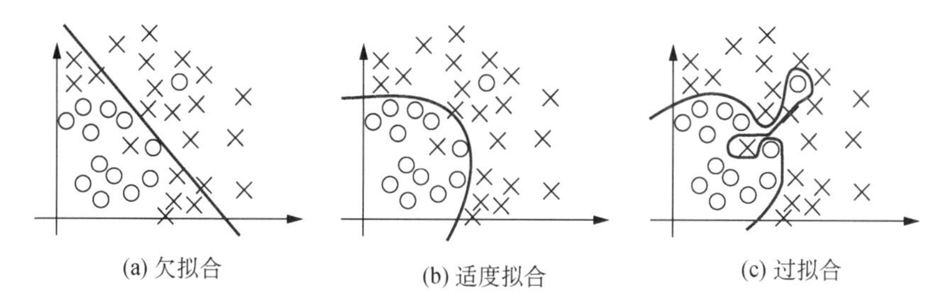

图 4-2 对数据集的欠拟合、适度拟合及过拟合

如果用一个非常复杂的分类器拟合这个数据集，比如深度神经网络或含有许多隐藏单元的神经网络，可能前者非常适合甚至过于适合后者，这也不是很好的拟合，即过拟合现象，如图 4-2(c)所示。

在上述两种拟合之间，复杂度适中、数据拟合适度的分类器，其拟合结果看起来更加合理，称为适度拟合，它介于过拟合和欠拟合中间，如图 4-2(b)所示。

在一个只有两个特征的二维数据集中，可以绘制数据，将偏差和方差可视化。在多维空间数据集中，绘制数据和可视化分割边界则无法实现，但可以通过几个指标来研究偏差和方差。

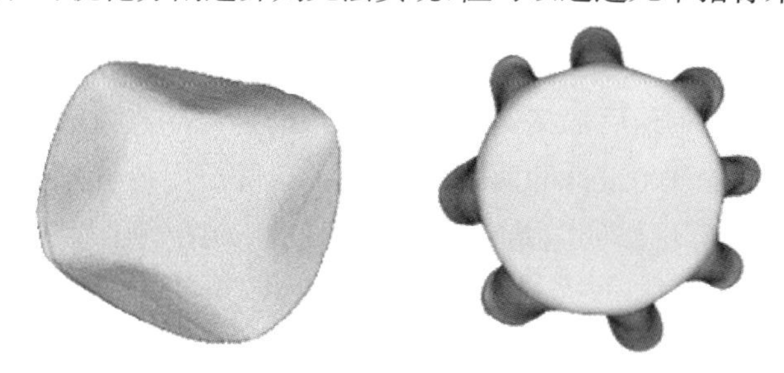

图 4-3 织物的悬垂形态分类识别

以织物的悬垂形态分类为例加以说明。图 4-3 中，左边为厚重型织物的悬垂形态，右边为轻薄型织物的悬垂形态。理解偏差和方差的两个关键数据是训练集误差(train set error)和验证集误差(validation set error)，如表 4-1 所示。假定织物悬垂形态分类器在训练集上的误差是 1%，验证集上的误差是 11%，可以看出训练集拟合得非常好，而验证集拟合得相对较差，可能过度拟合了训练集，在某种程度上，验证集没有充分起到验证作用，这种情况称为“高方差”。

表 4-1 偏差和方差的诊断方式

训练集误差	1%	15%	15%	0.5%
验证集误差	11%	16%	30%	1%
诊断	高方差(过拟合)	高偏差	高偏差+高方差	低偏差+低方差

假设训练集误差为15%，验证集误差为16%，表明算法在训练集中没有得到很好的训练，而它对于验证集产生的结果却是合理的，验证集的误差只比训练集多1%，所以这种算法的偏差高，因此它不能拟合训练集。

再举一个例子：训练集误差为15%，而验证集的结果更糟糕，误差达到30%，此时认为算法的偏差高，而且方差也很高，这是偏差和方差都很糟糕的情况。

最后，若训练集误差为0.5%，验证集误差为1%，意味着织物悬垂形态分类器的错误率只有1%，偏差和方差都很低。

事实上，这些分析都是基于假设进行的，即假设人眼辨别的错误率接近0。一般来说，最优误差也被称为贝叶斯误差。在这个例子中，最优误差接近0。如果最优误差或贝叶斯误差非常大(如15%)，那么这个分类器(训练集误差15%，验证集误差16%)，是非常合理的，偏差不高，方差也非常低。

既然过拟合和欠拟合现象是经常会遇到的，那么当这些情况发生时，该如何应对？可以遵循以下的调试原则：

(1) 增大神经网络或改进优化算法，用以对训练集进行良好的拟合。

当初始神经网络模型训练完成后，首先要知道预测结果的偏差。如果偏差较高，甚至无法拟合训练集，那么首先要做的是选择一个新的神经网络，比如含有更多隐藏层或隐藏单元的网络，或者花费更多时间训练神经网络，或者尝试更先进的优化算法。采用规模更大的神经网络通常会有所帮助，延长训练时间不一定有用，但也没什么坏处。在训练算法时，要不断尝试这些方法，直到解决偏差问题，可以拟合训练数据为止。换言之，所设计的神经网络经过训练，至少要能够拟合训练集。

举一个例子。在上一章最后的案例分析中，使用的神经网络曾经达到了很好的效果，偏差和方差都非常低。假设开始设计的两个隐含层 $a^{[1]}$ 和 $a^{[2]}$ 各自只包含两个神经元，那么经过训练会发现，这个神经网络的偏差和方差都比较高，如图4-4所示。

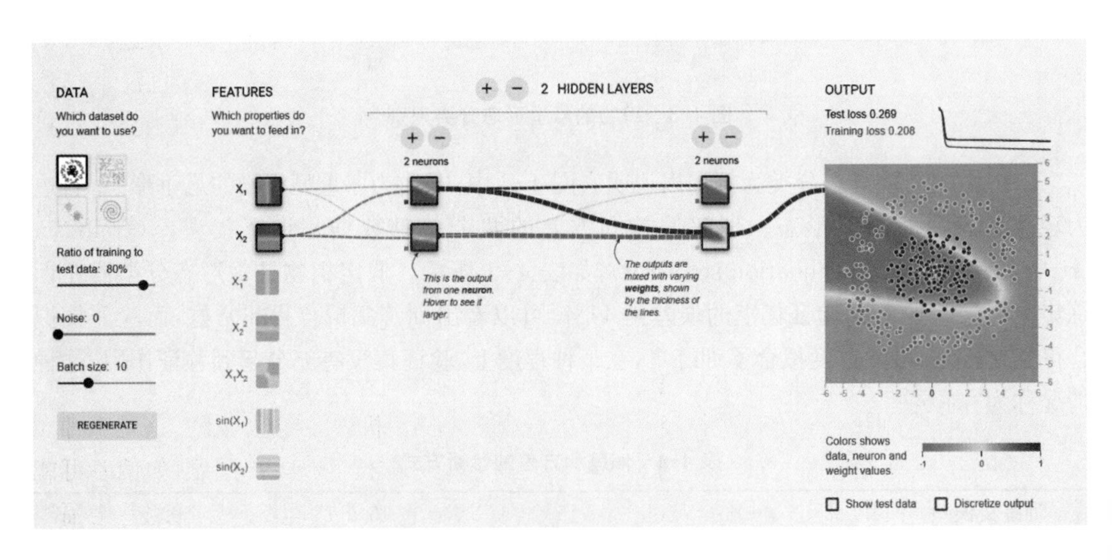

图4-4 神经网络设计不合理带来的高偏差和高方差示例

这个神经网络的训练集损失为 0.208,测试集损失为 0.269,与上一章曾经达到的 0.001相比,差异很大。此时,首先应该做的就是降低偏差,即降低预测误差,而解决方法是采用一个较复杂的神经网络。

这个例子很简单,但是给出了一个非常直观的经验,就是遇到这类问题时,首先要根据本节中的相关原则,有目的地调整神经网络的设计和参数设置,如图 4-5 所示。

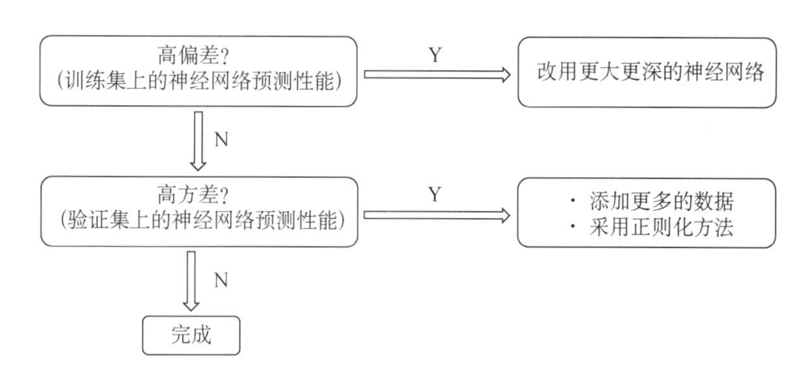

图 4-5 解决高偏差和高方差的基本思路

(2) 在良好拟合训练集的前提下,如果方差高(过拟合),应增加数据量。

当神经网络通过扩大规模能够很好地拟合训练集,即偏差降低到可以接受的数值时,应检查方差有没有问题。为了评估方差,要查看验证集的性能,能从一个性能理想的训练集推断出验证集的性能是否也理想。如果方差高,最好的解决办法就是采用更多的数据。但有的时候无法获得更多的数据,则可以通过数据增广或者正则化方法减少过拟合。具体的方案需要经过多次尝试。

有两点需要读者注意:

第一,高偏差和高方差是两种不同的情况,后续要尝试的方法也可能完全不同。通常的做法是使用训练验证集来诊断算法是否存在偏差或方差问题,然后根据结果选择可尝试的解决方法。举个例子。如果算法存在高偏差问题,即便准备更多的数据也没什么用处。在实战中要清楚存在的问题是偏差还是方差,还是两者都有问题,这有助于我们选择出最有效的方法。

第二,在机器学习的初期阶段,关于偏差方差权衡的讨论屡见不鲜,原因是能尝试的方法有很多,可以增加偏差和减少方差,也可以减少偏差和增加方差。但在当前的深度学习和大数据时代,只需要持续训练一个更大的神经网络,或者准备更多的数据。通常,只要正则化适度,构建一个更大的神经网络可以在不影响方差的同时减少偏差,而采用更多的数据可以在不过多影响偏差的同时减少方差。

下面讲解正则化技术在解决神经网络过拟合现象的作用机理和实现步骤。这是一种非常实用的减少方差的方法。虽然正则化时会出现偏差和方差之间权衡的问题,如偏差可能略有增加,但是如果神经网络足够大,在抑制过拟合的过程中,正则化所带来的偏差增幅通常不会太高。

第三节　神经网络的正则化

对于神经网络训练中可能存在的过拟合(即高方差)现象,有两个解决方法:一个是正则化(regularization);另一个是准备更多的数据。后者是一种非常可靠的方法,但有时可能无法准备足够多的数据,或者获取更多数据的成本很高。此时应首选正则化技术,它有助于避免过拟合。

3.1　L2 正则化

下面以逻辑回归为例说明 L2(L 的含义为 Length)正则化的实现方式。我们知道,神经网络的学习是通过向前传播计算求出代价函数,再通过向后传播使得它不断降低而迭代完成的。其代价函数为:

$$J(w,\ b)=\frac{1}{m}\sum_{i=1}^{m}L(\hat{y}^{(i)},\ y^{(i)})$$

前文讲过,代价函数是由每个训练样本的损失函数 $L(\hat{y}^{(i)},\ y^{(i)})$ 平均而来的。w 和 b 为逻辑回归的两个参数,w 是一个高维参数,b 是一个实数。在逻辑回归的代价函数中加入正则化的方式如下:

$$J(w,\ b)=\frac{1}{m}\sum_{i=1}^{m}L(\hat{y}^{(i)},\ y^{(i)})+\frac{\lambda}{2m}\ \|w\|_2^2 \tag{4-1}$$

其中:

$$\|w\|_2^2=\sum_{j=1}^{n_x}w_j^2=w^Tw$$

这里,λ 被称为正则化参数;$\|w\|_2^2$ 为参数 w 的欧几里德范数的平方,等于 w_j(j 的值从 1 到 n_x,即输入特征的数量) 的平方的和,也可表示为 w^Tw。此方法称为 L2 正则化。

那么为什么只对参数 w 进行正则化? 为什么不再加上参数 b 的正则化项$\frac{\lambda}{2m}b^2$? 因为参数 w 通常是一个高维参数,包含很多分量;而参数 b 是单个数值,加上它对正则化没明显影响。

L2 正则化是最常见的正则化类型。还有 L1 正则化,所附加的不是 L2 范数,而是 $\frac{\lambda}{m}\|w\|$($|w|_1=\sum_{j=1}^{n_x}w_j$),即参数 w 的 L1 范数,无论分母是 m 还是 $2m$,它都是一个常量。事实上,现在人们在训练神经网络时,越来越倾向于使用 L2 正则化。

这里,λ 是正则化参数,通常使用验证集进行配置,即尝试各种各样的 λ 值,得到最优的参数 w 和 b。换言之,λ 是另外一个需要调整的超级参数。

下面来看看如何在神经网络中实现 L2 正则化。

依然用字母 L 代表神经网络所含的层数，

$$J(w^{[1]}, b^{[1]}, \cdots, w^{[L]}, b^{[L]})=\frac{1}{m}\sum_{i=1}^{m}L(\hat{y}^{(i)}, y^{(i)})+\frac{\lambda}{2m}\sum_{l=1}^{L}\|w^{[l]}\|_F^2 \tag{4-2}$$

其中：$J(w^{[1]}, b^{[1]}, \cdots, w^{[L]}, b^{[L]})$ 为神经网络的代价函数，包含从 $W^{[1]}$、$b^{[1]}$ 到 $W^{[l]}$、$b^{[l]}$ 的所有参数。

因为代价函数等于 m 个训练样本损失函数的总和乘以“$1/m$”，所以它的正则项为 $\frac{\lambda}{2m}\sum_{l=1}^{L}\|w^{[l]}\|_F^2$。对于第 l 层神经网络，单个样本权重矩阵 $w^{[l]}$ 的维度为 $(n^{[l]}, n^{[l-1]})$，因此：

$$\|w^{[l]}\|_F^2=\sum_{i=1}^{n^{[l]}}\sum_{j=1}^{n^{[l-1]}}w_{ij}^2 \tag{4-3}$$

该范数被称作“弗罗贝尼乌斯范数(frobenius norm)”，用下标 F 标注，它表示一个矩阵中所有元素的平方和。

观察式(4-3)中的具体参数，第一个求和符号中的 i 值从 1 到 $n^{[l]}$，第二个求和符号中的 j 值从 1 到 $n^{[l-1]}$，因为 $w^{[l]}$ 是一个 $n^{[l]}\times n^{[l-1]}$ 的矩阵，$n^{[l]}$ 表示第 l 层的单元数量，$n^{[l-1]}$ 表示第 $(l-1)$ 层的隐藏单元数量。

那么该如何使用该范数实现梯度下降？此前，在向后传播的计算过程中，要先计算出 $\mathrm{d}W$ 的值，即 $\frac{\partial J}{\partial W}=\mathrm{d}W$，然后通过

$$W^{[l]}:=W^{[l]}-\alpha\,\mathrm{d}W^{[l]}$$

完成对矩阵 $W^{[l]}$ 的更新。现在根据式(4-2)，J 的后面多了一项，因此也要计算它对 W 的导数，即 $\frac{\lambda}{m}W^{[l]}$，这样，带有正则化的梯度下降公式变为：

$$\begin{aligned}W^{[l]}&:=W^{[l]}-\alpha\left(\mathrm{d}W^{[l]}+\frac{\lambda}{m}W^{[l]}\right)\\&=W^{[l]}-\alpha\frac{\lambda}{m}W^{[l]}-\alpha\,\mathrm{d}W^{[l]}\\&=\left(1-\alpha\frac{\lambda}{m}\right)W^{[l]}-\alpha\,\mathrm{d}W^{[l]}\end{aligned}$$

与没有正则化的权重更新公式相比，通过 L2 正则化，$W^{[l]}$ 的前面多了一个系数“$\left(1-\alpha\frac{\lambda}{m}\right)$”。由于 λ 是一个在 $[0, 1]$ 内取值的超参数，因此 $\left(1-\alpha\frac{\lambda}{m}\right)$ 的值小于 1，即 $W^{[l]}$ 经过更新变得更小。这就是所谓的权重衰减(weight decay)现象。

3.2　L2 正则化预防过拟合

那么，为什么正则化有利于预防过拟合？为什么它可以减少高方差？下面从两个角度

来说明其原理。

假设有一个过拟合的深层神经网络，参见图 4-6。给它的代价函数添加正则项弗罗贝尼乌斯范数后，得到如式(4-2)所示的形式。

这样，当神经网络通过向后传播计算更新权重矩阵时，第 l 层的权重矩阵如下：

$$W^{[l]} := \left(1 - \alpha \frac{\lambda}{m}\right) W^{[l]} - \alpha \mathrm{d}W^{[l]} \tag{4-5}$$

此时，如果正则化参数 λ 设置得足够大，权重矩阵 $W^{[l]}$ 衰减得很快，或者 $W^{[l]}$ 很快变成很小的数值。在极端情况下，如果多个隐藏单元的权重变为 0，等同于消除了这些隐藏单元的影响。此时，这个被大大简化的神经网络会变成一个很小的神经网络(如图 4-6 中实线神经元所代表的部分)，但它的深度很大，导致从图 4-2 右侧过拟合的状态回到接近图4-2 左侧的高偏差状态。

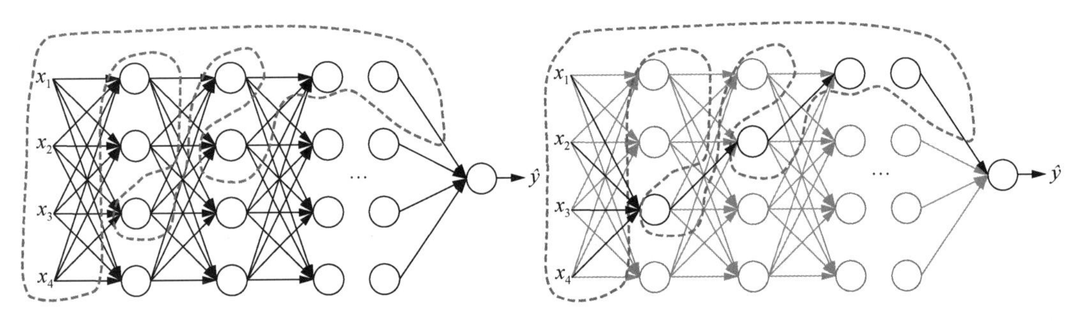

图 4-6 深层神经网络示意

换言之，λ 的增加导致 $W^{[l]}$ 减少得更快，而 $W^{[l]}$ 的值越小，等同于尝试消除或减少许多隐藏单元的影响，最终神经网络变得更简单，越来越接近逻辑回归。通俗地讲，正则化项带来的结果是神经网络的所有隐藏单元依然存在，但是它们的影响变得更小，神经网络变得更简单，从而倾向于高偏差而非高方差，其结果是神经网络不容易发生过拟合。

当然，λ 存在一个中间值，导致适度拟合的中间状态。直观理解就是图 4-2 中随着 λ 的增加，高方差走向高偏差，经过中间状态，即适度拟合。

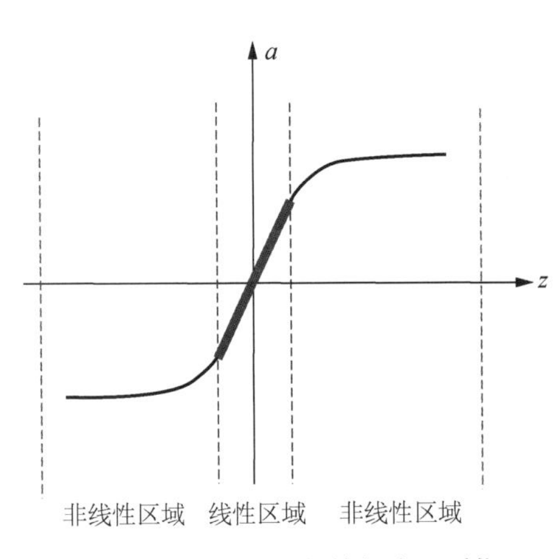

图 4-7 从激活函数的角度正则化

下面再从激活函数的角度分析，正则化为什么可以预防过拟合？假设采用 tanh 激活函数：$g(z) = \tanh(z)$。只要 z 的绝对值非常小，就一定位于图 4-7 中双曲正切函数的线性部分，而当 z 扩展为更大值或更小值时，激活函数呈非线性。试想一下，如果 λ 很大，$W^{[l]}$ 的值会很小，$Z^{[l]} = W^{[l]}a^{[l-1]} + b^{[l]}$ 的值也会减小，而 $Z^{[l]}$ 越小，激活函数就越靠近线性区域。特别是当 z 的值导致 $g(z)$ 大致呈线性时，会造成整个神经网络每层几乎都是线性的。

前文讲过，如果神经网络的每层都是线性的，那么整个神经网络就是一个线性网络,其性能和线性回归函数一样,即使是一个非常深的神经网络,最终也只能给出线性预测,因此,这类神经网络不适用于非常复杂的问题,以及过拟合数据集的非线性决策边界。这意味着该神经网络走向过拟合的倾向大幅降低。

以上就是 $L2$ 正则化的作用原理,它是训练深度学习模型时最常用的一种方法。除此之外,还有一种常用方法,就是随机失活(Dropout)正则化。

3.3 Dropout 正则化

假设训练图 4-8 所示存在过拟合的神经网络,随机失活如同在每一层上抛硬币,随机选择去除哪些隐藏单元(与其相连的输入和输出都去除),最终得到一个缩小的神经网络。换言之,对每一个训练样本,用整个神经网络中的一部分进行训练,或者说在缩小之后的神经网络上进行训练,如图 4-9 所示。

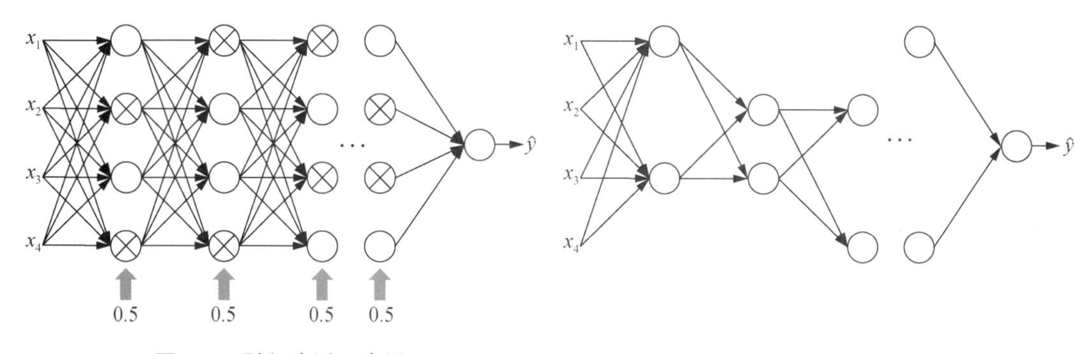

图 4-8 随机失活示意图

图 4-9 随机失活之后的神经网络示例

那么如何实施 Dropout 正则化呢?这里介绍一种最常用的方法,即反向随机失活(inverted Dropout)正则化。下面的代码片段是以一个四层($l=4$)神经网络为例,并在第三层上实施 Dropout 正则化的。

```
keep_prob = 0.8
d3 = np.random.rand(a3.shape[0],a3.shape[1])
d3 = (d3 < keep_prob)
a3 = np.multiply(a3,d3)
a3 / = keep_prob
```

首先定义变量 $d^{[3]}$(即代码中的变量 d3),代表第三层的 Dropout 矩阵,与激活值矩阵 $a^{[3]}$(即代码中的变量 a3)的维度相同。然后看 $d^{[3]}$ 是否小于某个保留概率(keep probability)的阈值,用变量 keep-prob 表述。它是一个具体的数值,图 4-8 中,它是 0.5,而本例中,它是 0.8。该阈值表示保留某个隐藏单元的概率为0.8,或者消除任意一个隐藏单元的概率是 0.2,它的作用是生成元素值为 0 或 1 的随机矩阵,使得 $d^{[3]}$ 中的元素对应值为 1 的概率是 0.8,而对应值为 0 的概率是 0.2。有些文献将 $d^{[3]}$ 这样的矩阵称为掩码矩阵(mask matrix)。接下来要做的是将 $a^{[3]}$ 按位置与 $d^{[3]}$ 相乘。它的作用是用 $d^{[3]}$ 中所有等于 0 的元素，将 $a^{[3]}$ 中相同位置的元素归零。

如果用 Numpy 实现该算法，$d^{[3]}$ 会是一个布尔型数组，其值为“True”和“False”，而不是“1”和“0”，乘法运算依然有效，Python 语言会把“True”和“False”翻译为“1”和“0”。读者可以用 Python 尝试一下。

最后，将 $a^{[3]}$ 还原为期望值，即除以 keep-prob（a3 /= keep_prob）。其含义如下：假设第三个层上有 50 个隐藏单元，对于一个样本而言，$a^{[3]}$ 是 50×1 维的；对于 m 个样本而言，$A^{[3]}$ 是 $50 \times m$ 维的，保留和删除它们的概率分别为 80%和 20%，这意味着最后被删除或归零的单元平均有 10 个（$50 \times 20\% = 10$）。对于 $z^{[4]} = w^{[4]}a^{[3]} + b^{[4]}$ 而言，我们的预期是 $a^{[3]}$ 减少 20%，也就是说 $a^{[3]}$ 中有 20%的元素被归零。此外，为了不影响 $z^{[4]}$ 的期望值，需要 $w^{[4]}a^{[3]}/0.8$，这会修正或弥补所需的 20%，保证 $a^{[3]}$ 的期望值不变。

由于随机失活正则化对某层上的神经元随机进行处理，因此没有哪个神经元能够保证其对权重的影响。此外，由于反向随机失活正则化在计算中使用激活值除以 keep-prob 来保证激活值矩阵的大小不变，因此该神经网络所生成的预测模型不再需要其他特殊处理。

最后要说明的是，在测试阶段不使用随机失活正则化消除某些隐藏单元，因为此时不期望输出结果是随机的。如果在测试阶段应用随机失活正则化，预测结果会受到干扰，这是我们所不希望的。

3.4 Dropout 正则化的作用原理

那么为什么随机失活正则化会起作用呢？一方面，随机失活正则化意味着某些神经元会被剔除，因此接收前一级输出的神经元不可能高度依赖于当前输入的特征做计算，也就是更积极地将权重均摊。这与 L2 正则化时通过权重衰减而压缩权重类似，两者均产生收缩权重的平方范数的效果。另一方面，每一层上的神经元个数会因为随机失活正则化而减少，客观上将复杂的神经网络随机改为简单的神经网络，使得神经网络趋向于逻辑回归，即走向高偏差，并在某个中间状态达到适度拟合。

在编程实现随机失活正则化时，可以将各层的 keep-prob 的值设置为一致或不一致，因为其含义为“每一层上保留单元的概率”。注意，keep-prob 的值如果是 1，意味着保留所有单元，并且不在这一层使用随机失活正则化。对于可能出现过拟合且含有诸多参数的层，可以把 keep-prob 设置成比较小的值，以便应用更大力度的随机失活正则化。理论上，也可以对输入层应用随机失活正则化，即删除一个或多个输入特征。不过，现实中通常不这么做。

总结而言，如果担心某些层比其他层更容易发生过拟合，可以把某些层的 keep-prob 的值设置得比其他层更低，缺点是在验证时需要尝试更多的 keep-prob 的值。另外，可以在某些层上应用随机失活正则化，而有些层上不应用随机失活正则化。

随机失活正则化在计算机视觉领域的应用较为常见，因为其输入量非常大，即输入的图像包含太多的像素，以至于没有足够的数据，所以往往存在过拟合。这就是有些计算机视觉研究人员如此钟情于随机失活正则化的原因。但要牢记一点，随机失活正则化是一种正则化方法，它有助于预防过拟合，除非遇到过拟合现象，否则不宜使用。

随机失活正则化的一大缺点就是代价函数不再被明确定义，每次迭代都会随机移除一些节点,如果要检查梯度下降性能,实际上是很难进行的。因此,在进行梯度检查(gradient check)时,通常会关闭随机失活,将 keep-prob 的值设为 1,然后运行代码,如果代价函数的曲线单调下降,就表明代码没有错误,然后就可以用随机失活进行训练。幸运的是,如今可以依赖良好的深度学习框架,如 TensorFlow 和 PyTorch 等,执行神经网络的训练,用户只需设置随机失活的参数(如 keep-prob),就可大幅降低梯度下降时计算出错的概率。

3.5　其他正则化方法

除了 $L2$ 正则化和随机失活正则化,还有两种常用的减少过拟合现象的方法,分别是数据扩增和早停。

3.5.1　数据扩增

当需要通过增加数据来解决过拟合,但其代价过高或者不可行时,可以通过数据扩增(data augmentation)来增加训练集中的数据量。比如说,若问题是通过图像进行服装类别的自动识别,而相应服装类别的图像数量有限而难以达到要求时,可以通过水平翻转、垂直翻转和 90°翻转等方式对原始图像进行处理,并添加到训练集中(图 4-10)。这虽然不如添加一组新的图像,但节省了采集更多图像的时间和费用,而且训练结果也不错。

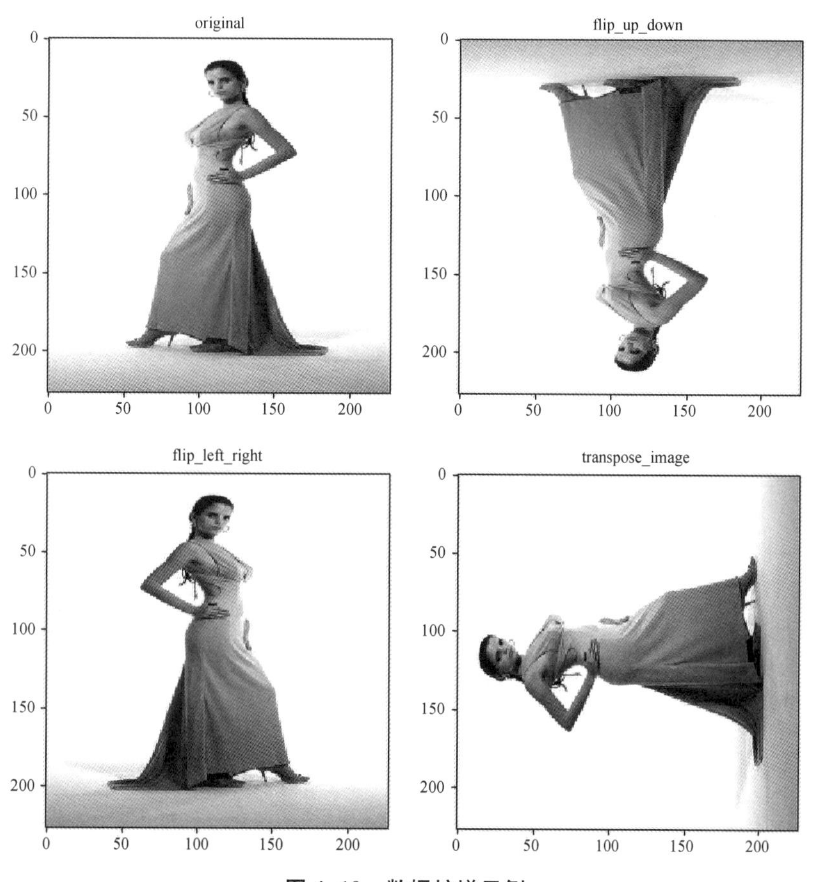

图 4-10　数据扩增示例

除了翻转图像，也可以随意裁剪图像，但剪裁之后图像的主体部分依然保持原始图像的服装类别特征，还可以通过调整图像的对比度、灰度和饱和度等获得新的数据。

此外，还可以采用其他的图像处理方式，比如：给原始图像添加高斯噪声，对原始图像进行一定程度的扭曲，甚至通过生成对抗网络形成新的图像，等等。

虽然与新拍摄的独立图像相比，上述方法得到的数据无法给出更多新的类别特征信息，但成本低廉，而且能够达到不错的正则化效果，最终减少过拟合现象。在实战中，并非叠加所有的数据扩增手段或者某些特定的数据扩增手段都能产生良好的训练结果，因此要具体问题具体分析，通过算法验证哪种数据扩增方式比较适合。

3.5.2 早停

还有一种叫作早停(early stopping)的正则化方法。如图 4-11 所示，假设训练一个对应二分类问题的分类器，首先用原始的神经网络设置绘制训练集和验证集上的基准损失曲线(Baseline Train 和 Baseline Val)，然后使用随机失活正则化得到两根新的损失曲线(Dropout Val 和 Dropout Train)。仔细观察这两组试验的结果，可以发现，在 Baseline 和 Dropout 方案下，训练集损失曲线和验证集损失曲线在某个位置都发生相交，也就是说在这一轮(epoch)不存在过拟合现象。如果将此时的权重矩阵和偏置量矩阵保存下来，就得到神经网络模型的一个不错的优化结果，这就是所谓的早停。

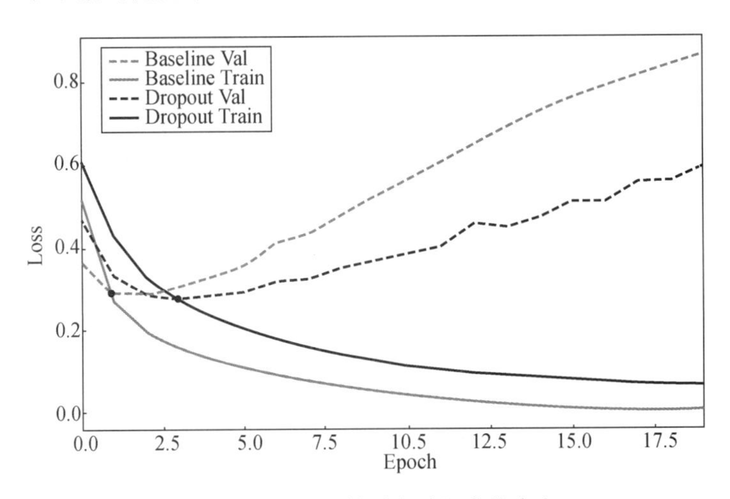

图 4-11 通过早停避免过拟合的产生

在训练过程中，早停的作用是神经网络在迭代过程中已经表现得很好，因此可以停止训练。那么它是怎么发挥作用的呢？当神经网络并未运行很多次迭代过程时，随机初始化的 w 的值一般都较小，随着迭代过程和训练过程的进行，w 的值变得越来越大，而早停要做的就是在中间点停止迭代过程，得到一个 w 的值为中等大小的弗罗贝尼乌斯范数，其功效与 $L2$ 正则化相似。

在神经网络调优的过程中，除了学习如何抑制过拟合，还需要学习的一个重要知识点是神经网络的加速训练方法。下一节将介绍输入数据的归一化处理(normalization)。

第四节　输入数据的归一化处理

假设一个训练集有两个特征,如图 4-12 所示,其归一化处理需要两个步骤:一是零均值化计算;二是归一化方差。在具体计算时,无论是训练集还是测试集,都通过相同的平均值向量 μ 和方差向量 σ^2 进行数据转换。这两个向量都是由训练集计算得到的。

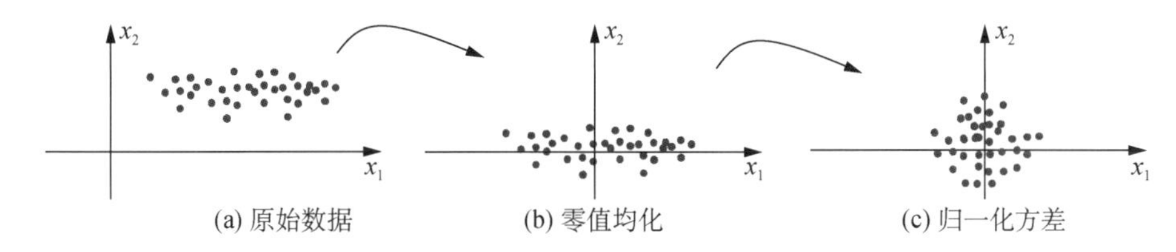

图 4-12　输入数据的归一化处理示例

第一步:零均值化

首先计算训练集的平均值向量 μ,然后将每个样本的特征向量减去 μ。由于 μ 是一个向量,因此,$x-\mu$ 意味着移动训练集中的每个样本 $x^{(i)}$,直到整个训练集完成零均值化(或中心化):

$$\mu=\frac{1}{m}\sum_{i=1}^{m}x^{(i)}$$

$$x:=x-\mu$$

第二步:归一化方差

$$\sigma^2=\frac{1}{m}\sum_{i=1}^{m}(x^{(i)})^2$$

$$x:=x/\sigma^2$$

此时的 $x^{(i)}$ 是已经完成零均值化的样本的特征向量,$(x^{(i)})^2$ 就是第 i 个样本的特征向量的方差,所以 σ^2 是一个由每个样本的特征向量的方差所构成的向量。把所有数据除以 σ^2,形成图 4-12(c)所示的数据分布,即 x_1 和 x_2 的方差都为 1。

总结说来,将样本数据划分为训练集、验证集、测试集后,只需由训练集计算 μ 和 σ^2,然后将三个集合中的数据按照上述两个步骤进行归一化处理。切忌由验证集和测试集进行单独的归一化处理。

那么,为什么要对输入数据进行归一化处理?回想一下代价函数:

$$J(w,b)=\frac{1}{m}\sum_{i=1}^{m}L(\hat{y}^{(i)},y^{(i)})$$

如果使用非归一化的输入数据,即使用图 4-12(a)中的输入数据,其代价函数 $J(w,b)$ 则呈现图 4-13(a)所示的形状。这是一个非常细长狭窄的碗状,其最小值应在碗底。如果输入数据的取值范围不同，假如 x_1 的取值范围从 1 到 1 000，x_2 的取值范围从 0 到 1，结果是参数 w_1 和 w_2 的取值范围或比率会有很大差异。

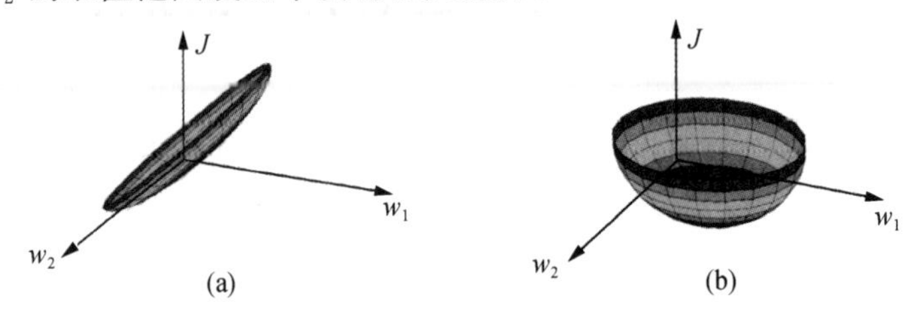

图 4-13 非归一化(a)和归一化(b)输入数据的代价函数示例

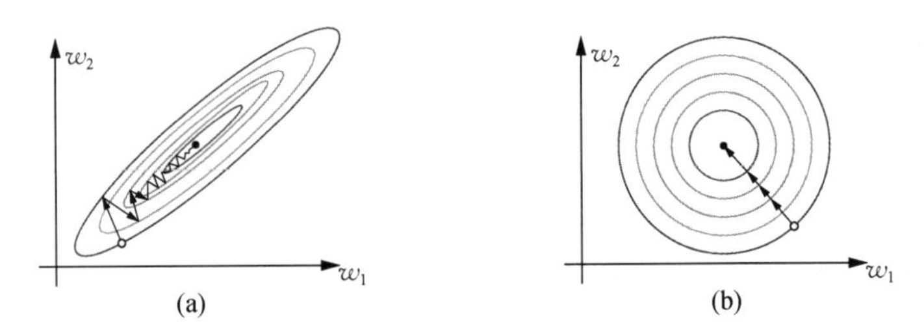

图 4-14 非归一化(a)和归一化(b)输入数据的梯度下降示例

如果对图 4-14(a)对应的代价函数运行梯度下降，必须使用非常小的学习率。如果从图 4-14(a)中空心圆圈所示的位置开始，梯度下降可能需要经过多次迭代，才能收敛到最小值。但如果是归一化的输入数据，则代价函数呈圆形，不论从哪个位置开始，梯度下降都能够直接收敛到最小值，如图 4-14(b)所示，可以使用较大的步长，而不需要图 4-14(a)所示那样反复振荡。

当然，由于 w 是一个高维向量，因此以二维绘制的方式并不能将其正确表达，但总体的直观理解是当输入数据在相似范围内，即 x_1 和 x_2 的取值都在 -1 到 1 或者偏差相似，代价函数的形状会更圆，而且更容易优化。特别地，如果输入数据处于不同范围，其归一化处理就非常重要。

第五节 梯度消失/梯度爆炸

在训练神经网络，特别是训练深度神经网络时，所面临的一个常见问题是梯度消失(vanishing gradient)/梯度爆炸(exploding gradient)，此时导数或梯度会变得非常大或非常小，甚至以指数级变小，这会加大训练难度，导致收敛速度急剧下降。

为理解梯度消失/梯度爆炸的真正含义，以及如何更明智地进行随机初始化权重的选择，从而避免这个问题，先分析一个简单的案例。假设所训练的神经网络是一个极深的 L 层神经网络，为简化表述，令每一层只有两个隐藏单元，如图 4-15 所示。同时，为了进一步简化问题，假设所使用的激活函数为线性的 $g(z)=z$。另外，还假设 $b^{[l]}=0$。于是，根据

$$z^{[1]}=w^{[1]}x+b$$

令 $b=0$,可得 $z^{[1]}=w^{[1]}x$。按照前面的假设有

$$a^{[1]}=g(z^{[1]})=z^{[1]}=w^{[1]}x$$

同理,$z^{[2]}=w^{[2]}a^{[1]}+b=w^{[2]}a^{[1]}=w^{[2]}w^{[1]}x$,而 $a^{[2]}=g(z^{[2]})=z^{[2]}=w^{[2]}w^{[1]}x$。以此类推,得到输出的预测值:

$$\hat{y}=w^{[L]}w^{[L-1]}w^{[L-2]}\cdots w^{[3]}w^{[2]}w^{[1]}x$$

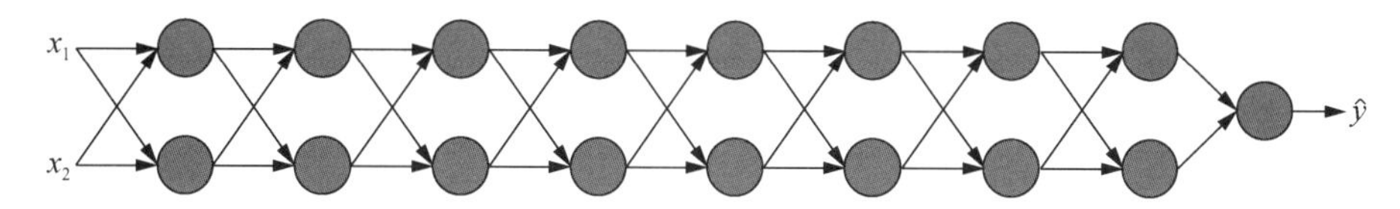

图 4-15　深度神经网络的梯度消失/梯度爆炸示例

假设每个权重矩阵彼此相等,比单位矩阵大一些,即:

$$w^{[l]}=\begin{bmatrix}1.45 & 0\\ 0 & 1.45\end{bmatrix}$$

那么最终的预测值:

$$\hat{y}=w^{[L]}\begin{bmatrix}1.45 & 0\\ 0 & 1.45\end{bmatrix}^{L-1}x$$

注意:最后一层的权重矩阵 $w^{[L]}$ 的维度与其他层的权重矩阵的维度不同。对于深度神经网络,其 L 值较大,如果忽略 $w^{[L]}$,那么 $\hat{y}$ 的值会非常大(实际上,它呈指数级增长,其变化率约等于 1.45^L)。这意味着 $\hat{y}$ 的值将呈爆炸式增长。

相反,如果权重是 0.5, $w^{[l]}=\begin{bmatrix}0.5 & 0\\ 0 & 0.5\end{bmatrix}$,那么:

$$\hat{y}=w^{[L]}\begin{bmatrix}0.5 & 0\\ 0 & 0.5\end{bmatrix}^{L-1}x$$

再次忽略 $w^{[L]}$,$\hat{y}$ 的值的变化率变成 0.5^L。假设 x_1 和 x_2 的值都是 1,$\hat{y}$ 的值变成 1/2,1/2, 1/4, 1/4, 1/8, 1/8 等,直到最后一项变成 $\frac{1}{2^L}$。这意味着 $\hat{y}$ 的值将以指数级递减。

换言之,当权重矩阵比单位矩阵略大一点时,深度神经网络的输出,即最终激活函数的值将呈爆炸式增长,而如果 W 的值比 1 略小一点,激活函数的值就会呈指数级递减,类似于消失。同理,与层数 L 相关的导数或梯度,也会随着层数的加大而呈指数级增长或指数级递减。对于更深的神经网络,比如 $L=152$,如果激活函数或梯度函数以与 L 相关的指数增长或递减,它们的值会变得极大或极小,从而导致训练难度上升,尤其是当梯度下降带来的更新因为指数级的衰减变得非常小时,梯度下降算法将花费很长时间来学习。实际上,在很长的一段时间内,深度神经网络的梯度消失/梯度爆炸一直是其训练阻力之一。下面介绍一种可以部分解决该问题的方法。

第六节 深度神经网络的权重初始化及案例分析

在上一节中，介绍了深度神经网络是如何产生梯度消失/梯度爆炸的，对此有一个部分解决方案，即更谨慎地为深度神经网络选择随机初始化参数。为了更好地理解，先举一个神经元的初始化例子，再推广到深度神经网络。

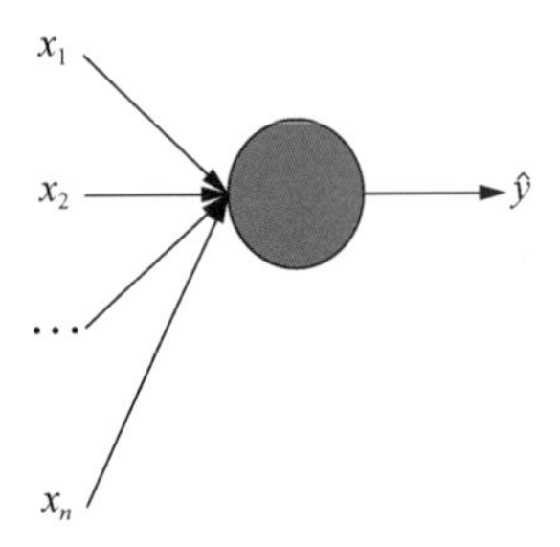

图 4-16 神经元的权重初始化示例

如图 4-16 所示，对于一个输入特征数量为 n 的神经元而言，假设偏置量 $b=0$，有：

$$z=w_1x_1+w_2x_2+\cdots+w_nx_n$$

然后经过 $a=g(z)$ 的激活，最终得到预测值 $\hat{y}$。当输入的特征数量 n 很大时，w_ix_i 的项很多。因为 z 是 w_ix_i 的和，为了预防 z 值过大或过小，我们希望 n 越大时 w_i 越小，使得 w_ix_i 尽量小。此时，最合理的方法是设置 w_i 的方差为 $1/n$。对于 tanh 函数等对称型非线性激活函数而言，一个实用的方法就是按照下面的方式设置该层的权重矩阵

$$w^{[l]}=\text{np.randon.}(n^{[l]},\ n^{[l-1]})*\text{np.sqrt}(1/n^{[l-1]}) \tag{4-6}$$

$n^{[l-1]}$ 就是输入到第 l 层的神经元的激活值的数量(即第 $l-1$ 层的神经元数量)。如果使用的是 ReLU 函数等非对称型激活函数，则设置 w_i 的方差为 $2/n$ 而非 $1/n$，即

$$w^{[l]}=\text{np.random.}(n^{[l]},\ n^{[l-1]})*\text{np.sqrt}(2/n^{[l-1]}) \tag{4-7}$$

这是因为在 Python 语言的 Numpy 库中，np.random.(...)函数给出了一个标准正态分布下的随机数组，其乘以 np.sqrt $(2/n^{[l-1]})$ 之后，最终数据的方差即为 $2/n$。这里，使用 $n^{[l-1]}$ 是因为第 l 层上的每个神经元都有 $n^{[l-1]}$ 个输入。

如果激活函数的输入特征均经过零均值化和标准方差化(方差为 1)，那么 z 值会调整到相似范围。虽然没有从根本上解决梯度消失/梯度爆炸问题，但确实降低了其产生的可能性。换言之，因为给权重矩阵设置了更合理的 w 取值(既不比 1 大很多，也不比 1 小很多)，所以梯度不会爆炸或过快消失。

事实上，这里使用的针对 tanh 函数的权重初始化公式(4-6)就是著名的 Xavier Initialization 方法[1]的改良版本，而针对 ReLU 函数的权重初始化公式(4-7)则是何恺明等[2]提出的更适合深层卷积神经网络的权重初始化方法的改良版本，其原始形式如下：

$$w^{[l]}=\text{np.random.}(n^{[l]},\ n^{[l-1]})*\text{np.sqrt}(2/(n^{[l-1]}+n^{[l]})) \tag{4-8}$$

实际上，上述公式只是给出了初始化权重矩阵的方差的默认值。如果读者愿意，方差是另一个需要调整的超参数，可以在公式 np.sqrt$(2/n^{[l-1]})$ 的前面添加一个系数进行调优，但与其他超参数的重要性相比，方差的优先级较低。

现在我们对梯度消失/梯度爆炸问题，以及如何将权重初始化为合理的值，有了直观的

认识。当设置的权重矩阵既不会增长过快,也不会下降过快而逼近到 0 时,就可能训练出一个权重或梯度不会增长或消失过快的深度神经网络。下面通过一个详细的案例分析[1]加深读者对梯度消失/梯度爆炸问题及权重初始化的理解。

假设输入特征数据为 512 个,网络层数为 152,每层的神经元个数为 512。同时,假设忽略偏置量 b,并且在开始阶段采用线性激活函数 $g(z)=z$。另外,采用深度学习框架 PyTorch 阐述。

```
import torch
import matplotlib.pyplot as plt
import math
```

由于 torch.randn 函数会提供一个服从标准正态分布,即均值为 0 且标准差为 1 的随机分布,因此可以用这个函数初始化输入特征“X”为一个 512 维的向量,并将具体的数值绘制出来,如图 4-17 所示。

```
X = torch.randn(512)
plt.plot(x.numpy(), 'bo')
```

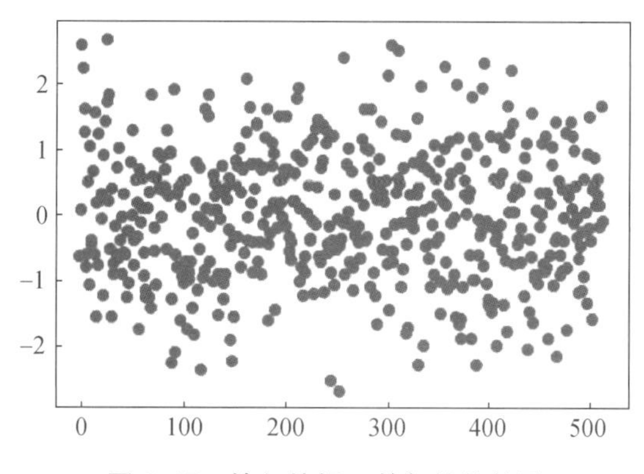

图 4-17　输入特征 X 的初始化结果

根据前面的假设,该神经网络每层的权重矩阵的维度为(512, 512),其向前传播计算实际上就是 152 个矩阵的连乘。首先计算向前传播的输出特征,然后计算其均值和标准差。

```
for i in range(152):
    w = torch.randn(512, 512)
    x = w @ x

x.mean(), x.std()
```

输出结果:

```
(tensor(nan), tensor(nan))
```

可以发现输出结果大到计算机无法识别，因此给出“nan”的结果，即激活值矩阵发生了爆炸。下面改写代码，当发生爆炸的时候退出循环。

```
x = torch.randn(512)
for i in range(152):
    w = torch.randn(512, 512)
    x = w @ x
    if torch.isnan(x.std()):
        break
print("The layer when explosion happened:", i)
```

输出结果：

```
The layer when explosion happened: 28
```

也就是说，当向前传播计算到第 29 层时，已经达到计算机的计算极限。由于激活值矩阵过于巨大，求导后的梯度也会过于巨大，从而导致梯度发生爆炸。

下面来看梯度消失的例子。把每层的权重矩阵都乘以 0.01，即将其改为新的正态分布，均值依然为 0，但是标准差改为 0.01。

```
x = torch.randn(512)
for i in range(152):
    w = torch.randn(512,512) * 0.01
    x = w @ x
x.mean(),x.std()
```

输出结果：

```
(tensor(0.), tensor(0.))
```

可以看到此时向前传播计算的权重均为 0，意味着激活值矩阵也是 0，从而说明向后传播计算的梯度也是 0，梯度消失了。也就是说，当将权重矩阵初始化为较大或者较小的值时，深度神经网络会出现梯度爆炸或梯度消失的现象。

那么该怎么解决这个问题呢？如何找到一个刚好的权重初始化方案呢？

可以证明，在给定的层，通过标准正态分布初始化的输入“x”和权重矩阵“w”的矩阵乘积，平均说来，其标准差非常接近输入连接数的平方根，即$\sqrt{512}$。下面进行验证：

```
mean, variance = 0.0, 0.0
for i in range(10000):
    x = torch.randn(512)
```

```
    w = torch.randn(512, 512)
    y = w @ x
    mean += y.mean().item()
    variance += y.pow(2).mean().item()

mean /= 10000
variance = math.sqrt(variance / 10000)
print("The mean value is", mean)
print("The standard deviation value is",variance)
print("The square root of 512 is", math.sqrt(512))
```

输出结果:

```
The mean value is -0.0022458444480395317
The standard deviation value is 22.633481112904573
The square root of 512 is 22.627416997969522
```

根据矩阵乘法的定义,这个属性不足为奇:为了计算“y”,将输入“x”的每个元素与权重矩阵“w”的一列按位相乘所得的512个乘积相加。

这个例子中,使用标准正态分布初始化“x”和“w”,因此512个乘积中每一个的平均值均为0,标准差为1。于是,将512个乘积相加,就得到均值为0、方差为512的分布,即标准差为$\sqrt{512}$。可以采用1个神经元验算,此时输出的标准差就是1。

```
mean, variance = 0.0, 0.0
for i in range(10000):
    x = torch.randn(1)
    w = torch.randn(1)
    y = w * x
    mean += y.mean().item()
    variance += y.pow(2).item()

mean /= 10000
variance = math.sqrt(variance / 10000)
print("The mean value is", mean)
print("The standard deviation value is",variance)
```

结果:

```
The mean value is -0.0013014153414879757
The standard deviation value is 1.0127598297597278
```

属于标准正态分布。

现在就不难理解上面的例子中,网络的输出在 29 次连续矩阵乘法后爆炸了。事实上,在 152 层的神经网络下,我们想要的是每层的输出服从标准差为 1 的分布。这样就可以在任意层上进行重复的矩阵乘法,而没有激活值的爆炸或消失。

如果一开始就把权重矩阵随机初始化的值除以$\sqrt{512}$,那么矩阵乘法之后的输出"y"将具有 $1/\sqrt{512}$的标准差。下面进行测试。

```
mean, variance = 0.0, 0.0
for i in range(10000):
    x = torch.randn(1)
    w = torch.randn(1) * math.sqrt(1.0/512)
    y = w * x
    mean + = y.item()
    variance + = y.pow(2).item()

mean / = 10000
variance = math.sqrt(variance / 10000)
print("The mean value is", mean)
print("The standard deviation value is",variance)
print("The square root of 1/512 is", math.sqrt(1/512))
```

输出结果:

```
The mean value is - 0.000280038148250398
The standard deviation value is 0.044691747774898136
The square root of 1/512 is 0.04419417382415922
```

这意味着通过输入向量"x"和权重矩阵"w"之间的矩阵乘法所形成的 512 个值,其标准差为 1。下面通过试验确认。

```
mean, variance = 0.0, 0.0
for i in range(10000):
    x = torch.randn(512)
    w = torch.randn(512, 512) * math.sqrt(1.0/512)
    y = w @ x
    mean + = y.mean().item()
    variance + = y.pow(2).mean().item()

mean / = 10000
```

```
variance = math.sqrt(variance / 10 000)
print("The mean value is", mean)
print("The standard deviation value is",variance)
```

输出结果：

```
The mean value is -0.00041773299465421585
The standard deviation value is 0.9996008232052012
```

很显然，此时的输出服从均值接近于 0 而方差接近于 1 的分布。实际上，如果回忆一下神经网络每层的激活值都是下一层的输入，那么等同于对每一层的权重矩阵都做了归一化处理。

现在重新运行 152 层的神经网络。和前文一样，首先从取值在[－1，1]的标准正态分布中随机选值作为每层的权重值，但将这些权重值按 $1/\sqrt{n}$ 进行缩小，其中 n 表示某层的输入特征数量，本例中 $n=512$。

```
x = torch.randn(512)
for i in range(152):
    w = torch.randn(512,512) * math.sqrt(1.0/512)
    x = w @ x
x.mean(), x.std()
```

输出结果：

```
(tensor(-0.0057), tensor(0.4328))
```

很成功！此时的神经网络输出结果既没有消失，也没有爆炸，即便经过了 152 层的传播。

但是，如果使用非线性激活函数，比如 tanh 函数，情况会怎样呢？

```
x = torch.randn(512)
for i in range(152):
    w = torch.randn(512,512) * math.sqrt(1.0/512)
    x = torch.tanh(w @ x)
x.mean(), x.std()
```

输出结果：

```
(tensor(-0.0039), tensor(0.0519))
```

可以看到，第 152 层输出的激活值矩阵，其标准差低至约 0.05。这绝对是偏小的，但并没有完全消失。

令人惊奇的是，这种简单的权重初始化方法直到 2010 年，还未成为主流方法。当 Glorot 等发表他们的标志性文章 *Understanding the Difficulty of Training Deep Feedforward Neural Networks*（理解深度前馈神经网络训练的难度）[2]时，他们用来做比较的"常用启发式方法"就是在[−1, 1]利用均匀分布初始化权重，然后缩小为 $1/\sqrt{n}$。

```
x = torch.randn(512)
for i in range(152):
    w = torch.Tensor(512, 512).uniform_(-1, 1) * math.sqrt(1.0/512)
    x = torch.tanh(w @ x)
x.mean(), x.std()
```

"常用启发式方法"导致梯度几乎为 0，与消失一样。这个糟糕的表现导致 Glorot 等提出权重初始化策略，在其论文中称之为"normalized initialization"（规范化初始化），现在通常被称为"Xavier 初始化"（Xavier initialization）。Xavier 初始化将神经网络每层的权重初始化为在下述边界中的均匀分布中选值

$$\frac{\sqrt{6}}{\sqrt{n^{[l-1]}+n^{[l]}}}$$

其中：$n^{[l-1]}$ 为前一层的神经元个数（有些文献称为 Fan-in）；$n^{[l]}$ 是当前层的神经元个数（Fan-out）。这或许是因为全连接神经网络的输入和输出看起来像折扇的扇子骨。

下面来看看他们的方法得到的效果是否更好。

```
def xavier(m,h):
    return torch.Tensor(m,h).uniform_(-1, 1) * math.sqrt(6/(m+h))


x = torch.randn(512)
for i in range(152):
    w = xavier(512,512)
    x = torch.tanh(w @ x)
x.mean(), x.std()
```

输出结果：

```
(tensor(-0.0046), tensor(0.0827))
```

似乎也没有好到哪里去！从理论上讲，使用关于零中心对称且在[−1, 1]有输出的激活函数（如 tanh 函数）时，大体上希望每层输出激活的平均值为 0，标准差大约为 1。这是本节前面的方法和 Xavier 初始化方法所能实现的。但是，如果使用 ReLU 函数作为激活函数呢？以同样的方式调节权重初始化值是否仍然有意义？下面通过试验看看。

```
def relu(x): return x.clamp_min(0.)

mean, variance = 0.0, 0.0
for i in range(10000):
    x = torch.randn(512)
    w = torch.randn(512, 512)
    y = relu(w @ x)
    mean += y.mean().item()
    variance += y.pow(2).mean().item()

mean /= 10000
variance = math.sqrt(variance / 10000)
print("The mean value is", mean)
print("The standard deviation value is",variance)
```

输出结果：

```
The mean value is 9.024274630594254
The standard deviation value is 16.00272974455745
```

事实证明，当使用 ReLU 函数激活时，神经网络单层的标准差非常接近输入特征数量除以 2 的平方根，即$\sqrt{512/2}=\sqrt{256}=16$。用这个系数(即 16)对权重矩阵的值进行缩放，将导致使用 ReLU 函数激活的各层大体上输出一个标准差为 1 的矩阵。

```
mean, variance = 0.0, 0.0
for i in range(10000):
    x = torch.randn(512)
    w = torch.randn(512, 512) * math.sqrt(2/512)
    y = relu(w @ x)
    mean += y.mean().item()
    variance += y.pow(2).mean().item()

mean /= 10000
variance = math.sqrt(variance / 10000)
print("The mean value is", mean)
print("The standard deviation value is",variance)
```

输出结果：

```
The mean value is 0.5641550547003746
The standard deviation value is 1.0003233171019366
```

如前所述，保持每层输出的激活值矩阵的标准差在 1 附近，将允许更多层数的深度神经网络不会出现梯度消失或爆炸。这就促使 He 等使用 ReLU 函数等不对称的非线性激活函数时，提出了适用于深层神经网络的权重初始化方法。他们在 2015 年发表的论文中[3]，证明了如果编程时采用以下输入权重初始化策略，深层神经网络（如 22 层卷积神经网络）会更早收敛：

- 使用适合给定层的权重矩阵的维度创建 Tensor（即多维数组），并使用来自标准正态分布的随机数值对其进行初始化。
- 将每个随机选择的数值乘以 $\sqrt{2}/\sqrt{n}$，其中 n 为从前一层输出而进入给定层的特征数量。
- 将偏置量 Tensor 初始化为 0。

让我们按照以上策略试验，并验证在 152 层神经网络的所有层使用 ReLU 函数激活，是否可以防止激活值输出矩阵消失或爆炸。

```
def He_init(m,h):
    return torch.randn(m,h) * math.sqrt(2.0/m)


x = torch.randn(512)
for i in range(152):
    w = He_init(512,512)
    x = relu(w @ x)
x.mean(), x.std()
```

输出结果：

```
(tensor(0.7345), tensor(1.1037))
```

使用 Xavier 的初始化进行对照：

```
x = torch.randn(512)
for i in range(152):
    w = xavier(512,512)
    x = relu(w @ x)
x.mean(), x.std()
```

输出结果：

```
(tensor(5.2277e-24), tensor(7.8805e-24))
```

很显然，使用 Xavier 初始化时，输出的激活值矩阵在第 152 层几乎完全消失。顺便提一下，当训练使用 ReLU 函数的激活的层数更多的神经网络时，发现使用 Xavier 初始化的 30 层 CNN 完全停止，根本没有学习。然而，根据上述策略初始化相同的神经网络时，收敛得非常好。可以认为，从头开始训练一个深层神经网络，特别是应用于计算机视觉方面时，几乎肯定会使用 ReLU 函数激活。在这种情况下，He 等提出的权重初始化是一个可行的首选。

参考文献：

[1] Dellinger J. Weight initialization in neural networks: A journey from the basics to kaiming[Z/OL]. [2019-09-27]. https://towardsdatascience.com/weight-initialization-in-neural-networks-a-journey-from-the-basics-to-kaiming-954fb9b47c79.

[2] Glorot X, Bengio Y. Understanding the difficulty of training deep feedforward neural networks. Proceedings of the thirteenth international conference on artificial intelligence and statistics[J]. Proceedings of Machine Learning Research, 2010, 9: 249-256.

[3] He K, Zhang X, Ren S, et al. Delving deep into rectifiers: Surpassing human-level performance on ImageNet classification [C]//Proceedings of the 2015 IEEE International Conference on Computer Vision (ICCV), 2015: 1026-1034.

第五章 神经网络调优(二)

第一节 小批量的概念

前文介绍过,整个训练集上的代价函数是每个样本的损失函数的加和平均。因此,在机器学习中,目标函数与一般的优化算法不同,可以将其分解为训练样本的求和。但是,在实际应用中,特别是在深度学习领域,样本量通常都非常大。此时,在整个训练集上准确地计算梯度的期望,代价是非常巨大的,因为需要对每个样本进行计算。m 个样本均值的标准差是 $\sigma/\sqrt{m}$,其中 σ 是样本值真实的标准差。由于分母 $\sqrt{m}$ 本身是非线性的,因此除以它意味着使用更多的样本来提高梯度的估计值的精度,其回报是低于线性的。假设有两个不同的梯度计算,一个基于 100 个样本,另一个基于 10 000 个样本。当利用整个样本集合进行计算时,后者需要的计算量是前者的 100 倍,但是仅仅降低了 10 倍的均值标准差[1]。因此,样本量巨大的神经网络在训练的时候,往往会将整个数据集分割为若干个小数据集,从而快速地计算出梯度的估计值,而不是缓慢地计算出其准确值,最终大幅提高收敛速度和训练效率。这种方法就是小批量(mini batch)梯度下降法。

对于有监督学习而言,假设有 m (m 的取值为 500 万) 个训练样本,可表示如下:

$$X=[x^{(1)}\ x^{(2)}\ x^{(3)}\ \cdots\ x^{(m)}]$$
$$Y=[y^{(1)}\ y^{(2)}\ y^{(3)}\ \cdots\ y^{(m)}]$$

其中:样本集合 X 的维度是$(n_x,\ m)$,标签集合 Y 的维度是$(1,\ m)$。

为了提高训练效率,将 500 万个数据分为 5 000 个小批量,或者说 5 000 个子集,每个子集中含有 1 000 个数据及其对应的标签,即可以将整个训练集和标签集写为以下形式:

$$X=[\underbrace{x^{(1)}\ x^{(2)}\ \cdots\ x^{(1\,000)}}_{X^{\{1\}}}\ |\ \underbrace{x^{(1\,001)}\ x^{(1\,002)}\ \cdots\ x^{(2\,000)}}_{X^{\{2\}}}\ |\ \cdots\ \underbrace{\cdots x^{(m)}}_{X^{\{5\,000\}}}]$$

用上标大括号,将 $x^{(1)}$ 到 $x^{(1\,000)}$ 的第一个子集称为 $x^{\{1\}}$, $x^{(1\,000)}$ 到 $x^{(2\,000)}$ 的第二个子集称为 $x^{\{2\}}$,以此类推。对 Y 也进行同样的处理,得到:

$$Y=[\underbrace{y^{(1)}\ y^{(2)}\ \cdots\ y^{(1\,000)}}_{Y^{\{1\}}}\ |\ \underbrace{y^{(1\,001)}\ y^{(1\,002)}\ \cdots\ y^{(2\,000)}}_{Y^{\{2\}}}\ |\ \cdots\ \underbrace{\cdots\ y^{(m)}}_{Y^{\{5\,000\}}}]$$

这样,就形成 5 000 个小批量。对于第 t 个小批量($t=1,\ 2,\ \cdots,\ 5\,000$), $X^{\{t\}}$ 和 $Y^{\{t\}}$ 均包含 1 000 个样本相应的输入和输出对,它们的维度分别为 $X^{\{t\}}:(n_x,\ 1\,000)$ 及 $Y^{\{t\}}:(1,\ 1\,000)$。

事实上,所谓的批量梯度下降(batch gradient decent)就是前文介绍的梯度下降算法,即同时处理整个训练集;而小批量梯度下降(mini batch gradient decent)指的是依次处理第 t 个小批量中的 $X^{\{t\}}$ 和 $Y^{\{t\}}$,而不是同时处理全部的 X 和 Y。此时的编程实现方式如下:

Repeat {

for t = 1, 2, …, 5 000

{

1. 计算 $X^{\{t\}}$ 内的向前传播

$Z^{[1]}=W^{[1]}X^{\{t\}}+b^{[1]}$

$A^{[1]}=g(Z^{[1]})$

…

$A^{[L]}=g(Z^{[L]})$

2. 计算第 t 个小批量的代价函数

$$J^{\{t\}}=\frac{1}{1\,000}\sum_{i=1}^{1\,000}L(\hat{y}^{(i)},\ y^{(i)})+\frac{\lambda}{2\times 1\,000}\sum_{l=1}^{L}\|W^{[l]}\|_F^2$$

3. 执行反向传播,仅使用 $X^{\{t\}}$ 和 $Y^{\{t\}}$ 计算 $J^{\{t\}}$ 的梯度

4. 计算更新后的 $W^{[l]}$ 和 $b^{[l]}$

$$W^{[l]}:=W^{[l]}-\alpha\,\mathrm{d}W^{[l]}$$

$$b^{[l]}:=b^{[l]}-\alpha\,\mathrm{d}b^{[l]}$$

}

}

注意:遍历完 t 从 1 到 5 000 这所有的子集,所完成的训练称为一轮(epoch)。“1 轮”意味着只是一次遍历了训练集,即通过 5 000 个小批量完成一次对包含 500 万个样本的整个训练集的遍历。

为了更好地理解小批量和轮次的概念,这里打个比方。假设某玉器加工厂接到一个订单,要求打磨 500 万颗珠子。将这些珠子分为 5 000 组,则每组有 1 000 颗珠子,每组同时开工,且每组均需耗时一天完成一次打磨。那么,这里的“一天打磨”对应 5 000 个小批量一轮的训练;假设需要 90 天完成打磨,则对应 90 轮的训练。这个例子虽然不是很贴切,但是它能告诉我们小批量和轮次的概念应该如何理解,更重要的是,它让我们了解到神经网络的训练,特别是在数据量很多的时候,是一项很有挑战的工作。

第二节　小批量的作用原理

那么如何理解基于小批量的梯度下降呢?在利用整个训练集一次性进行训练的时候,整个代价函数随着迭代次数的增加,其变化趋势呈现图 5-1 所示的光滑下降曲线。但是,将整个训练集分为小批量进行训练时,代价函数-迭代次数曲线呈现振荡式下降形态,它的

整个趋势依然是下降的，但是在某个局部出现升高和下降共存的现象。换言之，某个小批量的代价与后面一个小批量的代价相比，后者可能比前者大，也可能比前者小，但是总体的代价是下降的。注意，在许多深度学习框架中，代价函数曲线用 Loss-Epoch 的方式绘制。

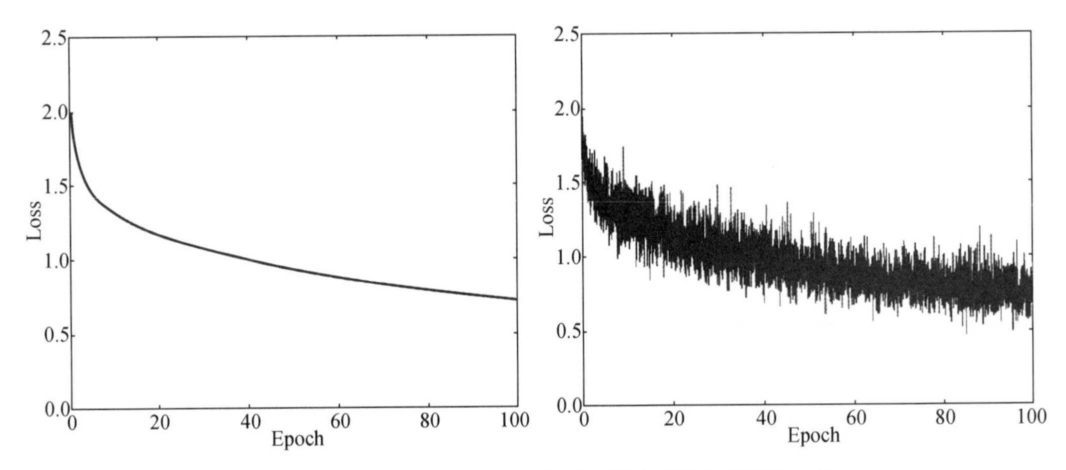

图 5-1 采用批量(左)和小批量(右)训练时的代价函数曲线

为什么会这样呢？原因很简单。第一，小批量之间彼此是相互独立的，在第 $t-1$ 个小批量上表现好的权重矩阵，在第 t 个小批量上未必也表现良好，反之亦然。两个相邻的小批量之间可能存在起伏。第二，有的小批量上的数据容易训练，而有的小批量上的数据不容易训练。比如说，某个小批量上的图像刚好都是清晰的，而另一个小批量上的图像都比较模糊，因此前者容易训练，后者不容易训练。第三，由于训练数据都是人为标注的，有可能存在某些小批量中的标签本身存在错误，导致前一个小批量中可行的权重在这个小批量中是不可行的。

总体说来，用小批量进行训练的时候，代价函数值出现抖动是很正常的现象，只要整体呈下降趋势，就说明神经网络学习到了有用的权重矩阵和偏置矩阵。

那么，该如何选择小批量的大小呢？依然假设 m 为训练集的大小，在极端情况下，如果小批量的大小等于 m，此时就属于批量梯度下降，即小批量 $X^{\{1\}}$ 和 $Y^{\{1\}}$ 等同于整个训练集。

还有一种极端情况，假设小批量大小为 1，此时属于随机梯度下降(stochastic gradient decent)，即每个样本都是独立的小批量。第一个小批量 $X^{\{1\}}$ 和 $Y^{\{1\}}$，就是第一个训练样本，第二个小批量，就是第二个训练样本，然后是第三个训练样本，以此类推。在梯度下降过程中，一次只处理一个。

在随机梯度下降中，由于每个样本是单独训练的，因此它们的代价值大小不一，其振荡现象更明显，如图 5-2 左所示，最终会在最小值的附近来回摆动。在批量梯度下降法中，它的代价函数变化趋势如图 5-2 中所示。小批量梯度下降的训练路径介于前两者之间，虽然也存在抖动，但最终更接近最小值，如图 5-2 右所示。

在实践中，小批量大小一般在 1～m。但一般不选择 1 或 m，因为 1 太小而 m 太大。如果使用批量梯度下降，小批量大小设为 m，则每次迭代需要处理大量训练样本，在训练样本

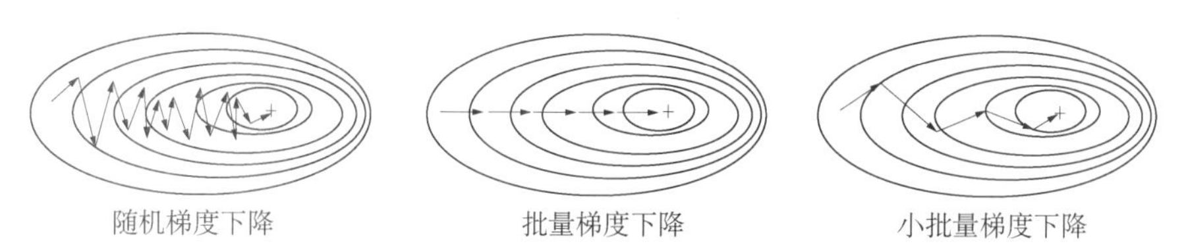

图 5-2　随机梯度下降(左)与批量梯度下降(中)及小批量梯度下降(右)的训练路径

数量巨大的时候，单次迭代耗时太长；如果训练样本数量不大，批量梯度下降也能很好地运行。相反，如果使用随机梯度下降，每次迭代只处理一个样本，当下降过程来回振荡时，可通过减小学习率来减轻振荡。但随机梯度下降的一大缺点是会失去所有矩阵矢量化编程带来的加速，因为一次只处理一个样本，学习效率过于低下。因此，实践中应选择不大不小的小批量，使得学习效率达到最快。

可以想象批量梯度下降的训练路径是一条岁月静好的路径，没有起伏，但是非常安静(慢)；随机梯度下降的训练路径是一条血雨腥风的路径，起伏跌宕，非常刺激；而小批量梯度下降的训练路径则是一条中庸之道，虽然有起伏，但是会比较快地到达目的地。

需要注意的是，采用小批量进行训练，当梯度下降到最小值附近时，也是振荡式的，此时会需要利用下文介绍的学习率衰减(learning rate decay)的方法，慢慢地降低学习率，从而减少振荡，逼近最小值。

那么，应该如何选择位于 1 和 m 之间的小批量大小呢？首先，如果训练集较小(一般指小于 2 000 个样本)，直接使用批量梯度下降法，可以快速处理整个训练集。当样本数量较大时(一般指小批量大小为 64～512)，考虑到电脑内存设置和使用的方式，如果小批量大小刚好是 2 的 n 次方，代码或许会运行得快一些。

在进行数据准备时，有两个基本步骤：随机混洗(shuffle)和分区(partition)。

(1) 随机混洗：如图 5-3 所示。X 和 Y 的每一列对应一个训练样本及其标签。随机混洗必须在 X 和 Y 之间同步完成。这样，在随机混洗之后，X 的第 i 列是对应 Y 中第 i 个标签的样本，从而确保将样本集随机分成不同的小批量。

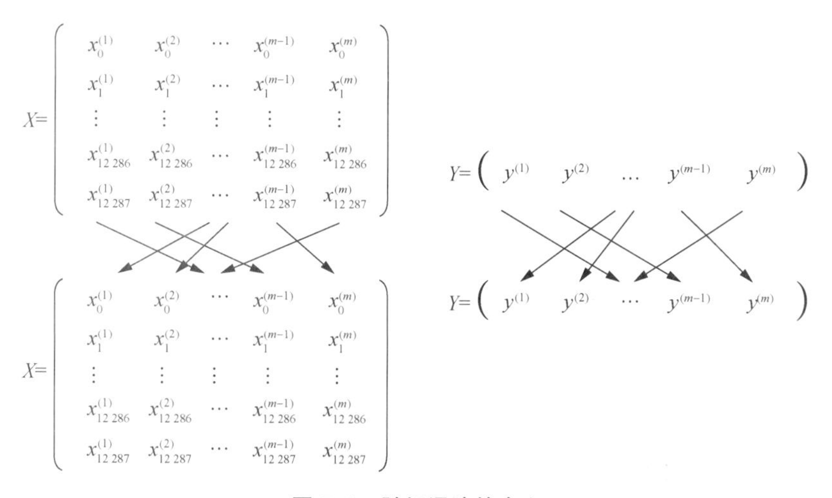

图 5-3　随机混洗的含义

(2) 分区:按照小批量大小(此处为 64),分别对训练样本集合 X 和对应的标签集合 Y 进行分区,构成若干子集。请注意:训练样本的总数量并不总是能够被小批量的大小(假设这个变量是“mini_batch_size”)所整除,最后一个小批量中的样本数量可能更小,这是允许的。当最终的子集大小小于完整的“mini_batch_size”时,则如图 5-4 所示。

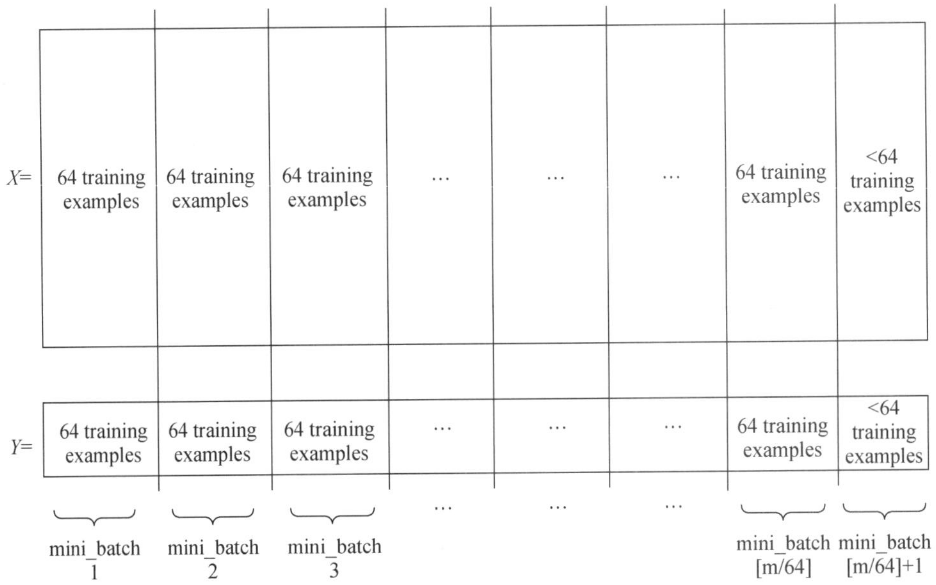

X=	64 training examples	64 training examples	64 training examples	…	…	…	64 training examples	<64 training examples
Y=	64 training examples	64 training examples	64 training examples	…	…	…	64 training examples	<64 training examples
	mini_batch 1	mini_batch 2	mini_batch 3	…	…	…	mini_batch [m/64]	mini_batch [m/64]+1

图 5-4 按照小批量大小“mini_batch_size”分别对训练样本集合 X 和对应的标签集合 Y 进行分区

现在我们学会了在训练样本数量较大的情况下如何执行小批量梯度下降,使算法运行得更快。下面阐述提高梯度下降速度的另一个更高效的算法概念。

第三节 指数加权平均

3.1 指数加权平均的基本概念

在介绍更快的梯度下降方法之前,先介绍一个名为指数加权平均(exponentially weighted averages)的技术,有时也称为指数加权移动平均(exponentially weighted moving averages,简称 EWMA)。以某纺织集团一周内股票的开盘价格为例,看看如何利用指数加权平均技术对其进行拟合。

用 θ 表示某天的开盘价格,v 表示预测值或者拟合值,如果要计算其演变趋势,即开盘价格的局部平均值(或者说移动平均值),假设 $v_0=0$,计算(预测)每天的开盘价格:

$$v_1=0.9v_0+0.1\theta_1$$

$$v_2=0.9v_1+0.1\theta_2$$

$$v_3=0.9v_2+0.1\theta_3$$

…

$$v_t = 0.9v_{t-1} + 0.1\theta_t$$

对每个时间点 v_t，使用 0.9 乘以之前的计算值 v_{t-1}，再加上 0.1 乘以当前的开盘价格，即 $v_1 = 0.9v_0 + 0.1\theta_1$，则为第一天的开盘价格。第二天，又可以获得一个加权平均数，0.9 乘以之前的值加上当天价格的 0.1 倍，即 $v_2 = 0.9v_1 + 0.1\theta_2$。第三天就是第二天的值乘以 0.9 加上第三天价格的 0.1 倍，以此类推。换言之，某一天 t 的值 v_t 等于前一天 v_{t-1} 值的 0.9 倍加上当日价格的 0.1 倍。如果作图将其绘制出来，便得到指数加权移动平均的曲线拟合结果，如图 5-5 所示(图中，raw 代表原始数据，EWMA 代表指数加权平均拟合数据)。

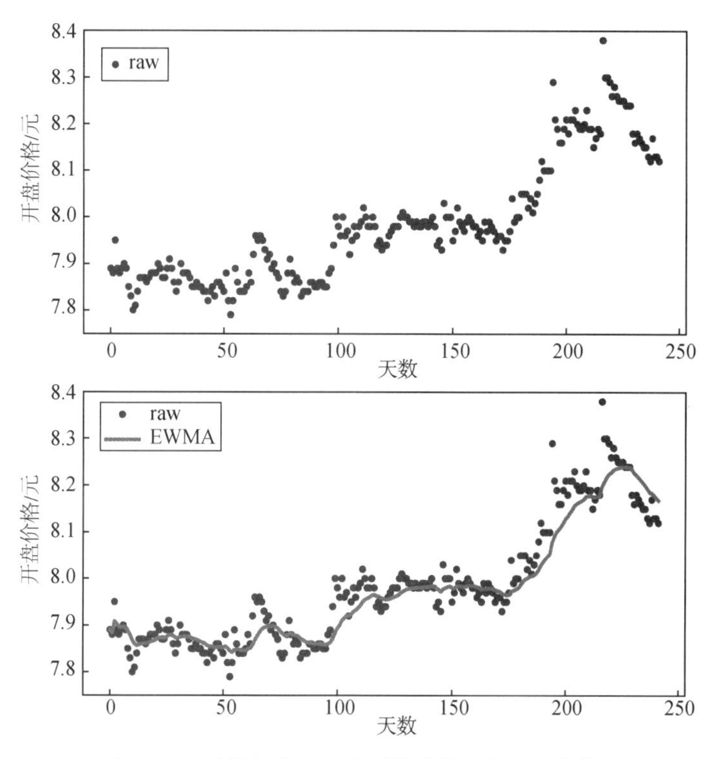

图 5-5　某纺织集团一段时间内股票的开盘价格

下面，令 $v_t = 0.9v_{t-1} + 0.1\theta_t$ 中的"0.9" 这个数值为变量 β，则可将"0.1" 写为"$(1-\beta)$"，于是得到以下通用计算公式：

$$v_t = \beta v_{t-1} + (1-\beta)\theta_t \tag{5-1}$$

事实上，v_t 代表大约 $\frac{1}{(1-\beta)}$ 天的平均开盘价格，如果 $\beta = 0.9$，得到的就是 10 天的平均开盘价格。

如果 β 取不同的值，会出现怎样的变化呢？举例而言，若将 β 设置为接近于 1 的一个值，比如"0.98"，可计算得到 $\frac{1}{(1-0.98)} = 50$，即平均了过去 50 天的开盘价格，此时作图可以得到图 5-6 所示的黑线部分。

可以看到，当 β 取值较大的时候，得到的曲线波动更小即更加平坦，原因在于平均了多

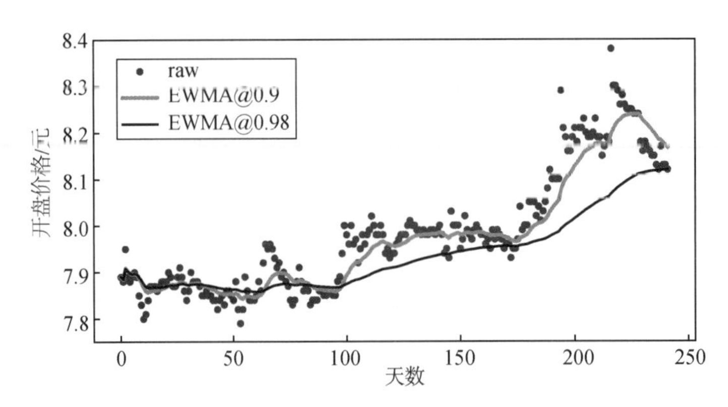

图 5-6 不同 β 值对应的开盘价格平均值的变化趋势

天的开盘价格，但缺点是曲线右移。换言之，$\beta=0.98$，相当于给前面几天的开盘价格加了太多的权重，只有 0.02 的权重给了当天的开盘价格，故当开盘价格上下起伏变化时，对于较大的 β，指数加权平均值适应得更缓慢。

如果 β 是另一个极端值，比如 0.5，同样地，可计算得到$\frac{1}{(1-0.5)}=2$，意味着平均了过去 2 天的开盘价格，如图 5-7 中“EMWA @0.5”图例所示。由于仅平均了 2 天的开盘价格，拟合曲线的抖动更加明显，但是能够更快地适应开盘价格的变化。由此可见，通过调整 β 的取值，可以取得不同的拟合效果，往往取中间值的效果最好，比如本例中 β 为中间值(0.9)时得到的拟合曲线的预测效果更好。

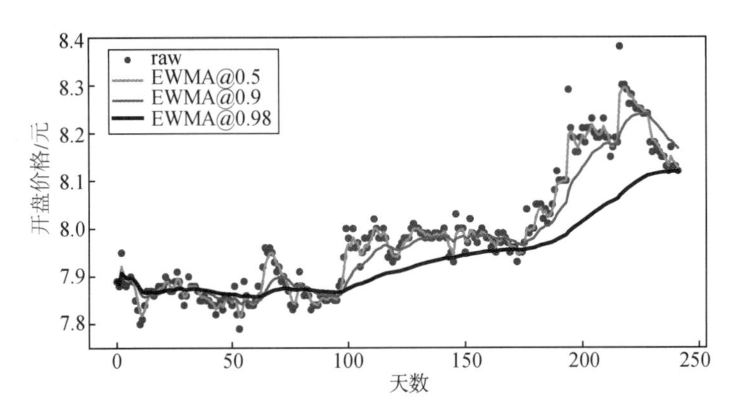

图 5-7 不同 β 值时开盘价格的指数加权平均

3.2 指数加权平均的含义

根据公式 $v_t=\beta v_{t-1}+(1-\beta)\theta_t$，可以计算上一节的例子中第 100 天的平均开盘价格，它事实上是由第 99 至第 1 天的开盘价格加权平均的结果：

$$v_{100}=\beta v_{99}+(1-\beta)\theta_{100}$$
$$v_{99}=\beta v_{98}+(1-\beta)\theta_{98}$$

$$v_{98}=\beta v_{97}+(1-\beta)\theta_{97}$$
$$\cdots$$

下面计算一下：

若$\beta=0.9$，$v_{100}=0.9v_{99}+0.1\theta_{100}$，调换“$0.9v_{99}$”和“$0.1\theta_{100}$”的位置，有：

$$v_{100}=0.1\theta_{100}+0.9v_{99}$$

那么，v_{99}是什么呢？代入它的计算公式：

$$v_{99}=0.1\theta_{99}+0.9v_{98}$$

得到：

$$v_{100}=0.1\theta_{100}+0.9(0.1\theta_{99}+0.9v_{98})$$

而v_{98}又是什么呢？再次代入它的计算公式：

$$v_{98}=0.1\theta_{98}+0.9v_{97}$$

得到：

$$v_{100}=0.1\theta_{100}+0.9[0.1\theta_{99}+0.9(0.1\theta_{98}+0.9v_{97})]$$

以此类推，如果把括号都展开：

$$v_{100}=0.1\theta_{100}+0.1\times 0.9\theta_{99}+0.1\times 0.9^{2}\theta_{98}+0.1\times 0.9^{3}\theta_{97}+0.1\times 0.9^{4}\theta_{96}+\cdots$$

会发现v_{100}等于过往100天中每天的开盘价格与一个系数的乘积，而这个系数的取值见表5-1。

表5-1　第100天的开盘价格平均值计算时用到的系数取值

天数	100	99	98	97	96	…	1
系数取值	0.1	0.1×0.9	0.1×0.9^{2}	0.1×0.9^{3}	0.1×0.9^{4}	…	0.1×0.9^{99}

由表5-1可见，这些系数服从指数函数分布，从0.1开始，到0.1×0.9，0.1×0.9^{2}，…，以此类推，如图5-8所示。

v_{100}实际上是通过把服从指数函数分布的一系列系数值与相应的开盘价格相乘，然后求和得到的。即用100号数据值乘以0.1，99号数据值乘以0.1再乘以0.9，以此类推。

最后来看如何编程实现指数加权平均的计算过程。已知：

$$v_{0}=0$$
$$v_{1}=\beta v_{0}+(1-\beta)\theta_{1}$$
$$v_{2}=\beta v_{1}+(1-\beta)\theta_{2}$$
$$v_{3}=\beta v_{2}+(1-\beta)\theta_{3}$$
$$\cdots$$

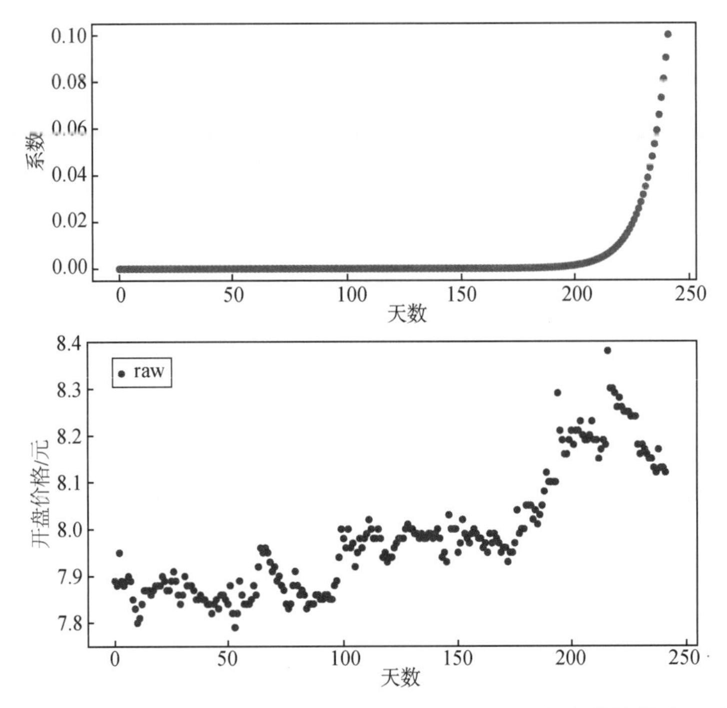

图 5-8 指数加权平均的含义是服从指数函数分布的系数值与当前值的按位乘积之和

在编程实现时，首先将 v_θ 初始化为 0，然后依次计算第一天的 v_1、第二天的 v_2，以此类推。其伪代码如下：

$$v_\theta = 0$$

Repeat

{

获取第 t 次的价格 θ_t

$$v_\theta := \beta v_\theta + (1-\beta)\theta_t$$

}

实际上，如果要直接算出过去 10 天或 50 天的平均开盘价格，将过去 10 天或 50 天的开盘价格总和，除以 10 或 50 即可。但这种方法的缺点是需要保存过去 10 天或 50 天的开盘价格及其总和，程序运行时要占用更多的内存，执行的程序更加复杂，计算开销也更高。因此，从计算和内存效率来说，指数加权平均是一个有效的计算方法。在掌握了如何计算指数加权平均之后，还需要学习另外一个概念，叫作偏差修正(bias correction)。

3.3 指数加权平均的偏差修正

偏差修正可以让指数加权平均的运算更加准确。让我们来看看它是怎么运行的。

根据上一节的公式 $v_t = \beta v_t + (1-\beta)\theta_t$，灰色曲线对应 β 的值为 0.9。但是，如果按照该公式计算 $\beta = 0.9$ 时每天的开盘价格，所得到的拟合曲线并不是灰色曲线，而是黑色曲线，且后者的起始点较低。这是为什么呢？

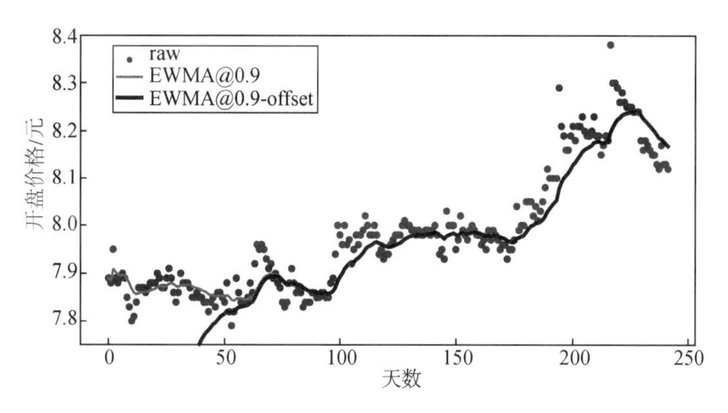

图 5-9　使用偏差修正的拟合效果

在计算移动平均数的时候,若初始化 $v_0=0$, $v_1=0.9v_0+(1-\beta)\theta_1$,由于 $v_0=0$,所以"$0.9v_0$"为 0,故 $v_1=0.1\theta_1$。如果这一天的真实开盘价格是 8.0 元,那么计算所得的 $v_1=0.1\theta_1=0.1\times8=0.8$ 元,计算值比 8.0 小很多,所以第一天开盘的价格估测不准。继续计算第二天的价格。$v_2=0.9v_1+(1-\beta)\theta_2$,代入 v_1 即可得到 $v_2=0.9(0.1\theta_1)+0.1\theta_2=0.09\theta_1+0.1\theta_2$,假设 θ_1 和 θ_2 都是正数,则计算所得的 v_2 远小于 θ_1 和 θ_2,所以也不能很好地预测出第二天的开盘价格。

要解决预测初期出现的上述偏差现象,不能直接用公式(5-1)计算,而应该利用 $\frac{v_t}{1-\beta^t}$ 进行计算,这里的 t 表示天数,即添加一个中间量 v_t^* :

$$v_t^*=\beta v_{t-1}+(1-\beta)\theta_t$$

$$v_t=\frac{v_t^*}{1-\beta^t}$$

下面举例说明。当 $t=2$, $\beta=0.98$ 时,$1-\beta^t=1-0.98^2=0.0396$,因此对第二天的开盘价格的预测变成$\frac{v_2}{0.0396}=\frac{0.0196\theta_1+0.02\theta_2}{0.0396}$,也就是 θ_1 和 θ_2 的加权平均,此时上述偏差基本上被消除了。另外,不难发现,随着 t 的增加,β^t 接近于 0,所以当 t 很大的时候,偏差修正几乎不会干扰正常的拟合值。从图 5-9 可以看出,当 t 较大的时候,黑线基本与灰线重合。

不过,使用指数加权平均进行预测时,人们有时并不在乎是否执行偏差修正,因为偏差往往出现在预测的初期。当我们对初期的表现不太关心,或者说宁可熬过初期,得到具有偏差的预测值,然后继续计算,此时可以不必执行偏差修正算法。但是,如果我们关注初期的偏差,可在刚开始计算指数加权平均时,通过偏差修正获取更好的初期预测值。下面介绍利用指数加权平均的概念,如何构建更好的优化算法。

第四节 几种常见的梯度下降法

4.1 动量梯度下降法

第一种叫作 Momentum,或者叫作动量梯度下降法(gradient descent with momentum)[2],其基本思想是直接计算梯度的指数加权平均值,并利用该平均值作为梯度更新权重。

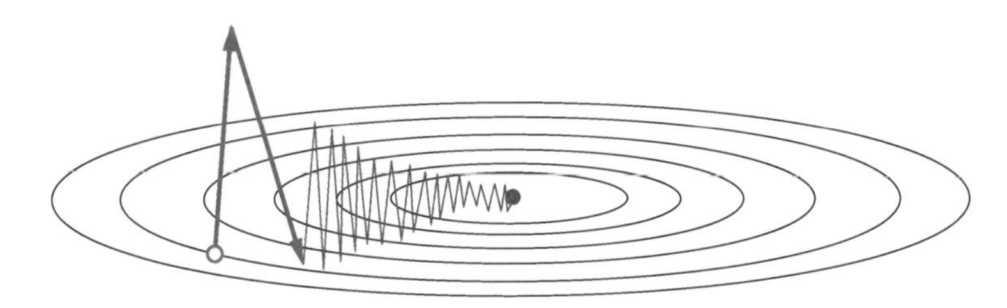

图 5-10 代价函数的优化过程

假设要优化的代价函数如图 5-10 所示,实心圆点代表最小值的位置,当从空心圆点开始,用大数据下的小批量梯度下降法,结果通常会上下波动,需要很多次迭代才能收敛。换言之,如果采用较大的学习率(如箭头所示),结果可能会因为波动太大而偏离代价函数的范围。为了避免这种情况,不得不采用较小的学习率,从而减慢了梯度下降的速度。

另一方面,在纵轴(垂直方向)上,往往希望学习速度慢一点,因为该方向上的波动对梯度下降没有帮助,但是在横轴(水平方向)上,往往希望加快学习,即快速地从左向右移动,移向最小值(实心圆点)。为了达到这个目的,可以使用动量梯度下降法,具体做法如下:

在每次迭代中,确切地说,在第 t 次迭代的过程中,使用当前的小批量计算 $\mathrm{d}W$ 和 $\mathrm{d}b$,这里暂时省略上标$[l]$。然后,按照指数加权平均的方法计算 $\mathrm{d}W$ 和 $\mathrm{d}b$ 的加权平均值:

$$v_{\mathrm{d}W}=\beta v_{\mathrm{d}W_{t-1}}+(1-\beta)\mathrm{d}W$$

$$v_{\mathrm{d}b}=\beta v_{\mathrm{d}b_{t-1}}+(1-\beta)\mathrm{d}b$$

当 W 和 b 更新时,不直接采用 $\mathrm{d}W$ 和 $\mathrm{d}b$,而换为 $v_{\mathrm{d}W}$ 和 $v_{\mathrm{d}b}$,即:

$$W:=W-\alpha v_{\mathrm{d}W}$$

$$b:=b-\alpha v_{\mathrm{d}b}$$

这样,就能够利用指数加权平均的平滑功能减缓梯度下降过程中波动的幅度(图 5-11)。

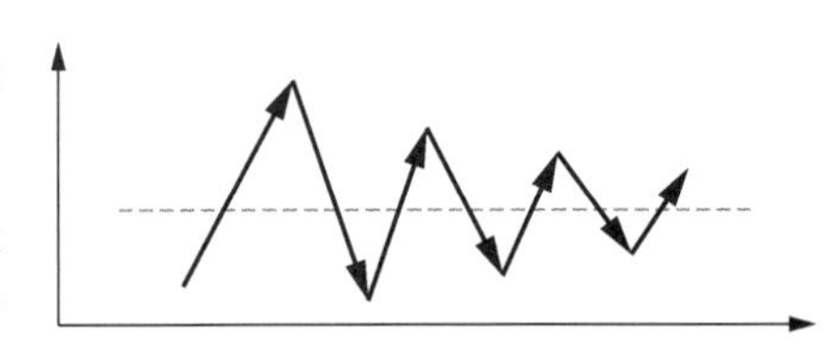

图 5-11 通过指数加权平均减缓梯度下降的幅度

如图 5-11 所示,在纵轴方向的指数加权平均过程中,正负值可能相互抵消,所以平均值接近于 0,摆动的幅度也接近于 0,等同于减小了摆动的幅度,即达到降低振荡的目的;而在横轴方向,所有的微分都指向最小化的方向,因此横轴方向的平均值仍然是正数。最终结果是采用动量梯度下降法时,纵轴方向的摆动幅度变小,横轴方向的运动速度变快,梯度下降过程是一条更加直接的路径,在抵达最小值的路上,摆动减少了。

如果采用物理学的比喻,把梯度下降看作一颗小球从碗的边缘向底部螺旋滚动的过程,v_{dW} 或 v_{db} 代表速度,dW 和 db 代表加速度。由于 β 小于 1,所以它与速度项的乘积代表摩擦,使得小球向下滚动的过程有所缓和,而加速度项使得小球向碗底做加速运动。

注意:在指数加权平均中,由于存在 $\beta v_{dW_{t-1}}$ 这样一个 $(t-1)$ 时刻的速度项,即在每一次梯度下降过程中,都有之前时刻的速度项的作用,如果当前的运动方向与之前的相同,会继续加速;如果当前的运动方向与之前的相反,也不会发生急转弯,而是尽量沿着直线前进。由此,解决了图 5-10 所示梯度下降中存在的下降路线往复折叠从而浪费时间的问题。

在具体编程实现时,对于第 t 次迭代,首先计算当前小批量上的 dW 和 db,然后计算其加权平均值,再用该平均值对 dW 和 db 进行更新:

$$v_{dW} := -\beta v_{dW} + (1-\beta)dW$$
$$v_{db} := \beta v_{db} + (1-\beta)db$$
$$W := W - \alpha v_{dW}$$
$$b := b - \alpha v_{db}$$

这里有两个超参数:学习率 α 及 β。β 控制着指数加权平均值,最常用的值是 0.9。关于偏差修正,虽然可以用 v_{dW} 和 v_{db} 除以 $1-\beta^t$,但实践中往往不这么做,因为 β 为 0.9 已经意味着采用了 10 次迭代之后的指数加权移动平均值,而且 10 次迭代表明已经越过初始阶段。实际上,在使用动量梯度下降法时,不会受到偏差修正的困扰。注意,v_{dW} 的初始值是 0,即它是一个与 dW 维数相同的零矩阵(与 W 的维数相同),v_{db} 的初始值也是一个与 db 和 b 相同维数的零矩阵。

4.2 RMSprop

除了动量梯度下降法可以加快梯度下降,还有一种叫作 RMSprop 的算法,它的英文全称是 root mean square propagation[3],中文名称叫作均方根传递。让我们来看看它是如何运作的。

如上一节所述,对于第 t 次迭代,首先计算当前小批量上的 dW 和 db,然后计算其加权平均值,再用该平均值对 dW 和 db 进行更新。为避免混淆,将此时的平均值称为 S_{dW} 和 S_{db},其计算方式如下:

$$S_{dW} := \beta S_{dW} + (1-\beta)dW^2$$
$$S_{db} := \beta S_{db} + (1-\beta)db^2$$
$$W := W - \alpha \frac{dW}{\sqrt{S_{dW}}}$$
$$b := b - \alpha \frac{db}{\sqrt{S_{db}}}$$

这里的 dW^2 是 dW 矩阵中每个元素的平方，也就是说，这个表达形式保留了微分平方的加权平均值。同理，db^2 也是逐元素的平方。

那么，$W:=W-\alpha\frac{dW}{\sqrt{S_{dW}}}$ 和 $b:=b-\alpha\frac{db}{\sqrt{S_{db}}}$ 这两个参数更新的含义是什么呢？

回忆一下前面的例子，在普通的梯度下降过程中，虽然梯度下降沿着横轴方向前进，但纵轴方向有大幅度摆动。假设纵轴代表 b，横轴代表 W，目标是在横轴方向（图 5-12 中的 W 方向）上学习速度快，而在垂直方向（图 5-12 中的 b 方向）上减缓摆动，所以有了 S_{dW} 和 S_{db} 的设计。

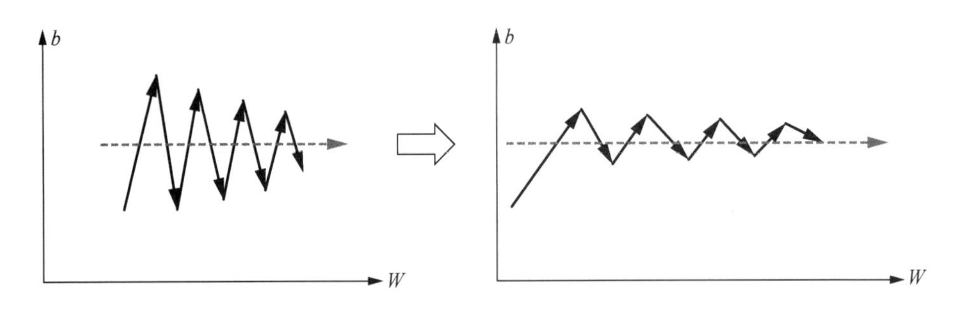

图 5-12　RMSprop 中指数加权平均的功效

我们希望 S_{dW} 较小，这样可以除以一个较小的数；同时希望 S_{db} 较大，这样可以一个除以较大的数。观察图 5-12，垂直方向（纵轴）的分量比水平方向（横轴）的分量大得多，即斜率方向在 b 方向的投影特别大。换言之，根据代价函数的倾斜程度（即微分值）可知，在这些微分中，db 较大，dW 较小。db 大，db 的平方就大，所以 S_{db} 也较大，而 dW 小，dW 的平方就小，因此 S_{dW} 也较小，结果是垂直方向的 db 被较大的数除，从而消除振荡，而水平方向的 dW 被较小的数除，从而加快更新。

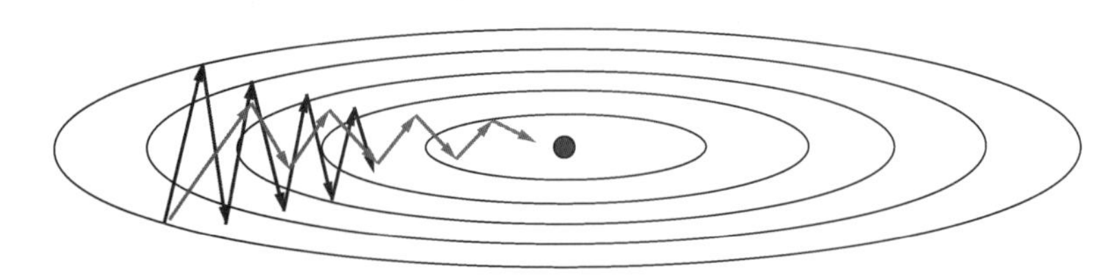

图 5-13　RMSprop 的梯度下降路径示意

图 5-13 中灰色箭头所示为 RMSprop 的梯度下降路径，纵轴方向的摆动较小，而横轴方向的前进速度较快，而且允许采用更大的学习率 α 加快学习。

这里要说明一点，将纵轴和横轴分别表述为 b 和 W，只是为了方便展示。在实际情况下，参数处于一个高维空间内，因此对于 W_1，W_2，…，W_n 等参数构成的集合而言，水平维度和垂直维度可能是其中某些参数的组合，而对于需要消除振荡的维度而言，需要计算更大的和值（如 S_{db}），即这些维度下参数平方和微分的加权平均值，从而抑制出现振荡的方向。

鉴于动量梯度下降法中采用了超参数 β，为了避免混淆，这里不采用 β 而采用 β_2（一般设置为 0.99）：

$$S_{dW} := \beta_2 S_{dW} + (1-\beta_2)\mathrm{d}W^2$$

$$S_{db} := \beta_2 S_{db} + (1-\beta_2)\mathrm{d}b^2$$

此外,为确保该方法中除数不为 0,在实际应用中,还需要在分母上加一个很小的 ε:

$$W := W - \alpha \frac{\mathrm{d}W}{\sqrt{S_{dW} + \varepsilon}}$$

$$b := b - \alpha \frac{\mathrm{d}b}{\sqrt{S_{db} + \varepsilon}}$$

其中:ε 的值一般取 10^{-8}。

RMSprop 与动量梯度下降法很相似:一是都可以消除梯度下降过程中的振荡,包括小批量梯度下降;二是都允许使用更大的学习率 α,从而加快学习速度。

4.3　Adam 优化算法

Adam 优化算法(Adam optimization algorithm)[4] 基本上就是将动量梯度下降法和 RMSprop 结合在一起而形成的,首先进行初始化:

$$v_{dW} = 0,\ S_{dW} = 0,\ v_{db} = 0,\ S_{db} = 0$$

对于第 t 次迭代,计算当前小批量上的 $\mathrm{d}W$ 和 $\mathrm{d}b$,然后计算其动量加权平均值和 RMSprop 加权平均值,再用这些平均值对 $\mathrm{d}W$ 和 $\mathrm{d}b$ 进行更新。具体步骤如下:

(1) 动量加权平均值的计算,采用超参数 β_1(默认取值为 0.9):

$$v_{dW} := \beta_1 v_{dW} + (1-\beta_1)\mathrm{d}W$$

$$v_{db} := \beta_1 v_{db} + (1-\beta_1)\mathrm{d}b$$

(2) RMSprop 加权平均值的计算,采用超参数 β_2(默认取值为 0.99):

$$S_{dW} := \beta_2 S_{dW} + (1-\beta_2)\mathrm{d}W^2$$

$$S_{db} := \beta_2 S_{db} + (1-\beta_2)\mathrm{d}b^2$$

使用 Adam 优化算法时,通常要进行偏差修正:

$$v_{dW}^{\text{corrected}} = \frac{v_{dW}}{1-\beta_1^t},\ v_{db}^{\text{corrected}} = \frac{v_{db}}{1-\beta_1^t}$$

$$S_{dW}^{\text{corrected}} = \frac{S_{dW}}{1-\beta_2^t},\ S_{db}^{\text{corrected}} = \frac{S_{db}}{1-\beta_2^t}$$

最后的更新包含动量和 RMSprop 两个部分 ($\varepsilon = 10^{-8}$):

$$W := W - \alpha \frac{v_{dW}^{\text{corrected}}}{\sqrt{S_{dW}^{\text{corrected}} + \varepsilon}}$$

$$b := b - \alpha \frac{v_{db}^{\text{corrected}}}{\sqrt{S_{db}^{\text{corrected}} + \varepsilon}}$$

Adam 优化算法结合了动量梯度下降法和 RMSprop，是一种极其常用的方法，被证明适用于不同结构的神经网络。

Adam 优化算法涉及很多超参数。比如：学习率 α 很重要，需要调试，在实战中可以尝试一系列的值，看哪个更有效；β_1 的常用值为 0.9，这是涉及动量梯度下降计算的项；至于超参数 β_2，Adam 优化算法的作者推荐使用 0.999；ε 的选择其实没那么重要，Adam 优化算法的作者建议 ε 设为 10^{-8}。对上述超参数进行调优时，主要关注学习率 α，其他的选用默认值即可。

为什么这个算法叫作 Adam？Adam 代表的是 Adaptive Moment Estimation，β_1 用于计算微分 dW，叫作第一矩；β_2 用于计算平方数（dW^2）的指数加权平均值，叫作第二矩，所以 Adam 的名字由此而来。

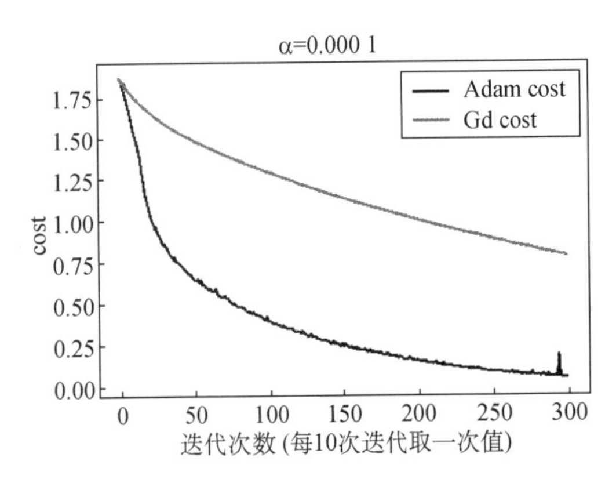

图 5-14 Adam 优化算法与梯度下降法的比较

在实际应用中，Adam 优化算法是默认应用最为广泛的方法，如图 5-14 所示，与梯度下降法(Gradient decent：Gd)相比，Adam 优化算法的收敛速度更快且精度更高。

读者在阅读相关文献或者常用的深度神经网络训练框架的技术文档时，往往会遇到 Adagrad[5] 及 Adadelta[6] 这两种梯度下降算法。Adagrad 是一种自适应优化算法，主要针对高频特征梯度更新采取较小步长，而在进行低频特征更新时采用较大步长，在特征稀疏场景非常合适。Adadelta 是 Adagrad 的一种改进，Adagrad 会累加之前所有的梯度平方，而 Adadelta 只累加固定大小的项，解决了 Adagrad 方法中学习率单调递减的问题，最终结果是较远的梯度对当前梯度的影响较小，反之较近的梯度对当前梯度的影响较大。由于篇幅所限，这里不再赘述。另外，在很多文献中，将梯度下降算法称为优化器(optimizer)，这一点请读者留意。

事实上，有了这些不同的梯度下降算法之后，在训练小批量时，还经常用到名为学习率衰减的技术，协助神经网络的代价函数收敛到最小值。

第五节 学习率衰减

所谓的学习率衰减，就是随着训练的进行，逐渐减小学习率。那么，为什么要进行学习率衰减呢？

如图 5-15 所示，在使用小批量梯度下降法且学习率 α 为固定值时，在迭代过程中通常会存在噪声（黑线），并逐渐向中心的最小值靠近，但不会精确地收敛到最小值，而是在最小值附近摆动，因为使用的 α 是一个固定值。此外，对应不同的小批量，噪声也不同。

如果慢慢减小学习率 α（灰线），在训练的初期，由于 α 较大，学习速度相对较快，随着 α 变小，步伐变慢变小，最后会在最小值附近的一个区域里更紧密地摆动，而不是在训练过程

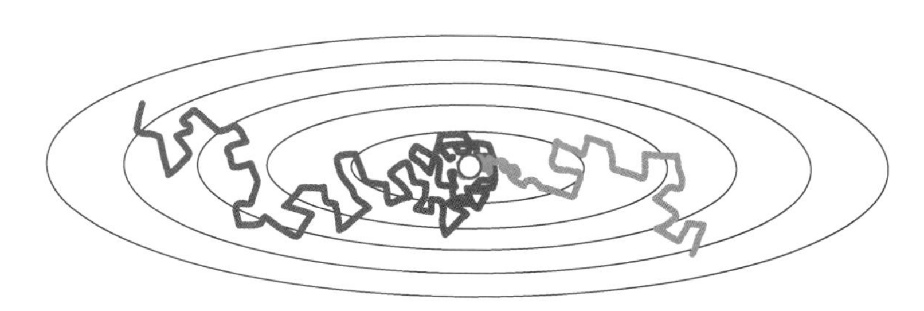

图 5-15　学习率衰减示意

中大幅度地在最小值附近摆动。所以,慢慢减小 α 的本质在于:在学习初期,梯度下降算法能承受较大的步伐,但当开始收敛时,较小的 α 能让振荡的步伐减小。

学习率衰减的方法之一是根据训练时的轮数,不断减小学习率。比如,可以设置 $\alpha = \frac{1}{1+\text{decay\_rate}\times\text{epoch\_num}}\alpha_0$(decay_rate 称为衰减率,epoch_num 为当前的轮数,α_0 为初始学习率)。注意:衰减率也是一个需要调整的超参数。

举例说明。如果 $\alpha_0=0.2$, decay_rate=1,那么第零轮(epoch_num=0),$\alpha=\alpha_0=0.2$;第一轮(epoch_num=1),$\alpha=0.5\alpha_0=0.1$;第二轮(epoch_num=2),$\alpha=0.067$;第三轮(epoch_num=3),$\alpha=0.05$;……;可见,学习率呈递减趋势。在实践中,衰减的幅度和步长都是需要反复测试的超参数。

当然,还有其他的学习率衰减方式。比如指数衰减

$$\alpha = 0.95^{\text{epoch\_num}}\alpha_0$$

以及 $\alpha=\frac{k}{\sqrt{\text{epoch\_num}}}\alpha_0$,或者 $\alpha=\frac{k}{\sqrt{t}}\alpha_0$,其中 t 为小批量的批次数。

还有一种分段常数式学习率衰减。在羊绒、羊毛的识别过程中,我们就使用了 $\alpha=\frac{\alpha}{10^{\text{epoch\_num}/7}}$,即每训练 7 轮,学习率就降为原来的 1/10。图5-16 所示就是分段常数式学习率衰减。

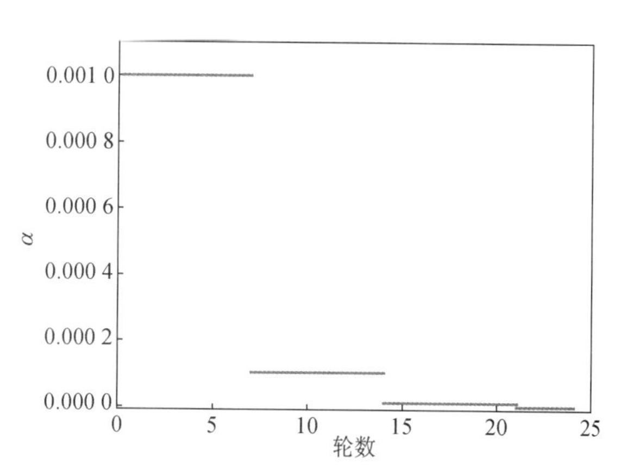

图 5-16　分段常数式学习率衰减

第六节　局部最优问题

在深度学习研究早期,人们总是担心优化算法会困在极差的局部最优,但随着深度学习理论的不断发展,对局部最优的理解发生了改变。这里展示的是当前怎么看待局部最优,以及深度学习中的优化问题。

图 5-17 所示是人们想到局部最优时脑海中会出现的样貌,假设要优化的参数是 W_1 和

W_2，高度方向表示代价函数，似乎多处分布着局部最优。梯度下降法或其他某个算法可能困在某个局部最优，但不会抵达全局最优。这些来自低维空间的理解实际上并不正确。事实上，对于一个神经网络而言，梯度为 0 的点通常不是图中的局部最优点。换言之，代价函数的零梯度点通常是鞍点，如图 5-18 所示。

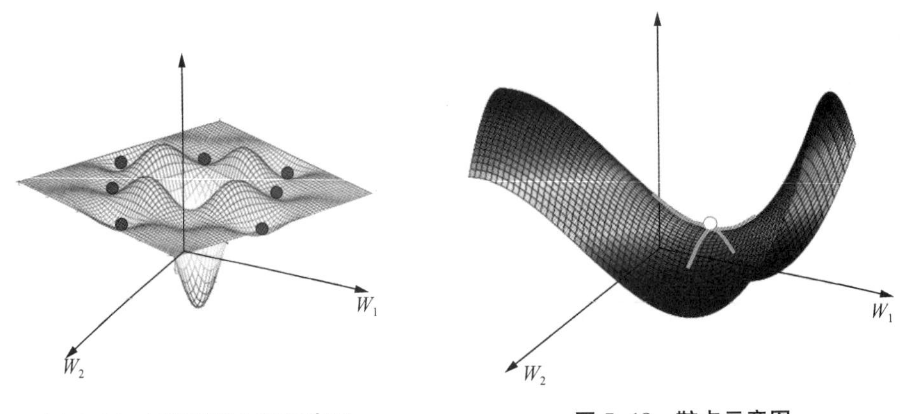

图 5-17 局部最优问题示意图　　图 5-18 鞍点示意图

对于一个处于高维空间的函数，如果梯度为 0，那么它在每个方向可能是凸函数，也可能是凹函数。如果是一个在 50 000 维空间中的函数，想要得到局部最优，其在 50 000 个方向同凸或同凹的几率很小，也许是 $1/2^{50\,000}$，所以更可能的情况是有些方向是凹函数，而另一些方向是凸函数。

在高维空间中，鞍点就是导数为 0 的点。我们从深度学习历史中学到的一个知识就是，低维空间的大部分直觉，比如图 5-17 所示的情形，并不能应用于高维空间。当有 50 000 个参数时，代价函数作为一个 50 000 维向量的函数，更可能在优化过程中或梯度下降过程中遇到鞍点，而不是局部最优点。

如果局部最优不是问题，那么问题是什么呢？其实是平稳段或停滞区（plateaus）问题，它会减缓学习。平稳段是一个区域，其导数长时间接近于 0。如果位于此处，梯度会沿曲面自上向下缓慢下降，因为梯度等于或接近于 0，曲面很平坦，需要花很长时间才能到达平稳段的最低点，直到遇见向左或向右的随机扰动，梯度下降才能走出平稳段，如图 5-19 所示。

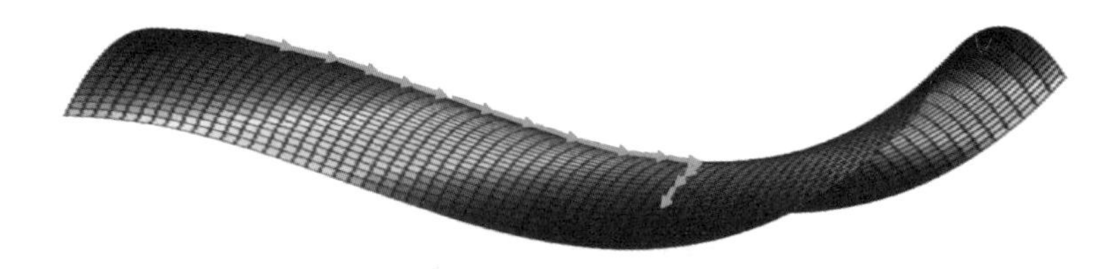

图 5-19 梯度下降时遭遇平稳段会导致学习减慢

因此，需要建立以下两个概念：

第一，如果训练的是一个较大的神经网络，它包含大量的参数，并且代价函数被定义在相对高维的空间内，则梯度下降事实上不太可能困在极差的局部最优。

第二，平稳段现象会使得学习过程十分缓慢。这也是动量梯度下降法、RMSprop 和

Adam优化算法能够加速学习的优势所在,它们能使梯度尽早走出平稳段,解决局部最优问题。

事实上,即便是设计思路相同的神经网络,如果在具体实现和架构方面的考虑不同,所得损失函数的“地貌”就不尽相同,而带来的直接后果就是神经网络学习能力的天差地别。图5-20给出了两种不同神经网络最终的“代价函数地貌”(loss function landscape)。图5-20左是由Li等[7]给出的卷积核归一化(filter normalization)算法绘制的深层神经网络ResNet56拥有跨接单元时的损失函数曲面,可以看到,尽管边缘存在不少鞍点,但是由于该神经网络的结构设计合理,加上使用了批量归一化(batch normalization)等技术,整体的梯度下降比较容易。

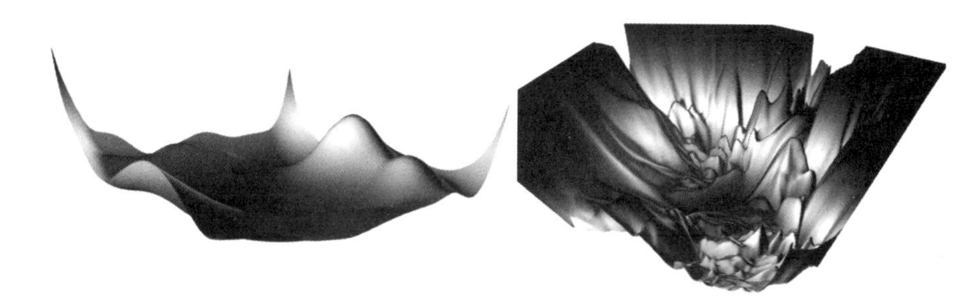

图5-20 不同神经网络结构带来的“损失函数地貌”示意

对于同样的神经网络,如果没有采用合理的跨接单元,则损失函数呈现出复杂得多的地貌(图5-20右),这从一个侧面说明当神经网络的结构设计不合理时,其训练过程通常比较困难。

参考文献:

[1] Goodfellow I, BengioY,Courville A. Deep learning[M]. The MIT Press, 2016: 354-387.

[2] Qian N. On the momentum term in gradient descent learning algorithms[J]. Neural Networks, 1999, 12(1):145-151.

[3] Bengio Y, Boulanger-Lewandowski N, Pascanu R. Advances in optimizing recurrent networks[C]// 2013 IEEE International Conference on Acoustics,Speech and Signal Processing, 2013: 8624-8628.

[4] Kingma D, Ba J, Adam J. Adam: A method for stochastic optimization[C]// Proceedings of the 3rd International Conference on Learning Representations, 2015: 1318-1325.

[5] Duchi J, Hazan E, Singer Y. Adaptive subgradient methods for online learning and stochastic optimization[J]. Journal of Machine Learning Research, 2011, 12(7):257-269.

[6] Matthew D. ADADELTA: An adaptive learning rate method[J]. CoRR, 2012: 1236-1245.

[7] Li H, Xu Z, Taylor G, et al. Visualizing the loss landscape of neural nets[C]//Curran Associates Inc., 2018: 6391-6401.

[8] Loss Visualization. Loss landscape visualizer[DB/OL]. [2019-09-26]. http://www.telesens.co/l-oss-landscape-viz/viewer.html.

第六章 神经网络调优(三)

第一节 超参数的选择

到目前为止,已经涉及许多超参数,比如学习率 α、梯度下降法中用于指数加权平均的 β,再比如神经网络的层数、每层的神经元个数,等等。对于这些超参数,应该如何调试或者设置才合理呢?有没有策略性的方案呢?

首先,不同的超参数在神经网络调优的过程中所起的重要性各不相同,如表 6-1 所示。

表 6-1 各个超参数的重要性

超参数名称	重要性(★)
学习率 α	★★★
学习率衰减方式中的超参数	★★
神经元的个数	★★
小批量的大小	★★
神经网络的层数	★
动量梯度下降法中的 β	★(一般取默认值 0.9)
Adam 优化算法中的 β_1, β_2, ε	★(一般分别取默认值 0.9, 0.999, 10^{-8})

从表 6-1 可以看出,最重要的超参数是学习率 α,其次是控制学习率衰减方式的超参数、神经元的个数和小批量的大小,最后是神经网络的层数和梯度下降法中的一些超参数。事实上,对于不同的问题,以及不同的训练样本数量,表 6-1 中给出的排序只是一种参考。特别是在样本数量为几万,且样本的分类数目不像 ImageNet 这种庞大的数据集那么多时,梯度下降算法的选择、学习率衰减的方式等可能会有更大的影响。换言之,要通过实际的超参数搜索,来最终确定应该采用何种超参数配伍方式,达到最佳的神经网络训练效果。

在机器学习的早期,超参数调试采用的是图 6-1(a)所示的网格搜索法。假设有两个超参数,图 6-1(a)中的每个节点对应的值就是需要依次尝试的值,共 25 个节点。但是在深度学习中,应随机尝试超参数的不同值,如图 6-1(b)所示。这样做的原因是无法事先知道哪个超参数对解决问题是最重要的。假设图 6-1 中的超参数 1 是学习率 α,超参数 2 是 Adam 优化算法中最不重要的 ε。按照图 6-1(a)的网络搜索法,依次尝试 25 个节点的值,就会发现,这个神经网络的性能只有在 α 变化时才变化,而在 ε 变化时基本没什么变化。这等同于实际上只测试了超参数 1 的 5 个不同的值。如果采用图 6-1(b)的随机搜索法,就能尝试超参数 1 的 25 个不同的值,得到更好的结果。

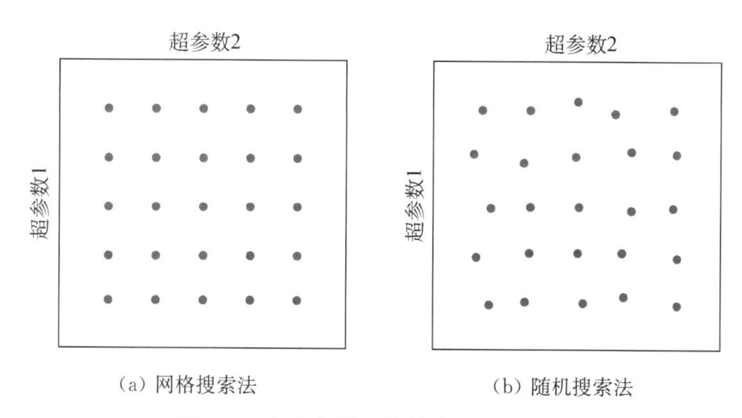

图 6-1 超参数的网格搜索与随机搜索

另外一种常见的超参数选择策略如图 6-2 所示,是由粗到精的方法。假设通过随机搜索法发现,某个区域内的超参数的值之间彼此配伍,能够产生较好的神经网络性能。那么,应该针对这个区域,展开更精细的随机搜索,最终得到理想的超参数值配伍方式。有了超参数的选择方案后,还有一个问题,就是如何确定超参数的具体取值范围。

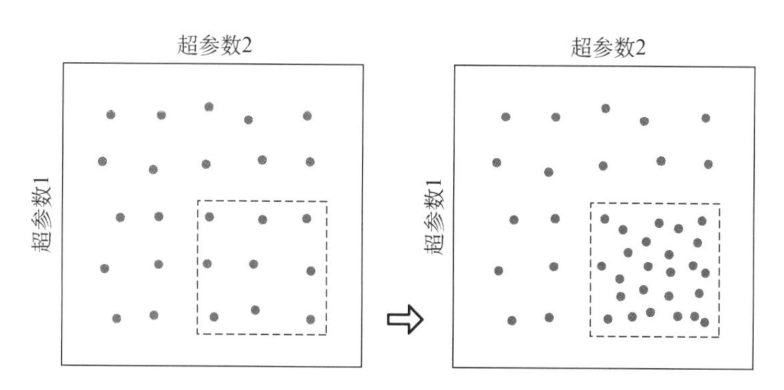

图 6-2 由粗到精的超参数选择策略

若要确立一个神经网络的层数或者每层包含的神经元个数,可以采用均匀随机采样的方式。比如说神经元的个数在 50～100 或者神经网络的层数在 2～10,通过生成 50～100 的随机数或者 2～10 的随机数,就能够测试出这两个超参数对神经网络性能的影响。

但是,不是所有的超参数都适合均匀随机采样的方式。假设学习率 α 的取值在 0.000 1～1,如果采用均匀随机采样的方式,基本上会消耗 90%的资源在 0.1～1 范围进行随机采样,而只有 10%的资源用于 0.000 1～0.1 范围的随机采样。

因此,应该在对数标尺上而不是线性标尺上进行随机采样。比如把 0.000 1～1 分成四段,依次取“0.000 1, 0.001, 0.01, 0.1, 1”,在对数轴上均匀随机取点;这样,在0.000 1～0.001 及 0.001～0.01 范围内,会进行更多的采样。在 Python 中可以这样做,令 r=－4 * np.random.rand(),然后按照均匀随机采样的方式取值 $\alpha=10^r$:

```
r = -4 * np.random.rand()
learning_rate = np.power(10, r)
```

这样,第一行中 r 的取值范围是 $r \in [-4, 0]$,意味着 $\alpha \in [10^{-4}, 10^{0}]$。如果绘制成图,最左边的值是 10^{-4},最右边的值是 10^{0}。更一般地,如果要在 $10^{a} \sim 10^{b}$ 取值,所要做的就是在 $[a, b]$ 内均匀随机地给 r 取值,然后计算 $\alpha = 10^{r}$,得到需要的测试值 α。

此例中, $10^{a} = 0.000\ 1$,可以通过"0.000 1"的对数计算出 $a = \log_{10}^{0.000\ 1} = -4$, $10^{b} = 1$,通过"1"的对数计算出 $b = \log_{10}^{1} = 0$,从而得到 $[a, b] = [-4, 0]$,然后在 $[a, b]$ 内随机均匀随机地给 r 取值,得到 a 的值,即基于随机取样的超参数 $\alpha = 10^{r}$,如图 6-3 所示。

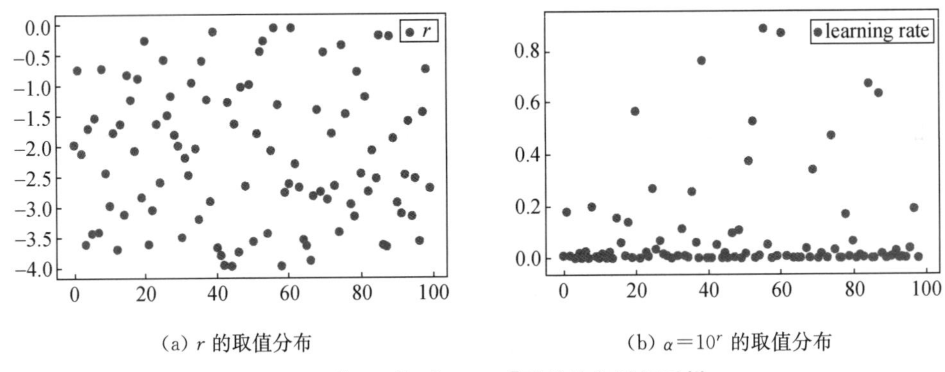

(a) r 的取值分布　　(b) $\alpha = 10^{r}$ 的取值分布

图 6-3 $[a, b] = [-4, 0]$ 时的均匀随机采样

与之类似的一个例子是指数加权平均时超参数 β 的取值测试方式。假设 β 的取值范围为 $[0.9, 0.999]$,套用前面的做法。首先计算出 $1-\beta$ 的取值范围,即 $[0.001, 0.1]$;然后对其取对数,得到 $[a, b] = [-3, -1]$;最后,计算 $\beta = 1 - 10^{r}$。这样,就完成了对 β 取值的均匀随机采样。

为什么用线性标尺进行随机取值不是个好方法呢?这是因为当 β 接近于 1 时,结果会对 β 的微小变化非常敏感。换言之, β 在 $0.9 \sim 0.900\ 5$ 的取值其实无关紧要,结果几乎不会变化。按照指数加权平均的概念, β 决定的是在平均 $\frac{1}{1-\beta}$ 天的取值。因此, β 在 $0.9 \sim 0.900\ 5$ 中的取值意味着在过去的 $10 \sim 10.5$ 天的样本中进行平均,对其取整的话,就是过去 10 天的平均。但是,如果 β 在 $0.999 \sim 0.999\ 5$ 中取值,等同于在过去的 1 000 个样本(1/0.000 1)和过去的 2 000 个样本(1/0.000 5)之间进行平均,影响会非常大。换言之,对数方式的随机采样使得在 β 接近 1 或 $1-\beta$ 接近 0 的区域内更密集地采样,从而更加有效地分布取样点,更有效率地探究可能的结果。

第二节 批量归一化

2.1 批量归一化

在深度学习领域,有一个重要的技术,叫作批量归一化(batch normalization,简称 BN,

有的编程教程中简称为 BatchNorm)。它是由 Ioffe 和 Szegedy 两位学者共同提出的[1],现在已经成为深度学习领域的一个标准技术。批量归一化使超参数的搜索问题变得很容易,使神经网络更加稳定,而且超参数的范围更广,效果很好,即便在很深层的神经网络上,训练也更加容易。下面讲解批量归一化是怎么起作用的。

当训练一个神经网络模型(比如逻辑回归)时,通过归一化输入特征可以加快学习过程。首先计算输入训练集中数据的平均值,然后从训练集中减去平均值,再计算输入训练集的方差,最后根据方差归一化数据集。在第四章第四节中介绍过,这种方式把学习问题的轮廓曲线从扁平的椭圆形变成更易于算法优化的圆形,所以对神经网络的归一化输入特征值而言,这样做是有效的。

那么对更深的神经网络模型呢?不仅输入了特征值 x,而且每一层都有激活值 $a^{[l]}$。如果想训练 $w^{[l]}$ 和 $b^{[l]}$,那么归一化其输入 $a^{[l-1]}$ 的平均值和方差,岂不是很好?这会使得 $w^{[l]}$ 和 $b^{[l]}$ 的训练更有效率。问题来了,可以这么做吗?

答案是肯定的。尽管严格来说,在实战中,真正归一化的不是 $a^{[l]}$,而是 $z^{[l]}$(应该对哪个进行归一化,在深度学习的相关文献中有一些争论。本教材选择对 $z^{[l]}$ 进行归一化处理)。

以神经网络中某一隐含层的 z 值$[z^{(1)}\ z^{(2)}\ \cdots\ z^{(m)}]$为例,其中 m 为训练集中的样本数。为了表述方便,将 $z^{[l](i)}$ 简写为 $z^{(i)}$,这样归一化的值 $z_{\text{norm}}^{(i)}$ 的具体计算步骤:

$$\mu=\frac{1}{m}\sum_{i=1}^{m}z^{(i)} \tag{6-1}$$

$$\sigma^{2}=\frac{1}{m}\sum_{i=1}^{m}\left(z^{(i)}-\mu\right)^{2} \tag{6-2}$$

$$z_{\text{norm}}^{(i)}=\frac{z^{(i)}-\mu}{\sqrt{\sigma^{2}+\varepsilon}} \tag{6-3}$$

这里,加上 ε 是为了防止分母为“0”。经过这样的计算,所有的 z 值都服从均值为 0、方差为 1 的分布。为了避免这种分布造成的神经网络僵化,或者说不希望隐含层的单元数总是服从同样的分布,又或者不同的分布可能更有意义,因此对 $z_{\text{norm}}^{(i)}$ 再进行一次线性变换:

$$\tilde{z}^{(i)}=\gamma z_{\text{norm}}^{(i)}+\beta \tag{6-4}$$

这里的 γ 和 β 都是可以更新学习的参数。γ 和 β 与神经网络的权重 w 一样,在使用 Momentum, RMSprop 或 Adam 优化算法的过程中,都会产生相应的偏导数,因此可以进行更新,从而具备可被学习的属性。注意:γ 和 β 的作用是让我们可以随意设置 $\tilde{z}^{(i)}$ 的平均值,其原因在于,如果 γ 等于 $z_{\text{norm}}^{(i)}=\frac{z^{(i)}-\mu}{\sqrt{\sigma^{2}+\varepsilon}}$ 中的分母 $\sqrt{\sigma^{2}+\varepsilon}$,而 $\beta=\mu$,那么 $\gamma z_{\text{norm}}^{(i)}+\beta$ 的作用在于将 $\tilde{z}^{(i)}$ 转化为 $z^{(i)}$。换言之,通过对 γ 和 β 的合理设定,可以得到任意分布的 z 值,而这一点对于控制神经网络的非线性是非常有帮助的。

比如说，激活函数采用的是图 6-4 所示的 Sigmoid 函数，在正常情况下，z 值不应该集中在粗线（线性区域）对应的取值区域内，应该通过批量归一化方法，使它们产生更大的方差，或平均值不为 0，以便更好地利用 Sigmoid 函数的非线性部分。

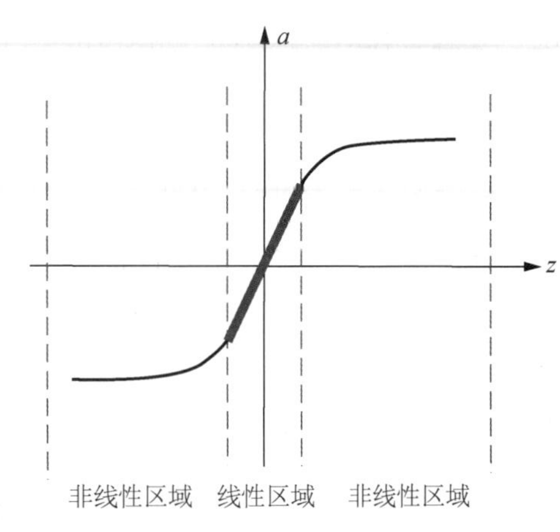

图 6-4 通过对 γ 和 β 的合理设定，得到任意分布的 z 值

2.2 批量归一化在神经网络中的应用

那么如何将批量归一化纳入神经网络的计算流程中呢？以图 6-5 所示的神经网络为例，对于整个训练集而言，使用批量归一化的计算流程如下：

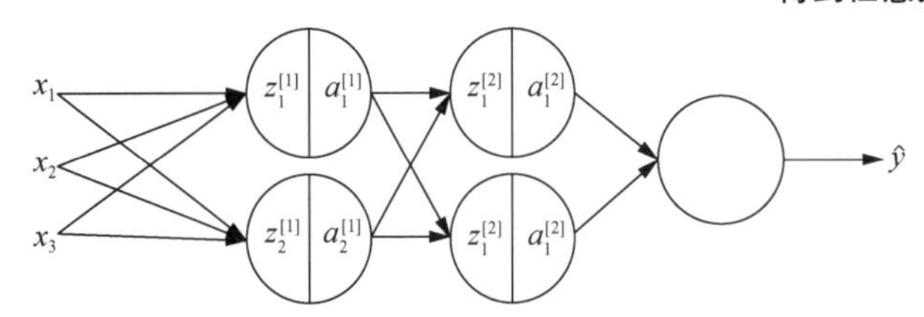

图 6-5 神经网络示意图

$$X \xrightarrow{W^{[1]},\ b^{[1]}} Z^{[1]} \xrightarrow[BN]{\beta^{[1]},\ \gamma^{[1]}} \tilde{Z}^{[1]} \longrightarrow A^{[1]} = g(\tilde{Z}^{[1]}) \xrightarrow{W^{[2]},\ b} Z^{[2]} \xrightarrow[BN]{\beta^{[2]},\ \gamma^{[2]}} \tilde{Z}^{[2]} \longrightarrow A^{[2]} = g(\tilde{Z}^{[2]})$$

即对于每一层的 $Z^{[l]}$，通过 $\beta^{[l]}$ 和 $\gamma^{[l]}$ 计算出 $\tilde{Z}^{[l]}$，输入激活函数 $g(*)$ 进行激活。很明显，通过归一化计算，在原先的参数 $W^{[l]}$ 和 $b^{[l]}$ 的基础上，增加了新的可学习参数 $\beta^{[l]}$ 和 $\gamma^{[l]}$。在向后传播的过程中，不仅要计算 $\mathrm{d}W^{[l]}$ 和 $\mathrm{d}b^{[l]}$，还要计算 $\mathrm{d}\beta^{[l]}$ 和 $\mathrm{d}\gamma^{[l]}$。理论上，还要加上对 $\beta^{[l]}$ 和 $\gamma^{[l]}$ 的更新：

$$\beta^{[l]} := \beta^{[l]} - \alpha\,\mathrm{d}\beta^{[l]}$$
$$\gamma^{[l]} := \gamma^{[l]} - \alpha\,\mathrm{d}\gamma^{[l]}$$

请注意：此处旨在阐述批量归一化计算的原理。在具体实施时，如 TensorFlow 和 PyTorch 等深度学习框架中，都有相应的函数实现批量归一化的计算。

以上是对整个数据集进行批量归一化的计算基本流程。对小批量应该如何处理呢？

$$X^{\{1\}} \xrightarrow{W^{[1]},\ b^{[1]}} Z^{[1]} \xrightarrow[BN]{\beta^{[1]},\ \gamma^{[1]}} \tilde{Z}^{[1]} \longrightarrow A^{[1]} = g(\tilde{Z}^{[1]}) \xrightarrow{W^{[2]},\ b} Z^{[2]} \xrightarrow[BN]{\beta^{[2]},\ \gamma^{[2]}} \tilde{Z}^{[2]} \longrightarrow A^{[2]} = g(\tilde{Z}^{[2]})$$

对于第一个小批量，计算每一层的加权值 $Z^{[l]}$，然后通过 $\beta^{[l]}$ 和 $\gamma^{[l]}$ 计算出 $\tilde{Z}^{[l]}$，输入激活函数 g 进行激活。此时的批量归一化步骤依然是对第一个小批量中的所有输入进行均值计算，再减去均值，除以标准差，并通过 $\beta^{[l]}$ 和 $\gamma^{[l]}$ 的计算得到 $\tilde{Z}^{[l]}$。当这个步骤完成之后，

对于第二个小批量,执行类似的计算:

$$X^{\{2\}} \xrightarrow{W^{[1]},\ b^{[1]}} Z^{[1]} \xrightarrow[BN]{\beta^{[1]},\ \gamma^{[1]}} \widetilde{Z}^{[1]} \longrightarrow A^{[1]}=g(\widetilde{Z}^{[1]}) \xrightarrow{W^{[2]},\ b} Z^{[2]} \xrightarrow[BN]{\beta^{[2]},\ \gamma^{[2]}} \widetilde{Z}^{[2]} \longrightarrow$$

$$A^{[2]}=g(\widetilde{Z}^{[2]})$$

以此类推,直到完成一轮的训练,然后开始下一轮的训练。

事实上,由于批量归一化的前三个步骤[式(6-1)～式(6-3)]是将输入变成均值为 0、方差为 1 的分布。因此,无论偏差量 $b^{[l]}$ 的值是多少,它都要被减去。换言之,在批量归一化过程中增加的任何常数项都会被消去,所以在上述的四个待学习的参数 $W^{[l]}$, $b^{[l]}$, $\beta^{[l]}$ 和 $\gamma^{[l]}$ 中,实际上只有 $W^{[l]}$, $\beta^{[l]}$ 和 $\gamma^{[l]}$ 是真正可学习的参数。

最后,请记住 $\beta^{[l]}$, $\gamma^{[l]}$ 与 $Z^{[l]}$ 的维数相同,无论小批量的数量是多少,它们的维数都是 $(n^{[l]},\ 1)$,因为第 l 层有 $n^{[l]}$ 个隐含单元,而 $\beta^{[l]}$ 和 $\gamma^{[l]}$ 是用来将每个隐含层的均值和方差缩放为神经网络想要的值,因此它们的维度就是 $(n^{[l]},\ 1)$。

假设 n 为小批量的数量,下面总结一下在小批量上进行完整的向前传播和向后传播的计算流程:

```
for t = 1, 2, …, n
```

• 在每一个 $X^{\{t\}}$ 上进行向前传播的计算,并且在每个隐含层都用批量归一化将 $Z^{[l]}$ 替换为 $\widetilde{Z}^{[l]}$。

• 使用反向传播计算三个参数的梯度值 $dW^{[l]}$, $d\beta^{[l]}$ 和 $d\gamma^{[l]}$。这里的梯度下降法可以是随机梯度下降(SGD),也可以是 Momentum、RMSprop 或 Adam 优化算法中的一种。

• 更新参数:

$$W^{[l]} := W^{[l]} - \alpha dW^{[l]}$$
$$\beta^{[l]} := \beta^{[l]} - \alpha d\beta^{[l]}$$
$$\gamma^{[l]} := \gamma^{[l]} - \alpha d\gamma^{[l]}$$

2.3　批量归一化的作用

为什么批量归一化能起到改善神经网络性能的作用呢?原因之一在于它归一化了输入值 x,使其均值为 0、方差为 1,即调整到另外的分布,意味着让输入拥有了相同的变化范围,所以可以加速学习。回忆前文将梯度下降过程从一个椭圆形碗变为一个圆形碗的例子,批量归一化实际上改变了代价函数在高维空间的形态,使得每一次梯度下降都可以更快地接近代价函数的最小值。更进一步地,由于批量归一化不是单纯地将输入层的特征值进行归一化,而是将各个隐含层的输入值进行了归一化,并调整到另外的分布,因此每个隐含层的梯度下降速度都得到了提高,从而提高了整个神经网络的梯度下降速度,加速了学习。

批量归一化有效的第二个原因是,它使得神经网络中较深层(比如第 100 层)的权重对于浅层(比如第 3 层)的权重变化更加鲁棒,或者说更能经受住变化。为什么这么说呢?让我们来看一个例子。

假设在纤维(如棉纤维和非棉纤维)的鉴别过程中。一开始的神经网络都是在未染色或白色的棉纤维训练集上进行训练,而且达到了很好的分类效果。但是,如果将训练好的神经网络模型应用到包含各种有色棉纤维样本集上,分类器的表现可能不会很好,因为第一个训练集中都是白色棉纤维,而第二个训练集中是各种颜色的棉纤维,虽然都是棉纤维,但是两个集合中样本的分布情况在很大程度上是不同的,所以无法保证神经网络模型仅仅依据白色棉纤维样本的训练可以完美地找到适用于第二个样本集的合理的决策边界。这种情况下,第二个样本集相当于第一个样本的分布的改变,称为协变量偏移(covariate shift)。换言之,若神经网络已经学习 x 到 y 的映射,尽管由 x 到 y 的映射函数保持不变,即判断图片是否棉纤维的函数保持不变,但当 x 的分布改变之后,这个函数需要重新训练。

现在来看协变量偏移问题是怎么影响神经网络的。以图 6-6 中所示神经网络的第三层为例说明(前面几层用虚线框标注)。

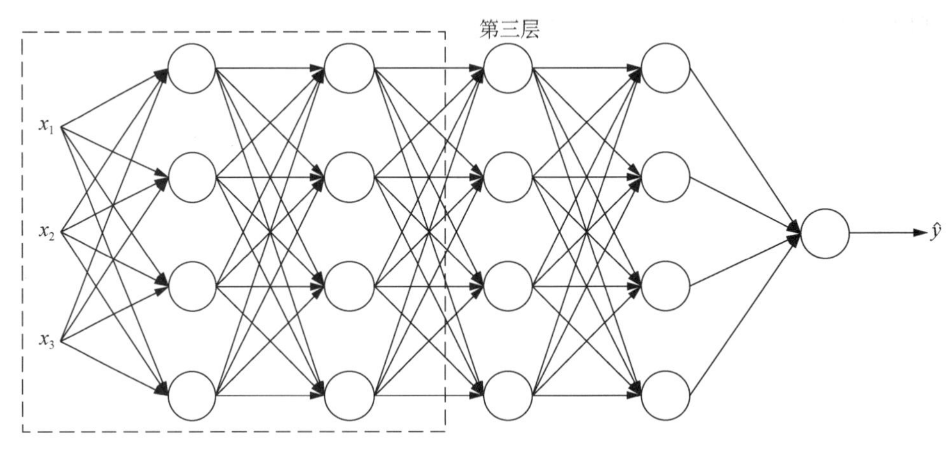

图 6-6 批量归一化的作用

对于第三层,它的 Z 值是通过 $W^{[3]}A^{[2]}+b^{[3]}$ 计算而来的。如果 $A^{[2]}$ 中的数据分布是一种情况,那么计算出来的 Z 值是一种形式;如果 $A^{[2]}$ 中的数据分布是另一种情况,那么计算出来的 Z 值就是另一种形式。然而,第二层的所有激活值,又受它前层的参数变化影响。当前层的 W 和 b 发生变化时,相应的输出激活值也会发生变化,使得 $A^{[2]}$ 中的数据分布发生相应的变化。也就是说,输入第三层的这些数据,理论上讲,是可以服从各种分布的,即存在协变量偏移的现象。这些输入值可能分布良好,也可能分布得很不规则,因此需要用批量归一化对它们进行处理。经过批量归一化处理后,无论前面各层怎么变化,到达第三层的这些输入值总是服从类似的分布,这样,实际上削弱了协变量偏移对神经网络学习的干扰。

换言之,批量归一化限制了前层的参数更新对后层的数据分布程度的影响,使得后层的输入值更加稳定。即便是前层的输入值的分布有所变化,经过批量归一化处理之后,这种变化也会减少,从而给后层提供更为稳固的学习基础。

再换一个角度说明,前层在不断学习时输出的值,会迫使后层适应这种变化,而批量归一化会削弱这种适应关系,即削弱了前层参数与后层参数之间的耦合作用,使得神经网络的每层都可以自己进行学习,相对于其他层有一定的独立性,这有助于加速整个神经网络的学习。

举一个广播操的例子:当很多人一起做操的时候,后面的人往往会跟着前面的人的动作做操,如果前面的人乱动,后面的人就很难适应;通过批量归一化处理,使得前面的人的动作基本规范,那么后面的人学习起来就比较容易。

2.4 测试集上的批量归一化处理

在了解批量归一化的作用之后,还有一个问题需要探讨。在前面所说的批量归一化过程中,所计算的均值 μ 和方差 σ^2 都是针对每个小批量而言的。当将一个训练好的神经网络用于测试集时,测试集中的每个样本就是一个独立的小批量。此时,只有一个样本,它的均值和方差是没有意义的,那么应该使用哪个均值和方差呢?

比如对第 l 层而言,在计算的过程中,有针对第一个小批量得到的 $\mu^{\{1\}[l]}$,有针对第二个小批量得到的 $\mu^{\{2\}[l]}$, …… 此时,有一个合理的选择:通过指数加权平均的方式,将 $\mu^{[l]}$ 计算出来,并用于 $z_{\text{norm}}^{(i)}$ 的计算。假设小批量的样本数量是 5 000,那么第 l 层最终的 $\mu^{[l]}$ 就是由 5 000 个 $\mu^{\{t\}[l]}$ 加权平均而来的,这里的 t 代表小批量的批次数。依然从 $v_0=0$ 开始,依次进行计算:

$$v_1=\beta v_0+(1-\beta)\mu^{\{1\}[l]}$$
$$v_2=\beta v_1+(1-\beta)\mu^{\{2\}[l]}$$
$$v_3=\beta v_2+(1-\beta)\mu^{\{3\}[l]}$$
$$\cdots$$
$$v_{5\,000}=\beta v_{4\,999}+(1-\beta)\mu^{\{5\,000\}[l]}$$
$$\mu^{[l]}=v_{5\,000}$$

同理,也可以对方差 σ^2 采用指数加权平均的方式,计算出$(\sigma^2)^{[l]}$ 和 $\mu^{[l]}$,并将其代入公式(6-3),可以得到针对一个样本的 $z_{\text{norm}}^{(i)}$;再通过最新的用于式(6-4)的 γ 和 β 的值进行调节,可以得到第 l 层经过批量归一化处理后 $\tilde{z}^{(i)}$。在实践中,如果使用的是某种深度学习框架,通常会有默认的估算 μ 和 σ^2 的方式。这里之所以说最新的 γ 和 β,是因为这两个也是可学习的参数。每一次梯度下降,它们的值都会被更新。因此,在 BN 的过程中,要用最新的 γ 和 β。

这里,多次用到超参数 β,请读者在使用时注意:当谈论梯度下降时,超参数 β 是用于梯度下降过程中针对 dW 的指数加权平均;而在本节式(6-4)中的超参数 β,是用于调节批量归一化处理后输入神经网络第 l 层的输入值的数据分布的;最后,当使用单个测试样本进行批量归一化时,还需要一个超参数 β 来完成对各个小批量所得到的 μ 和 σ^2 的指数加权平均。因此,在实战中,一定要明确这些超参数的定义和作用。

第三节 Softmax 分类器与独热编码

到目前为止,我们讲过的分类例子都使用二元分类法,这种分类只有两种可能的标签(0 或 1),比如是羊绒纤维或者不是羊绒纤维。那么,当有多种可能的类型时,应该怎么设计最终的激活函数呢？

假设要对帽子、夹克、衬衫和裙子四种商品进行分类。这里，将帽子标记为“0”，把夹克标记为“1”，把衬衫标记为“2”，把裙子标记为“3”，如图 6-7 所示。

图 6-7 多类别分类示例

若用大写的 C 表示类别总数，即 $C=4$，则具体表述类别的数据标签就是 $0\sim(C-1)$，换句话说就是 0、1、2、3（记住：在编程语言中，往往是从 0 而不是 1 开始计数的）。针对这个例子，建立一个图 6-8 所示的神经网络，其输出层有 4 个神经元，或者说 C 个输出单元，因此 $n^{[L]}=4=C$。

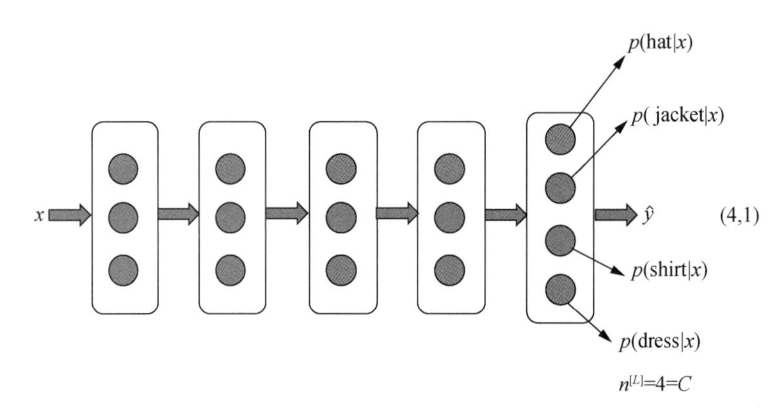

图 6-8 用于多分类的神经网络示例

此时，需要输出层给出的最终数值能预测出当输入为 x 时，它属于四个类别中各类别的概率有多大，所以输出层自上而下的第一个节点输出的是 x 为帽子的概率，第二个节点输出的是 x 为夹克的概率，第三个节点输出的是 x 为衬衫的概率，最后一个节点输出的是 x 为裙子的概率。因此，$\hat{y}$ 是一个 4×1 维的向量，因为它必须输出四个数字，预测四种类别的概率，加起来等于 1。

为了达到这个目的，需要采用 Softmax 层作为输出层来生成输出。对于输入到神经网络最后一层的矩阵 $a^{[L-1]}$，像往常一样计算加权值 $z^{[L]}=w^{[L]}a^{[L-1]}+b^{[L]}$，然后将 $z^{[L]}$ 应用于激活函数 Softmax 函数。具体公式如下：

$$z^{[L]}=w^{[L]}a^{[L-1]}+b^{[L]}$$

$$t=\mathrm{e}^{z^{[L]}}$$

$$a_{(i)}^{[L]}=\frac{\mathrm{e}_{(i)}^{z^{[L]}}}{\sum_{j=1}^{4}\mathrm{e}_{(j)}^{z^{[L]}}}=\frac{t_i}{\sum_{j=1}^{4}t_j}$$

这里,要计算一个临时变量 $t=\mathrm{e}^{z^{[L]}}$,即针对 $z^{[L]}$ 中的每个元素,比如第 i 个元素,计算相应的 $\mathrm{e}^{z^{[L](i)}}$。在本例中,$z^{[L]}$ 是 4×1 维的向量,所以变量 t 是对所有元素进行计算,其结果也是一个 4×1 维的向量,然后输出批量归一化之后的 $a^{[L]}$,即 $a^{[L]}$ 中的第 i 个元素为 $\dfrac{t_i}{\sum\limits_{j=1}^{4}t_j}$,使得所有元素之和为 1。换句话说,$a^{[L]}$ 也是一个 4×1 维的向量。

下面举例说明。假设已经算出 $z^{[L]}=\begin{bmatrix}4.9\\2.3\\-1.5\\3.1\end{bmatrix}$,接下来要做的就是对该矩阵中的每个元素计算 t,所以 $t=\begin{bmatrix}\mathrm{e}^{4.9}\\\mathrm{e}^{2.3}\\\mathrm{e}^{-1.5}\\\mathrm{e}^{3.1}\end{bmatrix}=\begin{bmatrix}134.29\\9.97\\0.22\\22.20\end{bmatrix}$。将其中的元素求和,得到 176.3,然后 t 中的每一项都除以这个和,就得到批量归一化之后的 $a^{[L]}=\dfrac{t}{166.68}=\begin{bmatrix}0.806\\0.060\\0.001\\0.133\end{bmatrix}$。这意味着输入值 x 对应类别“0”的概率为 80.6%,类别“1”的概率为 6.0%,类别“2”的概率为 0.1%,类别“3”的概率为 13.3%。

总结一下,Softmax 函数即 $S_i=\dfrac{t_i}{\sum\limits_{j=1}^{4}t_j}=\dfrac{\mathrm{e}_i^{z^{[L]}}}{\sum\limits_{j=1}^{4}\mathrm{e}_j^{z^{[L]}}}$ 接受的是一个向量的输入,然后输出同等维度的向量。之前介绍的激活函数接受的都是单行数值的输入,如 Sigmoid 函数和 ReLU 函数,输入一个实数,输出一个实数。Softmax 函数的特殊之处在于,因为需要将所有可能的输出归一化,所以需要输入一个向量,最后输出一个向量。

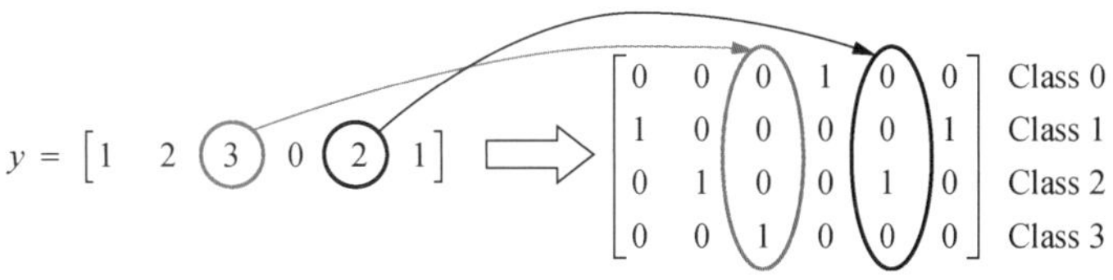

$$y=\begin{bmatrix}1 & 2 & 3 & 0 & 2 & 1\end{bmatrix} \Rightarrow \begin{bmatrix}0&0&0&1&0&0\\1&0&0&0&0&1\\0&1&0&0&1&0\\0&0&1&0&0&0\end{bmatrix}\begin{matrix}\text{Class 0}\\\text{Class 1}\\\text{Class 2}\\\text{Class 3}\end{matrix}$$

图 6-9　One-hot 编码示意

按照 Softmax 函数的计算方式,对应每个样本 x 的标签量 y,也应该是一个 $n^C\times1$ 维的向量,比如说 $C=4$ 的分类例子中,y 就是一个 4×1 维的向量。如果输入 x 是一幅夹克的照片,那么在四分类问题中,它的标签量应该是 $\begin{bmatrix}0\\1\\0\\0\end{bmatrix}$;如果对于整个训练集 X 所对应的标签集 Y

执行同样的编码，就构成所谓的独热编码(one-hot encoding)，即对于一个有 m 个样本的训练集，在 $C=4$ 的分类问题中，Y 将是一个 $n^c \times m$ 的矩阵，该矩阵中的每一列代表一个样本，而且每一列中只有一个元素为 1，其他均为 0。

那么对于图 6-2 所示的神经网络，该采用什么样的函数形式来表达单个样本预测过程中的损失函数呢？在 Softmax 函数表达的四分类问题中，一般使用到的损失函数为交叉熵(cross entropy)的形式：

$$L(\hat{y}, y) = -\sum_{j=0}^{C} y_j \log \hat{y}_j$$

下面详细分析这个损失函数的含义。对于一个给定的样本，比如前面的输入 x 为夹克的样本，它的标签量为 $\begin{bmatrix}0\\1\\0\\0\end{bmatrix}$，即除了 $y_1=1$ 以外，y_0，y_2 和 y_3 均为 0，这样计算所得的损失函数 $L(\hat{y}, y) = -y_1 \log \hat{y}_1 = -\log \hat{y}_1$。我们知道，计算损失函数的目的是衡量预测值与真值之间的差异。这里的目标是通过梯度下降法降低损失，直到神经网络学习到一个合适的参数，使得损失达到最小。因此，使 $L(\hat{y}, y)$ 变小的唯一方式就是使 $-\log\hat{y}_1$ 变小，而要使它变小，只能使 $\hat{y}_1$ 变大，这意味着整个训练必须提高 $\hat{y}_1$ 所对应的概率值，即预测为夹克的概率。概括地讲，损失函数所做的就是找到训练集中的真实类别，然后使该类别相应的概率尽可能地高。如果读者熟悉统计学中的最大似然估计(maximum likelihood estimation)，应该意识到这其实就是最大似然估计的一种形式。

以上是单个训练样本的损失，整个训练集的代价函数又如何呢？它的定义是整个训练集的损失的总和，即将所有训练样本的预测值相加，然后求其平均值：

$$J(w, b) = \frac{1}{m} \sum_{i=1}^{m} L(\hat{y}^{(i)}, y^{(i)})$$

有了代价函数，就可以用梯度下降法，使代价函数 $J(w, b)$ 最小化。在具体的梯度下降过程中，关键是计算 $dz^{[L]} = \dfrac{\partial J(w, b)}{\partial z^{[L]}}$。经过推导，会得到 $dz^{[L]} = \hat{y} - y$。不过，在当前的深度学习编程框架中，只需要从原理上掌握反向传播的含义，具体的实现将由编程框架(如 TensorFlow 和 PyTorch 等)自动完成。

参考文献：

[1] Ioffe S, Szegedy C. Batch normalization: Accelerating deep network training by reducing internal covariate shift[C]//International Conference on International Conference on Machine Learning, 2015: 232-256.

第七章 卷积神经网络基础

在深度学习领域，最为人熟知的一个名词是卷积神经网络。可以说，深度学习的兴起与卷积神经网络密不可分，这是由于深度学习领域的核心热点之一就是解决计算机视觉中的命题，比如本书开篇讲过的图像分类识别问题，哪一幅是羊绒图像，哪一幅是羊毛图像？或者自动驾驶领域的问题，比如车载电脑识别路面上的行人、交通标志、其他车辆、障碍物等典型的目标检测问题。再比如将一幅已知作品的绘画风格转移到普通的照片上，如图 7-1 所示，从而加速数码印花类纺织品的设计流程。

(a) 原始图像

(b) 通过风格转移算法生成的图像

图 7-1　通过已知作品的绘画风格转移实现快速设计

在机器视觉领域，输入特征往往就是原始图像中的每个像素。假设有一个全连接型神经网络，它的第一个隐含层的神经元个数是 1 000。若输入一幅 1 024×1 024 的彩色图像，即 RGB 三通道图像，如果将每个像素的具体取值作为一个输入特征，这幅图像所代表的样本就包含 1 024×1 024×3＝3 145 728 个特征。根据前文讲过的权重矩阵的维度计算公式 $(n^l, n^{l-1})=(n^1, n^0)=(1\,000, 3\,145\,728)$，共有3 145 728 000(31.45 亿)个参数需要学习。在这样一个巨大的参数需求面前，很难有足够的图像对神经网络进行充分的训练，从而防止其过拟合。另外，存储约 31 亿个参数的神经网络对计算机的内存需求巨大，很难令人接受。因此，在机器视觉领域，研究人员提出了卷积的概念，从而大大地降低了神经网络需要学习的参数数量，同时还提高了对输入特征从底层到高层的提炼能力。或者说，卷积神经网络能够真正实现端到端(end to end)的特征学习。它对输入特征没有特殊要求,只要用户能够采集到足够的图像,通过各种不同的卷积神经网络架构,就有可能实现对输入特征的自动提取,可应对多种机器视觉方面的挑战。

为了解释清楚卷积神经网络的具体操作方式,本章先从卷积这个概念入手,讨论它如何实现对输入特征的提取,再介绍填充(padding)、池化(pooling)等基本操作。

第一节 卷积的实现方式

1.1 卷积运算

深度神经网络的一个特点是能够对原始图像从底层特征逐渐提取为中层特征,直至高层特征,如图 7-2 所示。

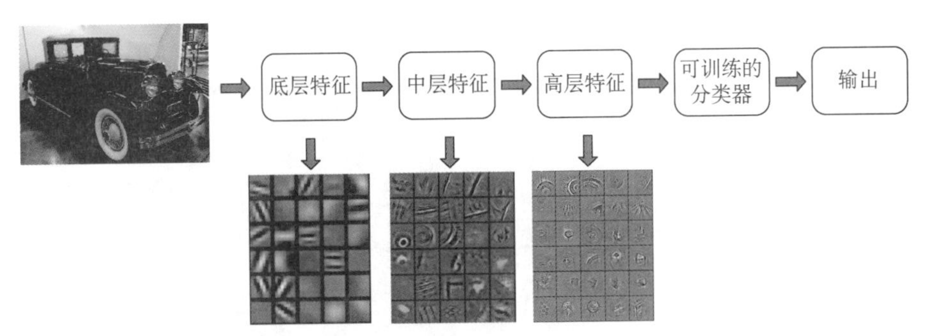

图 7-2 深度神经网络提取原始图像特征的一般流程[1]

图 7-2 最左边展示的是原始图像的底层特征,可以发现有不少色块都包含似乎是图像边缘的信息,或者说图像的边缘特征。为了便于阐述,本节以图像的边缘特征为例,介绍如何通过卷积运算实现图像边缘检测。事实上,在图像分析领域,众所周知的一些图像边缘检测结果是通过将原始图像的灰度图与给定的矩阵进行运算得到的,如图 7-3 所示。

(a) 垂直边缘检测结果　(b) 原始图像的灰度图　(c) 水平边缘检测结果

图 7-3 利用垂直/水平边缘检测算子进行图像边缘检测

注意：在深度学习的编程实践中(以 PyTorch 为例)，通常将数学中的“矩阵”概念进行扩张，等同于多维数组，或者张量(Tensor)。比如一个小批量中有 10 幅 6×6 的彩色图像，就可以将这个小批量作为一个维度为[10, 3, 6, 6]的矩阵或者张量存储。这是因为在 PyTorch 中，输入的原始图像数据是按照[B, C, W, H]的格式存储的，其中：B 为批量大小(batch size)，C 为图像的通道(channel)数量，H 和 W 分别图像的高(height)和宽(width)；在 TensorFlow 中，默认的是将图像按照[B, H, W, C]的格式存储和使用。下文中，将不加区别地使用矩阵或者张量的概念来表述这种数据存储方式。

假设输入是一幅 6×6 的灰度图像。因为是灰度图像，只有一个表征其灰度值的通道，没有 RGB 三通道，所以也可以将其写成 6×6×1 的形式，而不是 6×6×3。为了检测图像中的垂直边缘，可以构造一个 3×3 的矩阵(图 7-4)。在卷积神经网络的术语中，有时将这个矩阵称为过滤器(Filter)，有时将其称为卷积核(Kernel)。为便于表述，本书统一将其称为卷积核。

这里将卷积运算符用“ * ”表示。图 7-4 提出的卷积问题就是对这个 6×6×1 的图像，通过一个 3×3 的卷积核进行卷积运算。图 7-4 中：左边为输入图像矩阵，其像素(元素)值已知；中间为卷积核；右边为结果矩阵，其中的值待计算。

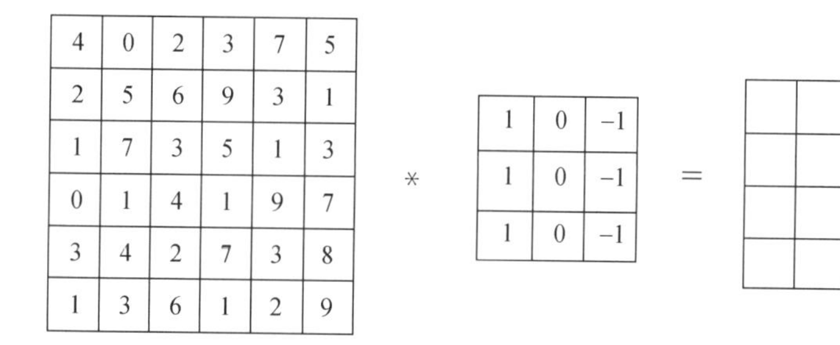

图 7-4　卷积问题的提出

如图 7-5 所示，首先将卷积核放置在输入图像矩阵的左上角位置，然后通过按位相乘并加和的方式，得到卷积核与输入图像之间的卷积运算的第一个值，并写入结果矩阵中相应的左上角位置。

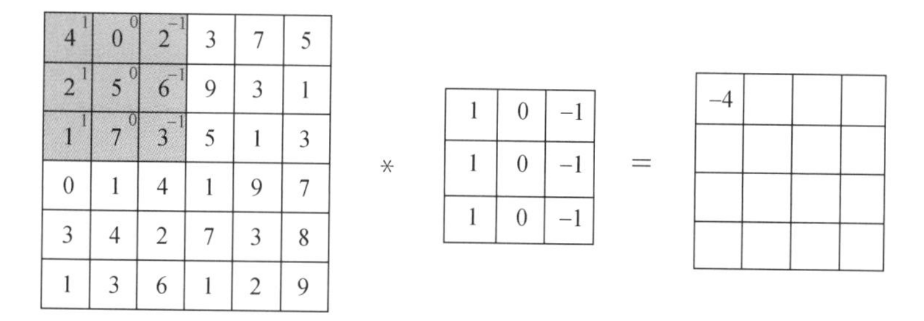

图 7-5　卷积运算的实现步骤 1

具体步骤如下：

第一步，将卷积核与输入图像进行按位相乘运算(即图 7-5 中运算符“ * ”的含义)

$$\begin{bmatrix} 4\times1 & 0\times0 & 2\times(-1) \\ 2\times1 & 5\times0 & 6\times(-1) \\ 1\times1 & 7\times0 & 3\times(-1) \end{bmatrix}$$

第二步，将上述矩阵按位相乘运算的结果相加：

$$4+2+1+0+0+0+(-2)+(-6)+(-3)=-4$$

第三步，将“-4”填入结果矩阵的左上角，如图 7-5 右所示。

4	0^{1}	2^{0}	3^{-1}	7	5
2	5^{1}	6^{0}	9^{-1}	3	1
1	7^{1}	3^{0}	5^{-1}	1	3
0	1	4	1	9	7
3	4	2	7	3	8
1	3	6	1	2	9

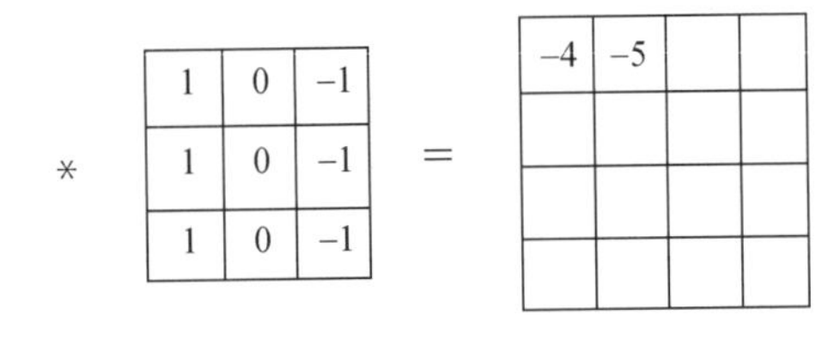

图 7-6　卷积运算的实现步骤 2

在完成实现步骤一之后，将卷积核向右移动一格，重复同样的运算得到卷积运算的第二个值为“-5”，将其填入如图 7-6 右所示的位置。之后，将卷积核再向右移动一格，得到图 7-7 所示的结果。

4	0	2^{1}	3^{0}	7^{-1}	5
2	5	6^{1}	9^{0}	3^{-1}	1
1	7	3^{1}	5^{0}	1^{-1}	3
0	1	4	1	9	7
3	4	2	7	3	8
1	3	6	1	2	9

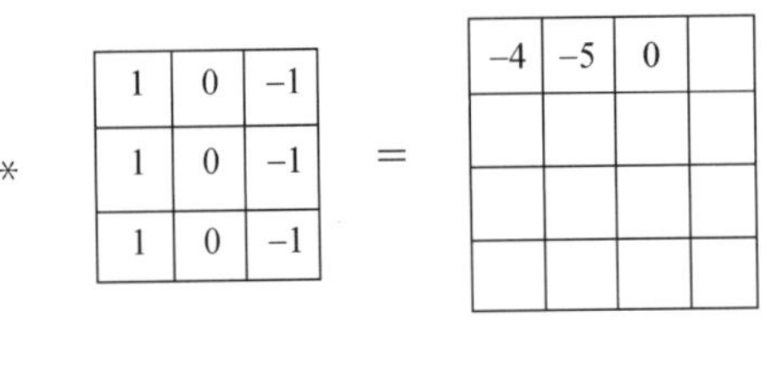

图 7-7　卷积运算的实现步骤 3

继续将卷积核向右移动，得到图 7-8 所示的结果。

4	0	2	3^{1}	7^{0}	5^{-1}
2	5	6	9^{1}	3^{0}	1^{-1}
1	7	3	5^{1}	1^{0}	3^{-1}
0	1	4	1	9	7
3	4	2	7	3	8
1	3	6	1	2	9

$*$

1	0	–1
1	0	–1
1	0	–1

$=$

–4	–5	0	8

图 7-8　卷积运算的实现步骤 4

至此，完成第一行的卷积运算。

接下来，为了得到第二行的卷积运算结果，将图 7-5 左所示的卷积核向下移动，放置在图 7-9 左所示的位置，并进行卷积运算。

4	0	2	3	7	5
2^{1}	5^{0}	6^{-1}	9	3	1
1^{1}	7^{0}	3^{-1}	5	1	3
0^{1}	1^{0}	4^{-1}	1	9	7
3	4	2	7	3	8
1	3	6	1	2	9

*

1	0	−1
1	0	−1
1	0	−1

=

−4	−5	0	8
−10			

图 7-9 卷积运算的实现步骤 5

同理,依次完成第二行的卷积运算,结果如图 7-10 所示。

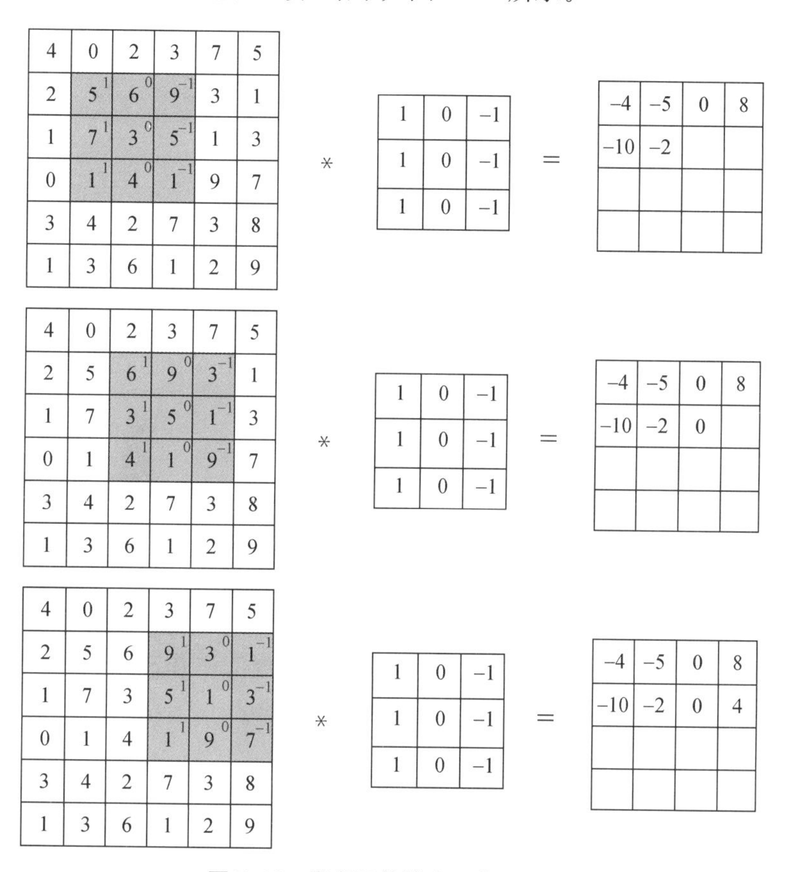

图 7-10 卷积运算的实现步骤 6～8

按照同样的运算原则和方式,完成对整个 6×6×1 图像的卷积运算,结果如图 7-11 所示。

4	0	2	3	7	5
2	5	6	9	3	1
1	7	3	5	1	3
0	1	4	1^{1}	9^{0}	7^{-1}
3	4	2	7^{1}	3^{0}	8^{-1}
1	3	6	1^{1}	2^{0}	9^{-1}

*

1	0	−1
1	0	−1
1	0	−1

=

−4	−5	0	8
−10	−2	0	4
−5	−1	−4	−5
−8	−1	−2	−15

图 7-11 卷积运算结果

总结一下，将 6×6 的图像矩阵与 3×3 的卷积核进行卷积运算，可以得到 4×4 的矩阵。那么，为什么说卷积运算可以达到边缘检测的效果呢？来看一个稍微特殊一些的例子。

这里做一些不是非常严格的假设。比如说，图 7-12 中 6×6×1 的矩阵所代表的是图像的像素矩阵，值为 0 时是灰色，值大于 0 时是白色，值小于 0 时为黑色，中间的卷积核代表的则是从白到灰再到黑的过渡。输入图像事实上是一半为白色而一半为灰色的图像。它与卷积核进行卷积运算之后的结果，即输出图像是两边为灰色而中间为白色的图像。或者说，输出结果明确给出了图像中间的亮处（白色条带），意味着图像中间有一个特别明显的垂直边缘。这里，由于输入图像太小（仅 6 像素×6 像素），所以检测到的边缘貌似很宽。如果用一幅尺寸更大的图像，而非 6 像素×6 像素的图像，会发现 3×3 的卷积核能够很好地检测出图像中的垂直边缘。以图 7-3 中的例子来说，原始图像尺寸是 500 像素×668 像素，因此左右两侧的垂直和水平边缘的检测效果很明显，呈现出灰白色的细线条形态。

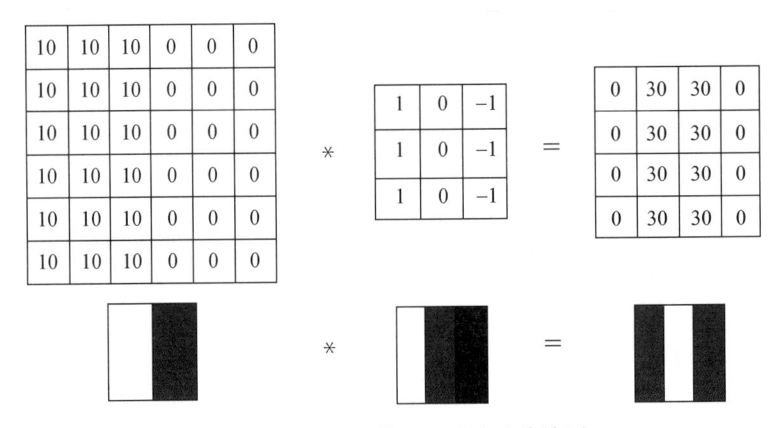

图 7-12　卷积运算用于垂直边缘检测

事实上，图 7-3 用到的卷积核分别如图 7-13(a)和(b)所示。当然，卷积核的设置方式有很多种，如果将本节中此前所用的这个卷积核中的数值稍作改变，比如说改为图7-13(c)所示的取值，可以得到各个方向的边缘检测效果，如图 7-14(a)所示。

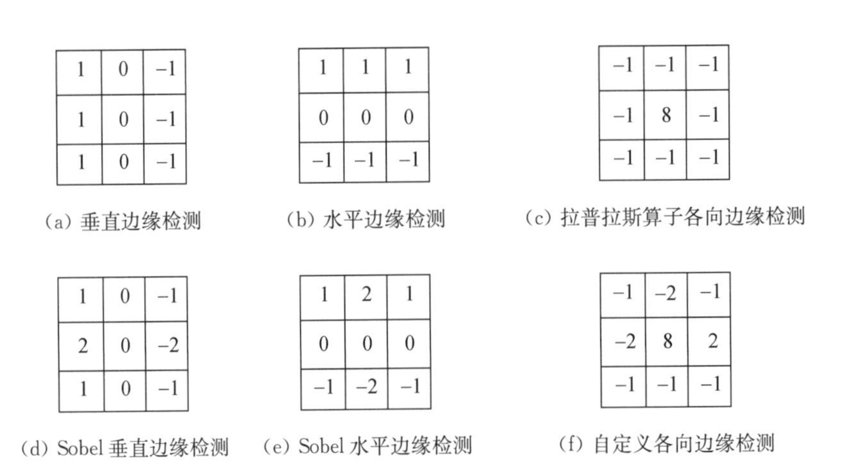

图 7-13　用于不同方向的边缘检测的卷积核

了解机器视觉基础知识的读者可能会意识到,图 7-13(c)所示的卷积核实际上是拉普拉斯算子(Laplacian operator),而图 7-13(d)和(e)所示的卷积核是著名的 Sobel 边缘检测器(垂直/水平方向)。在此基础上,可以试凑出更多不同检测效果的自定义卷积核,如图 7-13(f)所示。换言之,卷积核中不同的取值意味着不同的边缘检测算法。当然,还可以将卷积核旋转 90°,或者填入其他经过精心调校的值,进行各种不同的边缘检测。图 7-14 所示就是不同卷积运算结果所对应的边缘检测效果。

(a) 拉普拉斯算子卷积运算结果

(b) 自定义卷积核运算结果

图 7-14　不同卷积运算结果代表不同的边缘检测效果

然而,盲目的试凑显然不是一种科学的方式,如果这些值不需要手工指定,而是通过神经网络的学习获得的呢?事实上,卷积神经网络的一个重要思想就是将卷积核中的参数作为可学习的权重矩阵(图 7-15),通过神经网络学习而得到,而且其性能甚至优于机器视觉方面的专家所给出的结果。

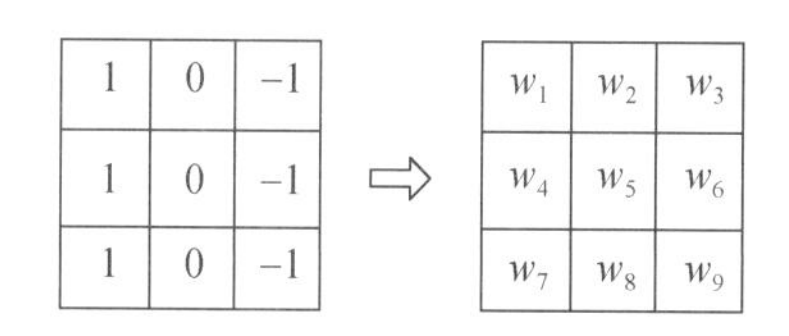

图 7-15　利用神经网络学习卷积核中的参数

1.2 填充

如前文所述,用一个 3×3 的卷积核卷积一个 6×6 的图像,最后会得到一个 4×4 的输出,也就是一个 4×4 矩阵,因为 3×3 的卷积核在 6×6 的矩阵中,只有 4×4 种可能的位置。这背后的规律是,如果有一幅 $n \times n$ 的图像,用 $f \times f$ 的卷积核进行卷积运算,那么输出的维度是 $(n-f+1) \times (n-f+1)$。在这个例子中,6−3+1=4,因此得到一个 4×4 的输出。

这个模式有两个缺点。第一个缺点是每经过一次卷积运算,图像会相应地缩小,从 6×6 缩小到 4×4,连续经过几次卷积运算之后,图像会变得很小,很可能会缩小到 1×1。第二个缺点是,注意边角区域的像素(图 7-16),比如灰色填充的这个像素点,它只经过一次卷积运算,而位于中间区域的像素点,比如黑色填充的这个像素,会有多次机会参与 3×3 的卷积核在不同位置时的卷积运算。也就是说,那些位于边角区域的像素点在输出中被采用机会的较少,这意味着可能会丢失图像边角位置的许多信息。

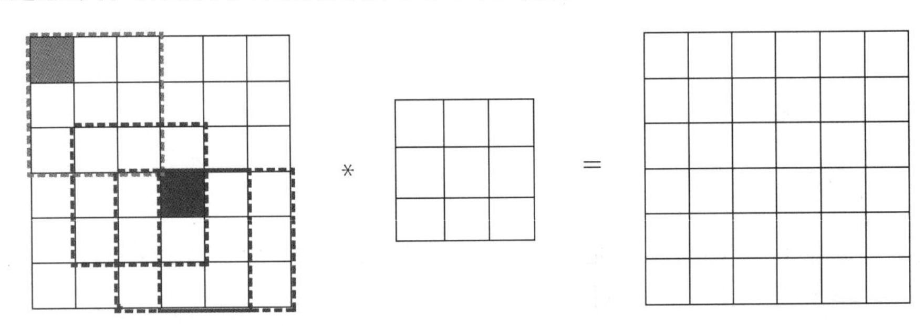

图 7-16 图像中边角区域的像素与中间区域的像素接受不同次数的卷积运算

为了解决这些问题,可以在卷积运算之前,对这幅图像进行填充。如图 7-17 所示,沿着原始图像边缘填充一圈像素值,即将 6×6 的图像填充为 8×8 的图像。此时,如果用 3×3 的卷积核对这个 8×8 的图像进行卷积运算,得到的输出就不再是缩小的 4×4 的图像,而是尺寸和原始图像相同的 6×6 的图像。

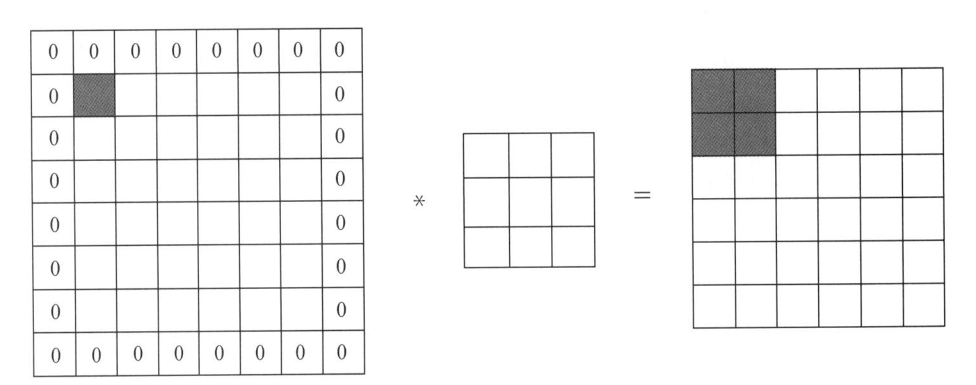

图 7-17 卷积运算中的填充

在默认情况下,用“0”值填充原始图像。若 p 表示填充数量,在图 7-17 所示的例子中,$p=1$(原始图像像素矩阵周围都填充一个像素点),那么最终的输出变成$(n+2p-f+1)\times(n+2p-f+1)$,即$(6+2\times1-3+1)\times(6+2\times1-3+1)=6\times6$,和输入图像一样大。另外,图 7-17 左中灰色填充的这个像素点,最终参与了 4 次而非 1 次卷积运算(图 7-17 右中的四个灰色填充的输出均有其贡献),这意味着“角落或图像边缘的信息发挥的作用较小”的这一缺点被淡化了。

通常有两个选择来决定具体填充多少像素,分别叫作 Valid 型卷积和 Same 型卷积。Valid 型卷积意味着不填充,即 $p=0$。这样的话,如果有一个 $n\times n$ 的图像,用一个 $f\times f$ 的卷积核进行卷积运算,将得到一个$(n-f+1)\times(n-f+1)$维的输出。这类似于前文展示的例子,一个 6×6 的图像通过一个 3×3 的卷积核,得到一个 4×4 维的输出。Same 型卷积意味着进行填充,使得输出和输入的大小一样。根据公式“$n-f+1$”,当填充 p 个像素点时，“n”变成“$n+2p$”，则该公式变为“$n+2p-f+1$”。对于一个 $n\times n$ 的图像，用 p 个像素填充其边缘，输出的大小就是$(n+2p-f+1)\times(n+2p-f+1)$。若令$n+2p-f+1=n$，即使得输出和输入的大小相等，就可以用这个等式求解出 $p=(f-1)/2$。由此可见，当卷积核的尺寸参数 f 为奇数时，只要选择相应的填充数量，就能确保得到和输入尺寸相同的输出。当卷积核为 3×3 时，为使得输出尺寸等于输入尺寸，所需要的填充数量 $p=(3-1)/2$，也就是 1 个像素。再举一个例子，如果卷积核为 5×5，即 $f=5$，那么需要的填充数量 $p=(5-1)/2$，即原始图像像素矩阵周围需要填充两圈才能使得输出和输入的尺寸一样。

1.3 步长

卷积运算中的步长(stride)是另一个构建卷积神经网络的基本参数。如图 7-18～图 7-20 所示，使用 3×3 的卷积核对一个 7×7 的图像进行卷积运算，如果设置步长 $s=2$，填充数量 $p=0$，会得到一个 3×3 的卷积结果。在这个卷积运算过程中，同样遵循卷积核与输入图像像素矩阵的按位相乘及加和操作，只是前面的步长是 1，而此处的步长为 2，即将卷积核在水平或垂直方向都移动两格。

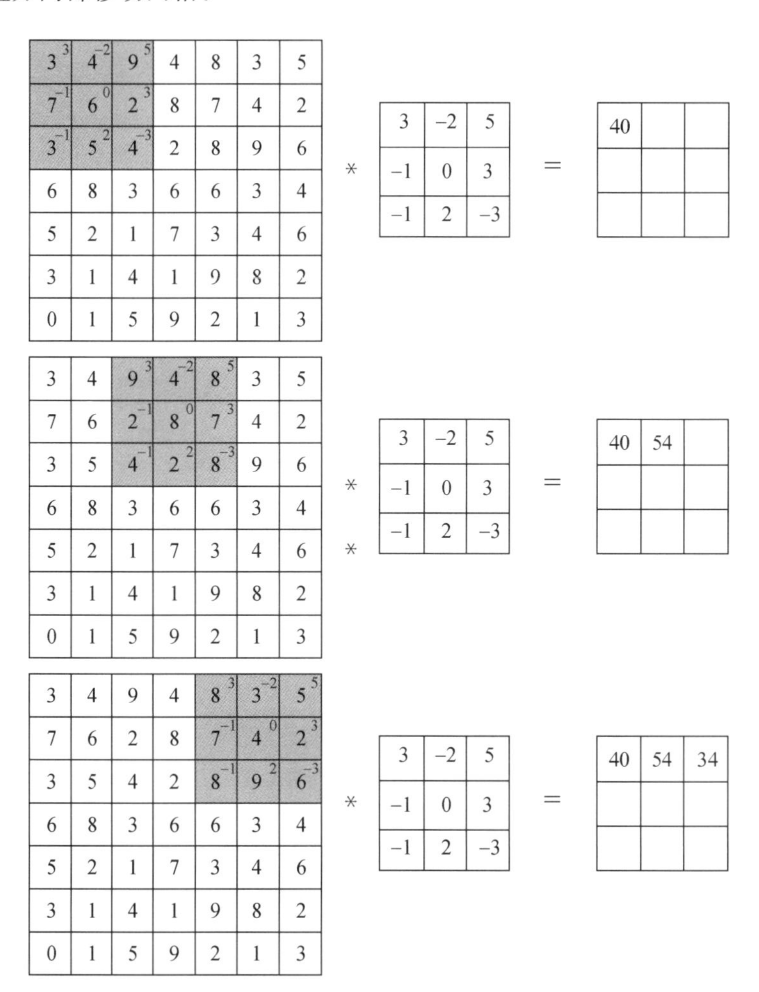

图 7-18 步长为 2 时的卷积运算流程(第一行)

3	4	9	4	8	3	5
7	6	2	8	7	4	2
3	5	4	2	8	9	6
6	8	3	6	6	3	4
5	2	1	7	3	4	6
3	1	4	1	9	8	2
0	1	5	9	2	1	3

*

3	−2	5
−1	0	3
−1	2	−3

=

40	54	34
18		

3	4	9	4	8	3	5
7	6	2	8	7	4	2
3	5	4	2	8	9	6
6	8	3	6	6	3	4
5	2	1	7	3	4	6
3	1	4	1	9	8	2
0	1	5	9	2	1	3

*

3	−2	5
−1	0	3
−1	2	−3

=

40	54	34
18	67	

3	4	9	4	8	3	5
7	6	2	8	7	4	2
3	5	4	2	8	9	6
6	8	3	6	6	3	4
5	2	1	7	3	4	6
3	1	4	1	9	8	2
0	1	5	9	2	1	3

*

3	−2	5
−1	0	3
−1	2	−3

=

40	54	34
18	67	29

图 7-19　步长为 2 时的卷积运算流程(第二行)

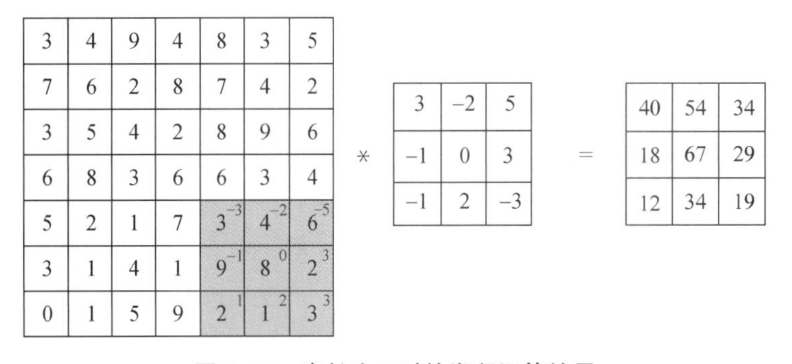

图 7-20　步长为 2 时的卷积运算结果

总结一下,如果用一个 $f\times f$ 的卷积核与一个 $n\times n$ 的图像进行卷积运算,填充数量为 p,步长为 s,则输出结果为 $\left(\dfrac{n+2p-f}{s}+1\right)\times\left(\dfrac{n+2p-f}{s}+1\right)$。对于上面的这个例子,$n=7$, $p=0$, $f=3$, $s=2$,于是输出结果就是 $\left(\dfrac{7+0-3}{2}+1\right)\times\left(\dfrac{7+0-3}{2}+1\right)$,即 3×3 维的矩阵。

如果 $\frac{n+2p-f}{s}$ 的值不是整数，在这种情况下，向下取整到最近的整数，用符号表达就是 $\left\lfloor\frac{n+2p-f}{s}+1\right\rfloor\times\left\lfloor\frac{n+2p-f}{s}+1\right\rfloor$。其原则是，只在卷积核完全包括在图像或填充后的图像像素矩阵内部时，才对它进行卷积运算。如果在任意一个位置下卷积核移动到图像矩阵的外面，则不再进行卷积运算。

到目前为止，所介绍的都是针对一个平面矩阵或者原始图像的通道数为 1 时的卷积运算法则。那么，对于彩色图像（即图像的通道数为 3）的输入特征矩阵，其卷积运算该怎样进行？

1.4 通道数大于 1 的卷积运算

彩色图像的像素矩阵是一个 6×6×3 的立体矩阵，如图 7-21 所示，这里的“3”指的是图像的三个颜色通道。可以把这幅彩色图像想象成三个 6×6×1 图像的堆叠。为了检测该图像的边缘或者其他特征，卷积核也要变为 3×3×3 的，即卷积核也有三层，对应红、绿、蓝三个通道。

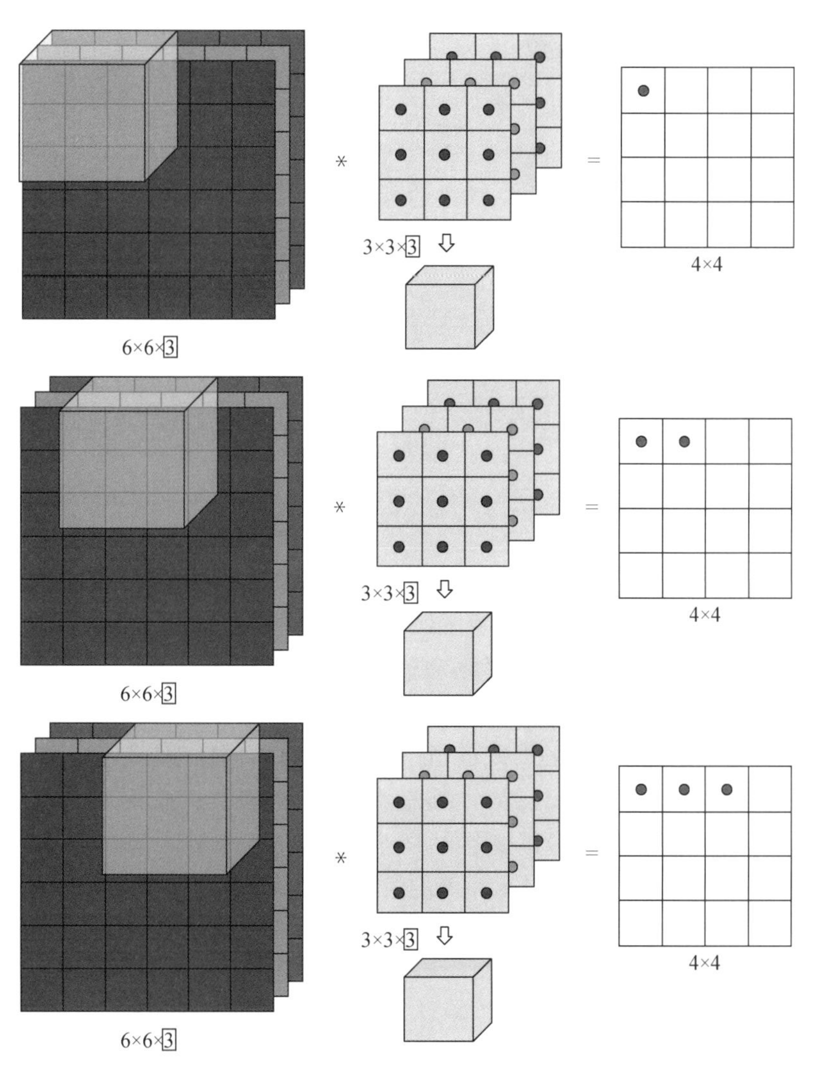

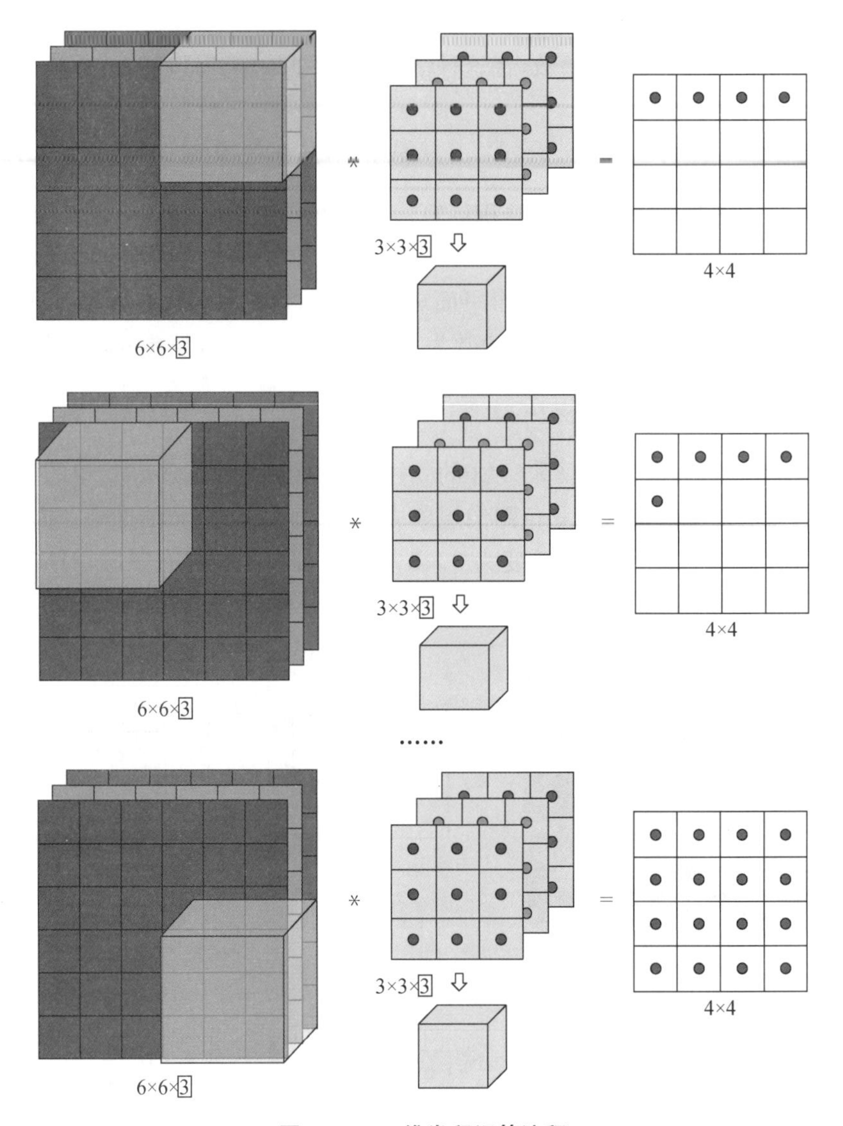

图 7-21 三维卷积运算流程

从形象上看，彩色图像和卷积核像两个立方体。对于输入的 6×6×3 的图像，第一个 6 代表图像高度，第二个 6 代表图像宽度，而 3 代表通道数量。与之对应，卷积核也有高度、宽度和通道数，并且卷积核的通道数必须和输入图像的通道数匹配，所以这两个数（图 7-21 中用方框标记的两个数）必须相等，通常用符号 n_c 表示输入图像矩阵和卷积核的通道数。为了便于理解，可以将 3×3×3 的卷积核当作一个立方体，同样地，将这个卷积核放在输入图像的最左上角，根据设定的步长，一步一步地进行卷积运算。

当卷积核在最左上角时，将卷积核中的 27 个值，分别与图像中相应位置的 27 个值进行按位相乘并相加，将得到的值写入结果矩阵的最左上角，如图 7-21 中第一行所示。

假设步长设置为 1，那么第二个步骤的卷积运算，就是将这个立体的卷积核向右移动一格，然后用卷积核中的 27 个值与输入的 6×6×3 矩阵中相应位置的 27 个值进行按位相乘并相加，将得到的值写入结果矩阵的第一行中的第二个格子。

按照同样的方法，依次进行卷积运算，最终得到一个 4×4 的矩阵，或者说一个 4×4×1 的矩阵，即输出的不是一个立体矩阵，依然是一个平面矩阵，其通道数等于 1。很多初学者会搞混一个概念，认为一个立体矩阵(比如 6×6×3 的输入图像矩阵)与一个通道数相同的立体卷积核(比如 3×3×3 的卷积核)进行卷积运算的结果也是一个通道数为 3 的立体矩阵(即误认为输出是 4×4×3)。但是事实上，在立体或者高维度的卷积运算过程中，一个卷积核只能产生一个平面矩阵的输出。换言之，一个卷积核只能提取一种特征，比如前文讲过的垂直边缘检测。如果要提取多种特征，比如水平边缘检测、45°斜向边缘检测或者其他不同角度的边缘检测，需要使用多个卷积核进行卷积运算。

如图 7-22 所示，使用两个卷积核分别与输入特征矩阵进行卷积运算，分别得到一个 4×4×1 的输出矩阵。此时，可以将这两个输出矩阵堆叠起来，构成一个 4×4×2 的输出矩阵。这个例子的含义就是两个卷积核提取了两种不同的特征。通常用符号 n_c' 表示卷积核的数量。

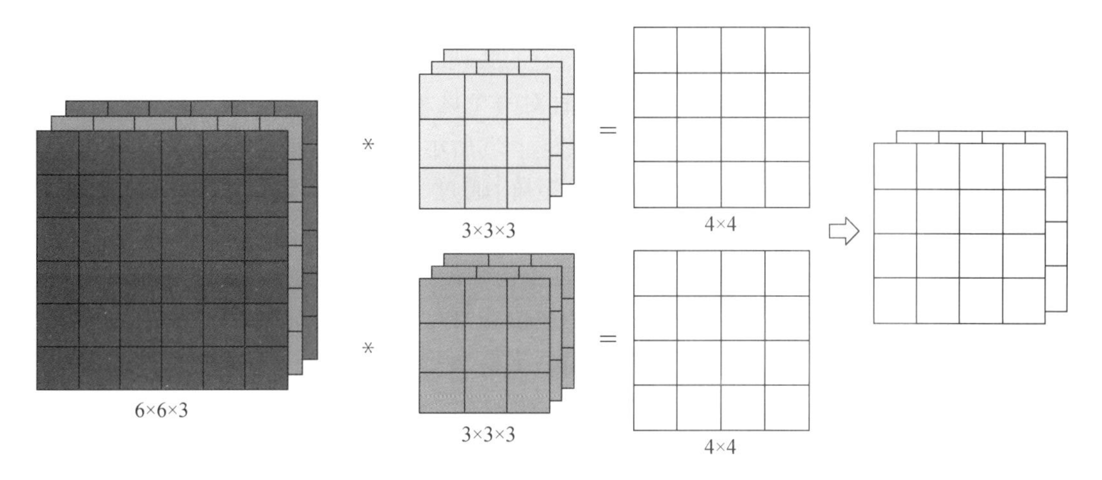

图 7-22　多个卷积核的卷积运算

在编程实践中，往往使用 TensorFlow、PyTorch 和 Caffe 等深度学习框架来完成神经网络的搭建和训练，因此，需要使用者关注的一个核心问题其实就是输入和输出的维度。对于初学者而言，这一点需要再三强调。

如果有一个 $n \times n \times n_c$ 的输入图像(在本节的例子中就是 6×6×3)，然后与 n_c' 个 $f \times f \times n_c$ 的卷积核进行卷积运算(在本节的例子中就是 3×3×3，即前一个输入图像的通道数 n_c 和后一个与之进行卷积的卷积核的 n_c 必须相同)，可得到 $(n-f+1) \times (n-f+1) \times n_c'$ 的输出矩阵。

在卷积神经网络中，前一层的输出就是后一层的输入。因此，虽然原始输入图像的通道数是 3，但是经过第一次卷积运算之后，输出的就是一个通道数(或者深度)为 n_c' 的矩阵，通常将该输出矩阵称为特征图(feature map)。当这个矩阵作为下一层的输入时，n_c' 实际上就是它的通道数。换言之，卷积神经网络中某一层的卷积核数量，与紧挨着它的下一层输入的特征图的通道数量，一定是一致的。卷积核越多，提取的特征越多，下一层卷积运算时需要处理的输入特征图的深度就越深。在大多数情况下，原始输入图像的特征就是这样通过卷积运算形成“一张张”特征图，逐渐被“浓缩”提取出来的。图像(image)与特征图都是信息的载体，前者通常代表原始信息，而后者通常代表经过特征提取后的信息。

到目前为止，还没有介绍前面所讲过的填充及步长大于 1 的情况。实际上，当考虑到填充和步长这两个参数的设置时，更一般的三维卷积输出维度的计算方式如下：如果用 n'_c 个 $f \times f \times n_c$ 的卷积核与一个 $n \times n \times n_c$ 的图像进行卷积运算，填充数为 p，步长为 s，则得到的输出矩阵的维度为 $\left(\frac{n+2p-f}{s}+1\right) \times \left(\frac{n+2p-f}{s}+1\right) \times n'_c$。

第二节 池 化

在卷积神经网络的计算过程中，除了上一节叙述的卷积运算，还有一种常见的运算，可提高计算速度，同时提高所提取特征的鲁棒性，这种运算就是池化(pooling)。

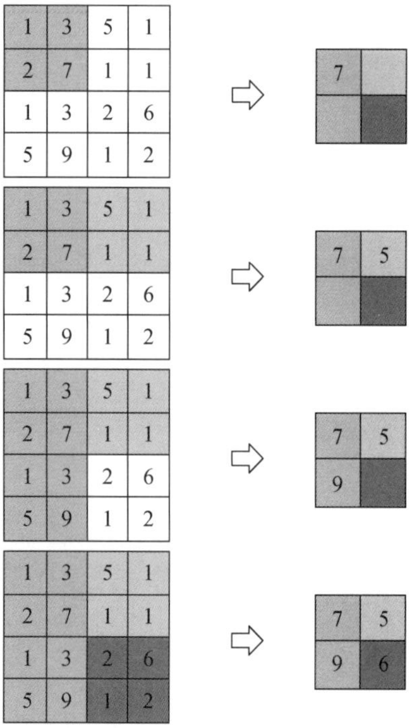

在池化操作中，很常用的是最大池化(max pooling)，它的实现方式很简单：先将输入划分为若干区域，然后针对每个区域，取该区域的最大值作为最终的取值，如图 7-23 所示。假设 $f=2$，$s=2$，即对一个 4×4 的输入矩阵，通过一个 2×2 的卷积核，按照步长为 2 进行池化，遍历整个输入矩阵。比如对于左上角的这个区域，四个值中最大的是 7，于是将 7 写入输出结果矩阵中的相应位置，以此类推，分别得到四个输入区域中的最大值。于是，一个 4×4 的输入矩阵经过最大池化就变成一个 2×2 的输出矩阵。这里，计算输出的维度时，依然可以采用上一节中卷积运算的维度计算公式：$\left(\frac{n+2p-f}{s}+1\right) \times \left(\frac{n+2p-f}{s}+1\right)$。在本例中，$n=4$，$p=0$，$f=2$，$s=2$，故输出结果是一个 2×2 的矩阵。

1	3	5	1
2	7	1	1
1	3	2	6
5	9	1	2

⇨

7	5
9	6

图 7-23 最大池化($n=4$, $p=0$, $f=2$, $s=2$)

事实上，对于输入的通道数为 n_c 的矩阵而言，最大池化的结果是得到一个 $\left(\frac{n+2p-f}{s}+1\right) \times \left(\frac{n+2p-f}{s}+1\right) \times n_c$ 的张量，即对 n_c 层的输入特征，每一层(slice)矩阵均采用类似图 7-23 所示的处理方式。图 7-24 所示是一个 $n_c=64$ 的输入特征经过最大池化的结果。

不同于卷积运算，最大池化仅仅是对给定区域进行最大值的提取，等同于对该区域中所存在的“特征”的一种浓缩。当有多个卷积层和池化层时，某一层经过 n'_c 个卷积核的卷积运算(特征提取)之后，如果输入到池化层中，所输出的特征图的层数(或者深度)依然是 n'_c。当然，如果将其作为输入再送到下一层的卷积层，此时的输入通道数 $n_c=n'_c$，即前面讲过的，前一层的卷积核数量等于下一层的输入通道数。不管中间是否经过池化层，都是这样的对应关系。

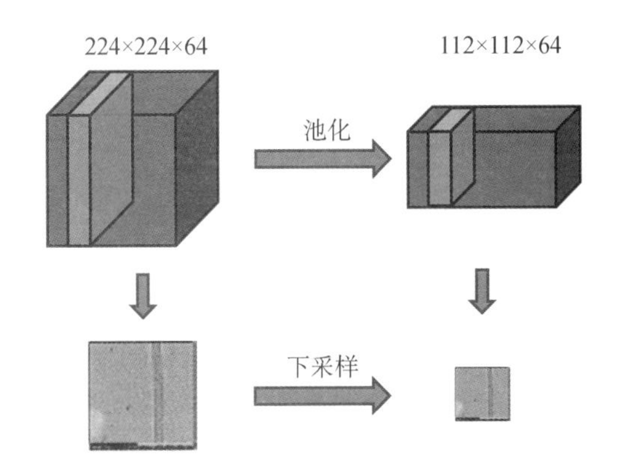

图 7-24　输入的通道数 $n_c>1$ 时的最大池化

从另一个角度理解，可以认为最大池化的结果等同于关注某个特别的特征。比如图7-23中左上角区域的最大值为7，它代表这个区域最显著的一个特征。当然，这个解释并未经过严格的数学证明，只是在采用最大池化之后，发现它对特征提取的效果很好，因此反过来猜测它的作用可能是这样的。

除了最大池化，还有平均池化(average pooling)运算。顾名思义，它的作用是对给定区域内的特征进行加权平均，然后将平均值作为输出矩阵中对应元素的值。因此，如果采用同样的 f 和 s，对图7-23中的例子进行平均池化，将得到图7-25所示的结果。

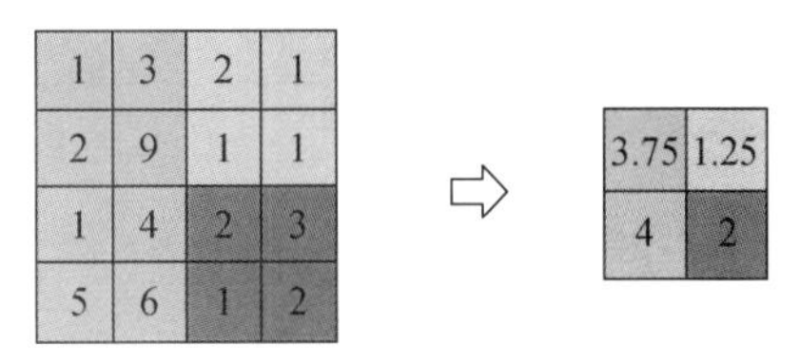

图 7-25　平均池化

对于很深的神经网络来说，有时需要利用平均池化来分解规模较大的输出层，在整个参数空间中求平均值。比如下文将讲到的残差神经网络，它的卷积层在完成所有计算之后，会通过平均池化处理，再输入全连接层。

池化操作中的超参数包括过滤器大小 f 和步长 s。最常用的值为 $f=2$ 和 $s=2$，其效果相当于高度和宽度缩小一半。也有使用 $f=3$ 和 $s=2$ 的情况。至于其他设置，要根据最大池化还是平均池化做具体分析。也可以根据需要设置填充时的超参数 p，比如后面要涉及的Inception 网络。目前，最大池化中，p 最常用的值是0，即 $p=0$，此时的输入是 $n_H \times n_W \times n_c$，输出为 $\left\lfloor \frac{n_H - f}{s} + 1 \right\rfloor \times \left\lfloor \frac{n_W - f}{s} + 1 \right\rfloor \times n_c$。这里的“$\lfloor\ \rfloor$”符号表示向下取整的意思。输入的通道数与输出通道数相同，因为是对每个通道进行池化。需要注意的一点是，池化过程中没有需要学习的参数。执行反向传播时，池化层没有参数更新，只需在神经网络设计时设置好相应的超参数。

第三节　简单卷积神经网络案例分析

3.1　单个卷积层的向前传播

在这一节中，首先讲解卷积神经网络中单个卷积层的工作原理，以及如何计算它的激活函数。

如图 7-26 所示，假设输入形式是 6×6×3 的三维矩阵，使用两个 3×3×3 的卷积核进行卷积操作，可以输出两个 4×4 的矩阵。对于这两个 4×4 的矩阵，分别加一个偏置量 b_1 和 b_2（如果采用 Python 语言编程实现，则通过 Python 语言的广播机制，给每个矩阵的 16 个元素分别加一个偏置量）。然后对这两个增加了偏置量的矩阵，利用 ReLU 函数进行非线性激活，得到两个新的 4×4 的矩阵，将它们堆叠在一起，得到一个 4×4×2 的输出矩阵。这个过程就构成卷积神经网络的一层。下面来看看其中的向前传播过程。

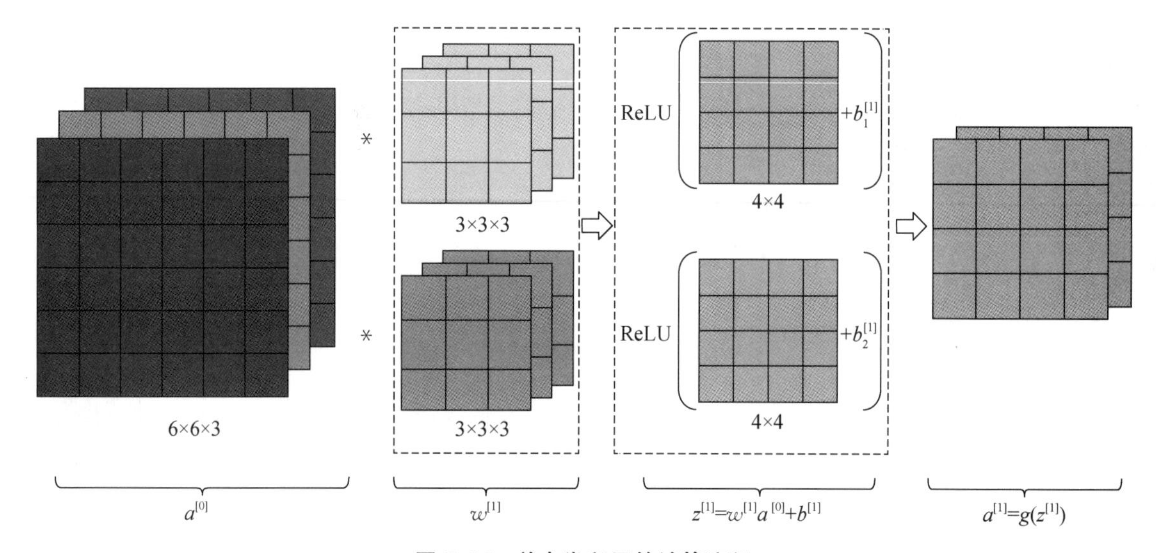

图 7-26　单个卷积层的计算流程

套用前文的全连接神经网络的模式，将输入矩阵当作 $a^{[0]}$，将两个卷积核当作权重矩阵 $w^{[1]}$，因此，上述的过程实际上是首先计算向前传播过程中的 $z^{[1]}=w^{[1]}a^{[0]}+b^{[1]}$，然后将其送入激活函数进行激活（这里采用 ReLU 函数），得到 $a^{[1]}=g(z^{[1]})$。这样，通过卷积神经网络的一层把一个维度为 6×6×3 的 $a^{[0]}$ 变成一个维度为 4×4×2 的 $a^{[1]}$，如果 $a^{[0]}$ 是一幅 RGB 图像（3 通道），那么 $a^{[1]}$ 就可以被理解为由两层特征构成的特征图。

这个例子中有两个卷积核，意味着提取两种特征，最终得到一个 4×4×2 的输出。如果采用 10 个卷积核，则最后会得到一个维度为 4×4×10 的 $a^{[1]}$（即有 10 个通道的特征图）。

如果这 10 个卷积核均为 3×3×3，则每个卷积核有 27 个参数，加上一个偏置量，参数量为 28，因此需要学习的参数总量是 28×10＝280 个。

前面讲过，卷积核代表权重矩阵，因此，卷积核的大小一旦确定，这一层在训练时需要学习的参数总量就确定了。无论输入图像有多大，如 1 000×1 000 或 5 000×5 000，用 10 个卷积核提取特征，如垂直边缘、水平边缘和其他特征，参数总量都是 280 个。虽然输入图像的分辨率可以很大，但是神经网络需要学习的参数却很少，这就是卷积神经网络的一个特征，原则上能够避免过拟合问题。

下面以第 l 层为例，给出卷积神经网络中相关术语的符号表示方式，如表 7-1 所示，依然采用上标[l]来标记第 l 层。

表 7-1 卷积神经网络中的符号名称及表示方式

符号名称	符号表示方式
卷积前输入图像大小	$n_{\text{H\_in}}^{[l-1]} \times n_{\text{W\_in}}^{[l-1]} \times n_c^{[l-1]}$
卷积核大小	$f^{[l]} \times f^{[l]} \times n_c^{[l-1]}$
卷积核个数	$n_c^{[l]}$
填充数量	$p^{[l]}$
步长	$s^{[l]}$
卷积后输出特征图维度	$n_{\text{H\_out}}^{[l]} \times n_{\text{W\_out}}^{[l]} \times n_c^{[l]}$ 其中： $n_{\text{H\_out}}^{[l-1]} = \left\lfloor \frac{n_{\text{H\_in}}^{[l-1]} + 2p^{[l]} - f^{[l]}}{s^{[l]}} + 1 \right\rfloor$ $n_{\text{W\_out}}^{[l-1]} = \left\lfloor \frac{n_{\text{W\_in}}^{[l-1]} + 2p^{[l]} - f^{[l]}}{s^{[l]}} + 1 \right\rfloor$
激活值矩阵(单个训练样本)维度	$n_{\text{H\_out}}^{[l]} \times n_{\text{W\_out}}^{[l]} \times n_c^{[l]}$
激活值矩阵(m 个训练样本)维度	$m \times n_{\text{H\_out}}^{[l]} \times n_{\text{W\_out}}^{[l]} \times n_c^{[l]}$
权重矩阵维度	$f^{[l]} \times f^{[l]} \times n_c^{[l-1]} \times n_c^{[l]}$
偏置量矩阵维度	$1 \times 1 \times 1 \times n_c^{[l]}$

若第 $l-1$ 层的通道数为 $n_c^{[l-1]}$，则第 l 层的卷积核大小为 $f^{[l]} \times f^{[l]} \times n_c^{[l-1]}$。如果第 l 层的卷积核有 $n_c^{[l]}$ 个，则由这些卷积核代表的权重矩阵维度为 $f^{[l]} \times f^{[l]} \times n_c^{[l-1]} \times n_c^{[l]}$。通常，偏置量矩阵维度记为 $1 \times 1 \times 1 \times n_c^{[l]}$。

用 $p^{[l]}$ 标记填充数量，如果指定为 Valid 型，则 $p^{[l]}=0$，即无填充；如果指定为 Same 型，则 $p^{[l]}=(f^{[l]}-1)/2$，输出和输入图像的高度和宽度相同。

对于第 l 层的输入特征图而言，其矩阵维度为 $n_{\text{H\_in}}^{[l-1]} \times n_{\text{W\_in}}^{[l-1]} \times n_c^{[l-1]}$，意味着它是第 $l-1$ 层的激活值，而第 l 层的输出特征图的维度为 $n_{\text{H\_out}}^{[l]} \times n_{\text{W\_out}}^{[l]} \times n_c^{[l]}$，其中，$n_c^{[l]}$ 表示卷积核的数量，而 $n_{\text{H\_out}}^{[l]}$ 和 $n_{\text{W\_out}}^{[l]}$ 分别由 $f^{[l]}$、$p^{[l]}$ 及 $s^{[l]}$ 决定，其计算公式分别为 $n_{\text{H\_out}}^{[l-1]} = \left\lfloor \frac{n_{\text{H\_in}}^{[l-1]} + 2p^{[l]} - f^{[l]}}{s^{[l]}} + 1 \right\rfloor$ 和 $n_{\text{W\_out}}^{[l-1]} = \left\lfloor \frac{n_{\text{W\_in}}^{[l-1]} + 2p^{[l]} - f^{[l]}}{s^{[l]}} + 1 \right\rfloor$。

对卷积运算结果应用偏置量和非线性激活函数之后，输出的激活值矩阵 $a^{[l]}$ 的维度与卷积后输出特征图的维度相同，为 $n_{\text{H\_out}}^{[l]} \times n_{\text{W\_out}}^{[l]} \times n_c^{[l]}$。当执行批量梯度下降或小批量梯度下降时，如果有 m 个训练样本，就有 m 个激活值，那么整个样本集输出的激活值矩阵 $A^{[l]}$ 的维度就是 $m \times n_{\text{H\_out}}^{[l]} \times n_{\text{W\_out}}^{[l]} \times n_c^{[l]}$。

3.2 简单卷积神经网络示例

在上一节中，讲解了如何为卷积神经网络构建一个卷积层。在这一节中，将分析一个简单的深度卷积神经网络的例子，以便读者练习上一节中所学的标记法。假设问题是图像的二元分类，比如鉴别一根纤维是否为羊绒。下面构建适用于这个问题的卷积神经网络。若图像本身的大小为 224×224×3，其中 $n_H^{[0]}=n_W^{[0]}=224$，(即高度和宽度都等于 224)，$n_c^{[0]}=3$，即输入层(第零层)的通道数为 3，如图 7-27 所示。

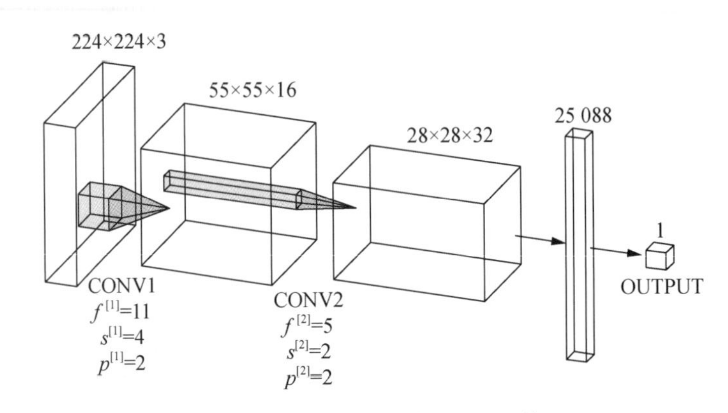

图 7-27 简单卷积神经网络架构

假设对输入层用一个 11×11 的卷积核提取特征，即 $f^{[1]}=11$。由于卷积核的通道数必定与输入的通道数相等，因此在书写时一般用 $f^{[1]}=11$ 的方式表示卷积核大小是 $11\times11\times n_c^{[0]}$。

若令 $s^{[1]}=4$，$p^{[1]}=2$。采用 16 个上述卷积核提取特征，那么下一层的激活值的维度就是 55×55×16。其中，"16"代表采用 16 个卷积核，而"55"来自下式

$$\frac{n+2p-f}{s}+1=\frac{224+4-11}{4}+1=55$$

的计算结果，即经过一个卷积核运算之后的输出是 55×55。第一层标记为 $n_H^{[1]}=n_W^{[1]}=55$，$n_c^{[1]}=16$。其中，$n_c^{[1]}$ 等于第一层的卷积核个数，即第一层的激活值 $a^{[1]}$ 的维度记为 55×55×16。

接着，在第一层的卷积层的后面，再建立一个卷积层。这次采用的卷积核是一个 5×5 的矩阵，即 $f^{[2]}=5$。若令步长为 2，填充数量为 2，可记为 $s^{[2]}=2$，$p^{[2]}=2$。假设采用 32 个卷积核，那么卷积运算之后的输出特征图维度为 28×28×32。因为步长是 2，特征图的高度与宽度缩小得很快，从 55×55 减小到 28×28，即减小了一半以上。由于卷积核有 32 个，所以通道数也是 32，因此这一层输出的激活值 $a^{[2]}$ 的维度为 28×28×32。最终，$n_H^{[2]}=n_W^{[2]}=28$，$n_c^{[2]}=32$。

至此，对这幅 224×224×3 的输入图像的卷积运算已处理完毕，共提取 28×28×32=25 088 个特征。然后，将这个输出矩阵展平为一个列矩阵，即包含 25 088 个单元的输出向量，再在其后面连接一个用于二元分类预测的逻辑回归单元，得到预测值 $\hat{y}$。

以上是卷积神经网络的一个典型示例。在设计卷积神经网络时，要决定卷积核的大小、步长、填充数量及使用的卷积核数量等超参数，是一个比较费时费力的过程。需要指出的是，每个卷积层输出的都是特征 ($a^{[l]}$)。如果读者仔细观察，会注意到图像的高度和宽度的值越来越小(224→55→28)，但是通道数的值越来越大(3→16→32)。这意味着卷积神经网

络将图像中最具代表性的特征逐渐浓缩提炼出来。

通常，在表述时，可以用 CONV 代表卷积层，用 POOL 代表池化层，而将 28×28×32 个特征展平后形成的全连接层可以用 FC 层(fully connected layer)表示。

下面再举一个例子，介绍更复杂的 LeNet 卷积神经网络。

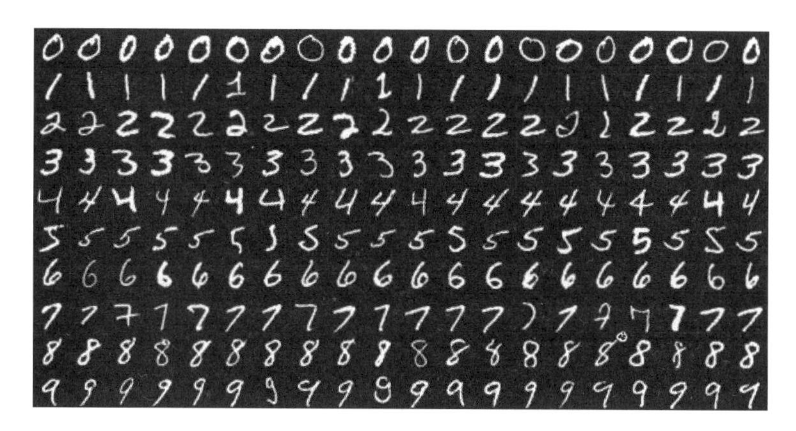

(a) MNIST 数据集中的手写数字示例

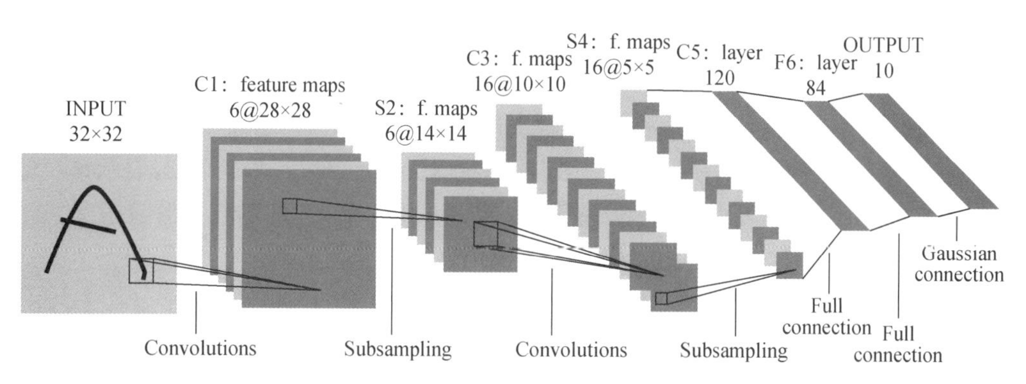

(b) LeCun 等提出的 LeNet-5 神经网络示意

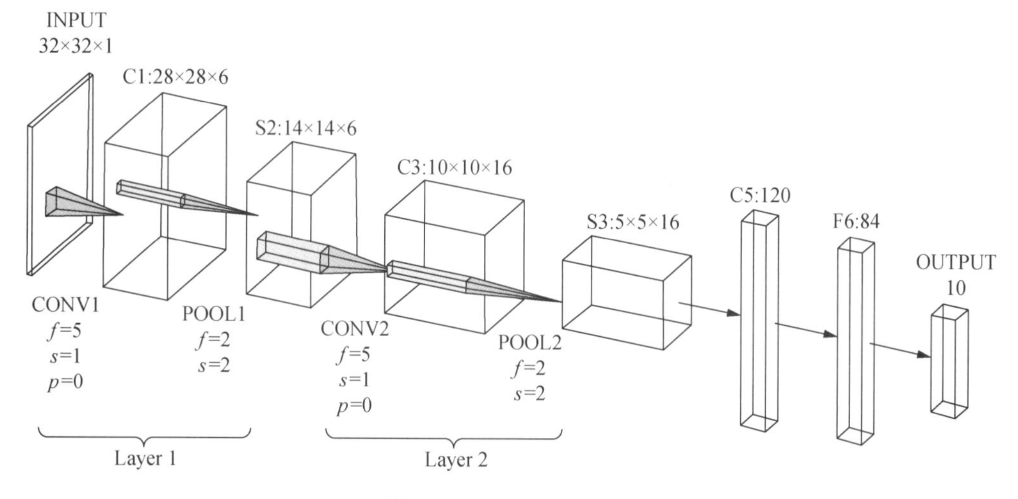

(c) 简化后的 LeNet-5 神经网络示意

图 7-28　用于手写数字识别的 LeNet-5 神经网络

在计算机视觉领域，有一个经典案例，就是0～9的手写数字识别问题（MNIST数据集）。事实上，这个问题一般被当作神经网络学习过程中的基本练习，类似学习编程时的"Hello World"。在MNIST数据集所定义的手写数字识别问题中，输入的是28×28×1的灰度图像，要从中识别出它是0～9这十个数字中的哪一个。解决该问题，有一个经典神经网络模型即LeNet-5，由LéCun等在1998年提出[2]。这里所介绍的LeNet-5神经网络是在其原始版本的基础上进行了修改（激活函数从Sigmoid函数改为ReLU函数）而形成的，其在MNIST数据集手写数字识别问题上可达到约99%的准确率。

在Lécun等发表的文章中，用字母C代表卷积层（convolutional layer），用字母S代表下采样层（sub-sampling layer），即前文讲过的池化层[2]。由于整个神经网络中共有C1、S2、C3、S4及C5五个卷积层加池化层，构成特征提取的主干部分（图7-28），因此，他们将其称为LeNet-5。

LeNet-5神经网络所设计的输入图像的尺寸为32×32×1，需要对原始尺寸为28×28×1的MNIST数据集中的图像进行预处理，比如在原始图像周边填充足量的"0"，或者对原始图像尺寸使用插值法进行调整。第一层使用6个大小为5×5，步长为1，填充为0的卷积核，那么输出的激活值矩阵的维度就是28×28×6。将这层标记为CONV1，它采用6个卷积核进行卷积运算，将结果加上偏置量，再应用ReLU函数进行非线性激活，就得到CONV1的输出是一个28×28×6的矩阵。

然后构建一个池化层。这里选择使用最大池化，其超参数$f=2$，$s=2$（默认池化层的填充数量为0，不再赘述）。由于最大池化使用的过滤器大小为2×2，步长为2，表示该层输入的高度和宽度会减小一半，通道数量保持不变。因此，28×28×6的输入矩阵经过最大池化后变成14×14×6的输出矩阵，将其标记为POOL1。

通常，在很多文献中，将一个卷积层和一个池化层（CONV-POOL），或者一个卷积层、一个批量归一化和一个池化层（CONV-BN-POOL）当作一层。因此，可以将（CONV1－POOL1）作为第一层（Layer 1）。注意：池化层没有需要学习的权重参数。

完成第一层的构建之后，再为它构建一个卷积层，卷积核大小为5×5，步长为1，卷积核的数量为16，于是输出一个10×10×16的矩阵，将其标记为CONV2。对它进行最大池化，将其结果标记为POOL2。依然采用$f=2$和$s=2$的设置，再次将特征图的高度和宽度减小一半，得到一个5×5×16的矩阵。同样，将（CONV2-POOL2）作为第二层（Layer 2）。

此时，POOL2输出的5×5×16的矩阵包含400个元素，将其展平为包含400个元素的一维向量。然后利用这400个神经元与一个含有120个神经元的全连接层相连，将其标记为FC1。对于一个训练样本而言，该层的权重矩阵的维度为（120，400）。之所以称为全连接，是因为输入的400个神经元与输出的120个神经元逐一连接，再加上一个偏置量矩阵，其维度为（120，1）。因此，这一层（C5）可学习的参数共计48 120个。

注意：在卷积神经网络中用到的展平，主要是将一个输入图像在保留权重元素编号顺序的前提下转化为另外一种格式，即从立体转化为平面，因为后面要连接的全连接型神经网络是平面的。这意味着16幅5×5的输入特征图与后一个卷积层（C5）相连，该卷积层采用了120个5×5×16的卷积核，最终得到120幅1×1的输出特征图，也就是120个神经元，构成输入包含400（5×5×16）个神经元而输出包含120个神经元的全连接神经网络。

之后，再为120个神经元添加一个含有84个神经元的全连接层，标记为F6，其权重矩阵的维度为(84, 120)，偏置量矩阵的维度为(84, 1)。最后，将84个神经元输入一个Softmax神经元中，进行0～9这十个数字的识别，这意味着这个Softmax神经元有10个输出，即向前传播时的预测值 $\hat{y}$。

需要指出的是：随着神经网络深度的加深，图像的高度和宽度通常会减小(32×32→28×28→14×14→10×10→5×5)，但是通道数量会增加(3→6→16)。此外，在多分类任务的卷积神经网络中，一种常见模式是一个或多个卷积层后面跟随一个池化层，然后一个或多个卷积层后面再跟一个池化层，然后是几个全连接层，最后是一个Softmax神经元。

下面核算这个神经网络各层的维度和参数的数量，如表7-2所示。

表7-2　LeNet神经网络各层的维度和参数

名称	激活值矩阵维度	神经元数量	参数数量
输入层【Input】	(32, 32, 1)	1 024	0
CONV1 (f=5, s=1)【C1】	(28, 28, 6)	4 704	(5×5×1+1)×6=156
POOL1(f=2, s=2)【S2】	(14, 14, 6)	1 176	0
CONV2(f=5, s=1)【C3】	(10, 10, 16)	1 600	(5×5×6+1)×16=2 416
POOL2(f=2, s=2)【S4】	(5, 5, 16)	400	0
C5	(120, 1)	120	(400+1)×120=48 120
F6	(84, 1)	84	(120+1)×84=10 164
输出层 Softmax【Output】	(10, 1)	10	(84+1)×10=850

表7-2中，第一列给出了神经网络的架构，第二列是每一层的激活值矩阵的维度。(注意：对于输入层(Input)而言，激活值矩阵 $a^{[0]}$ 就是输入特征矩阵 x。)第三列是每一层的神经元数量。对输入层而言，其总单元数量为 $n_H^{[l]}\times n_W^{[l]}\times n_c^{[l]}=32\times 32\times 1=1\ 024$ 个，但是作为输入层，没有需要学习的参数，因此第四列第二行中的参数数量为0。

第三章介绍过，当核算第 l 层的权重矩阵中的元素个数时，对于一个训练样本而言，权重矩阵 $W^{[l]}$ 的维度为$(n^{[l]}, n^{[l-1]})$，偏置量 $b^{[l]}$ 的维度为$(n^{[l]}, 1)$。当核算卷积神经网络的权重矩阵维度时，第 l 层的卷积核(即权重矩阵)的维度为$(f^{[l]}, f^{[l]}, n_c^{[l-1]}, n_c^{[l]})$，相应的偏置量 $b^{[l]}$ 的维度为$(1, 1, 1, n_c^{[l]})$。也就是说，对于 $n_c^{[l]}$ 个卷积核，每个卷积核添加一个偏置量，其计算公式为：

$$(f^{[l]}\times f^{[l]}\times n_c^{[l-1]}+1)\times n_c^{[l]}$$

按照这个原则，在表7-2中的第三行，即第一个卷积层中，已知卷积核的维度为(5, 5, 1)，其中"5"来自 $f=5$，"1"来自前一层输入的通道数为1，所以一个卷积核中的权重参数数量为5×5×1=25，再加一个偏置量。因此，一个卷积核在计算加权值 z 的过程中，所需的参数量是26个。由于这一层有6个卷积核，故该层需要学习的参数总量为26×6=156个。表7-2中的第三行第四列给出了完整的计算过程。另外，这一层中神经元总数为 $n_H^{[l]}\times n_W^{[l]}\times n_c^{[l]}=28\times 28\times 6=4\ 704$ 个。

表 7-2 中的第四行，即 POOL1 中，总的单元数量为 $n_{\mathrm{H}}^{[l]} \times n_{\mathrm{W}}^{[l]} \times n_{\mathrm{c}}^{[l]} = 14 \times 14 \times 6 = 1\ 176$ 个，由于是池化层，没有可以学习的参数，因此参数数量为 0。

同理，对 CONV2 及 POOL2 进行维度和参数数量的核算。其中，POOL2 的输出单元数量为 400，作为 FC1 的输入特征矩阵，与 FC1 中的 120 个神经元进行全连接。因此，FC1 中需要学习的权重矩阵中的元素个数就是 $(400+1)\times 120 = 48\ 120$，依然遵照 $\boldsymbol{W}^{[l]}$ 的维度为 $(n^{[l]},\ n^{[l-1]})$ 及 $b^{[l]}$ 的维度为 $(n^{[l]},\ 1)$ 这样的原则进行核算，直至完成各层的核算。

有几点需要注意：(1)池化层没有参数；(2)卷积层的参数相对较少；(3)大量的参数存在于全连接层。通过观察可发现，随着神经网络的加深，激活值矩阵会逐渐变小。由于激活值矩阵缩小得太快，因此会影响神经网络的性能。因此，在这个例子中应用了两个全连接层，再连接到最终的输出层。

以上是卷积神经网络设计与运算过程中所涉及的基本计算和参数核算方法。下面说明为什么要采用卷积的形式构建神经网络。

3.3 卷积神经网络的特点分析

继续采用上一节的例子。假设有一幅维度为 32×32×3 的图像(如今，我们已经普及数字图像，故大部分手写字符转为图像后都是彩色的)，如果采用了 6 个 5×5 的卷积核，输出的激活值矩阵的维度为 28×28×6。按照上一节表 7-2 中的核算方法，输入特征数量为 32×32×3=3 072，输出特征数量为 28×28×6=4 704。如果构建一个全连接型神经网络，其中的一层含有 3 072 个神经元，下一层含有 4 074 个神经元，让两层上的每个神经元彼此相连，然后计算权重矩阵，其维度为 4 074×3 072≈1 400 万。也就是说，如果采用全连接型神经网络，需要训练的参数会很多。虽然现在的计算机可以训练一个包含 1 400 万个参数的神经网络，但是如果这是一幅 1 000 像素×1 000 像素的图像，其权重矩阵会变得非常大。

采用卷积神经网络时，在卷积层中，每个卷积核的维度都是 5×5，一个卷积核有 25 个参数，再加上偏置量，每个卷积核有 26 个参数，所以参数共计 156 个，与前面的 1 400 万个以上相比，参数数量大幅减少。

之所以卷积层中的参数数量这么少，是因为卷积层有两个优良特性。第一个是参数共享。如图 7-29 所示，如果有一个垂直边缘检测器，那么它可以“滑过”输入图像的不同区域，对其进行垂直边缘检测。换言之，一个适用于输入图像左上角区域的特征检测器，很可能也适用于输入图像的其他区域，即整幅图像共享一个特征检测器，而且其提取效果从最终的试验结果来看，也相当不错。

10	10	10	0	0	0
10	10	10	0	0	0
10	10	10	0	0	0
10	10	10	0	0	0
10	10	10	0	0	0
10	10	10	0	0	0

*

1	0	−1
1	0	−1
1	0	−1

=

0	30	30	0
0	30	30	0
0	30	30	0
0	30	30	0

图 7-29 卷积神经网络可以实现参数共享

卷积层的第二个优点是稀疏连接。比如图 7-29 中，结果矩阵最左上角的“0”，是通过一个 3×3 的卷积核计算得到的，它只依赖于这个 3×3 的输入单元格。换言之，这个“0”所在位置的输出单元，仅与 36 个输入特征（即像素值）中的 9 个连接，而且其他像素值都不会对输出产生任何影响，这就是稀疏连接的概念。再比如图 7-30 所示的例子，右侧结果矩阵中虚线框内的值“30”只取决于左侧输入矩阵中虚线框内的 9 个值，而其他值对这个输出值没有任何影响。这就是卷积层所谓的稀疏连接性。

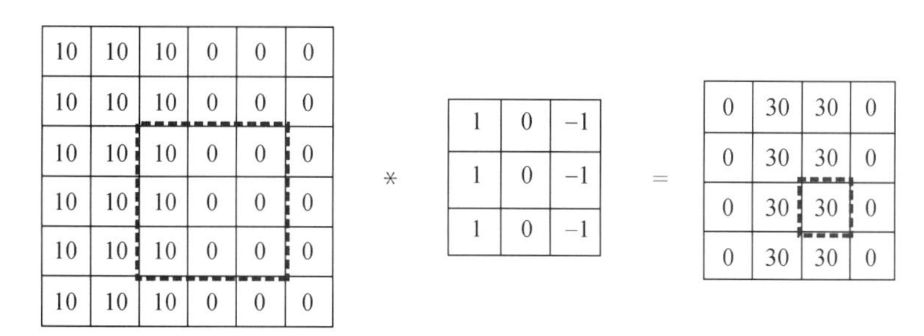

图 7-30　卷积神经网络可以实现稀疏连接

卷积神经网络可以通过这两种机制减少参数数量，以便用更小的训练集进行训练，从而预防过度拟合。同时，当图像产生平移变换时，由于其依然具有非常相似的特性，因此卷积层依然能够捕捉到同样的输出结果，加上卷积核中每个元素的具体值（即权重值）是神经网络通过自动学习获得的，因此会更加鲁棒。这就是卷积神经网络在机器视觉任务中表现良好的原因。

用于分类任务的卷积神经网络的训练过程如下：

(1) 首先，采集数据并对其进行尽可能准确的标注，得到训练样本集合 $(x^{(1)}, y^{(1)})\ldots(x^{(m)}, y^{(m)})$。

(2) 构造卷积神经网络，并采用不同的初始化机制，对相应的权重矩阵 W 和偏置量矩阵 b 进行初始化。

(3) 通过向前传播计算，得到代价函数 $J(w, b)=\frac{1}{m}\sum_{i=1}^{m}L(\hat{y}^{(i)}, y^{(i)})$。

(4) 通过向后传播计算，利用梯度下降或其他优化方法，比如 Momentum、RMSprop 或者 Adam 优化算法，以降低代价函数 $J(w, b)$ 的值，直到得到一个合格的分类器。

第四节　感　受　野

4.1　理论感受野

感受野（receptive field）是卷积神经网络中的一个重要概念，可以将其理解为：对于卷积神经网络的某一个输出特征来说，输入张量中影响这个输出特征结果的区域。直观地说，如果一个输出特征是由卷积神经网络观察输入图像中的某个区域的结果，那么这个区域就是这个输出特征的感受野。感受野对于许多视觉任务来说非常重要，比如说图像识别、目标检测、语义分割、图像描述等。设计一个合理的卷积神经网络，使得它的感受野能够满足任务需求，是十分重要的。在理想情况下，我们希望感受野能够囊括输入中所有与输出有关的内容，这是由于在感受野之外的输入对于卷积神经网络的输出没有任何影响。对于图像识别任务来说，如果希望一幅纤维图像能被成功地识别，那么这个卷积神经网络的输出必须包含输入中对应纤维的区域；对于语义分割来说，通常希望每个像素都能拥有整个图像区域的感受野，以保证每个像素都和全部图像相关，从而能被更加正确地分类。

为什么卷积神经网络会产生有限的感受野？一个主要的原因在于卷积运算的稀疏连接。相对于稀疏连接，另一个极端是稠密连接，即全连接型神经网络。在全连接型神经网络中，所有的输入特征与输出的每一个特征连接，所以对于每一个中间特征而言，它的感受野都是全部的输入特征。卷积层中的卷积操作，由于其卷积核的窗口通常比输入矩阵的尺寸小得多，所输出的特征只受到输入中部分元素的影响，即每一个卷积层的输出特征都具有有限的感受野。但是，通过堆叠多个卷积层，可以使得输出特征的感受野增大。为了理解这一概念，下面看一个具体例子。

如图 7-31 所示，假设有一个 7×7 的二维矩阵作为输入特征，连续三次通过卷积核大小为 3×3、步长为 1、填充数量为 0 的同样的卷积层。经过第一层的卷积操作，产生大小为 5×5 的输出特征，其中每个输出特征相对于输入特征的感受野是一个 3×3 的窗口，即卷积核的大小。经过第二层的卷积操作，得到大小为 3×3 的输出特征，其中每个输出特征相对于第一层的输出特征的感受野是一个 3×3 的窗口。由于第一层的每个特征受到原始输入的 3×3 个特征的影响，使得第二层输出相对于原始输入的感受野为 5×5。以此类推，经过第三层的卷积操作，得到大小为 1×1 的 1 个输出特征。可是，这个输出特征受到 7×7 个输入特征的影响，即其感受野是一个 7×7 的窗口。由此可见，叠加卷积层可以使得输出特征的感受野增大。

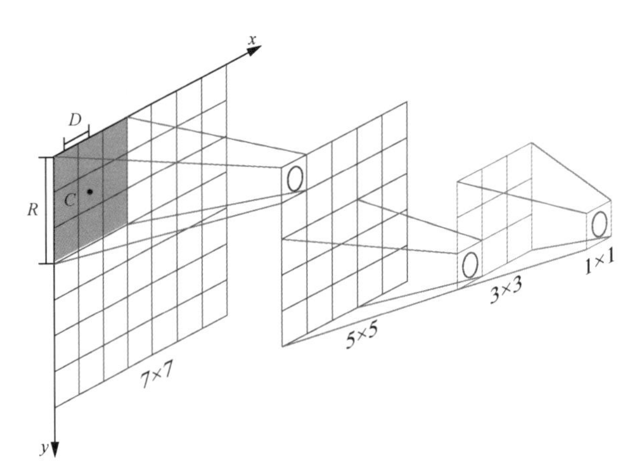

图 7-31 叠加卷积层使得输出特征的感受野增大

对于常规的卷积神经网络，其感受野为一个方形区域，用边长表示其尺寸 R。如果卷积神经网络结构或输入图像的尺寸相等，横向、纵向的计算是一致的，只需计算其中的一个方向；若图像尺寸不相等，需要分别计算横向与纵向。

为了简化计算，假设卷积神经网络的卷积核和输入图像的尺寸相等，还需要建立一个统一的坐标系。这里根据输入层建立直角坐标系。由于卷积神经网络采用前一层的输出特征作为当前层的输入特征，因此感受野的计算与前一层的输出特征有关。将卷积神经网络第 i 层的输出特征记为 $a^{[i]}$，$a^{[i]}$ 中两个相邻单元间距离记为 D_i。$a^{[i]}$ 中每个单元的感受野，取决于前一层的感受野尺寸 R_{i-1}、相邻单元间距离 D_{i-1} 和当前层的卷积核尺寸 f_i、步长 s_i。对于输入层 $a^{[0]}$，规定其感受野尺寸 $R_0=1$，相邻单元间距离 $D_0=1$。

$a^{[i]}$ 中相邻单元间距离 D_i 为从第一个卷积层到当前卷积层的所对应步长 s_i 的连乘积，即：

$$D_i=D_{i-1}\times s_i$$

$a^{[i]}$ 中任一特征单元的感受野尺寸为 $a^{[i-1]}$ 上 f_i 个连续单元的长度 l_2（即两端单元的中心点距离）加上剩余边界长度 l_1 和 l_3。其中，$l_2=(f_i-1)\times D_{i-1}$，而 l_1 和 l_3 之和恰好等于 $a^{[i-1]}$ 的感受野尺寸，即 $l_1+l_3=R_{i-1}$。故第 i 层的感受野尺寸：

$$R_i=(f_i-1)\times D_{i-1}+R_{i-1}$$

下面根据上面这个公式分析 LeNet-5 的感受野：

CONV1：

$$R_1=(f_1-1)\times D_0+R_0=(5-1)\times 1+1=5$$

POOL1：

$$R_2=(f_2-1)\times D_1+R_1=(2-1)\times 1+5=6$$

…

以此类推，得到表 7-3 所示的感受野计算结果。

表 7-3　LeNet-5 神经网络各层的感受野计算结果

层次	激活值矩阵维度	感受野大小
Input	(32, 32, 3)	1×1
CONV1($f=5$, $s=1$)	(28, 28, 6)	5×5
POOL1($f=2$, $s=2$)	(14, 14, 6)	6×6
CONV2($f=5$, $s=1$)	(10, 10, 16)	14×14
POOL2($f=2$, $s=2$)	(5, 5, 16)	16×16

值得注意的是：池化层只有两个参数，即池化窗口尺寸 f 和步长 s，它们对感受野的影响等同于一个卷积核尺寸为 f 和步长为 s 且无填充的卷积层。从表 7-3 可以发现，经过 LeNet-5 神经网络中的四层（卷积/池化层）运算，每个输出特征的感受野为 16×16。这也解释了叠加的卷积层和池化层对感受野的扩张效应，从另一个侧面说明了为什么深度卷积神经网络的特征提取能力非常强。

根据以上计算可以得出两种增大感受野的方法：一是通过堆叠神经网络层数或增大卷积核尺寸，能够线性增加感受野的尺寸；二是通过下采样（如增大卷积步长、池化操作），能够成倍地增加感受野的尺寸。

4.2 有效感受野

如上一节所述，通过堆叠卷积神经网络中的卷积层，可使得输出特征相对于输入图像有较大的窗口形感受野。但是，这个窗口形感受野中的每个位置的权重并非相等。窗口形感受野（通常称为理论感受野）的中心位置对输出有更大的影响，周边区域则有更小的影响。从直观上说，在向前传播的过程中，位于中间位置的元素相对于输出有更多的传播路径，而位于边缘的元素则有非常少的传播路径，这导致在反向传播的过程中，中间位置的元素相对于输出有更多的传播路径，从而得到相对于输入更大的梯度。2016 年，Luo 等[3]对有效感受野进行了严谨的分析与试验，对比了不同层数的卷积层、不同的激活函数、不同的运算操作及训练对有效感受野的影响，结果如图 7-32～图 7-35 所示（图中的 RF 即感受野的英文缩写）。

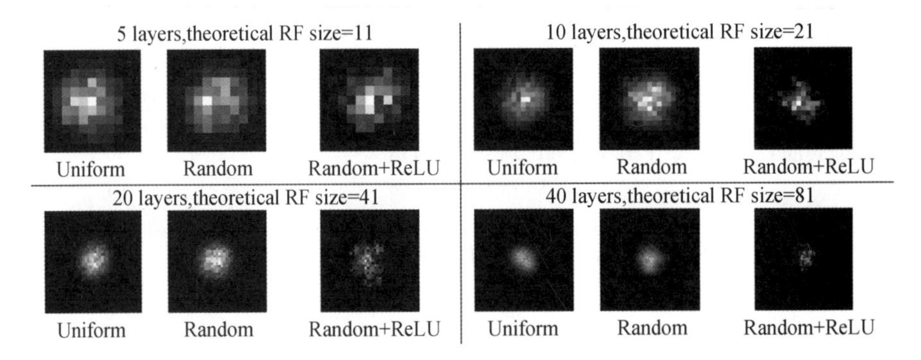

图 7-32　不同层数的卷积层叠加对有效感受野的影响（试验中所用卷积核的宽和高均为 3，Uniform 代表卷积核的权重值均初始化为 1，Random 代表卷积核采用随机初始化权重值，ReLU 代表在卷积层输出后加入的激活函数）

图 7-33　不同的激活函数对有效感受野的影响

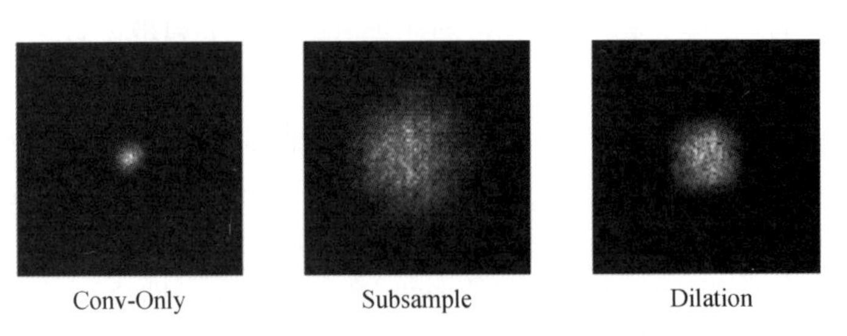

图 7-34　不同的运算操作对有效感受野的影响

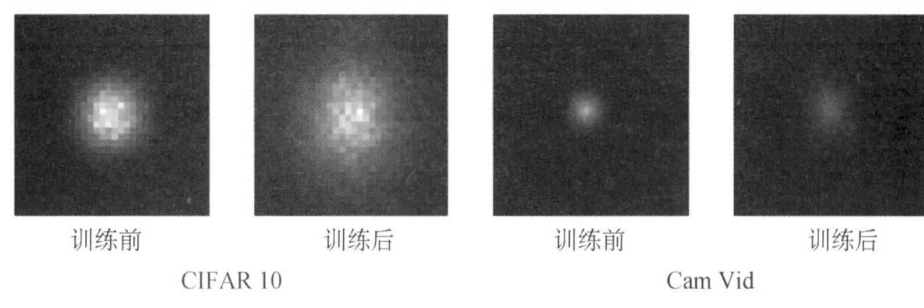

图 7-35 训练前后卷积神经网络的有效感受野的变化(左边为使用 CIFAR10 数据集训练的分类网络,右边为使用 CamVid 数据集训练的语义分割网络)

这些结果说明:

(1) 卷积神经网络的有效感受野在理论感受野的窗口中呈高斯分布。随着卷积层的数量的增加,卷积神经网络的有效感受野的面积不断增大,但是其相对于理论感受野的比例不断变小,如图 7-32 所示。

(2) 图 7-33 对比了不同的非线性激活函数对有效感受野的影响,可以发现相比于 tanh 和 Sigmoid 函数,ReLU 函数可以使得高斯分布不是那么均匀,因为 ReLU 函数本身会使得神经网络的部分传播路径输出为"0",即不对输出产生影响。

(3) 如图 7-34 所示,仅仅使用卷积操作,有效感受野会非常有限。采用下采样操作(如平均池化)可以使得有效感受野迅速增大。类似地,可以使用特殊的卷积操作,比如空洞卷积(dilation convolution),有效感受野也会增大,但是这会导致有效感受野接近正方形。

(4) 如图 7-35 所示,与初始状态相比,经过训练,不论对于图像识别任务还是语义分割任务,卷积神经网络的有效感受野都会增大。

理论感受野和有效感受野是解释卷积神经网络工作原理的重要概念。不同的网络结构、卷积、池化、激活方式、训练方式,对卷积神经网络的感受野都有影响。通常,一个神经网络在拥有足够大的感受野时,其性能会更优异。因此,从感受野的角度分析和优化卷积神经网络,是当前研究的一个重要方向。

参考文献:

[1] Zeiler M D, Fergus R. Visualizing and understanding convolutional networks[C]//European Conference on Computer Vision. Springer, Cham, 2014: 818-833.

[2] Lécun Y, Bottou L, Bengio Y, et al. Gradient-based learning applied to document recognition[J]. Proceedings of the IEEE, 1998, 86(11):2278-2324.

[3] Luo W, Li Y, Urtasun R, et al.Understanding the effective receptive field in deep convolutional neural networks[C]// Proceedings of the IEEE Conference on Computer Vision and Pattern Recognition, 2017: 365-372.

[4] Utkarsh S. Ai shack. [EB/OL]. [2020-03-01]. http://aishack.in/tutorials/image-convolution-examples/.

[5] FrancescoF. Con_arithmetic[CP/OL]. (2019-04-12)[2020-03-01]. https://github.com/vdumouli-n/conv_arithmetic.

[6] Konstantin L. LeNet Implementation[CP/OL]. https://github. com/activatedgeek/LeNet-5/blob/master/lenet.py.

第八章 卷积神经网络的常见架构与分析

上一章较为详细地介绍了卷积神经网络的基本架构，包括卷积层、池化层及全连接层这些常用模块。事实上，计算机视觉研究方面的许多经典文献，都集中在如何将这些基本模块组合起来，形成各种有效的卷积神经网络。本章将对一些经典的卷积神经网络进行分析，帮助读者进一步理解和体会其特点。

首先介绍两个经典的卷积神经网络，分别是 AlexNet 和 VGG，它们的许多设计思路都为该邻域的发展奠定了基础。然后介绍 ResNet 和 Inception。ResNet 的中文名称为残差网络，2015 年面世时，该网络达到了 152 层的深度，堪称行业一绝。它所包含的为防止梯度消失而构造的残差块思想，已经成为该领域的标杆和标配。Inception 网络则灵活运用了包括 1×1 卷积在内的多种卷积核，丰富了网络架构设计的灵活多样性。

第一节 两个经典卷积神经网络

在 LeNet-5 问世之后的很多年里，深度学习领域遭遇寒冬，直至 AlexNet 的出现，才真正迎来了转机。AlexNet 挑战的对象来自 ImageNet 比赛用数据集。该数据集是目前在深度学习图像领域应用得非常多的一个庞大的数据集，关于图像分类、定位、检测等方面的研究工作大多基于此数据集进行。2010—2017 年，ImageNet 项目组每年开展竞赛，即著名的"ImageNet 大规模视觉识别挑战赛"（ILSVRC，全称为 ImageNet Large Scale Visual Recognition Challenge），让不同的算法彼此竞争以正确分类和检测对象和场景。在这个挑战赛中，使用了分类数为 1 000 且彼此无重叠的图像数据集。

AlexNet 是由 Alex Krizhevsky 等设计并以他的名字命名的卷积神经网络[1]。AlexNet 在 2012 年参加了 ILSVRC，它的 Top-5（前五个分类）误差为 15.3%，比亚军低 10.8%。该网络的提出使人们意识到神经网络的深度对其性能的提高至关重要，而代价则是参数数量巨大，计算开销非常昂贵。

当时，Alex 等使用了两块 GPU 进行训练，因此其网络架构看上去有些复杂，如图 8-1(a)所示。现如今，我们常见的 AlexNet 的网络架构如图 8-1(b)所示。

Alex 等发表的原文中所给出的输入图像尺寸为 224×224×3，第一个卷积层的 96 个卷积核为 $f=11$，$s=4$，$p=2$，这样经过卷积运算，所得特征图的平面尺寸为 55.25×55.25，需要经过向下取整才能得到 55×55 的结果。但是，如果将输入图像尺寸改为 227×227×3，则无需填充和向下取整即可得到 55 × 55 的特征图。因此，现如今在复现 AlexNet 时，多用 227×227×3 的图像作为输入，并设置 $f=11$，$s=4$，$p=0$，激活函数为 ReLU 函数，所输出的特征图为 55×55×96。换言之，由于步幅 s 较大，原始图像输入被缩小了 4 倍左右。

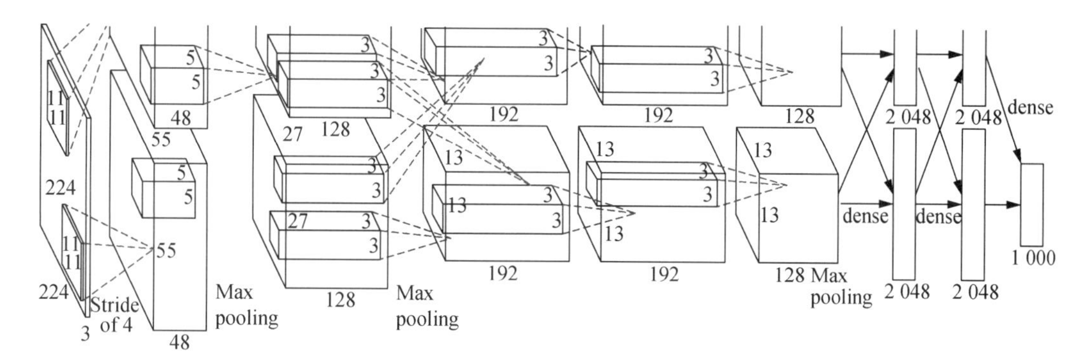

(a) AlexNet 原文中的网络架构

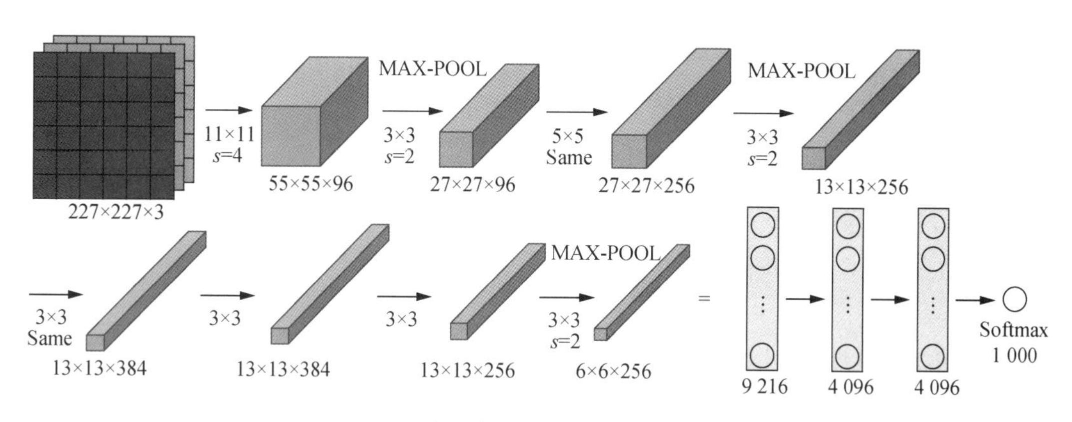

(b) 现如今常用的 AlexNet 网络架构

图 8-1　AlexNet 网络架构示意图

然后，通过 $f=3$，$s=2$ 的最大池化层，将前一层输出的 55×55×96 的特征图缩小为 27×27×96，并进行批量归一化处理。接下来，用 256 个 5×5 的卷积核执行一次 Same 型卷积，同样经过 ReLU 激活，得到的特征图为 27×27×256，再次对其进行最大池化，使其缩小至 13×13×256，并进行批量归一化处理。之后，采用 384 个 3×3 的卷积核再执行一次 Same 型卷积，同样经过 ReLU 激活，得到的特征图为 13×13×384。

再用 384 个 3×3 的卷积核做一次 Same 型卷积，并经过 ReLU 函数激活，再次得到 13×13×384 的特征图。然后用 256 个 3×3 的卷积核又做一次 Same 型卷积，并经过 ReLU 函数激活，得到 13×13×256 的特征图，再对其进行最大池化，将特征图的尺寸缩小到 6×6×256。由于 6×6×256 等于 9 216，将其展平为 9 216 个单元，然后依次连接两个含有 4 096 个神经元的全连接层，并在全连接中使用随机失活(Dropout)，依然使用 ReLU 函数激活。最后，使用 Softmax 函数输出识别结果，看其究竟是 1 000 个可能对象中的哪一个。

图 8-2 给出了 AlexNet 的第一个卷积层上 96 个 11×11×3 的卷积核经过训练所学习得到的特征图。这 96 个卷积核对原始的 227×227×3 的输入图像进行卷积，得到 55×55×96 的张量。如果将这个张量看作一个立方体，那么它是由 96 层构成的。在每层上，每个卷积核都被 55×55 个神经元共享。如果一个卷积核在输入图像的某些位置探测到边缘信息

(如水平边缘),对最终识别是有益的,那么对于输入图像的其他位置,也是同样的,因为图像具有平移不变性。所以,卷积层所输出的张量中的 55×55 个不同位置,没有必要重新学习去探测水平边缘信息,用这样的一个卷积核就可以了。换言之,使用其他卷积核完成其他特征的提取,从而通过 96 个卷积核尽量学习得到关于输入图像的各种丰富且有意义的底层信息。

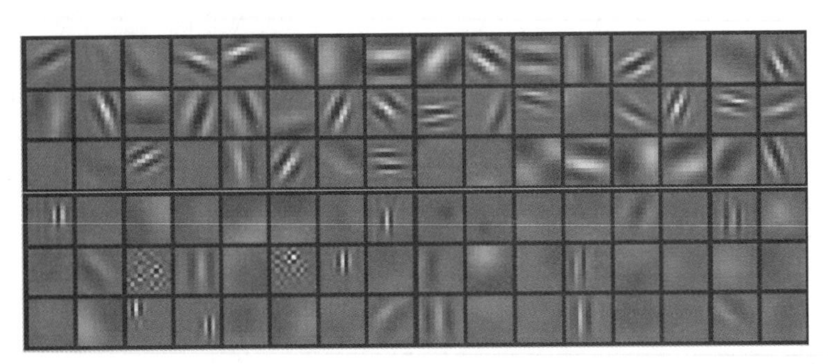

图 8-2 AlexNet 的第一个卷积层中 96 个卷积核学习得到的特征图[1]

实际上,AlexNet 与 LeNet 有很多相似之处,不过 AlexNet 要大得多。如前文所述,LeNet 大约有 6 万个参数,而 AlexNet 包含约 6 000 万个参数。当用于训练图像和数据集时,AlexNet 能够处理非常相似的基本构造模块,而这些模块往往包含大量的隐藏单元或数据,这是 AlexNet 表现出色的一个原因。AlexNet 比 LeNet 表现出色的另一个原因是前者使用 ReLU 函数。

为了便于读者理解 AlexNet 的构成,这里给出一个用 TensorFlow 的高级接口 Keras 编写的 AlexNet 示例,供读者参考:

```
import tensorflow as tf
from tensorflow.keras.models import Sequential
from tensorflow.keras.layers import Dense, Conv2D, Flatten, MaxPooling2D,
BatchNormalization, Dropout

def alexnet_model(img_shape = (227, 227, 3), n_classes = 1000, l2_reg = 0.,
                  weights = None):
    # Initialize model
    alexnet = Sequential()

    # Layer 1
    alexnet.add(
        Conv2D (96, (11, 11), strides = (4, 4), padding = 'valid',
               activation = 'relu', input_shape = img_shape,
               kernel_regularizer = tf.keras.regularizers.l2(l2_reg)))
    alexnet.add(BatchNormalization())
    alexnet.add(MaxPooling2D(pool_size = (3, 3), strides = 2))
```

```
# Layer 2
alexnet.add(Conv2D(256, (5, 5), padding='same', activation='relu'))
alexnet.add(BatchNormalization())
alexnet.add(MaxPooling2D(pool_size=(3, 3), strides=2))

# Layer 3
alexnet.add(Conv2D(384, (3, 3), padding='same', activation='relu'))
alexnet.add(BatchNormalization())

# Layer 4
alexnet.add(Conv2D(384, (3, 3), padding='same', activation='relu'))
alexnet.add(BatchNormalization())

# Layer 5
alexnet.add(Conv2D(256, (3, 3), padding='same', activation='relu'))
alexnet.add(BatchNormalization())
alexnet.add(MaxPooling2D(pool_size=(3, 3), strides=2))

# Layer 6
alexnet.add(Flatten())
alexnet.add(Dense(4096, activation='relu'))
alexnet.add(BatchNormalization())
alexnet.add(Dropout(0.5))

# Layer 7
alexnet.add(Dense(4096, activation='relu'))
alexnet.add(BatchNormalization())
alexnet.add(Dropout(0.5))

# Layer 8
alexnet.add(Dense(n_classes, activation='softmax'))
alexnet.add(BatchNormalization())


if weights is not None:
    alexnet.load_weights(weights)
```

```
    return alexnet

model = alexnet_model()
model.summary()
```

上面这段代码主要根据前面讲述的内容搭建 AlexNet，在 TensorFlow 中，可通过 model.summary()语句输出网络结构如下：

Layer(type)	Output Shape	Param #
conv2d_1(Conv2D)	(None, 55, 55, 96)	34 944
batch_normalization_1	(Batch(None, 55, 55, 96)	384
activation_1(Activation)	(None, 55, 55, 96)	0
max_pooling2d_1	(MaxPooling2(None, 27, 27,96)	0
conv2d_2(Conv2D)	(None, 27, 27, 256)	614 656
batch_normalization_2	(Batch(None, 27, 27, 256)	1 024
activation_2(Activation)	(None, 27, 27, 256)	0
max_pooling2d_2	(MaxPooling2(None, 13, 13, 256)	0
conv2d_3(Conv2D)	(None, 13, 13, 384)	885 120
batch_normalization_3	(Batch(None, 13, 13, 384)	1 536
activation_3(Activation)	(None, 13, 13, 384)	0
conv2d_4(Conv2D)	(None, 13, 13, 384)	1 327 488
batch_normalization_4	(Batch(None, 13, 13, 384)	1 536
activation_3(Activation)	(None, 13, 13, 384)	0
conv2d_5(Conv2D)	(None, 13, 13, 256)	884 992
batch_normalization_5	(Batch(None, 13, 13, 256)	1 024
activation_5(Activation)	(None, 13, 13, 256)	0
max_pooling2d_3	(MaxPooling2(None, 6, 6, 256)	0
flatten_1(Flatten)	(None, 9 216)	0
dense_1(Dense)	(None, 4 096)	37 752 832
batch_normalization_6	(Batch(None, 4 096)	16 384
activation_6(Activation)	(None, 4 096)	0
dropout_1(Dropout)	(None, 4 096)	0
dense_2(Dense)	(None, 4 096)	16 781 312
batch_normalization_7	(Batch(None, 4 096)	16 384
activation_7(Activation)	(None, 4 096)	0
dropout_2(Dropout)	(None, 4 096)	0
dense_3(Dense)	(None, 1 000)	4 097 000
batch_normalization_8	(Batch(None, 1 000)	4 000
activation_8(Activation)	(None, 1 000)	0

注：TensorFlow 的一个优点是可以通过打印输出网络的结构和待训练参数(trainable params)，非常方便，适合验算。

现在，当我们谈论 AlexNet 的历史地位时，基本上都认为正是由于它，计算机视觉领域才开始重视深度学习。之后，深度学习在计算机视觉及其他领域的影响力与日俱增。这一节要讲的第二个范例是 VGG。VGG 是 Simonyan Karen 和 Zisserman Andrew 在 ILSVRC2014 大赛上提出的卷积神经网络，获得了当年的定位任务第一名、分类任务第二名的优异成绩[2]，可用作分类和检测任务的基干网络。

如图 8-3 所示，VGG 与 AlexNet 相比，前者全部采用 3×3 的卷积核，并将网络深度进行了扩展，设计了包括 11、13、16 及 19 层在内的多种网络架构。这里，我们以 VGG-16 为例进行讲解，它采用 3×3 的小卷积核替代 7×7 的大卷积核，其优势在于所提取得到的特征都在同等大小的感受野中(即每个卷积核针对输入的特征图而言，“看到”的是同样大小的区域)；从参数数量上看，很明显，3×3 卷积核的参数数量更少。作者把所有的卷积核和池化卷积核都设计成一样，这样就无需费心费力地猜测每次卷积和池化操作时应该怎样设置卷积核、池化、步长等，只需关注随着层数的增加，该网络能够做出怎样的表现。此外，VGG-16 中的“16”表示有 16 层含有可训练的参数，共计 1.38 亿个参数，因此在普通的 PC 机上，如果只有一张独立显卡，那么该网络的训练将是漫长而艰辛的。

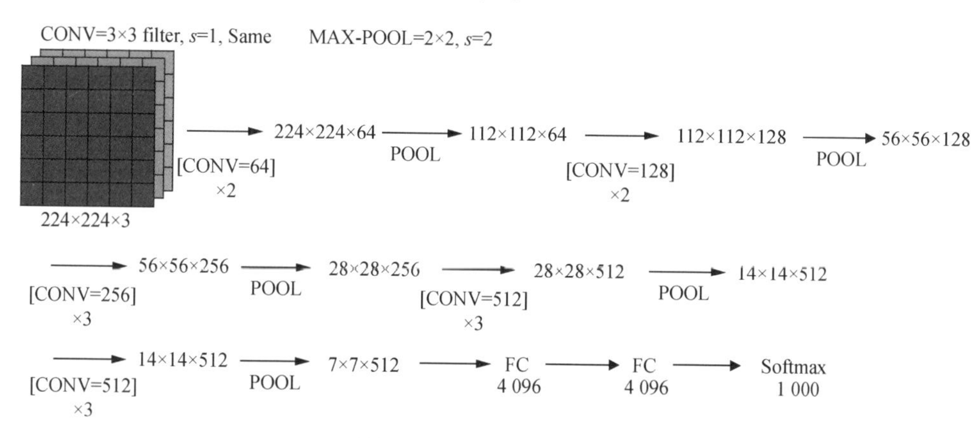

图 8-3　VGG-16 网络架构

VGG-16 网络的输入为 224×224×3 的彩色图像，卷积核数目由小变大，依次增加为 64、128、256 和 512，这样设计的好处是通过控制卷积核的个数来增加通道数，而中间五个池化层则专注于减小特征图的尺寸，池化层均采用 2×2 的最大池化，使得模型架构更深时计算量的增幅减缓，避免剧烈波动。由于 VGG-16 与 VGG-19 的表现基本相同，所以很多实际应用均采用 VGG-16。如图 8-3 所示，VGG-16 的架构总是在池化操作之后通过多次卷积操作(图 8-3 中的“×2”或“×3”)，使得特征图的高度和宽度成倍减小的同时，其深度成倍增大，形成数学上的对称，这是该网络最令人称赞的地方。

在接下来的两节中，分别介绍两个更深的卷积神经网络：Inception 和 ResNet。

第二节　Inception 网络

上一节提到，VGG 是 ILSVRC2014 大赛上获得“分类任务第二名”的神经网络，那么第一名是谁呢？它就是Google公司的研究人员Szegedy等[3]在同一次大赛上提出的一种并行式卷积神经网络，命名为“GoogLeNet”，又称为“Inception V1”(现在已经发展到V4及其他变种)。为便于表达，下文统一称之为Inception。由于Inception采用了一个当时已发表的1×1的卷积核，使得网络性能大幅提升，因此，有必要解释一下什么是1×1的卷积或者所谓的“网络中的网络(network in network)”。

2.1 1×1的卷积运算

如图8-4(a)所示，如果输入一幅6×6×1的图像，然后对它进行卷积运算，所用的卷积核大小为1×1×1，其结果相当于把输入图像乘以数字3，所以输出结果中的前三个单元格分别是3、-6、9，其余位置的计算可以此类推。单单从这个例子来看，采用1×1的卷积核进行卷积操作的用处似乎不大，只是对输入矩阵乘以某个数字而已。但是，请不要忘记，这是对6×6×1这样一个单通道图像而言的。

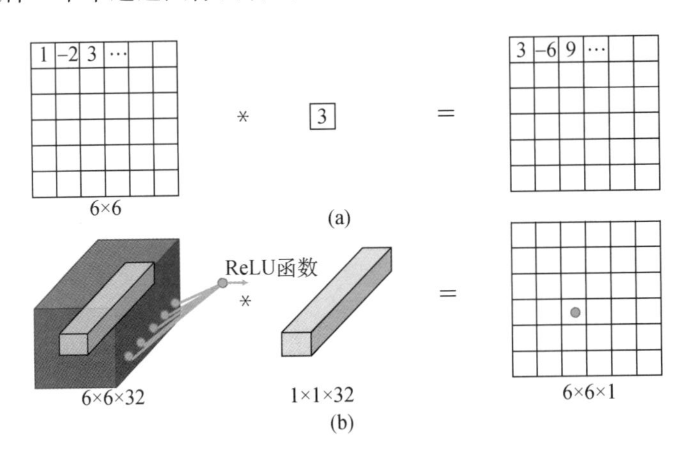

图8-4 输入特征与1×1的卷积核进行卷积运算

如果输入的是一幅6×6×32的特征图，如图8-4(b)所示，情况会怎样呢？假设仍将其与1×1的卷积核进行卷积操作，卷积核的通道数也是32。也就是说，对6×6×32的输入特征图，进行1×1×32的卷积操作，这意味着6×6×32这个张量中某个位置上的所有元素[图8-4(b)中的长方条]乘以卷积核中的32个权重值，然后将结果输入ReLU函数进行非线性激活，最后把激活值填入结果矩阵的对应位置。比如，图8-4(b)中，右侧结果矩阵中的圆圈符号表示的元素，来自左侧输入特征图中深度方向上的32个元素值与卷积核进行卷积运算后被ReLU函数激活得到的值。由于单个卷积核与输入张量之间的卷积运算结果是一个平面矩阵(6×6×1)，因此，一个6×6×32的张量经过1×1的卷积运算，被压缩为一个平面。更进一步地，当使用多个1×1的卷积核时，根据卷积运算原理，得到的结果是一个深度等同于卷积核数量的特征图，如图8-5所示。

事实上，可以把1×1×32的卷积看作一个全连接层与输入的32个不同位置相连，那么它所做的就是输入32个值，输出值的深度等于卷积核数量$n_c^{[l+1]}$。这就是Lin等的论文中所阐述的1×1的网络，或者网络中的网络[4]。1×1卷积的思想很有影响力，包括Inception在内的很多神经网络的架构设计中都有借鉴。

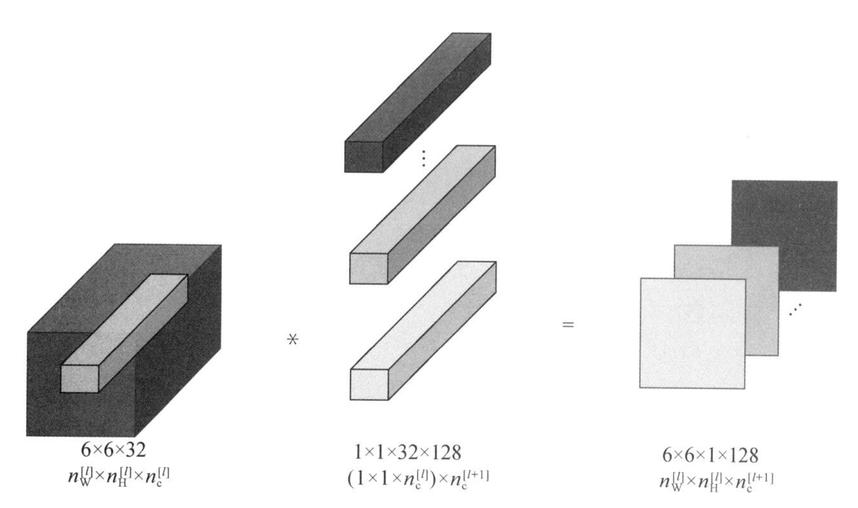

图 8-5　使用多个 1×1 的卷积核进行卷积运算

如前所述,若想缩小输入图像的高度和宽度,采用池化层即可。但是,如果想维持输入图像的高度和宽度,只调整其深度(或者说通道数),应该怎样做呢?

比如有一个 28×28×192 的输入层,如果觉得其通道数 192 偏大,想将其压缩为 28×28×32 的输出层。此时,可以用 32 个 1×1 的卷积核进行卷积。虽然每个卷积核的维度都是 1×1×192,但是每个卷积核完成卷积后只能得到一个通道的特征,由于使用了 32 个卷积核,所以输出层为 28×28×32,这就是压缩通道数 (n_c) 的方法,如图 8-6 左侧所示。换言之,需要缩小图像的宽度和高度时,可以采用池化层;而需要改变图像的深度时,可以采用 1×1 的卷积运算。当然,如果想保持通道数 192 不变,也很方便。1×1 卷积只是在按位相乘并加和之后,对信号添加非线性函数激活,因此,除了降低信号的通道数,也让神经网络学习到了更复杂的函数。比如,可以将卷积层设置为由 192 个 1×1×192 的卷积核构成,这样,其输入为 28×28×192,而输出依然是 28×28×192,如图 8-6 右侧所示。

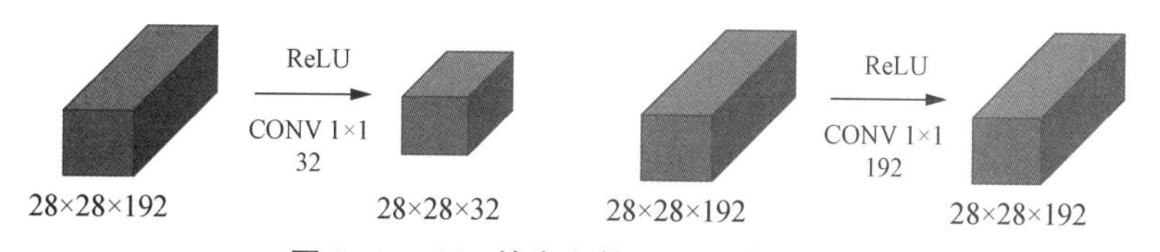

图 8-6　1×1 的卷积核用于通道数控制

总结说来,1×1 的卷积所实现的重要功能是它给神经网络添加了一个非线性函数(如常见的 ReLU 函数),从而减少或保持输入层中的通道数不变,当然,也可以增加通道数。下面将详细介绍它是如何在 Inception 中发挥作用的。

2.2　Inception 模块详解

在进行卷积神经网络的架构设计时,往往会陷入这样的困境:该选择 1×1 的卷积,还是 3×3,或者 5×5 的?是否需要池化?Inception 的网络架构设计初衷之一是“与其这么纠结,不如把这些参数全都包括进来”。下面用一个例子来说明该思路的具体实现。

依然用 28×28×192 的输入为例。如图 8-7 所示，首先用 64 个 1×1×192 的卷积核对输入的特征图进行卷积，得到一个 28×28×64 的输出，将其堆砌在最后面；然后用 128 个 3×3×192 的 Same 型卷积核，得到一个 28×28×128 的输出，顺次堆砌在前面的输出上；同理，用 32 个 5×5×192 的 Same 型卷积核，得到一个 28×28×32 的输出；最后，进行最大池化，得到一个 28×28×32 的输出。注意，为了匹配所有维度，最大池化时需要使用填充(Same 型)，它是一种特殊的池化形式，目的在于保证输出的高度和宽度为 28×28。于是，最终输出的深度(通道数)为 32+32+128+64=256。换言之，对于图 8-7 所示的 Inception 的网络架构，若其输入为 28×28×192，其输出为 28×28×256。这就是 Inception 的网络架构的核心内容[3]。基本思想是 Inception 不需要人为决定应该使用哪种卷积核或者是否需要池化，而是赋予神经网络所有可能的选择，由神经网络自行确定。由于将各种卷积核下的输出都连接起来了，因此神经网络可以自行学习它需要什么样的参数，以及采用哪些卷积核组合。

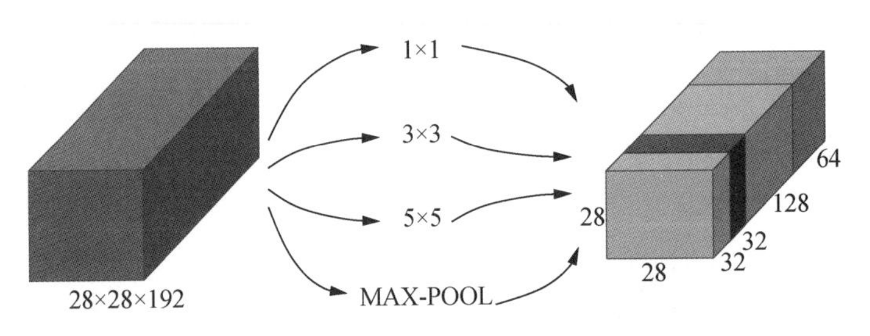

图 8-7 Inception 的网络架构设计原理

但是，这样架构的 Inception 存在计算开销过高的问题。如图 8-8 所示，若剖析图 8-7 中的 5×5 的卷积，其输入为 28×28×192，通过 32 个 5×5×192 的卷积核的运算，输出的维度为 28×28×32。那么，得到 28×28×32 的输出的计算开销是多大呢？对于输出中的每个值来说，都需要执行 5×5×192 次乘法运算，所以乘法运算的总次数为每个输出值所需要执行的乘法运算次数(5×5×192)乘以输出值个数(28×28×32)，结果等于 1.2 亿次(5×5×192×28×28×32=120 422 400)。很明显，即便是对于性能先进的计算机而言，这也是一个相当沉重的负担。

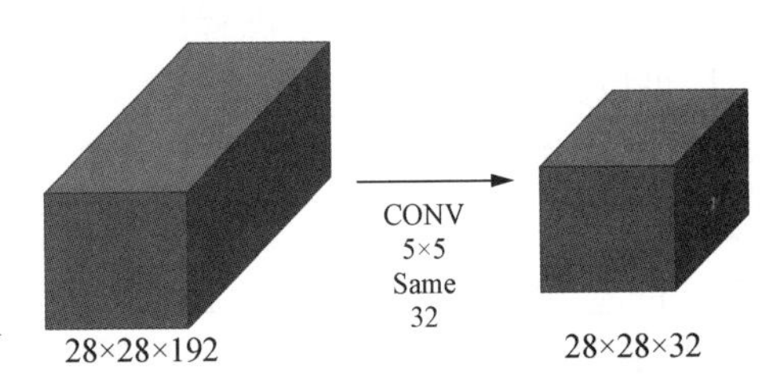

图 8-8 图 8-7 中所示 Inception 网络架构的计算开销分析示例

为了解决计算开销过高的问题，Inception 的设计者们采用了另外一种架构，如图 8-9 所示。

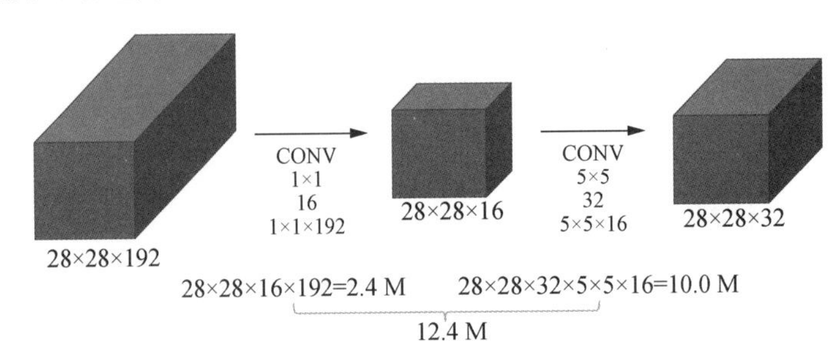

图 8-9 采用瓶颈(bottleneck)架构的 Inception

在这个架构中，对于维度为 28×28×192 的输入，先使用 16 个 1×1×192 的卷积核进行卷积，把输入的通道数从 192 减少为 16 个；然后，对这个较小的卷积层，通过 32 个 5×5×16 的卷积核，并以 Same 型卷积方式，得到 28×28×32 的输出。请读者注意，图 8-9 所示架构下的输入和输出的维度与图 8-8 所示的例子相同，即输入是 28×28×192，输出是 28×28×32。

下面核算图 8-9 所示的 Inception 的计算开销：

对于第一个 1×1 的卷积，输出是 28×28×16，其中的每个值都是由 1×1×192 次运算得到的，因此这个步骤的运算量为 28×28×16×192＝2.4 M。对于第二个 5×5 的卷积，输出是 28×28×32，其中的每个值都是由 5×5×16 次运算得到的，因此这个步骤的运算量为 28×28×32×5×5×16＝10.0 M。

将两个步骤相加，总的运算量在 12.4 M 左右，与前面的 1.2 亿次比较，计算开销是前者的十分之一左右，可以算是很大的进步。

这里的关键在于使用了 1×1 的卷积，其作用类似于一个瓶颈层，将输入缩小之后再放大，即神经网络中最细的部分。输入的特征信息在此处得到浓缩，然后放大，将最有代表性的特征信息向后面的层传递。换言之，使用 1×1 的瓶颈层，能够起到降低特征信息维度的作用，并且保留了特征信息，从而保证神经网络的性能不会降低。

总结来看，Inception 的突出贡献在于采用了 Network in Network 思想，如图 8-10 所示，针对前一层的输出，首先使用 1×1 的卷积核进行卷积运算，在 3×3 的最大池化后也进行 1×1 的卷积运算，这样既起到降低输出的维度作用，同时保留特征信息。

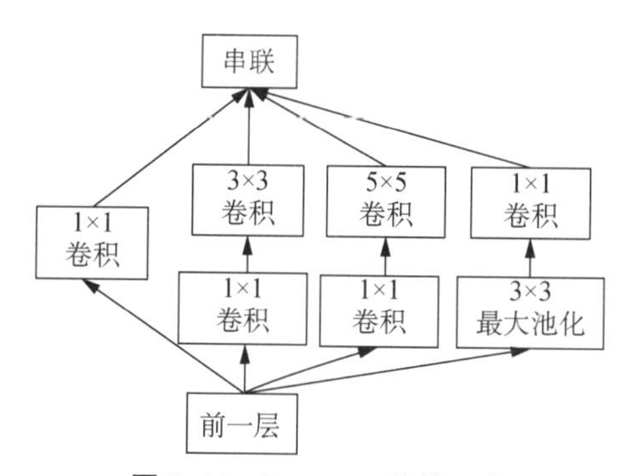

图 8-10　Inception 结构示意

这个设计在 ResNet-50 及更深层的残差网络中也有广泛的应用。在深度为 50 层的残差网络中，每个残差块的主传播路径都通过 1×1、3×3、1×1 的三层堆砌，从而减少了计算开销，提高了训练的效率，如图 8-11 所示。

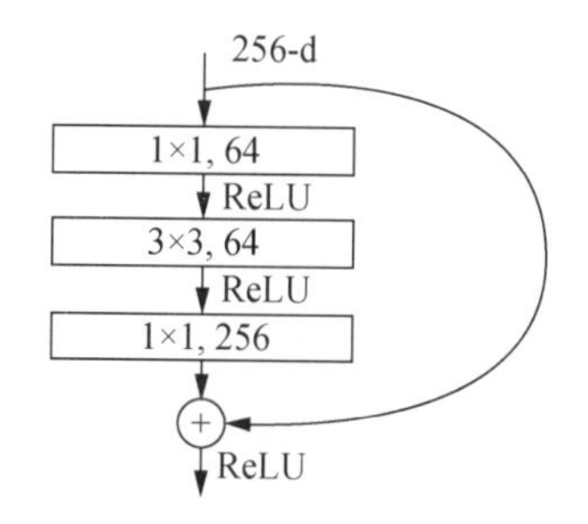

图 8-11　ResNet-50 网络中的应用瓶颈层[5]

2.3 Inception 网络详解

前面两小节详细介绍了 Inception 网络的基本模块和构成原理。现在来看看如何将这些模块组合起来，构成一个完整的 Inception 网络。

如图 8-12 所示，依然以维度为 28×28×192 的前道激活函数值（即输入的特征图）为例。为了减少计算开销，在使用 32 个 5×5 的卷积核对其卷积之前，先采用 96 个 1×1 的卷积核，以降低计算量。同理，在使用 128 个 3×3 的卷积核对其卷积之前，先采用 16 个 1×1 的卷积核，以降低计算量。另外，单独使用 64 个 1×1 的卷积核对其卷积，当然，此时就没必要在 1×1 的卷积之后再使用 1×1 的卷积。最后，对前道激活函数值进行 Same 型的最大池化，输出的维度仍为 28×28×192。注意，该池化运算后的通道（192 个）过多，若最终的目标通道数为 256，则池化层会占据大量的通道。因此，采用 32 个 1×1×192 的卷积核将池化层的通道数降为 32。最后，通过通道串联获得 28×28×256 的输出。这就是一个完整的 Inception 模块。

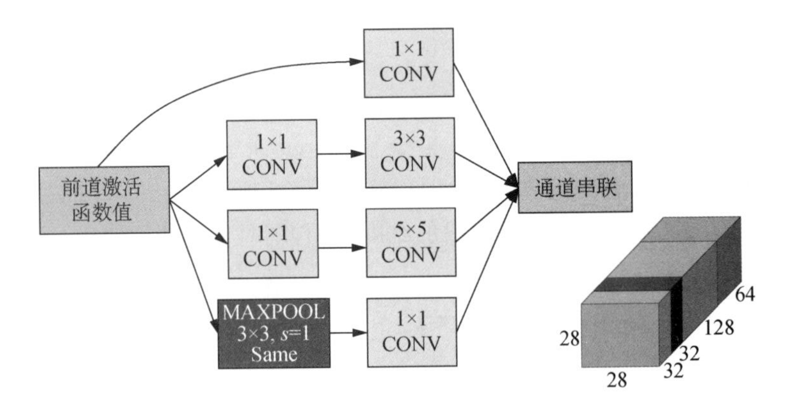

图 8-12 Inception 网络模块的构成

图 8-13 取自 Szegety 等的论文[3]，虽然看上去很复杂，实际上，如果截取其中的一块（如图中的编号“1”），会发现这就是上述的 Inception 模块。同理，编号“2”和“3”的部分也是 Inception 模块。对于编号“3”和“5”的部分，其输入是经过最大池化之后的特征图（图 8-13 中两个箭头所指）。换言之，Inception 网络实际上是多个 Inception 模块在不同位置重复使用而构成的。

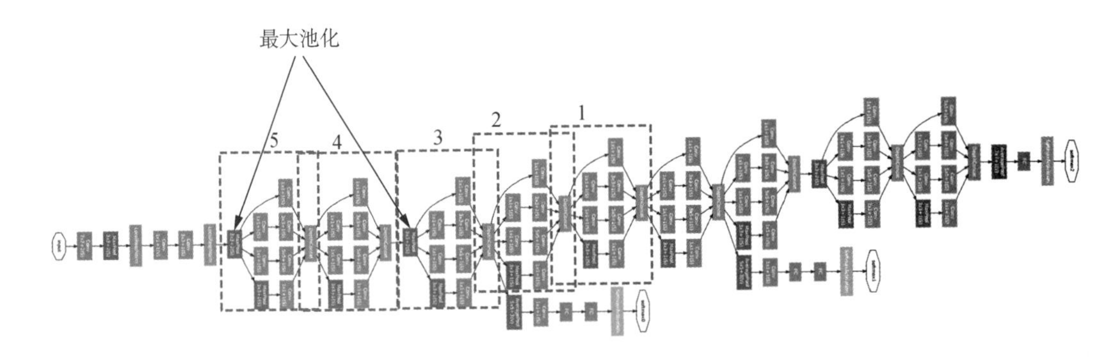

图 8-13 Inception 网络架构示例

细心的读者也许会发现,图 8-13 所示的网络中,每隔几个 Inception 模块,就会生出一个分支。它们是由平均池化后经过 1×1 的卷积,然后连接若干个全连接层构成的。这些分支有什么用呢?在传统卷积神经网络的最后几层,通常是全连接层,之后是一个 Softmax 层,用于做出预测。在 Inception 网络中,有多个上述分支,作者在设计时加入的每个额外的 Softmax 层也能预测图像的分类。换言之,这些分支在 Inception 网络中起到一种调整效果,并且能防止发生过拟合。

第三节 残差网络

受 VGG 的启发,很多研究者在设计神经网络时,会尝试不断地加深网络层数。但是,人们发现当神经网络达到一定的深度后,随着网络深度的继续增加,准确率不仅不会继续提高,而且会下降,导致训练变得非常困难,即神经网络出现了退化(degradation)现象。为了解决这个问题,何恺明(Kaiming He)等提出了残差网络(ResNet)[5]。下面详细分析残差网络的原理和作用。

3.1 残差块的构成

为了理解神经网络退化的原因,他们做了一个试验,在不同的数据集上,分别测试相同的卷积核设置下 18 层和 34 层神经网络的训练结果,发现后者的误差比前者大,如图 8-14 所示。

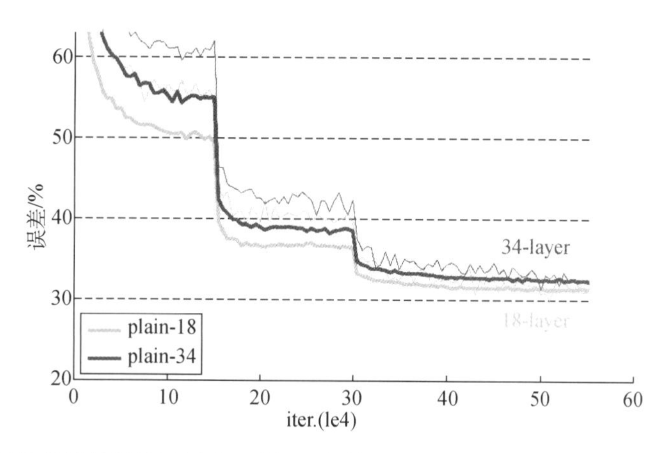

图 8-14 神经网络的训练误差及测试误差与层数的关系(粗线表示训练误差,细线表示测试误差)

那么,是什么原因造成这个现象的呢?

第一个猜测,是梯度消失造成的吗?答案是否定的。这两个神经网络在进行试验时,都进行了批量归一化处理,这样能够保证向前传播的过程中信号的方差不为 0。在向后传播的过程中,作者也通过试验验证了在批量归一化的作用下,梯度非常健康。因此,无论是向前传播时的信号,还是向后传播时的梯度,都没有出现消失的现象。

第二个猜测,是过拟合造成的吗?答案依然是否定的。观察图 8-14 中 34 层神经网络的训练误差和测试误差，会发现训练误差本身很大，因此这是高偏差问题，而不是高方差（过拟合）问题。问题出现在网络的优化过程中，即网络很难学习到有效的权重矩阵。

第三个猜测，是神经网络的表达能力有问题吗？答案还是否定的。从理论上讲，34 层神经网络比 18 层神经网络含有的参数更多，前者应该学习到更多的特征才合理。

根据上述分析，可以设计一个实验，即选择一个 18 层神经网络，然后通过 Same 型卷积，将某些层重复几次，构成一个 34 层神经网络。目标是找到一种方法，使得 34 层神经网络至少在训练结果上与 18 层神经网络的表现相当，即更深的神经网络至少不应该产生更大的训练误差。

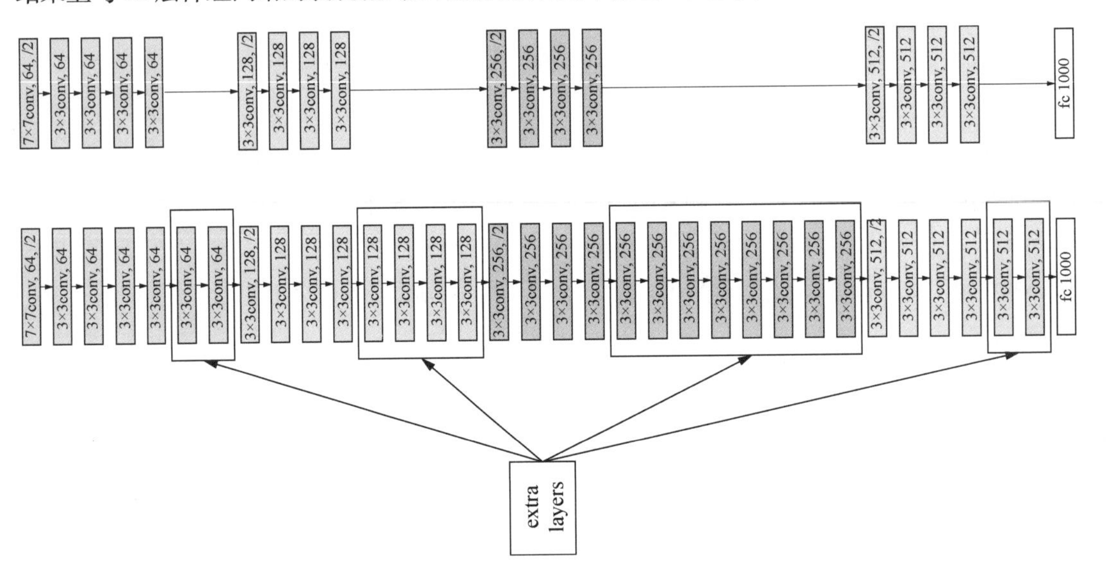

图 8-15　构造一个与 18 层神经网络表达能力相当的 34 层神经网络[5]

如图 8-15 所示，为了达到“深层神经网络的训练误差不应大于浅层神经网络的训练误差”这一目标，可以首先拷贝 18 层神经网络，然后将额外增加的 16 层（即图 8-15 中的“extra layer”设置为输入特征和输出特征的恒等映射（identity mapping）。这样，问题变为“如何使得这个 34 层神经网络至少很容易地学会恒等映射”？

假设在构造 34 层神经网络时所用的层如图 8-16 所示，是一个两层网络，希望通过学习得到适当的权重，最终能够很好地拟合基础映射 $H(x)$（即特征）。那么，同样的两层网络应该也能逼近新的映射 $H(x)-x$（假设输入和输出有相同的维度）。若命名这个新的映射为残差函数 $F(x)$，问题可以表述为：“与其让这些层去拟合 $H(x)$，倒不如更期望让它们去拟合残差函数 $F(x)=H(x)-x$。”于是，图 8-16 中左侧的基础映射 $H(x)$ 变成右侧 $H(x)=F(x)+x$。

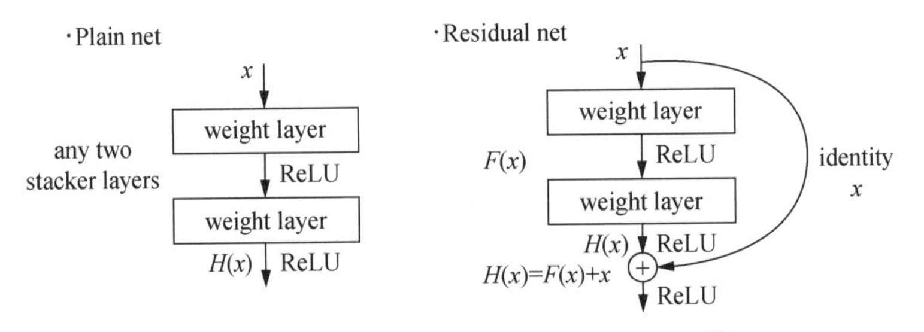

图 8-16　普通神经网络与残差网络的对比[5]

假设残差函数 $F(x)=H(x)-x$ 的值为 0，这意味着 $H(x)=x$，即图 8-16 中的两层网络只做了一次恒等映射，至少网络性能不会下降。实际上，残差函数值一般不为 0。因此，这会使得图 8-16 中的两层网络在输入特征 x 的基础上学习到新的特征 $H(x)$，从而拥有更好的性能。那么，怎样才能让 $H(x)=x$ 呢？来回忆一下前文讲过的全连接型神经网络的例子。

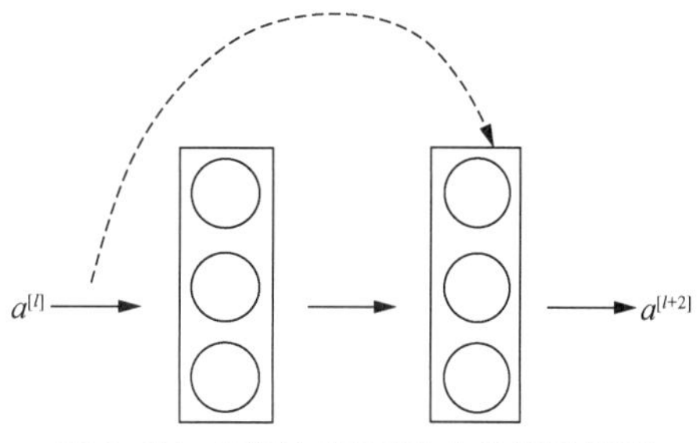

图 8-17　两层神经网络中的捷径跨接

图 8-17 所示是一个两层全连接型神经网络。前文介绍过它向前传播的计算过程：

$$z^{[l+1]}=W^{[l+1]}a^{[l]}+b^{[l+1]} \tag{8-1}$$

$$a^{[l+1]}=g(z^{[l+1]}) \tag{8-2}$$

$$z^{[l+2]}=W^{[l+2]}a^{[l+1]}+b^{[l+2]} \tag{8-3}$$

$$a^{[l+2]}=g(z^{[l+2]}) \tag{8-4}$$

即从 $a^{[l]}$ 开始，首先进行线性计算得到 $z^{[l+1]}$，然后采用诸如 ReLU 函数等对其进行非线性激活，即式(8-2)中的 $g(z^{[l+1]})$；接着，再次进行线性计算得到 $z^{[l+2]}$，并对其进行 ReLU 非线性激活，得到输出的激活值 $a^{[l+2]}$。换言之，向前传播的信号从 $a^{[l]}$ 到 $a^{[l+2]}$ 需要经过以上所有步骤，将其称为这组网络层的主路径，如图 8-17 中实线箭头所示。

现在，对这个结构进行一些改造，将 $a^{[l]}$ 直接向后复制到神经网络的深层，即计算出 $z^{[l+2]}$ 后，加上 $a^{[l]}$。这样，进入 ReLU 函数进行非线性激活的数值不再是 $z^{[l+2]}$，而是 $z^{[l+2]}+a^{[l]}$。此时，式(8-4)变成：

$$a^{[l+2]}=g(z^{[l+2]}+a^{[l]}) \tag{8-5}$$

加上的 $a^{[l]}$ 产生一个残差块，如图 8-17 中虚线箭头所示。这是一条捷径，意味着 $a^{[l]}$ 所代表的信号直接到达神经网络的深层，不再沿着主路径传递。

3.2　残差块的机理分析

那么，为什么引入残差块之后，卷积神经网络的性能能够提高呢？或者说，通过捷径跨接的方式，能够轻松实现 $H(x)=x$ 吗[即式(8-5) 中的 $a^{[l+2]}=a^{[l]}$]？上一节介绍了带有捷径跨接的残差块，第 $l+2$ 层的激活值 $a^{[l+2]}$[即特征 $H(x)$] 与输入的第 l 层激活值 $a^{[l]}$(即特征 x) 之间的计算公式为：

$$a^{[l+2]}=g(z^{[l+2]}+a^{[l]})=g(W^{[l+2]}a^{[l+1]}+b^{[l+2]}+a^{[l]})$$

假设对这样的神经网络使用 $L2$ 正则化，则 $W^{[l+2]}$ 的值会减小，$b^{[l+2]}$ 的值也会减小，于是有可能出现两者均为 0 的情况。此时，输入和输出之间的数学关系为：

$$a^{[l+2]}=g(a^{[l]})$$

由于采用 ReLU 作为激活函数，只要 $a^{[l]}\geqslant 0$，就有 $g(a^{[l]})=a^{[l]}$ 的激活结果，于是可以

得到

$$a^{[l+2]}=a^{[l]}$$

即形如 $H(x)-x$ 的恒等映射。

这意味着在带有捷径跨接的残差块中，恒等映射可以较轻易地通过抑制 W 和 b 获得；或者说，在这样的残差块中，学习到恒等映射是一件相对容易的事情。那么，对于前面所提出的实验，一个 34 层神经网络，如果采用残差结构，其输入和输出之间就能轻松满足恒等映射。换言之，残差结构的 34 层神经网络和 18 层神经网络在优化时的难度相当，但是前者能够学习到更多新的特征（因为层数多时学习能力强），毕竟 W 和 b 只是被抑制，并不总是为 0。

更一般地，对于图 8-16 所示的残差块构造，将其定义为：

$$y=F(x,\{W_i\})+x \tag{8-6}$$

其中：x 和 y 分别为这些堆叠层的输入和输出矢量；函数 $F(x,\{W_i\})$ 代表需要学习的残差映射。

如果用图 8-16 中的两层网络作为图 8-15 中额外增加的堆叠层（extra layer）的具体示例，那么：

$$F(x,\{W_i\})=z^{[l+2]}$$
$$x=a^{[l]}$$

假设为了表述方便，省略偏置量 b，则有：

$$F(x,\{W_i\})+x=z^{[l+2]}+a^{[l]}=W_2a^{[l+1]}+a^{[l]}=W_2\,g(z^{[l+1]})+a^{[l]}$$

式(8-6)中，x 和 $F(x,\{W_i\})$ 的维度必须相等。如果不相等，可以通过捷径跨接，再使用线性投影变换矩阵 W_s，以匹配输入和输出的维度：

$$y=F(x,\{W_i\})+W_sx \tag{8-7}$$

尽管为了简单起见，上述符号是关于全连接神经网络的，但它们也适用于卷积层。函数 $F(x,\{W_i\})$ 可以表示多个卷积层。相加运算是按照通道对应的输入与输出（应用非线性激活之前）执行的。因此，更一般地，从浅层（l）到深层（L）的向前传播过程中，所学习到的特征 x_L：

$$x_L=x_l+\sum_{i=l}^{L}F(x_i,\{W_i\})$$

于是，在反向传播时，根据链式法则，相应的梯度为：

$$\frac{\partial L}{\partial x_l}=\frac{\partial L}{\partial x_L}\cdot\frac{\partial x_L}{\partial x_l}=\frac{\partial L}{\partial x_L}\cdot\left(1+\frac{\partial}{\partial x_L}\sum_{i=l}^{L}F(x_i,\{W_i\})\right)$$

上式中：第一项 $\frac{\partial L}{\partial x_L}$ 表示损失函数到达 L 层时的梯度；等号右边括号中的“1”表明捷径跨接机制可以无损地传播梯度，另外一项 $\frac{\partial}{\partial x_L}\sum_{i=l}^{L}F(x_i,\{W_i\})$ 是残差梯度，它需要经过从 l

层到 L 层之间所有带权重的层。这意味着梯度不是直接传递过来的。通常,残差梯度不会全部为“-1”。此外,如果它比较小,因为“1”的存在,梯度也不会消失,所以残差网络的学习更容易。

以上就是非严格证明的一个关于残差网络性质的数学说明。

对于前面所说的从 18 层神经网络,通过堆砌具有恒等映射功能的残差层,就能够构造一个至少在训练误差上与 18 层神经网络相同表现的 34 层神经网络。基于这个思想,何恺明等给出了 34 层神经网络的最终构造[5],如图 8-18 中第一行所示。

在实践过程中,矩阵 W_s 在维度设置好之后,其具体值既可以通过学习得到,也可以是以“0”填充的结果,即以“0”填充 $a^{[l]}$,使其维度与 $z^{[l+2]}$ 等。因此,在图 8-18 所示的 34 层普通神经网络中,通过添加捷径跨接,就可以得到 34 层残差神经网络。这个残差神经网络中的卷积核都是 3×3 的 Same 型,可以一直保持维度不变,使得跨接处的 $z^{[l+2]}+a^{[l]}$ 在维度上是正确的。图 8-18 中的虚线跨接表示每隔几个卷积层便进行一次池化,随着 W_s 的介入,调节所得特征图的深度(64, 128, 256, 512)。

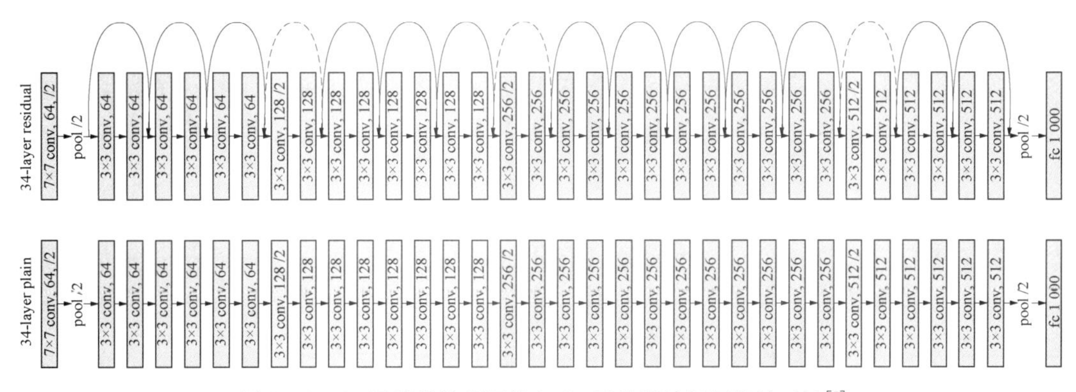

图 8-18　34 层残差神经网络与 34 层普通神经网络的对比[5]

何恺明等还给出了使用残差块构造的 18 层和 34 层神经网络在训练和测试中的表现。使用残差块之后,34 层网络的训练和测试误差均优于 18 层的,证明了残差结构能够真正地实现深层神经网络性能优于浅层神经网络。换言之,残差神经网络随着层数的增加,能够很容易地学习到恒等映射。因此,当深度增加时,网络的性能不会退化,从而保证了网络越深,能够学习到的特征越多。现在,取决于训练集的数据量,残差神经网络的常见结构有 ResNet 18、RestNet 34、RestNet 50、RestNet 101、RestNet 152 等。不过,当网络深度达到 50 层以上时,作者提出用 1×1 的瓶颈层来降低计算开销,提高训练速度。如图 8-19 所示,1×1 的瓶颈层用于降低和恢复维度,夹在中间中的 3×3 的层就有较少维度的输入和输出。

需要注意一点,残差神经网络是没有全连接层(FC)的,取代它的是全局平均池化层(global average pooling, 简称 GAP),整个网络呈现的是全卷积化的特质。这种设计有助于在尽量减少参数的情况下增加网络的深度。

那么,为什么要用 GAP 替代 FC 呢? 这是因为 FC 有如下缺点:

(1) 参数量极大。有时候,一个神经网络的 80%～90%的参数量集中在最后的 FC 层中。

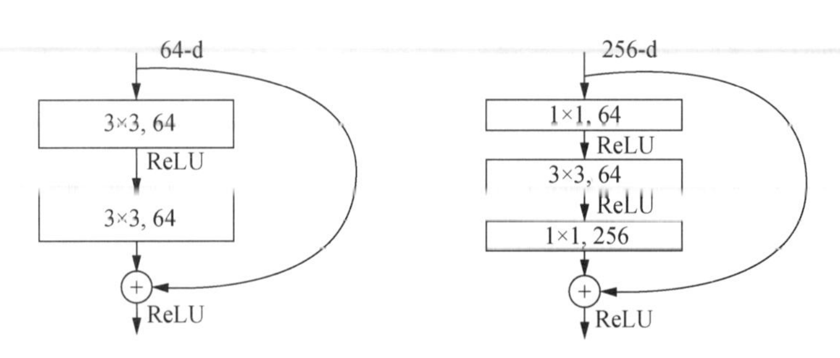

图 8-19 通过 1×1 的瓶颈层构成残差连接[5]

(2) 容易过拟合。很多时候,卷积神经网络的过拟合主要来自最后的 FC 层,因为参数量太多,而没有合适的正则化手段(这是拥有 FC 层的卷积神经网络广泛采用随机失活的原因之一),导致模型的泛化能力变弱。

为了解决这个问题,提出 1×1 卷积的研究人员提出了全局平均池化[4]。做法很简单,对每一个特征图进行全局平均池化,要求输出的神经元个数和分类类别数量一致,这样后面就可以直接使用 Softmax。

采用全局平均池化的好处有三个方面:

(1) 与 FC 层相比,GAP 对于卷积结构来说更加自然,因为它强化了特征图和类别之间的联系。这样一来,特征图可以很容易地被理解为是一种类别置信图像(categories confidence map)。

(2) GAP 没有参数,所以不会发生过拟合。

(3) GAP 汇聚了空间信息,对于输入图像中的空间变换(spatial translation)更加鲁棒。

有鉴于此,自 ResNet 之后,很多新型神经网络在架构设计上都摒弃了 FC,改用 GAP。这一点在后文讲到目标检测时还会涉及。

第四节 迁移学习与数据扩增

在过去的机器学习任务中,经过机器学习算法完成训练的模型,为了满足较好的泛化能力,对样本的要求比较高:一个是需要大量标注准确的数据,另一个是测试集样本和训练集样本要满足同分布又相互独立的条件。但是在实践过程中,很多出现的新任务不能满足这样的条件,有时候样本无法大量获取,或者获取的样本是散乱、无标注的,或者无法收集到满足所有情况的样本(例如医学图像不能收集到每一种病理的数据),导致训练集和测试集往往并不满足同分布又相互独立这样充分的假设。

4.1 迁移学习

针对这样的问题,研究者提出迁移的思想,并在不同的任务重尝试使用,有些获得了较好的效果。人类在面对新的任务时,通常会优先运用过去在面对类似问题时所获得的经验,在此基础上进行改良优化,而非总是从零开始。迁移学习[6]正是借鉴了这种学习方式:将已经训练好的模型的参数迁移到针对新任务所建立的新模型中,以这些参数为初始值进行新模型的训练。在进行深度神经网络训练时，同类型的任务（如图像识别）是存在相关性的。卷积神经网络模型所提取的特征一般是从底层到高层，从具体到抽象的。底层一般是低级的特征（如边缘和轮廓），而低级的特征在图像识别分类任务中一般是比较类似的，真正产生区别的是高层语义特征，这种特点是深度神经网络具有强大可迁移能力的基础。迁移学习通过这种迁移参数的方式优化新模型或任务，不需要从零开始进行模型的训练。此外，从零开始的训练在面对较小的数据集时很难达到充分的训练，从而难以收敛，因为提取的特征很可能掺杂噪声或者背景信息。

以分类任务为例，在执行迁移学习时，可以有多种选择：

(1) 选择一：当拥有的数据量很少时，可以选择保持已知网络的架构，仅仅改变最终的 Softmax 层的输出神经元个数（匹配具体的分类数目），并固定已知网络中除 Softmax 层以外的其他各层的权重参数，只训练 Softmax 层。由于实际上这是一个很浅的网络，因此可以很快达到较好的效果。

(2) 选择二：当拥有的数据量较多时，可以选择把已知网络中前部的若干层冻结起来（不改变其权重参数），用已知网络的权重作为初始值对整个网络进行初始化，并只训练网络中所有未冻结的层。一般而言，当数据量非常多时，可以少冻结几层，使得其更适应特定任务。

上述两种情况下，实际训练的网络深度与原始网络相比浅了很多，容易在较短的时间内完成训练；加上使用原始网络的权重参数作为训练基础，因此训练结果通常比较理想。有鉴于此，迁移学习逐渐成为小样本集下图像分类任务的基本处理手段之一。

4.2　数据扩增

深度学习需要大量的样本数据进行学习，才能获得比较好的泛化性能。然而，在深度学习领域，在缺乏足够多的数据情况下进行神经网络训练，是非常常见的现象。有时，样本获得代价非常昂贵，或者样本本身比较少见。如果数据集比较小，使用复杂的神经网络非常容易造成过拟合，神经网络会提取非常多的无用特征。因此，在无法获得足够多的数据情况下，数据扩增是较为有效的一种方法：一方面，能够扩充样本的数据量，增加训练集中样本的多样性；另一方面，可在一定程度上缓解过拟合现象，使模型泛化性能提升。数据扩增的另一个原因是即使训练集的数量足够大，在实际使用中，也常常会发生测试集的图像信号与训练集相差较大的情况，这些差别通常源自拍摄图像的相机质量不同、明暗的变化、物体的遮挡等。

本书第四章已经介绍数据扩增的实现方法有很多，包括图像变换（旋转、平移、剪切、翻转等）、随机噪声的加入、色彩的抖动、明暗的变化及更加复杂的主成分分析（PCA）等。在实际使用中，通常在训练阶段使用数据扩增得到的图像，而在测试阶段使用原始图像。从经验来看，仿射变换操作（如图像的平移、旋转、剪切）可以带来很好的泛化性能，这是非常经济的。更加复杂的数据扩增方法虽然可能会进一步提升网络性能，但同时会使训练时间由于预处理时间的增加而增加。在实现数据扩增的时候，通常不需要从头编写图像变换的代码。常用的深度学习框架往往集成了对应的模块以供使用，比如用于 Keras 的 ImageDataGenerator 接口[9]、PyTorch 的 Torchvision 模块[10] 和

Imgaug 模块[11]等。

除上述方法之外，Perez 和 Wang[7] 提出使用对抗生成网络(generative adversarial networks，简称 GAN)和学习的方法进行数据扩增，并与传统的数据扩增方案进行对比，结果证明这是一种使得神经网络分类预测性能更优的方案。具体地说，该工作试验了两种方案：第一种是使用 CycleGAN[8, 12]对图像风格进行转换(图 8-20)，这里的图像风格包括黑夜/白天、冬天/夏天等，转换后的图像即为扩增的图像；第二种方案是使用学习的方法，即使用一个子网络，它的输入是两种同一个类别的图像，它的输出则作为扩增图像并和原始图像一样输入神经网络。为了防止扩增图像与原始图像过于类似，还加入内容损失(content loss)和风格损失(style loss)作为约束，相关的具体内容参见本书第十三章。

图 8-20　以 CycleGAN 对图像风格进行转换[12]

第五节　其他形式的卷积运算

5.1　空洞卷积

深度卷积神经网络不仅可以用于图像分类任务，也可以用于解决语义分割等密集预测任务(dense prediction task)。但是，卷积神经网络中的池化层，以及步长大于 2 的卷积层会显著缩小输出特征的尺寸。目前，常见的卷积模型(如 VGG 和 ResNet)在最后一个池化层之前，会将输入的高和宽均缩小 32 倍。这虽然可以有效增大神经网络的感受野，有助于神经网络学习到更抽象的特征，但因此丢失了很多可能对密集预测任务较为重要的局部细节。有鉴于此，Yu 等[13] 提出了空洞卷积(dilated/atrous convolution)，其思想来自小波分解(wavelet decomposition)。空洞卷积是对常规卷积的一种推广，它首先被应用于语义分割任务，之后被应用于目标检测、光流估计、图像修复等任务。

图 8-21 展示了在二维图像输入情况下，常规卷积和空洞卷积的区别。这里的卷积核大

小均为 3×3，步长均为 1。常规卷积的每次计算都针对一个连续的区域进行，而空洞卷积则针对一块区域按一定间隔进行采样。换言之，空洞卷积是具有给定间隙的卷积。因此，空洞卷积比常规卷积多一个超参数：膨胀率（r），表示空洞卷积的采样间隔。根据这个定义，假设输入是二维图像，且神经网络的每一层均为 3×3 的卷积核，若将膨胀率设置为指数级增长，对于 $i=0, 1, \cdots, n-2$ 层卷积运算，$r=2^0=1$，相当于常规卷积，如图 8-21(a) 所示；$r=2^1=2$，表示卷积运算时跳过 1 个元素，如图 8-21(b) 所示；$r=2^2=4$，表示跳过 3 个元素。图 8-22 中，圆点是针对每个 3×3 的卷积核的输入值，阴影区域是被卷积核捕获的感受野。很显然，$r=1$ 时每个元素的感受野为 3×3，$r=2$ 时每个元素的感受野为 7×7，而 $r=4$ 时每个元素的感受野膨胀为 15×15[注意：这里的“每个元素”是指输出特征图（矩阵）中的每个元素]。也就是说，第 $i+1$ 层的感受野大小为$(2^{i+2}-1)\times(2^{i+2}-1)$，随着 i 的线性增长而呈现出指数增长的趋势。

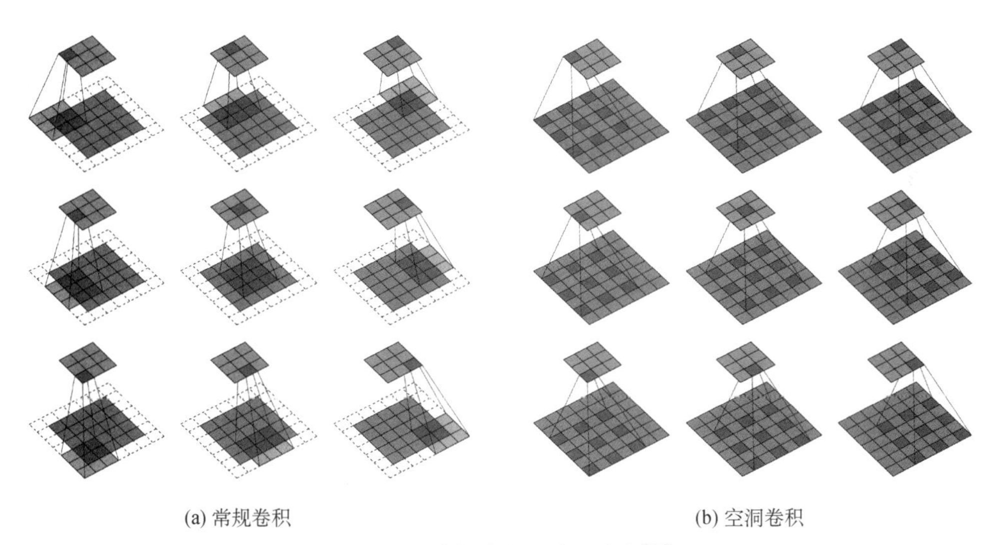

(a) 常规卷积　　(b) 空洞卷积

图 8-21　常规卷积和空洞卷积[16]

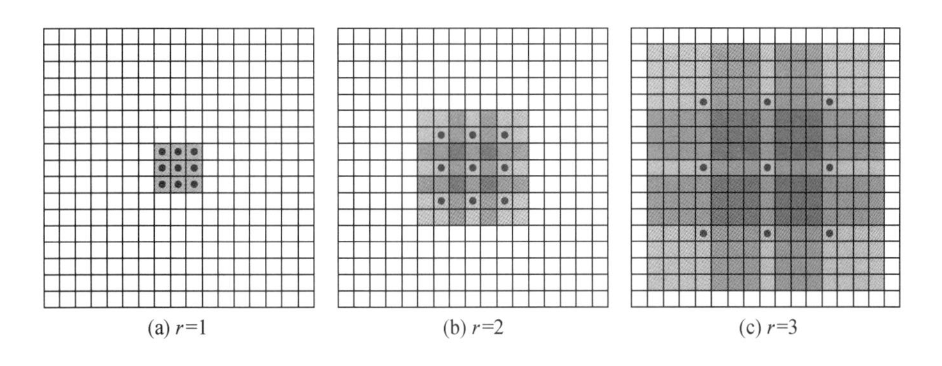

(a) r=1　　(b) r=2　　(c) r=3

图 8-22　空洞卷积引起的感受野的增长

很显然，相比于卷积核为 3×3 及步长为 1 的常规卷积，空洞卷积的每次操作有更大范围的特征参与，故感受野的尺寸显著增大，但输出特征的尺寸保持不变。因此，在密集预测任务中，空洞卷积常被用于替换常规卷积，在维持特征尺寸、网络参数不变的同时，使神经网络拥有更大的感受野。

5.2 转置卷积

转置卷积(transposed convolution)的初衷是设计一个和卷积效果相逆的操作。在深度学习领域之外，还有一种方法，称为反卷积(deconvolution)，它的内容超出本书范围。请读者区分清楚它们的名称，不要将转置卷积与反卷积混淆起来。

常规卷积在叠加数层后，通常会使得特征图在空间方向上，即高与宽相对于原始图像缩小。转置卷积则是将较小的特征图映射到更大的空间尺度上的方法，如图 8-22 所示。通俗地讲，如果将常规卷积看作一个下采样的过程，那么转置卷积就是一个上采样的运算。在实际使用中，转置卷积一般作为解码器(decoder)；相对地，常规卷积一般被当作编码器(encoder)。由它们构成的编码/解码器可以使得输出和输入在高度和宽度方向上保持一致。这在语义分割和图像翻译中是常见的思路，因为语义分割希望得到和原始图像一样的标注语义的区域分布图，而图像翻译是将原始图像从一个空间(比如素描、夏天)映射到另一个空间(比如油画、冬天)。这些任务均需要输出的特征图尺寸与原始图像相同。

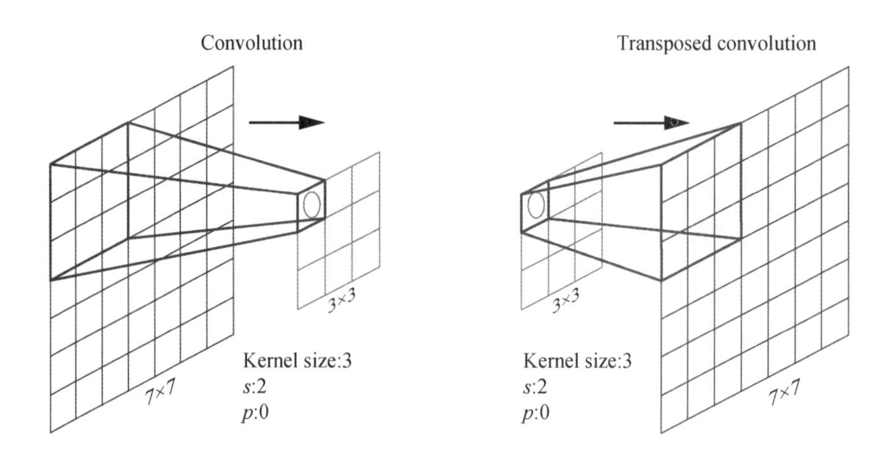

图 8-23 转置卷积将高和宽较小的特征图映射到更大的空间尺度上

如图 8-24 所示，在常规卷积中，例如对一个 4×4 的输入矩阵采用尺寸为 3×3、步长为 1 的卷积核进行卷积运算，可以得到一个 2×2 的输出矩阵。

$$\begin{bmatrix} 1 & 1 & 1 & 0 \\ 3 & 0 & 0 & 1 \\ 2 & 1 & 3 & 2 \\ 1 & 2 & 0 & 3 \end{bmatrix} * \begin{bmatrix} 2 & 3 & 3 \\ 2 & 3 & 0 \\ 0 & 1 & 0 \end{bmatrix} = \begin{bmatrix} 15 & 8 \\ 15 & 14 \end{bmatrix}$$

图 8-24 卷积运算示例

实际上，上述过程有一个等效形式。首先，将卷积核按图 8-25 所示方式拆解成 4×

16 的稀疏矩阵(输出矩阵的元素个数×输入矩阵的元素个数)。

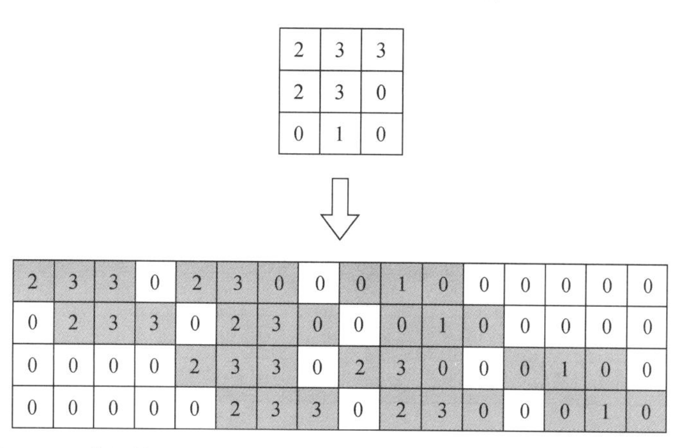

图 8-25　卷积核拆解(深色区域为原矩阵元素,其他位置使用“0”填充)

然后将输入矩阵按图 8-26 所示的方式展开成 16×1 的矩阵。

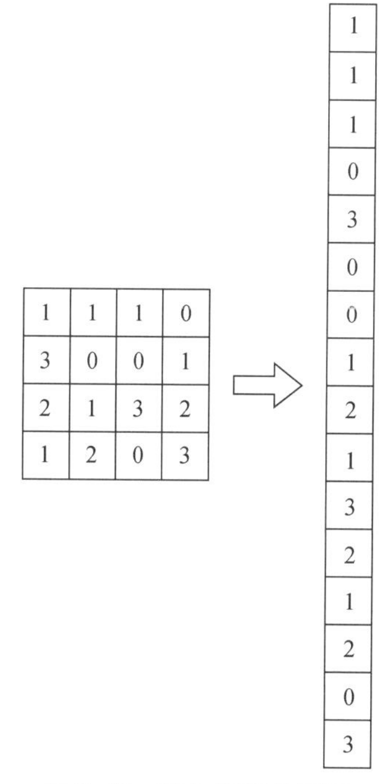

图 8-26　输入矩阵的展开

将 4×16 和 16×1 这两个矩阵相乘,即得到一个 4×1 的矩阵,如图 8-27 所示,其元素与图 8-24 中卷积运算后输出的结果矩阵中的元素相对应。

在图 8-29 所示的矩阵形式下,图 8-26 所示的计算过程,即由尺寸较大的矩阵到尺寸较小的矩阵的映射,可以表达为一个 4×16 的矩阵与一个 16×1 的矩阵相乘。同理,由尺寸较小的矩阵到尺寸较大的矩阵的映射,可以经过矩阵形式转换之后的卷积核矩阵的转置实现,这就是所谓的转置卷积。

$$
\begin{bmatrix}
2 & 3 & 3 & 0 & 2 & 3 & 0 & 0 & 0 & 1 & 0 & 0 & 0 & 0 & 0 & 0 \\
0 & 2 & 3 & 3 & 0 & 2 & 3 & 0 & 0 & 0 & 1 & 0 & 0 & 0 & 0 & 0 \\
0 & 0 & 0 & 0 & 2 & 3 & 3 & 0 & 2 & 3 & 0 & 0 & 0 & 1 & 0 & 0 \\
0 & 0 & 0 & 0 & 0 & 2 & 3 & 3 & 0 & 2 & 3 & 0 & 0 & 0 & 1 & 0
\end{bmatrix}
\otimes
\begin{bmatrix} 1 \\ 1 \\ 1 \\ 0 \\ 3 \\ 0 \\ 0 \\ 1 \\ 2 \\ 1 \\ 3 \\ 2 \\ 1 \\ 2 \\ 0 \\ 3 \end{bmatrix}
=
\begin{bmatrix} 15 \\ 15 \\ 8 \\ 14 \end{bmatrix}
$$

图 8-27 卷积运算的矩阵形式

再举一个例子，若输入矩阵为 $\begin{bmatrix} 3 & 3 \\ 3 & 1 \end{bmatrix}$，将其展平成 $[3 \quad 3 \quad 3 \quad 1]^T$，则转置卷积的计算过程如图 8-28 所示。

$$
\begin{bmatrix}
2 & 0 & 0 & 0 \\
3 & 2 & 0 & 0 \\
3 & 3 & 0 & 0 \\
0 & 3 & 0 & 0 \\
2 & 0 & 2 & 0 \\
3 & 2 & 3 & 2 \\
0 & 3 & 3 & 3 \\
0 & 0 & 0 & 3 \\
0 & 0 & 2 & 0 \\
1 & 0 & 3 & 2 \\
0 & 1 & 0 & 3 \\
0 & 0 & 0 & 0 \\
0 & 0 & 0 & 0 \\
0 & 0 & 1 & 0 \\
0 & 0 & 0 & 1 \\
0 & 0 & 0 & 0
\end{bmatrix}
\otimes
\begin{bmatrix} 3 \\ 3 \\ 3 \\ 1 \end{bmatrix}
=
\begin{bmatrix} 6 \\ 15 \\ 18 \\ 9 \\ 12 \\ 26 \\ 21 \\ 3 \\ 6 \\ 14 \\ 6 \\ 0 \\ 0 \\ 3 \\ 1 \\ 0 \end{bmatrix}
$$

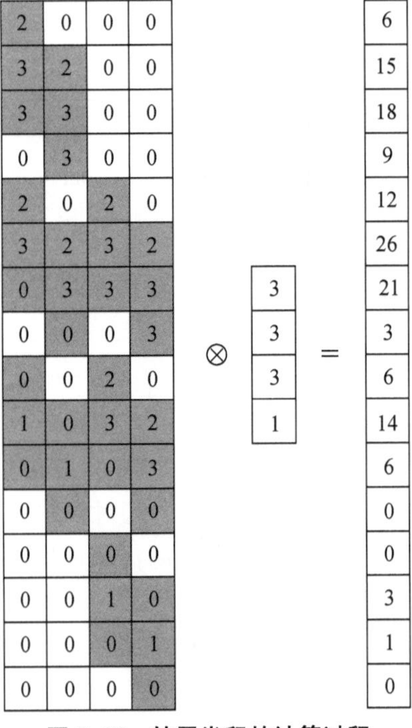

图 8-28 转置卷积的计算过程

从图 8-28 可以看出，一个 2×2 的输入矩阵被“放大”成一个 16×1 的矩阵，即整理后的一个 4×4 的矩阵，从而完成上采样或者解码的运算，或者说将较小的特征图映射到更大的空间尺度上。

5.3　分离卷积

分离卷积(separable convolution)的思想是一个卷积操作可以分离成多个步骤的组合。若将一个卷积操作定义为：

$$y = \mathrm{CONV}(x,\ f)$$

其中：y 为输出；x 为输入图像；f 为卷积核。

理论上，f 可以表示为两次一维卷积 f_1 和 f_2 的点积，即 $f = f_1 \cdot f_2$。一个典型的例子是在图像滤波中，Sobel 算子的滤波可以分离为 x 轴方向和 y 轴方向的两次卷积(一次为图像梯度的计算，一次为高斯平滑)：

$$\mathrm{Sobel}_x = \begin{bmatrix} 1 \\ 2 \\ 1 \end{bmatrix} \cdot \begin{bmatrix} 1 & 0 & -1 \end{bmatrix} = \begin{bmatrix} 1 & 0 & -1 \\ 2 & 0 & -1 \\ 1 & 0 & -1 \end{bmatrix}$$

$$\mathrm{Sobel}_y = \begin{bmatrix} 1 & 2 & 1 \end{bmatrix} \cdot \begin{bmatrix} 1 \\ 0 \\ -1 \end{bmatrix} = \begin{bmatrix} 1 & 2 & 1 \\ 0 & 0 & 0 \\ -1 & -2 & -1 \end{bmatrix}$$

这是一个典型的空间方向上的分离卷积。分离卷积的参数个数为 6，小于原来的 Sobel 算子的参数个数 9，且两者的计算结果相同。

有鉴于此，在深度学习领域，可采用深度分离卷积，将常规的二维卷积操作首先分离为一个沿着深度方向的卷积，输出的特征图的通道数和输入时相同；然后进行第二次逐点卷积，即 1×1 卷积，将输出的特征图转换到另一个深度。如图 8-29 所示，输入一个 12×12×3 的特征图，首先使用 3 个 5×5 的卷积核分别对应 3 个通道进行卷积，得到 8×8×3 的沿着深度方向的卷积结果；然后使用 2 个 1×1×3 的卷积核进行逐点卷积，最终得到 8×8×2 的输出。

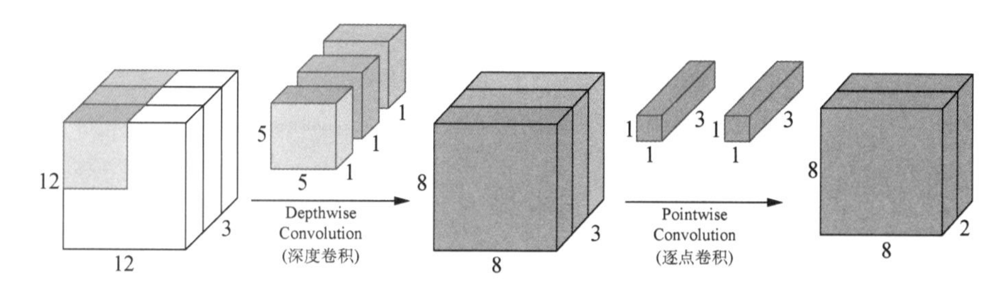

图 8-29　深度分离卷积示例

常规卷积运算得到这样输出尺寸的结果，需要的卷积核张量的维度为 2×5×5×3，其参数量为 150；相对而言，深度分离卷积的参数量为 3×5×5×1＋2×1×1×3＝81，明显少于常规卷积运算，且参数量减少的优势在通道数增加的情况下更加明显。深度分离卷积意味着建立在空间上和深度方向上的信息是可以解耦的，这个思想已经被用于 Xception 网络[14]。同时，参数量减少使得卷积神经网络能更加适应移动设备[15]。

参考文献：

[1] Krizhevsky A，Sutskever I，Hinton G. ImageNet classification with deep convolutional neural networks[C]//NIPS. Curran Associates Inc，2012：163-188.

[2] Simonyan K，Zisserman A. Very deep convolutional networks for large-scale image recognition[C]//Proceedings of the IEEE Conference on Computer Vision and Pattern Recognition，2014：865-873.

[3] Szegedy C，Liu W，Jia Y，et al. Going deeper with convolutions[C]//Proceedings of the IEEE Conference on Computer Vision and Pattern Recognition，2015：1-9.

[4] He K，Zhang X，Ren S，et al. Deep residual learning for image recognition[C]//Proceedings of the IEEE Conference on Computer Vision and Pattern Recognition，2016：770-778.

[5] 行者无疆兮. 为什么在网络的最后用 average pooling layer 代替 FC[EB/OL].（2018-03-28）[2020-03-01]. https://blog.csdn.net/qq_30159015/article/details/79725520.

[6] Pan S J，Yang Q. A survey on transfer learning[J]. IEEE Transactions on Knowledge and Data Engineering，2010，22(10)：1345-1359.

[7] Perez L，Wang J. The effectiveness of data augmentation in image classification using deep learning[C]// Proceedings of the IEEE Conference on Computer Vision and Pattern Recognition，2017：1015-1024.

[8] Zhu J Y，Park T，Isola P，et al. Unpaired image-to-image translation using cycle-consistent adversarial networks[C]//Proceedings of the IEEE International Conference on Computer Vision，2017：2223-2232.

[9] Keras D. Image preprocessing. ImageDataGenerator class[CP/OL]. [2020-03-01]. https://keras.io/preprocessing/image/.

[10] Francis C. Pytorch/Vision[CP/OL].（2019-08-07）[2020-03-01]. https：//github.com/pytorch/vi-sion.

[11] Alexander J. Imgaug[CP/OL].（2019-11-24）[2020-03-01]. https://github.com/aleju/imgaug.

[12] Taesungp. Junyanz/CycleGAN[CP/OL].（2019-08-13）[2020-03-01]. https：//github.com/junya-nz/ CycleGAN.

[13] Yu F，Koltun V. Multi-scale context aggregation by dilated convolutions[EB/OL]. arXiv preprint，2015，arXiv：1511.07122. https://arxiv.org/abs/1511.07122v3.

[14] Chollet，François. Xception：Deep learning with depthwise separable convolutions[C]//Proceedings of the IEEE Conference on Computer Vision and Pattern Recognition，2016：988-995.

[15] Sandler M，Howard A，Zhu M，et al. MobileNetV2：Inverted residuals and linear bottle-necks[C]//Proceedings of the IEEE Conference on Computer Vision and Pattern Recognition，2018：687-699.

[16] Francesco F. Con_arithmetic[CP/OL].（2019-04-12）[2020-03-01]. https://github.com/vdumouli-n/conv_arithmetic.

第九章 目标检测

第一节 什么是目标检测

我们经常会听到目标检测或者物体检测这样的名词，它属于计算机视觉中的检测(detection)与分割(segmentation)领域。事实上，在机器视觉中通常会遇到四种不同类型的任务，如图 9-1 所示。

图像分类 (image classification)

目标检测与定位 (object detection)

语义分割 (semantic segmentation)

实例分割 (instance segmentation)

图 9-1 机器视觉中的四种常见任务

1.1 图像分类

关于图像分类(image classification)任务，我们已经比较熟悉了，其目的是判断图像中的对象是否属于某个类别，即针对输入的图像，要求神经网络能在一系列给定的标签中输出一个离散的标签。换言之，在图像分类中，输入一幅图像到一个深度神经网络(比如多层卷积神经网络)中，它会输出一个特征向量，并反馈给 Softmax 单元，进而预测其类型，即输出该图像属于某一特定类别的概率值。

1.2 目标检测

目标检测(object detection)在图像分类任务的基础上又增加了回归任务:使用边界框预测图像分类任务中所识别出来的对象的具体位置,如图 9-1(b)所示。

换言之,目标检测是多标签分类(一幅图像中存在多个类别)和边界框回归(猜测边界框的精确坐标值)的组合,即目标检测=多标签分类+边界框回归。

1.3 语义分割

语义分割(semantic segmentation)要求输入图像并判断每个像素属于哪个类别。比如图 9-1(a)中有若干类别,语义分割要做的就是区分出哪些像素属于玻璃罐,哪些像素属于保温杯,哪些像素属于背景。更重要的是,这里的输出并不区分像素具体属于哪只保温杯,只是给出其所属的类别。由于针对图像中的每个像素进行预测,因此该任务通常被称为密集预测。语义分割通常输出的是与输入图像相同的另一幅图像,其中每个像素都被划分为特定类别。

1.4 实例分割

实例分割(instance segmentation)结合了目标检测和语义分割。在实例分割中,需要标注出一幅图像中同一类别的不同对象,即给定一幅图像,预测该图像中的对象在像素级别下的位置,以及该对象所属的类别。

由于目标检测过程中通常需要训练一个神经网络模型作为预测模型,因此为了表述方便,下文中所指的"模型"均指代这样的"预测模型",不再赘述。

第二节 基本概念

2.1 目标检测中的标签量

如图 9-2 所示,在目标检测的表述方式中,通常设定图像左上角的坐标为(0, 0),右下角的坐标为(1, 1),即一幅图像,无论其分辨率为多少,均经过归一化映射在一个正方形区域内(编程实现时,应根据需要对原始图像进行适当的预处理)。要确定边界框的具体位置,需要指定边界框的中心点(b_x, b_y),以及边界框的高度b_h和宽度b_w。因此,在准备训练集时,不仅要包含对象的分类标签,还要包含表示边界框的四个参数(b_x, b_y, b_h, b_w)。在训练神经网络时,采用有监督学习算法,最终输出相应的分类标签及四个

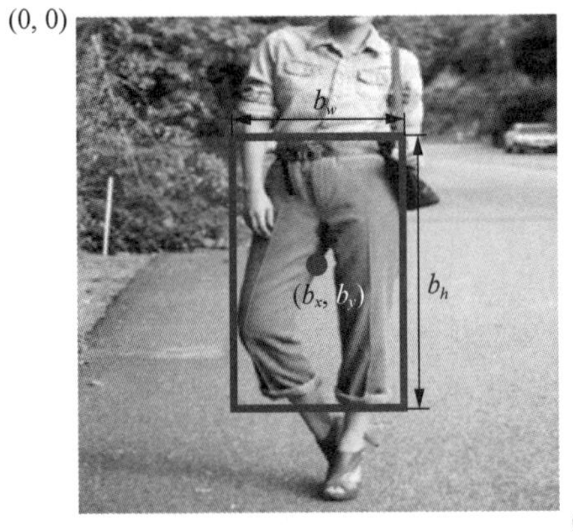

图 9-2 目标检测中的符号表示

参数值，从而给出对象的边框位置。此例中，(b_x, b_y) 的值基本上是(0.5，0.5)，它表示裤子这个目标刚好位于图像中央。b_h 约为 0.6，b_w 约为 0.38。那么，有了这些数据，应该如何定义学习任务中的标签量 y 呢？

假设要检测的任务是区分图 9-2 所示的这张照片中的服装，看看它属于"1.上衣；2.裤子；3.高跟鞋；4.背景"这四个类别中的哪一个，即神经网络需要输出的是四个数字和一个分类标签，或分类标签出现的概率。此时，标签量 y 的定义如下：

$$y=\begin{bmatrix}p_{\mathrm{o}}\\b_x\\b_y\\b_h\\b_w\\c_1\\c_2\\c_3\\c_4\end{bmatrix}$$

y 是一个向量。p_{o} 表示是否含有目标对象，如果目标对象属于前三类(1.上衣；2.裤子；3.高跟鞋)，则 $p_{\mathrm{o}}=1$；如果目标对象为背景，则图像中没有被检测对象，$p_{\mathrm{o}}=0$。可以这样理解 p_{o}，它表示被检测对象属于某个类别的概率，背景分类除外。

如果检测到了目标对象，就输出该对象的边界框参数 b_x，b_y，b_h 和 b_w。在图 9-2 所示的例子中，图像中含有多个对象，所以在训练集的构成过程中，针对每个对象，都需要标出其相应的类别，以及 b_x，b_y，b_h 和 b_w 的值。以图 9-2 中的裤子为例，其标签量为 $\begin{bmatrix}1\\b_x\\b_y\\b_h\\b_w\\0\\1\\0\\0\end{bmatrix}$。有了这些值，特别是有了人工标注的、准确的边界框(bounding box，简称 bbox)的真值框(ground-truth box，简称 GT 框)之后，就可以训练相应的神经网络，得到预测边界框。当然，我们的目的是使得在训练集上预测的各目标对象的边界框与各真值框尽量接近，并给出各目标对象的分类标签概率。那么，该怎样衡量两个边界框的重合程度呢？常用的指标是交并比(intersection over union，简称 IoU)。下面来看看它是怎样定义的。

2.2 交并比

由于 IoU 的发音与“I owe you”类似，因此很容易记住。但是它真正的含义是“交集/并集”，即交集的面积除以并集的面积。在目标检测任务中，如果我们有了预测出来的 bbox 和 GT 框之间的交集的面积和并集的面积，就可以用交并比来衡量模型预测结果的好坏。

如果两个边界框之间没有交集，则 IoU 为 0；如果 GT 框和预测的 bbox 之间为 100%重合，则 IoU 为 1。通常，如果 IoU 超过 0.5(阈值)，就认为预测是有正确性的。一些在代表性数据集上进行目标检测时所用的 IoU 阈值如下(W 和 H 分别代表图像的宽和高)：

- PASCAL VOC：0.5
- ImageNet：min[0.5，W×H/(W+10)×(H+10)]
- MS COCO：0.5，0.55，0.6，…，0.95

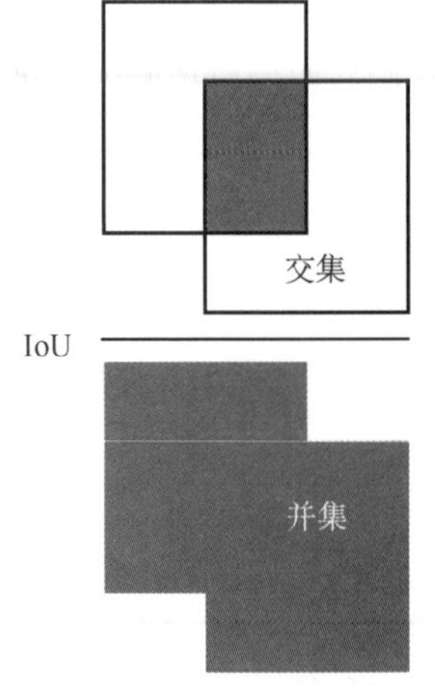

图 9-3 交并比的概念

2.3 非极大值抑制

除了交并比之外，非极大值抑制(non-maximum suppression，简称 NMS)也是一种常见技术。如图 9-4 所示，假设深灰色为真值框，白色为预测所得的边界框。所谓非极大值抑制就是经过 IoU 值的比较，只留下最大 IoU 值所对应的预测边界框[图 9-4(b)]，其他的预测边界框都被剔除，从而提高预测的速度和精度。

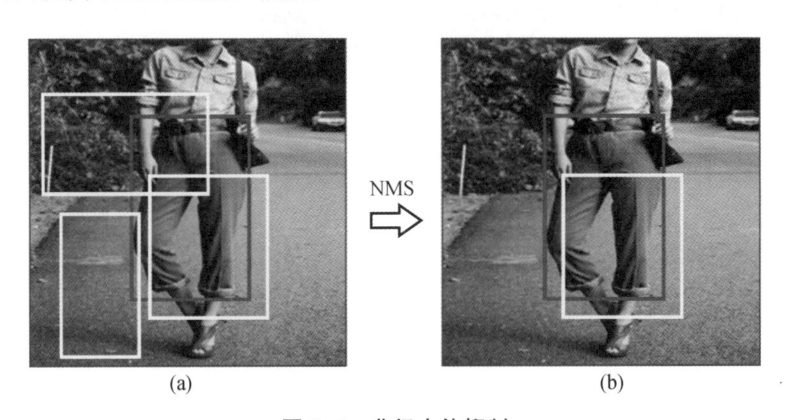

图 9-4 非极大值抑制

通常，我们在阅读文献时还会看到关于预测结果的精度(precision)和召回率(recall)等概念。

2.4 精度和召回率

在理解精度和召回率之前，首先要了解几个基本指标。

- TP(true positive 或称真阳性)：本来是正类，被识别为正类的比例(可以通俗地理解为“好人被当成好人”)。

- FN(false negative 或称假阴性):本来是正类,被错误地识别为负类的比例(好人被当成坏人)。
- FP(false positive 或称假阳性):本来是负类,被错误地识别为正类的比例(坏人被当成好人)。
- TN(true negative 或称真阴性):本来是负类,被正确地识别为负类的比例(坏人还是坏人)。

精度通常与召回率一起使用,其计算公式如下:

$$\text{Precision} = \text{TP}/(\text{TP} + \text{FP})$$

精度主要用于显示预测结果的准确程度。如图 9-5 所示,精度是针对预测结果而言的,它表示预测为“正类”的样本中有多少是真正的正类样本。预测为“正类”有两种可能:一种是把正类预测为正类(TP);另一种是把负类预测为正类(FP)。换句话说,为了提高精度,模型必须减少 FP。

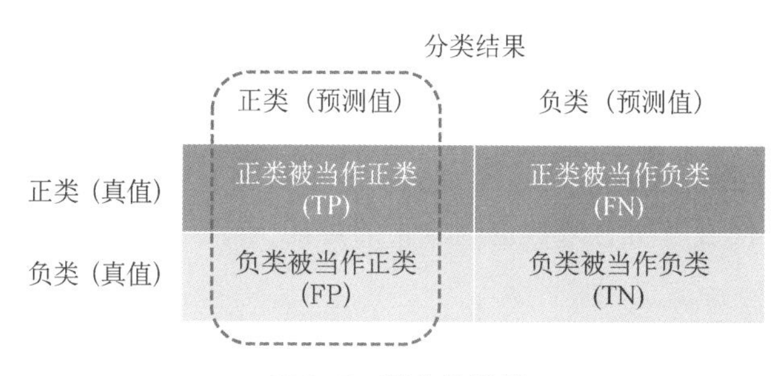

图 9-5　精度的计算

召回率的计算公式如下:

$$\text{Recall} = \text{TP}/(\text{TP} + \text{FN})$$

与精度不同,召回率是针对样本而言的。如图 9-6 所示,它表示样本中的正类有多少被正确预测了。也有两种可能:一种是把正类预测为正类(TP);另一种是把正类预测为负类(FN)。换句话说,为了增加召回率,必须在模型中尽可能多地放置边界框以减少 FN。

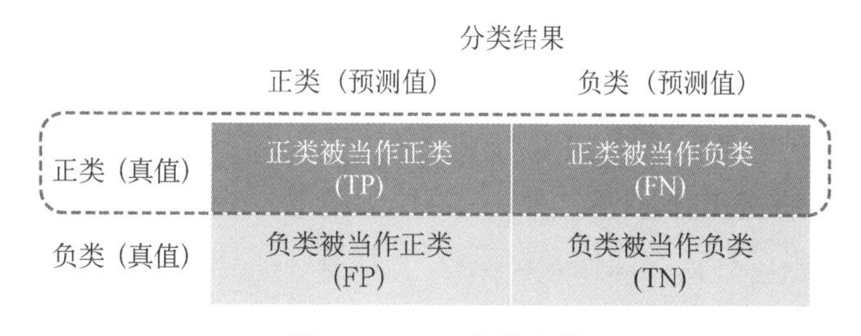

图 9-6　召回率的计算

此外,准确率(accuracy)这个术语也较为常见,其定义如下:

$$\text{Accuracy} = (\text{TP} + \text{TN})/(\text{TP} + \text{FN} + \text{FP} + \text{TN})$$

举例说明。假设已知数据集中有 60 个正样本和 40 个负样本，目标任务是找出所有的正样本。经过计算，预测系统查找出 50 个正样本，后经核实，最终只有 40 个是真正的正样本。我们来计算一下上述各指标的具体值。首先，将四个基本指标归纳如下：

- TP:40；
- FN:20；
- FP:10；
- TN:30。

然后，分别计算：

准确率(Accuracy)＝(TP＋TN)/(TP＋FN＋FP＋TN)＝70%
精度(Precision)＝TP/(TP＋FP)＝80%
召回率(Recall)＝TP/(TP＋FN)＝66.66%

以 IoU 的阈值为 0.5 为例，在目标检测中，我们判断检测结果的方式如下：

- TP:正确检测，即 IoU＞阈值的检测(比如 IoU＞0.5)
- FP:错误检测，即 IoU≤阈值的检测(比如 IoU≤0.5)
- FN:未检测到真值框
- TN:不适用于目标检测。这是因为在目标检测任务中，有许多可能不应在图像内检测到的 bbox，而 TN 代表着所有未被正确检测的可能的 bbox，所以我们在目标检测中不使用它。

在实际检测过程中，模型通常会给出多个 bbox 的坐标和对应的置信度，用来判断检测框是否为真。很显然，设置的 IoU 阈值不同，会产生不同的精度和召回率。根据精度和召回率的定义，在目标检测中：

精度＝TP/所有检测到的 bbox
召回率＝TP/所有 GT 框

换言之，目标检测中的精度表示模型识别目标对象的能力，而召回率则表示模型找到所有真值对象的能力。因此，在很多时候，精度也被称为查准率，召回率被称为查全率。

2.5 平均精度和平均精度均值

若将精度和召回率之间的关系绘制出来(Precision-Recall：P-R 曲线)，则曲线下的近似面积就是目标检测领域中一个常用的性能度量指标：平均精度(average precision，简称 AP)。它意味着精度值在所有召回率值上的平均。下面举例说明[1]。

如图 9-7 所示，假设有 7 幅图像，其中：15 个真值(GT)框用白色表示，24 个由检测模型所检测到的 bbox 用灰色表示；每个检测到的目标对象由字母(A，B，…，Y)标识；相应的由模型所预测出来的分类置信度水平(即本章 2.1 中的 p_o)，用百分数标识。

首先，根据图 9-7 所示，将 24 个 bbox 的预测结果标记为 TP 或 FP(假设 IoU＞0.3 即为 TP，小于 0.3 即为 FP)。注意，对于图像 2～7，出现了多个 bbox 与 GT 框重叠的检测结果。如图 9-8 所示，图像 2 有两个 bbox 与 GT 框重叠，且其 IoU 均大于 0.3。此时，按照非极大

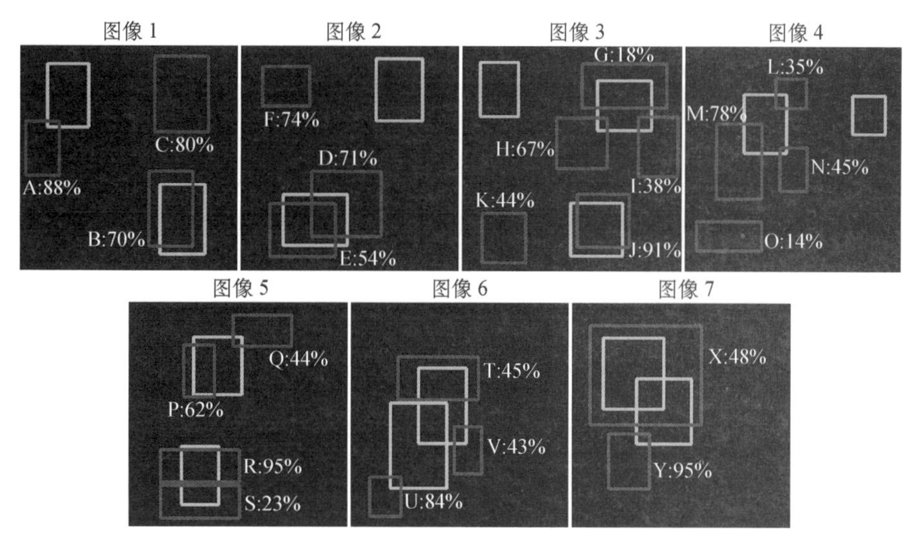

图 9-7 7 幅图像的目标检测结果示意

值抑制方法，将置信度为 71％的框 D 标记为 FP，因为它与 GT 框的交并比小于置信度为 54％的 bbox 框 E 与 GT 框的交并比。换言之，执行 NMS 会使得框 D 的检测结果被标记为 FP，而框 E 的检测结果被标记为 TP。以此类推，得到表 9-1 所示的结果。

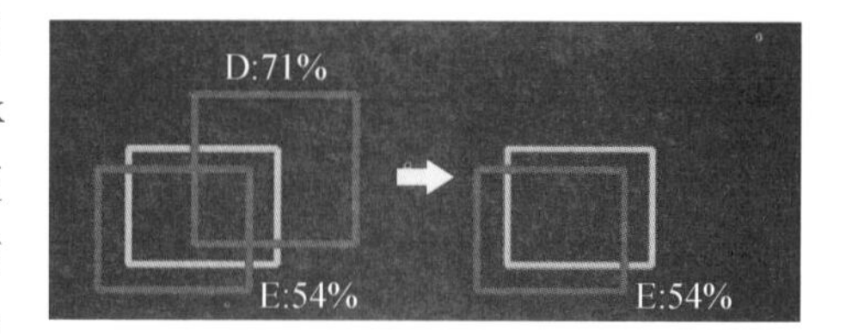

图 9-8 非极大值抑制

表 9-1 TP 和 FP 值表

图像	bbox	置信度	TP 或 FP
Image 1	A	88％	FP
Image 1	B	70％	TP
Image 1	C	80％	FP
Image 2	D	71％	FP
Image 2	E	54％	TP
Image 2	F	74％	FP
Image 3	G	18％	TP
Image 3	H	67％	FP
Image 3	I	38％	FP
Image 3	J	91％	TP
Image 3	K	44％	FP
Image 4	L	35％	FP

（续表）

图像	bbox	置信度	TP 或 FP
Image 4	M	78%	FP
Image 4	N	45%	FP
Image 4	O	14%	FP
Image 5	P	62%	TP
Image 5	Q	44%	FP
Image 5	R	95%	TP
Image 5	S	23%	FP
Image 6	T	45%	FP
Image 6	U	84%	FP
Image 6	V	43%	FP
Image 7	X	48%	TP
Image 7	Y	95%	FP

然后，按照置信度对目标检测结果重新排序，由于不能同时出现 TP 和 FP 的情况，因此两者的取值非 0 即 1。在此基础上，针对每幅图像上累计检测到的 bbox，分别计算精度和召回率：

$$\text{精度}=\text{Acc\_TP}/(\text{Acc\_FP}+\text{Acc\_TP})$$
$$\text{召回率}=\text{Acc\_TP}/\text{Num\_GTs}$$

其中：Num_GTs=15 为 GT 框的个数。

表 9-2 按置信度从高到低排列的数据表[1]

图像	bbox	置信度	TP	FP	Acc_TP	Acc_FP	精度	召回率
Image 5	R	95%	1	0	1	0	1	0.066 6
Image 7	Y	95%	0	1	1	1	0.5	0.066 6
Image 3	J	91%	1	0	2	1	0.666 6	0.133 3
Image 1	A	88%	0	1	2	2	0.5	0.133 3
Image 6	U	84%	0	1	2	3	0.4	0.133 3
Image 1	C	80%	0	1	2	4	0.333 3	0.133 3
Image 4	M	78%	0	1	2	5	0.285 7	0.133 3
Image 2	F	74%	0	1	2	6	0.25	0.133 3
Image 2	D	71%	0	1	2	7	0.222 2	0.133 3
Image 1	B	70%	1	0	3	7	0.3	0.2

（续表）

图像	bbox	置信度	TP	FP	Acc_TP	Acc_FP	精度	召回率
Image 3	H	67%	0	1	3	8	0.272 7	0.2
Image 5	P	62%	1	0	4	8	0.333 3	0.266 6
Image 2	E	54%	1	0	5	8	0.384 6	0.333 3
Image 7	X	48%	1	0	6	8	0.428 5	0.4
Image 4	N	45%	0	1	6	9	0.4	0.4
Image 6	T	45%	0	1	6	10	0.375	0.4
Image 3	K	44%	0	1	6	11	0.352 9	0.4
Image 5	Q	44%	0	1	6	12	0.333 3	0.4
Image 6	V	43%	0	1	6	13	0.315 7	0.4
Image 3	I	38%	0	1	6	14	0.3	0.4
Image 4	L	35%	0	1	6	15	0.285 7	0.4
Image 5	S	23%	0	1	6	16	0.272 7	0.4
Image 3	G	18%	1	0	7	16	0.304 3	0.466 6
Image 4	O	14%	0	1	7	17	0.291 6	0.466 6

接着，根据表 9-2 中的精度与召回率绘制 P-R 曲线，为便于理解，这里额外标示出每个 bbox 对应的坐标点，如图 9-9 所示。

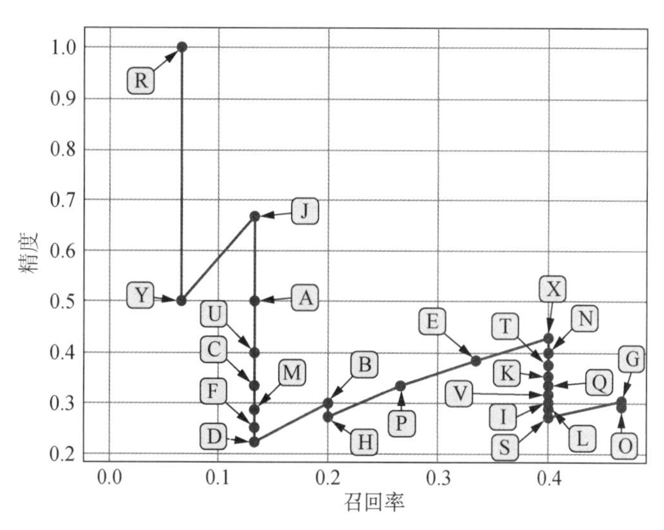

图 9-9 根据表 9-2 绘制的 P-R 曲线[1]

P-R 曲线下面积有两种计算方式：一种是 11 点插值法(11-point interpolation)；另一种是所有取值点插值法(interpolating all points)。在 2010 年以后，由 PASCAL VOC 挑战赛所执行的插值均使用所有取值点插值法。为便于读者理解，分别介绍这两种方法。

2.5.1 11 点插值法

11 点插值法是在 11 个等距分布的召回率级别(0, 0.1, …, 1)处进行精度的平均计算。其中,各级别插值后的精度值来自比其召回率大的其他召回率所对应的最大精度,由此得到平均精度即 AP 的计算公式:

$$\mathrm{AP}=\frac{1}{11}\sum_{r\in\{0,\ 0.1,\ \cdots,\ 1\}}\rho_{\mathrm{interp}}(r)$$

这里,为了与概率 p 区分开,将 11 个采样点所对应的精度表示为 $\rho_{\mathrm{interp}}(r)$。

$$\rho_{\mathrm{interp}}(r)=\max_{\tilde{r}:\tilde{r}\geqslant r}\rho(\tilde{r})$$

其中:$\rho(\tilde{r})$ 表示召回率为 $\tilde{r}$ 时所对应的精度。

如图 9-10 所示,当召回率为 0.0 时,所有比它大的召回率所对应的精度中,最大值为 1.0,所以该召回率下的精度插值结果就是 1.0;同理,当召回率为 0.1 时,比该值大的召回率所对应的精度中,最大值为 0.666 6,所以该召回率级别下的精度插值法结果就是 0.666 6;以此类推。当召回率分别为 0.2, 0.3 和 0.4 时,所对应的最大精度值相同,均为0.428 5。从召回率为 0.5 开始,由于 P-R 曲线不存在,所对应的精度插值结果均为 0。最后,根据上述精度插值结果(图 9-10 中的 11 个粗实点),计算其平均值:

$$\mathrm{AP}=\frac{1}{11}(1+0.666\ 6+0.428\ 5+0.428\ 5+0.428\ 5+0+0+0+0+0+0)=26.84\%$$

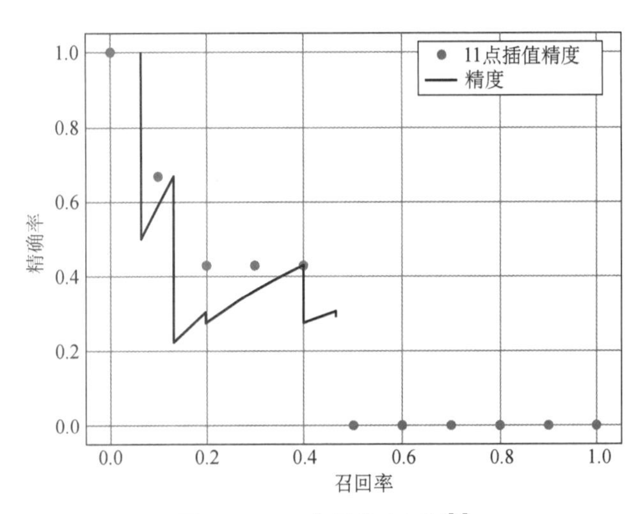

图 9-10 11 点插值法示例[1]

2.5.2 所有取值点插值法

通过对所有点进行插值,平均精度(AP)可以被解释为 P-R 曲线的近似曲线下面积(area under curve,简称 AUC),其目的是减少曲线上摆动的影响。这种方法利用每个召回率 r 进行采样,然后用比它大的召回率所对应的最大精度值作为 r 的精度插值结果:

$$AP = \sum_{r=0}^{1}(r_{n+1} - r_n)\rho_{interp}(r_{n+1})$$

$$\rho_{interp}(r_{n+1}) = \max_{\tilde{r}:\tilde{r} \geqslant r_{n+1}}\rho(\tilde{r})$$

其中：$\rho(\tilde{r})$ 表示召回率为 $\tilde{r}$ 时所对应的精度。

如图 9-11 所示，首先逐点获取当前召回率所对应的最大精度值，并将其作为插值后的精度值。然后，可以将插值后的 P-R 曲线分解为四个区域(A1，A2，A3 及 A4)，如图 9-12 所示。

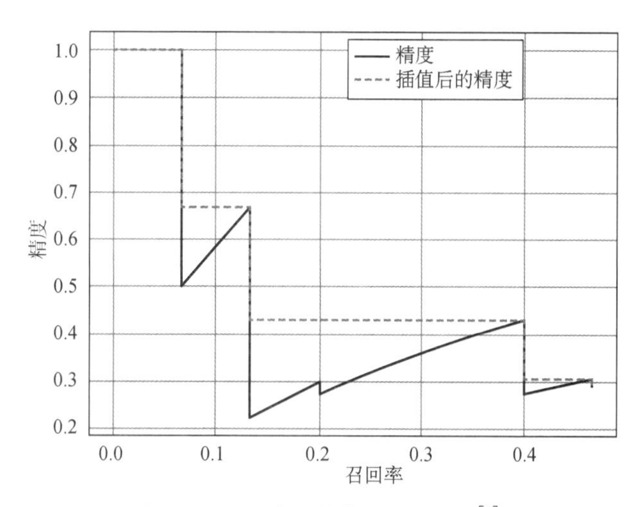

图 9-11　所有取值点插值法示例[1]

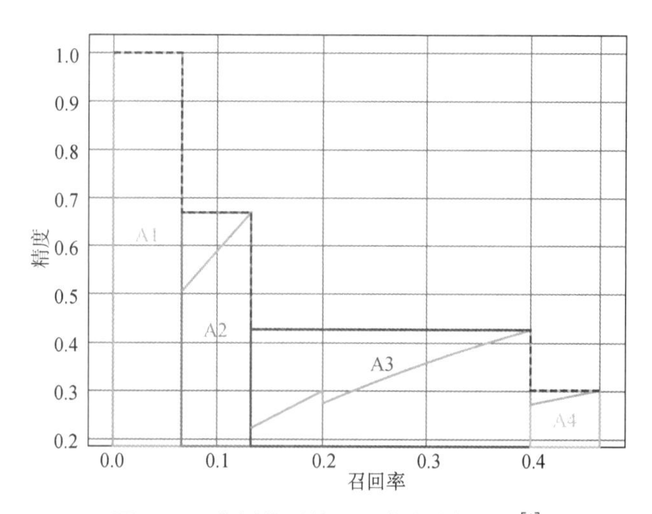

图 9-12　将插值后的 P-R 曲线分解示例[1]

通过计算其总面积，可得最终的 AP 值：

$$AP = S_{A1} + S_{A2} + S_{A3} + S_{A4} = 24.56\%$$

其中：

$$S_{A1} = (0.066\,6 - 0) \times 1 = 0.066\,6 = 6.66\%$$

$$S_{A2} = (0.133\,3 - 0.066\,6) \times 0.666\,6 = 0.044\,46 = 4.446\%$$

$$S_{A3}=(0.4-0.133\ 3)\times 0.428\ 5=0.114\ 28=11.428\%$$

$$S_{A4}=(0.466\ 6-0.4)\times 0.304\ 3=0.020\ 7=2.027\%$$

不难看出，两种计算方法得到的结果并不相同，11 点插值法所得结果略大于所有点插值法。

除了 AP 之外，平均精度均值（mean average precision，简称 mAP）也是一个常见的指标。若图像中包含非常多的目标类别，如上衣、裤子、高跟鞋，且每个目标类别都有对应的 AP 值，将所有目标类别的 AP 值平均，就得到 mAP。

第三节　目标检测中的区域建议

目标检测算法可分为两类：(1)两阶段（two-stage）方法，如 R-CNN 系算法，主要思想是先通过启发式方法或者卷积神经网络产生一系列稀疏的候选框，然后对这些候选框进行分类与回归，此法的优势是准确度高，但速度稍慢；(2)单阶段（one-stage）方法，如 YOLO 和 SSD，主要思路是均匀地在图像的不同位置进行密集采样，采样时可以采用不同尺度和长宽比的锚框，然后利用卷积神经网络提取特征直接进行分类与回归，整个过程只需要一步，故其优势是速度快。但是均匀的密集采样的一个重要缺点是训练比较困难，这主要是因为正样本与负样本（背景）极其不均衡[2]，导致模型预测结果的 mAP 稍低。

这里，正样本和负样本的概念可以通俗地解释为：对于一个分类器（classifier）而言，它的正样本是所有真值区域经过给定的 CNN 所输出的特征，而负样本是与真值区域的交并比（IoU）小于给定阈值（如 0.3）的区域经过该 CNN 所输出的特征。很明显，在大多数用于目标检测的算法中，正样本的数量和负样本的数量都是不均衡的，即很可能一幅图像上的大部分区域都是负样本。

从本节开始，循着当前目标检测领域的两大主流技术，逐一讲解若干代表性技术的构成及其原理。通常，在图像中提取相应的区域，并判断该区域是否为某个对象，需要采用区域建议（region proposal）算法。为了获得合理的区域，一种最简单的思路是建立滑动窗口（sliding window），然后对每次滑动窗口所提取的图像做分类。如果分类结果恰好是目标，就实现了检测，目标的属性由分类器给出，目标的位置由滑动窗口给出。如图 9-13 所示。

图 9-13　利用滑动窗口检测目标

从逻辑上讲，为了得到恰当的预测边框，需要尝试不同大小（即不同宽高比）的滑动窗口，而且滑动的步长需要不断地尝试。在这种策略下，势必产生大量的冗余计算，因此这种方法的实用价值不高。为了克服这一缺点，人们又提出两种思路：一种是通过卷积的形式加速计算；另一种是减少窗口的数量。比如选择性搜索算法（selective search，简称 SS），这是一种根据图像自身信息产生建议区域的算法，大概会产生 1 000～2 000 个潜在目标区域。该方法与滑动窗口遍历的方式相比，需要判断的子图像的数量减少了很多。下面分别介绍这两种思路的具体实现方法。

3.1 滑动窗口的卷积实现方法

为了构建滑动窗口的卷积实现，首先要了解如何将卷积神经网络的全连接层转化成卷积层。为简化起见，假设目标检测算法输入的是一幅 14×14×3 的图像。如图 9-14(a)所示，第一层卷积核大小为 5×5，数量为 16。因此，14×14×3 的图像在卷积计算之后的输出为 10×10×16 的图像。然后，通过 2×2 的最大池化，将这幅输出图像减小为 5×5×16，随后依次连接两个由 400 个单元构成的全连接层。最后，通过 Softmax 单元输出预测值 $\hat{y}$。为了便于理解，用四个数字表示 $\hat{y}$，它们分别对应 Softmax 单元所输出的四个类别出现的概率，比如上衣、裤子、高跟鞋或背景。

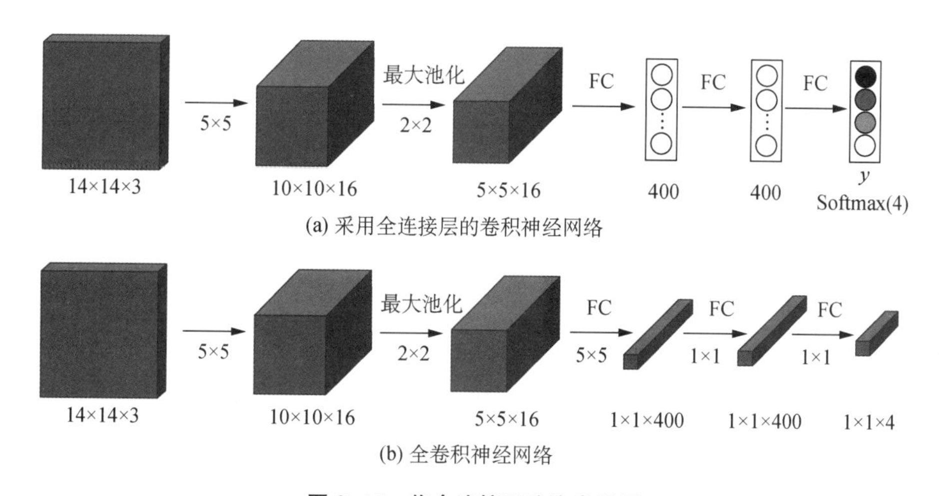

图 9-14 将全连接层改为卷积层

下面介绍如何将这两个全连接层转化为卷积层。如图 9-14 中(b)所示，前三层和(a)所示相同，而对于第一个全连接层，可以用 400 个 5×5×16 的卷积核实现，意味着每个卷积核都会遍历输入的 5×5×16 这幅特征图的 16 个通道，并且每个卷积核的输出均为 1×1 的特征图。鉴于这里使用了 400 个 5×5×16 的卷积核，因此最终的输出维度是 1×1×400。不再把它看作一个含有 400 个节点的全连接层，而是一个 1×1×400 的输出层。从数学的角度看，它和全连接层是一样的。

再添加一个卷积层，用 400 个 1×1×400 的卷积核对输入进行卷积，输出维度依然是 1×1×400，即图 9-14(a)中的最后一个全连接层。最后采用四个 1×1×400 的卷积核，得到的结果输入 Softmax。显然，最终的激活值将构成一个 1×1×4 的输出层。

在这个用卷积层代替全连接层和输出层的过程中，两个全连接层和一个 Softmax 层分别变成两个 1×1×400 的卷积层和一个 1×1×4 的输出层[3]。需要说明的是，使用卷积层替代全连接层的网络称为全卷积神经网络(fully convolutional neural network)。

接下来，介绍如何通过卷积实现滑动窗口目标检测。对于一个 14×14×3 的滑动窗口而言，经过图 9-14(b)所示网络架构的卷积运算，其最后的输出即 Softmax 单元的输出维度是 1×1×4。换言之，如果将一个滑动窗口看作一个建议区域，经过卷积运算，最终会得到对应该窗口内容的分类识别概率。如果有四个这样的窗口，就能得到四个建议区域的识别结果。

假设原始图像的大小为 16×16×3。由于输入是 RGB 图像，因此每个滑动窗口卷积网络输入的是 14×14×3 的图像。用灰色代表原始图像的整个区域，白色代表滑动窗口，并假设该滑动窗口的步长是 2。

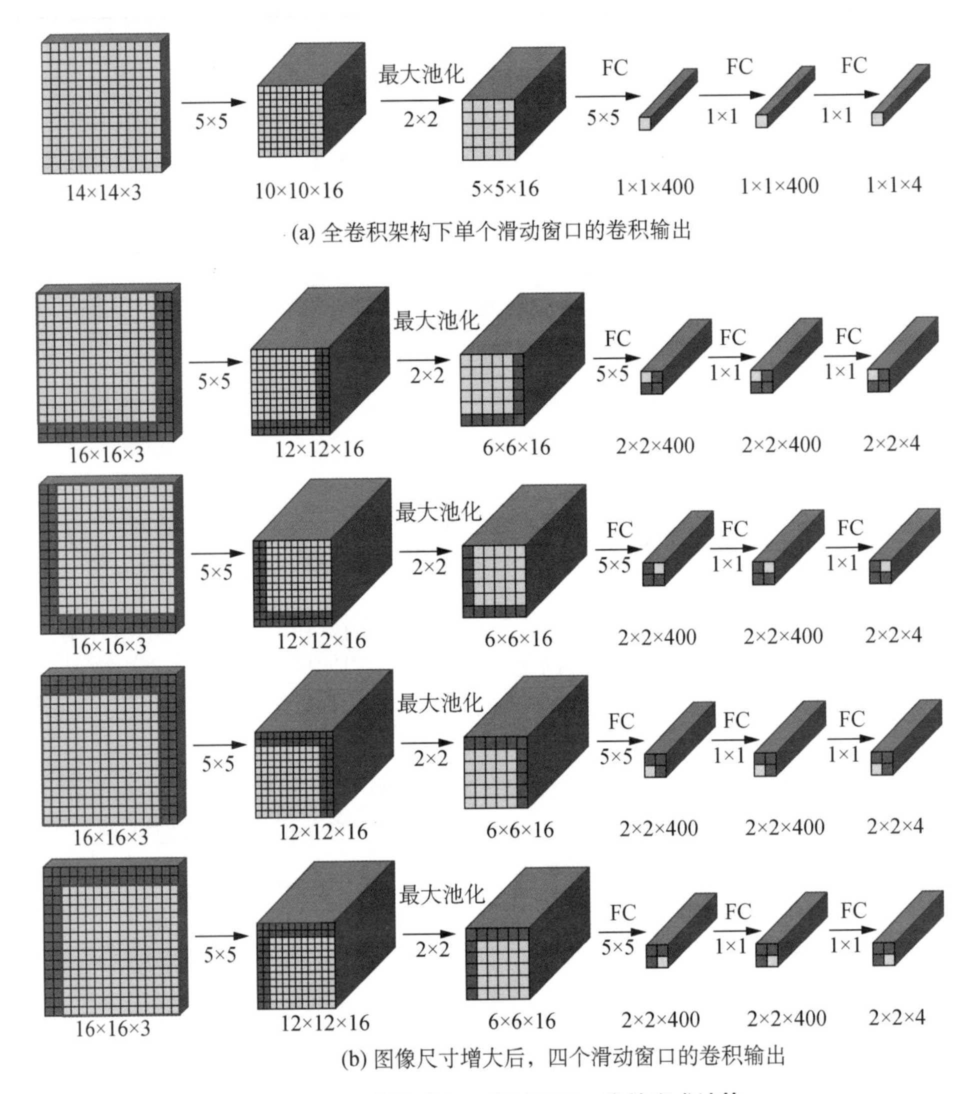

(a) 全卷积架构下单个滑动窗口的卷积输出

(b) 图像尺寸增大后，四个滑动窗口的卷积输出

图 9-15　四个滑动窗口通过卷积一次性完成计算

如图 9-15(a)所示,按照滑动窗口的形式,将白色区域输入卷积网络,生成一个 1×1×4 的分类识别结果。接着,滑动窗口向右滑动两个像素,再次输入卷积网络,卷积后得到第二个 1×1×4 的分类识别结果。继续滑动,即将左下角区域输入卷积网络,卷积后得到第三个 1×1×4 的分类识别结果。最后滑动到右下方,对该区域进行卷积操作。在一个 16×16×3 的图像上执行四次滑动窗口操作,卷积网络运行了四次,共输出四个 1×1×4 的分类识别结果。

不难发现,四次卷积操作中,很多计算是重复的。在执行滑动窗口的卷积计算时,卷积神经网络在四次向前传播过程中共享了很多计算。得益于滑动窗口的卷积运算,不需要把输入图像分割成四个子集,分别执行向前传播,只需把它们作为一幅图像输入给卷积网络进行计算,其中的公共区域可以共享很多计算,就像图 9-15 中的四个 14×14 的方块。

如果选择一幅更大尺寸的图像,比如对一幅 28×28×3 的图像应用滑动窗口(图 9-16)。和上一个范例一样,以 14×14 区域作为滑动窗口,从输入图像的左上角开始,其结果对应输出层的左上角部分;接着,以步长为 2 的方式不断地向右移动滑动窗口,直到第八个单元格,得到输出层的第一行;然后,向图像下方移动,按照同样的方式滑动,最终输出图 9-16 所示的 8×8×4 的结果。

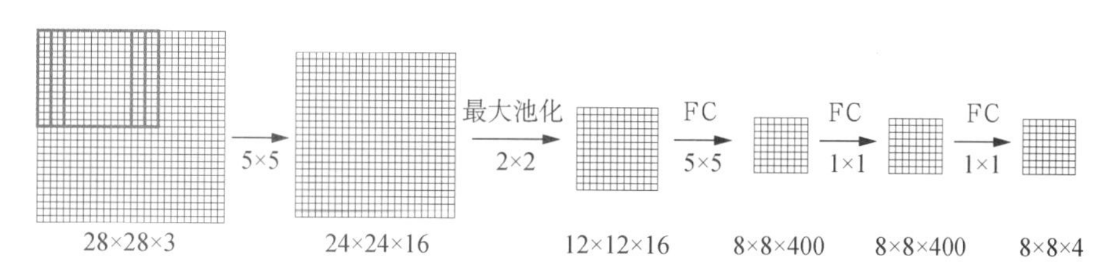

图 9-16 在 28×28×3 的图像上应用滑动窗口

同理,对图 9-17 所示的图像,也可以用滑动窗口的方式,通过卷积操作加速完成计算,一次性得到所有预测值。如果滑动窗口的大小设置得恰到好处,神经网络便可以识别出裤子的位置。

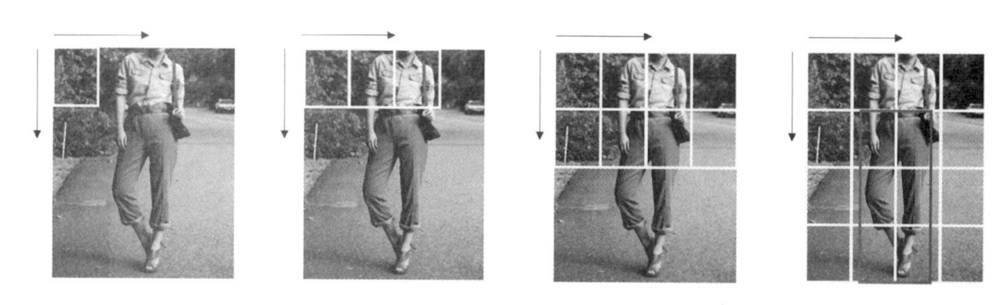

图 9-17 在图像上应用滑动窗口进行目标检测[4]

3.2 选择性搜索

不幸的是,除非所设定的滑动窗口刚好包含某个待检测对象,否则单纯依靠滑动窗口的方式搜索目标区域并不可靠。有鉴于此,研究人员提出了选择性搜索的方法构建感兴趣的区域(region of interest,简称 RoI)[4]。在此方法中,首先将每一个像素作为一个分组(group),接下来计算每一个分组的纹理(texture),然后合并最接近的分组。为了避免某个区域吞并其他区域,该方法优先合并较小的分组。这样,通过不断的合并各个分组,直到不能再合并时,就可得到可能的 RoI。如图 9-18 所示,上面一行的图像显示了建议区域如何不断地增长,下面一行的图像中的黑色框显示了在不断合并的过程中所有可能的建议区域,而白色框则是我们想要检测到的目标对象。很明显,SS 算法有效地降低了待检查窗口的数量,这也是它被用于第一个基于卷积神经网络的目标检测模型 R-CNN 的主要原因之一。

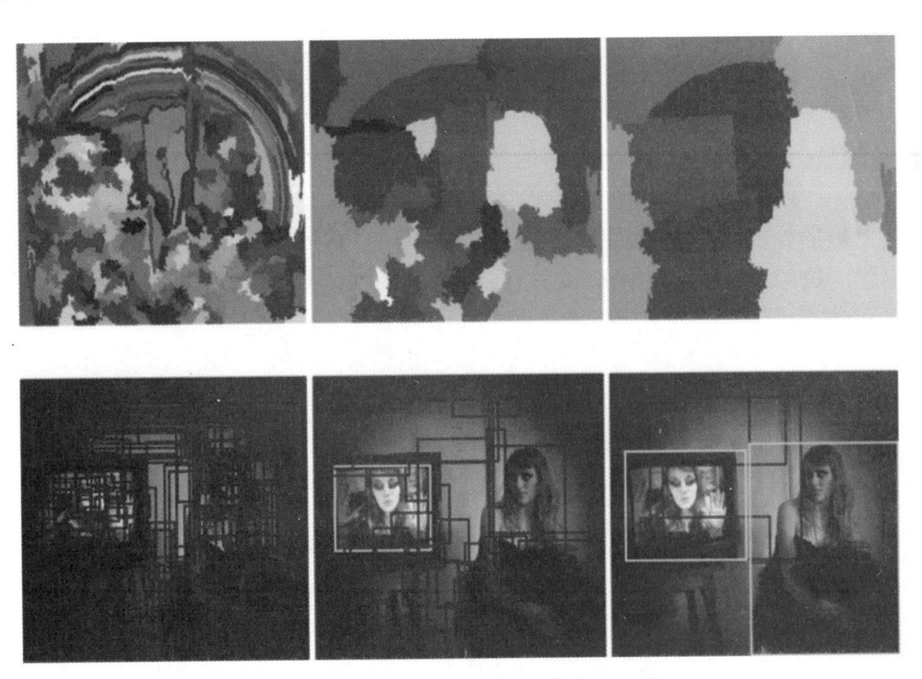

图 9-18 通过 SS 获得合理的建议区域

第四节 区域卷积神经网络(R-CNN)

经典的目标检测算法使用滑动窗口依次判断所有可能的区域,其算法思想可以表述如下:

```
for window in windows
    patch = get_patch(image, window)
    results = detector(patch)
```

与它不同,Girshick 等提出的区域卷积神经网络(Region CNN, 简称 R-CNN)[5],预先提取一系列较可能是目标的候选区域,之后仅从候选区域提取特征,进行判断。该模型被认为是利用深度学习进行目标检测的开山之作。具体算法流程如下：

对于输入的每一幅图像，

(1) 通过区域建议算法 SS，提取约 2 000 个候选区域；

(2) 对于每一个候选区域，将其取出并缩放为 227×227 的固定尺寸的图像(warped region)，并输入到一个 CNN(如 AlexNet)中，进行特征提取；

(3) 对 CNN 输出的特征图像，分别利用支持向量机(SVM)和边界框回归器(bbox regressor)进行分类识别，以及边界框准确位置与尺寸的回归计算。

R-CNN 的结构如图 9-19 所示。

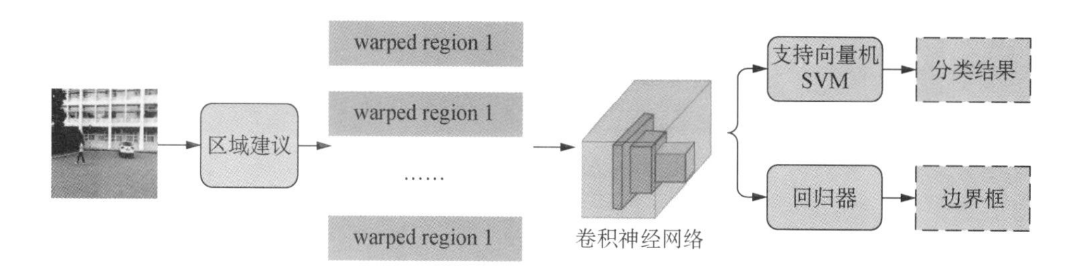

图 9-19 R-CNN 结构示意

在 R-CNN 的原文[5]中，Girshick 等使用的 CNN 是 AlexNet，但是他们并没有把 AlexNet 当作分类器使用，只是用它做 SS 所输出图像的特征提取工作，将 AlexNet 中 FC7 层的特征给了 SVM 分类器，Conv5 层的特征给了边界框回归器。如果读者要复现 R-CNN 或者阅读其他开源代码时，会发现 CNN 可以使用许多更现代的神经网络(比如 ResNet)替代。

由于有了数量少且质量高的 RoI 所得结果，R-CNN 相比于滑动窗口的方法快得多，所得结果也准确得多。其伪代码如下：

```
for RoI in RoIs
    warped_regions = image_warping(RoI)
    patch = CNN_processor(warped_regions)
    results = detector(patch)
```

R-CNN 的技术特点如图 9-20 所示[6]。最直观的感受是如果 SS 给出的候选区域太多，那么 CNN 要反复处理大量彼此重叠的 RoI，其效率不会很高。为了克服这些缺点，Girshick 等又提出了 Fast R-CNN(快速的区域卷积神经网络)。

请读者注意！通常作者在发表论文时，总是宣传自己的算法比前人的要快，但是这个“快”是有时限的。当更好的算法问世之后，前面的算法就“慢”了。这如同我们从 x86 时代进入奔腾时代，又从奔腾时代进入现今的多核时代一样，技术一定要超越前人才能进步。因此，比滑动窗口快很多的 R-CNN，与下面要介绍的 Fast R-CNN 相比，就是“慢”的模型。

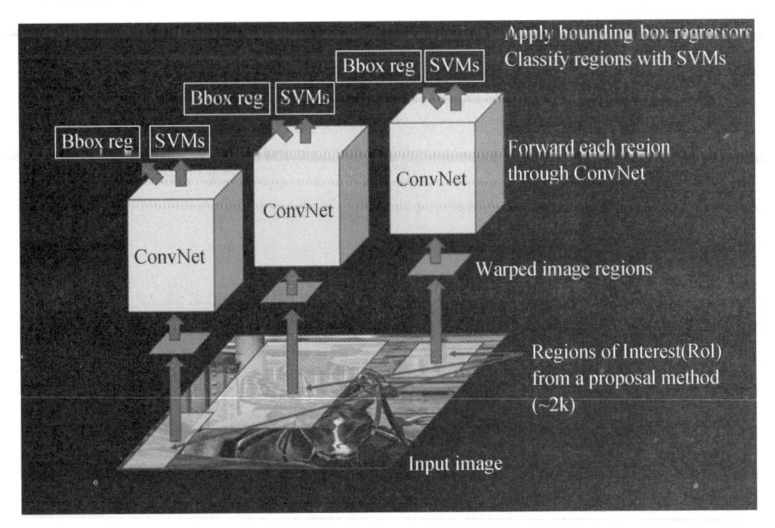

图 9-20 R-CNN 的完整架构释义[6]

第五节 快速的区域卷积神经网络(Fast R-CNN)

由于 R-CNN 需要大量的 RoI 才能达到较为准确的预测效果,并且很多 RoI 是重叠的,因此 R-CNN 无论在训练还是推理阶段的速度都很慢。此外,2 000 个所建议的区域中的每一个都需要被 CNN 处理一次,这意味着对于彼此交叠但不同的 RoI,其特征提取需重复 2 000 次。

如果换一个思路,不要对每个 RoI 单独使用 CNN 进行特征提取,而是事先将整幅图像的特征提取,然后在提取的特征图上进行 RoI 的划分和缩放(warping)。按照这个思路,就形成了 Fast R-CNN[8]。

如图 9-21 所示,原始输入是一幅图像,以及通过某个区域建议算法(如 SS)事先准备好若干建议区域(RoIs)。将其一并送入 CNN 进行特征提取,然后在提取到的特征图上进行 RoI 的查找工作。将查找到的建议区域通过 RoI 池化层进行缩放(类似于 R-CNN 中对原始图像上的 RoI 进行缩放)。最后将尺寸相同的特征图送入全连接层进行边界框预测和分类。由于只进行了一次特征提取,Fast R-CNN 的性能显著提高。

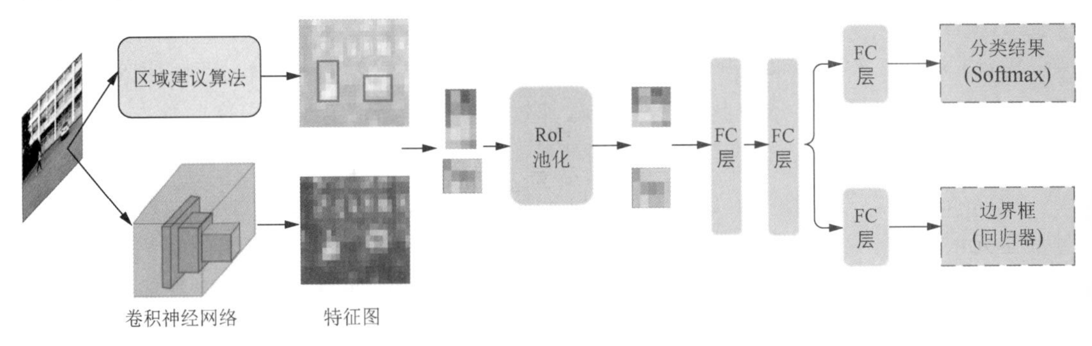

图 9-21 Fast R-CNN 的结构

在下面这段伪代码中，昂贵的特征提取从“for”循环中移到了循环外，由此带来了速度的大幅提升：

```
feature_maps = CNN_processor(image)
RoIs = region_proposal(image)
for RoI in RoIs
      patch = roi_pooling(feature_maps, RoI)
      results = detector2(patch)
```

Fast R-CNN 的一个重要特点是整个神经网络(包括特征提取、分类、边界框回归)端到端的训练，并且采用由分类损失和边界框定位损失共同构成的多任务损失函数(multi-task losses)，故准确率得以提高。下面对 RoI 池化(RoI pooling)做进一步的阐述。

5.1 RoI 池化

由于 Fast R-CNN 使用全连接层，因此输入的前一层神经元个数必须是固定的。为了做到这一点，可以采用 RoI 池化，把不同大小的 RoI 转换成相同的尺寸。对于 Fast R-CNN 的卷积部分输出的特征图而言，假设有一个尺寸为 $w \times h$ 的 RoI，将其缩放为固定尺寸为 $W \times H$ 的特征图的过程为：首先在 CNN 的特征图上叠加尺寸为 $w \times h$ 的 RoI，然后将其按照 $W \times H$ 的尺寸分割成 $W \times H$ 块，在每一块上选择最大值，输出的结果即为所求。

如图 9-22 所示，假设通过 CNN 得到一幅 8×8 的特征图，且通过区域建设算法(如 SS)得到了一个建议区域，需要将该区域通过 RoI 池化，转换为 2×2 的特征图。

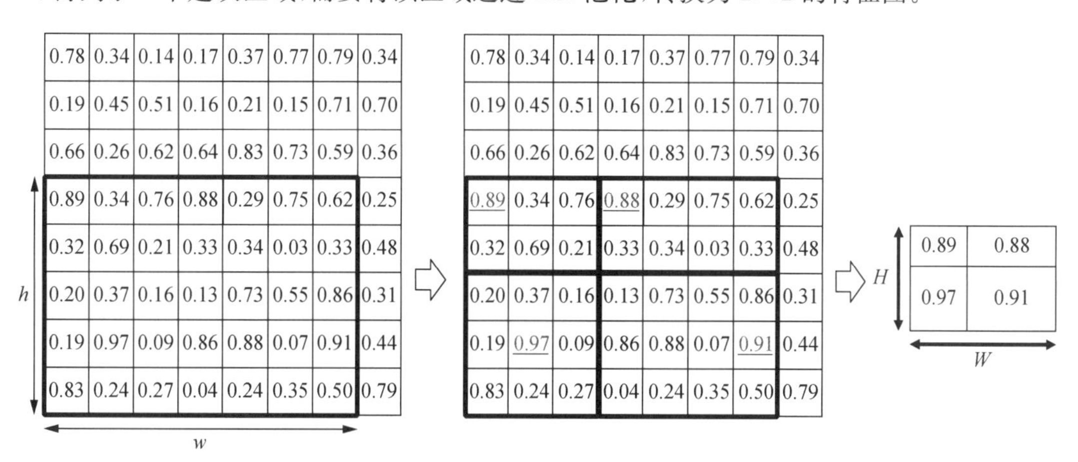

图 9-22 RoI 池化的计算过程。左：将黑色 RoI 叠加在通过 CNN 得到的原始特征图上；中：将 RoI 分割成 2×2 的目标维度；右：对每个分割块做最大池化

首先，在这个 8×8 的特征图上叠加来自区域建议算法的 RoI(图 9-22 左)。然后，将 RoI 分割成目标维度($W \times H$)，比如这里的 2×2，即把 RoI 分割成四块(每一块的大小近似)。最后，对每一个分割块进行最大池化，从中选出该部分最大的特征，即可得到 RoI 所对应的特征图像。事实上，RoI 池化是空间金字塔池化(spatial pyramid pooling，简称 SPP)的一种简化形式。

图 9-23 显示了 SPP 与 RoI 池化的区别[7]。SPP 是一种多尺度的池化操作，即对于一个给定的 RoI，将其按照不同的尺度（分割为不同大小的块）进行池化，最后将不同尺度的特征串联起来作为全连接层的输入。RoI 池化只选择一种尺度，将区域建议算法（如 SS）给出的建议框 $(w\times h)$，平均分为 $W\times H$ 份，对每一份使用最大池化，最后产生 $W\times H$ 个格子，这样做有以下好处：

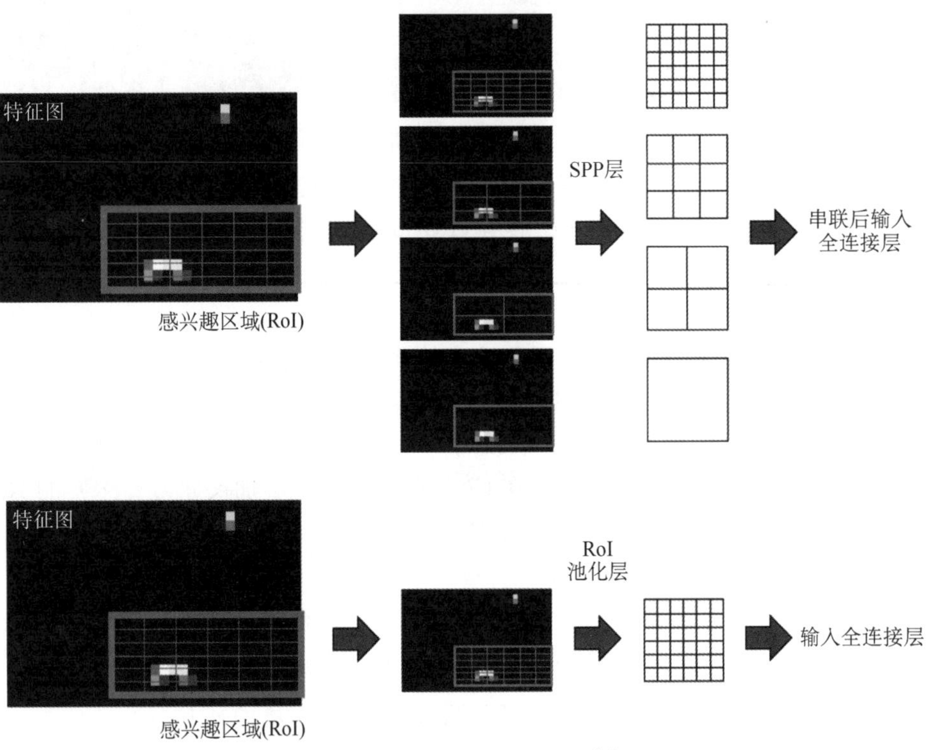

图 9-23 SPP 与 RoI 池化[7]

(1) 统一输出维度，这是连接全连接层所必需的。在 Fast R-CNN 的原文中，W 和 H 设置为 7，与 VGG 的第一个全连接层的维度相同。

(2) 相比于 SPP，RoI 池化的维度更少。假设 RoI 池化的输出为 6×6，那么维度可以从 50 个单元格降低为 6×6=36 个单元格（在图 9-23 所示的 SPP 中，输出的总单元格数是 6×6+3×3+2×2+1×1=50）。虽然降低的数量并不多，但是由于特征图还有厚度 (n_c)，如果厚度为 256，那么降维效果就比较可观了。

(3) RoI 池化不是多尺度的池化，因此梯度下降更方便，这有利于 Fast R-CNN 实现端到端的训练。

5.2 重叠区域的梯度计算

通过 SS 生成的多个 RoI，彼此之间可能有重叠。显然，重叠的区域经过相同的 RoI 池化，完成坐标变换之后，在卷积特征图上同样是重叠的。重叠部分的梯度应该如何计算呢？答案是多个重叠区域的偏导之和。

如图 9-24 所示，令 $x_i\in R$，它是进入 RoI 池化层的第 i 个输入激活值；r 是第 r 个经过

RoI 池化的特征图(即经过 RoI 池化的第 r 幅输入到全连接层的特征图);j 是经过池化后在 $W\times H$ 固定尺寸的特征图上的第j 个位置(location);$i*(r,j)$ 是最大值来源指针(argmax back-pointer),用于指出区域 r_0 中的 $y_{0,2}$ 来自 RoI 池化前的哪个值,或者 r_1 中的 $y_{1,0}$ 来自 RoI 池化前的哪个值。在图 9-24 所示的例子中,$y_{0,2}$ 和 $y_{1,0}$ 均来自 RoI 池化前的输入激活值 x_{23},即 x_{23} 在 RoI 池化中贡献了输入激活值中的最大值(max of input activations)。当计算 x_{23} 位置的梯度时,可以采用图 9-24 中的公式。不难发现,RoI 池化/SPP 其实与最大池化类似,所不同的仅仅是 RoI 池化/SPP 的池化区域彼此有重叠。

$$\frac{\partial L}{\partial x_{23}}=\frac{\partial L}{\partial y_{0,2}}+\frac{\partial L}{\partial y_{1,0}}$$

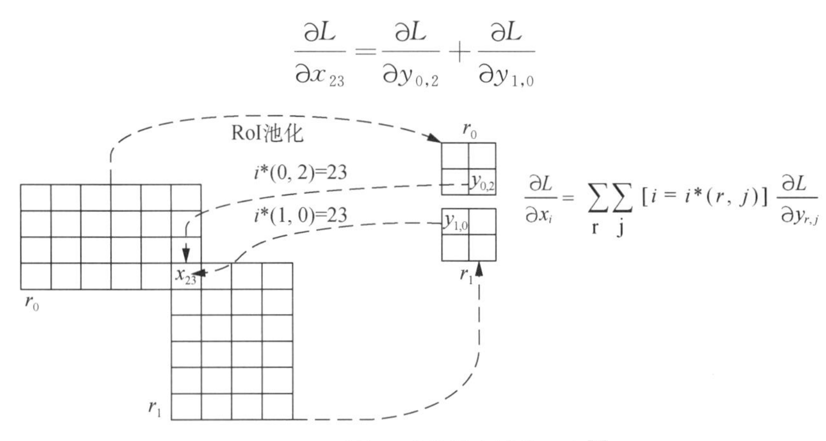

图 9-24 重叠区域的梯度计算示意[8]

在 Girshick 等发表的 Fast R-CNN 论文中,对比了使用 Softmax 和 SVM 作为分类器的结果,发现 Softmax 略胜一筹。图 9-25 为 Fast R-CNN 向前传播与向后传播示意图。

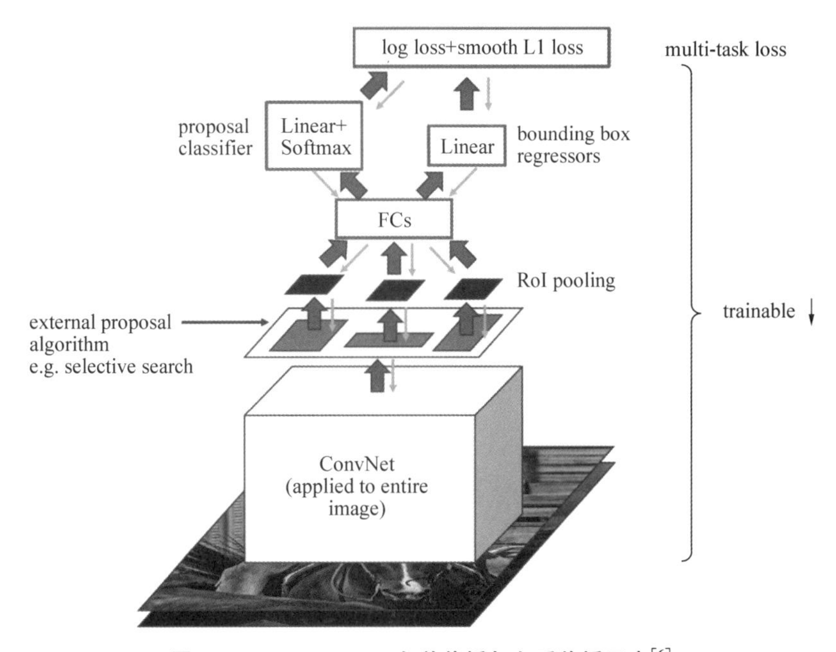

图 9-25 Fast R-CNN 向前传播与向后传播示意[6]

第六节 更快速的区域卷积神经网络(Faster R-CNN)

Fast R-CNN 依赖于区域建议方法，比如 SS，但是该算法的速度较慢。通常，Fast R-CNN 做出一次预测，其中 86.9％的时间都花在生成 2 000 个 RoI 上，即下述代码中的下划线部分：

```
feature_maps = CNN_processor(image)
RoIs = region_proposal(image)
for RoI in RoIs
        patch = roi_pooling(feature_maps, RoI)
        results = detector2(patch)
```

在 Faster R-CNN 中，作者提出了利用区域建议网络(region proposal network，简称 RPN)生成 RoI，即将区域建议与特征提取一起纳入到卷积神经网络[9]。在流程上，Faster R-CNN 与 Fast R-CNN 是一致的，只是前者将得到 RoI 的方式改为从 RPN 所输出的特征图上得到，大幅提高了效率，如下面的伪代码所示(该方法问世时，每幅图像生成 RoI 的时间仅需 10 ms)：

```
feature_maps = CNN_processor(image)
RoIs = region_proposal(feature_maps)
for RoI in RoIs
        patch = roi_pooling(feature_maps, RoI)
        class_scores, box = detector3(patch)
        class_probabilities = softmax(class_scores)
```

如图 9-26 所示，Faster R-CNN 的结构与 Fast R-CNN 类似，只不过区域生成部分改为由 RPN 来完成，即 Faster R-CNN＝Fast R-CNN＋RPN。

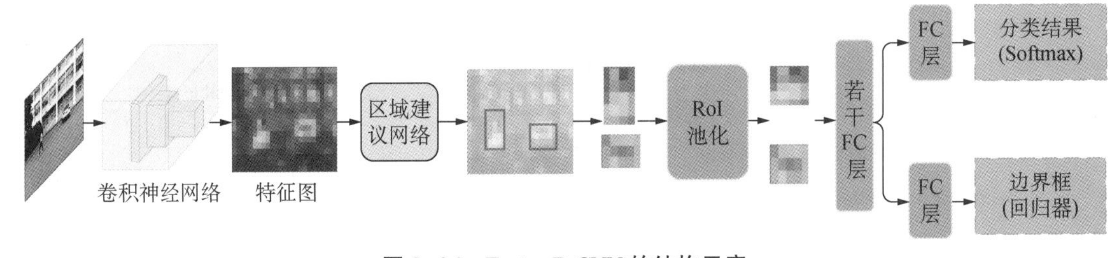

图 9-26 Faster R-CNN 的结构示意

首先，原始图像作为一个 $n_W \times n_H \times n_c$ 的多维数组，输入一个经过预训练的 CNN，形成一个卷积之后的特征图，再输入 RPN，通过 9 个预定义的锚框(anchor box)进行训练。不同于直接检测目标对象的位置，这里将问题转化为两部分：

对于每一个锚框而言，

- 该锚框是否包含相关的目标对象？

- 如何调整锚框以更好地拟合相关目标对象的包围盒?

6.1　预训练 CNN 的选择

根据卷积神经网络的概念,我们不难理解 Faster R-CNN 中卷积神经网络的作用是将原始输入图像张量 $n_W \times n_H \times n_c$ 转换为另外一幅不同维度的卷积特征图张量 $n_{W\_conv} \times n_{H\_conv} \times n_{c\_conv}$。在其深度方向 n_{c_conv} 上,该卷积特征图对原始输入图像的所有信息进行了编码,同时保持相对于原始输入图像所编码的那些"目标对象"的位置。例如,如果输入图像的左上角存在一个红色正方形,而且卷积层在该位置有激活响应,那么该红色正方形的信息被卷积层编码后,仍位于卷积特征图像的左上角。

在具体的实现过程中,这里用的 CNN 往往在 ImageNet 上经过预训练。Faster R-CNN 最早采用在 ImageNet 上训练的 ZF 和 VGG 这两种网络,现在通常使用 ResNet 取代 VGG。ResNet 相对于 VGG 的明显优势是,网络更深,因此具有更强的学习能力,这对于分类任务很重要,在目标检测中也应该如此。另外,ResNet 采用残差连接(即捷径连接)和批量归一化,这使得深度神经网络的训练比较容易。

6.2　锚框

在获得经过 CNN 处理的特征图之后,需要寻找用于分类的 RoI。换言之,我们的目标是寻找图像中各个待检测对象的边界框,而边界框是不同尺寸和长宽比(aspect ratio)的矩形。在目标检测中,这种长度不定(variable-length)的边界框列表最难处理,因此在 Faster R-CNN 中首次提出了锚框或者参考边界框(reference box)的概念。

假设原始图像中有两个待检测的目标对象(行人与车辆),如图 9-27 所示。我们首先可能会想到的是训练一个神经网络,让它输出 8 个值,即两对 (x_{min}, x_{max}, y_{min}, y_{max}) 用于定义每个目标对象的边界框。但是,这个思路有根本性的缺陷。比如图像间大小和比例各不相同,让一个模型训练之后再去预测边界框在原始图像上的原始坐标,这个工作会非常复杂。另外一个问题是预防无效预测:当我们预测 x_{min} 和 x_{max} 时,必须确保 x_{min} <

图 9-27　包含两个待测目标对象的原始图像

n_{max}。因此，更加合理的解决方式是通过训练神经网络，让它学习如何调整预测边界框与锚框间的偏移量 t，即对于一个给定的锚框（x_{center}，y_{center}，w，h），让目标检测模型学习如何预测（Δx_{center}，Δy_{center}，Δw，Δh），如图 9-28 所示。

在实际应用中，会在仅含卷积和池化层的 CNN 输出特征图上的每个“像素”点（锚点）位置，而不是原始图像上的每个像素点位置，放置 k 个不同尺寸和长宽比的矩形锚框，以期覆盖目标对象的各种可能形状，如图9-29 所示。

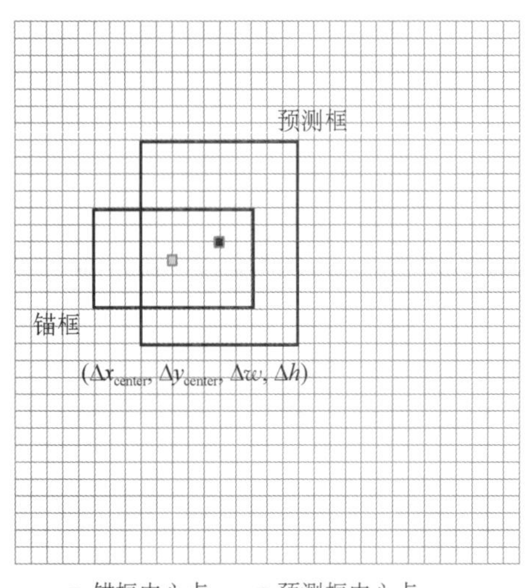

图 9-28　利用锚框和预测框之间的形状和位置偏移量表征预测结果

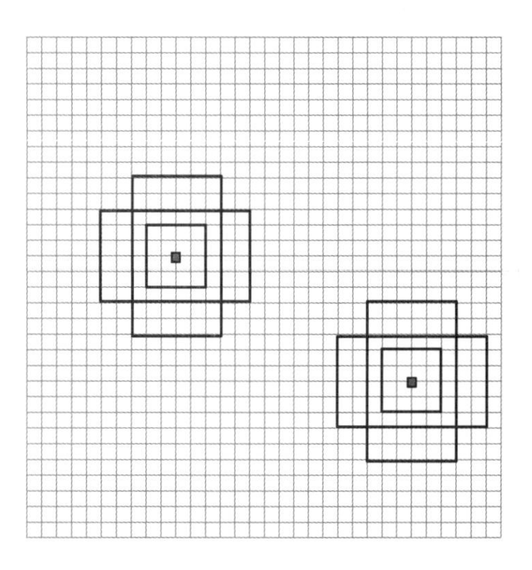

图 9-29　在特征图上的不同位置放置 k 个锚框（此例中 $k=2$）

换言之，由于我们是在由 CNN 输出的尺寸为 $n_{W\_conv} \times n_{H\_conv} \times n_{c\_conv}$ 的特征图上进行区域建议的，因此所放置的锚框总数为 $n_{W\_conv} \times n_{H\_conv} \times k$。需要注意的是，虽然锚框是针对卷积特征图而言的，但是放置在每个锚点上的 k 个锚框是相对于原始输入图像的，如图 9-30 所示。这样，目标检测所做的每一个预测都与一个特定的锚框有关，且不同位置的锚框都采用同样的形状组合。

图 9-30　体现在原始输入图像上的锚点位置

那么如何在原始输入图像上确定锚点的位置呢？由于这里对图像进行预处理的CNN只含卷积层和池化层，因此卷积特征图的尺寸与原始输入图像的尺寸之间呈比例关系（若忽略通道数或深度）。令原始输入图像尺寸为 $W \times H$，则卷积特征图的尺寸就是 $W/r \times H/r$，其中 r 为下采样率（subsampling ratio）。当我们在卷积特征图的每个空间位置定义一个锚框，反映在原始输入图像上就是由 r 个像素间隔的锚框集合。以 VGG 为例，它的 $r=16$，若输入图像的大小为 800×600，每个 $n_{\mathrm{W\_conv}} \times n_{\mathrm{H\_conv}}$ 上的一个点就对应输入图像中的一个 16×16 的方格，如图 9-31 所示。每个方格的中心位置即为锚点，放置 k 个待训练的锚框。当模型回归计算输出预测边界框时，需计算预测边界框和 k 个锚框中每个锚框之间的偏移量 t，以及真值框与每个锚框之间的偏移量 t^*。最后，通过最小化回归损失函数 $L_{\mathrm{reg}}(t, t^*)$ 获得最终的预测结果[在 Faster R-CNN 中，$L_{\mathrm{reg}}(t, t^*)$ 采用 Smooth L1 的形式，详见 6.4.1 节]。很显然，在 Faster R-CNN 中，利用锚框作为预测边界框与真值框之间的桥梁。

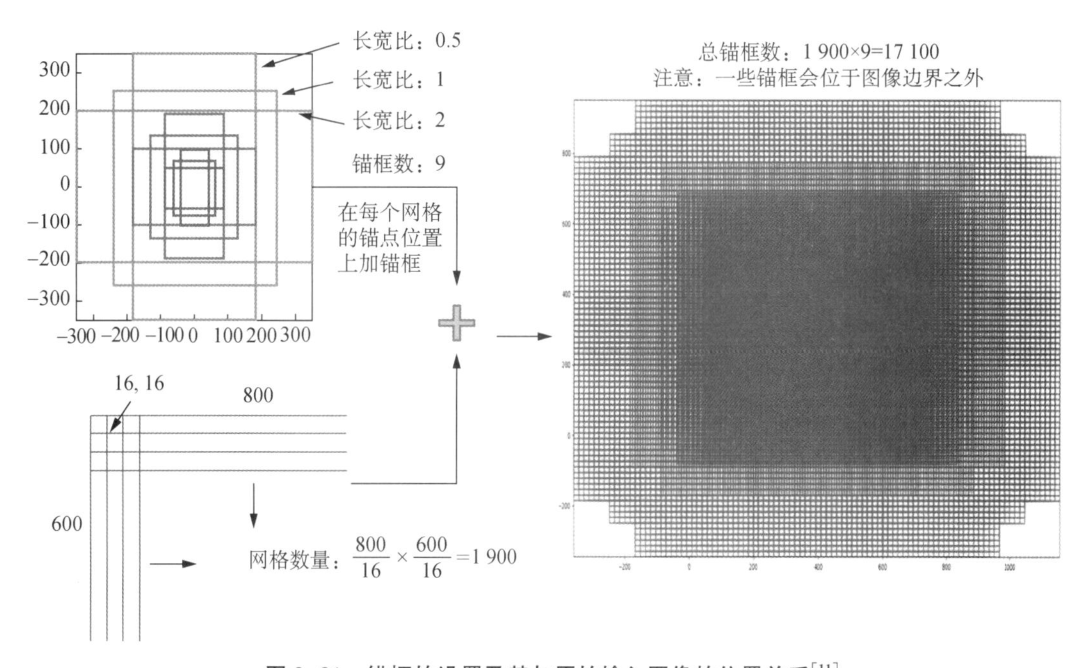

图 9-31 锚框的设置及其与原始输入图像的位置关系[11]

为了合理选择锚框集合，一般先定义不同尺寸（如 64 px、128 px、256 px 等）和长宽比（如 0.5、1、2 等），并使用所有可能的尺寸和长宽比组合。在 Faster R-CNN 中，最终使用了九种锚框（$k=9$），即三个不同长宽比下的三种不同尺寸。这样，可以通过采用滑动窗口的方式，在每个锚点使用九个锚框，遍历整幅图像。当某个锚框滑动到某个锚点时，通过目标分数（objectness score）判断该位置是否存在目标对象的概率，即一个判断前景和背景的二元分类任务。因此，当 $k=9$ 时，最终会在每个锚点上生成 2×9 个目标分数和 4×9 个关于边界框的坐标预测值，如图 9-32 所示（其用作特征提取的 CNN 为 VGG）。注意，在有些文献中，锚框被称为先验框（prior）或者默认边界框（default boundary box）。

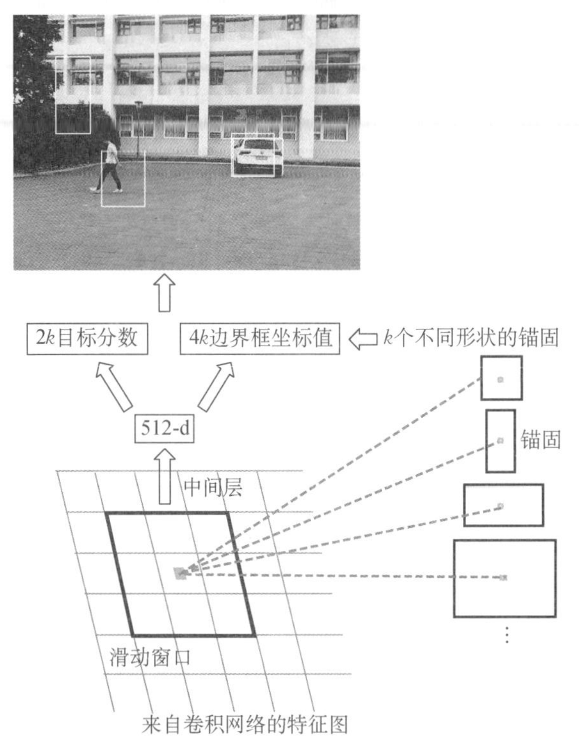

图 9-32 RPN 网络利用滑动窗口的策略进行 9 个锚框下的区域建议[9]

6.3 区域建议网络

RPN 采用完全卷积的方式，使用 CNN 输出的卷积特征图作为输入。这里以 VGG-16 网络作为 CNN 的 RPN 为例进行说明，见参图 9-32。具体实现时，RPN 使用 VGG-16 中 conv5 的输出作为输入特征图，然后用九个($k=9$)3×3 卷积核作为九个滑动窗口滑过该特征图。每个滑动窗口都输出一个 512 维的特征向量。再将这些特征向量输入由两个平行的 1×1 卷积核所构成的卷积层，这两个 1×1 卷积核的通道数量取决于每个锚点的锚框数量，即 $n_c=9=k$。

对于分类层，每个锚框输出关于目标分数的二元预测值(即是否为某个目标对象)。在训练时，对所有的锚框分为两种类别：与任一真值框(GT 框)的交并比(IoU)大于 0.7 的锚框作为前景；与任何 GT 框没有交集，或者有交集但是 IoU 小于 0.3 的作为背景。对于边界框回归层而言(或称为边界框调整层)，每个锚框输出对应中心位置和尺寸的四个偏移量(Δx_{center}，Δy_{center}，Δw，Δh)的预测值。这样，根据最终建议的坐标及其对应的目标分数，就能得到较为准确的目标所在区域的建议。

6.4 RPN 的损失函数及后处理

在训练时，对包含前景或者背景的所有锚框进行随机采样，组成大小为 256 的小批量。注意：采样时尽可能地保持前景和背景的锚框比例平衡。RPN 对该小批量内的所有锚框采用二元交叉熵(binary cross-entropy)计算分类损失(classification loss)。然后，只对小批量内被标记为前景的锚框计算边界框回归损失。为了计算回归的目标区域，根据前景锚框和与其最接近的 GT 框，计算将锚框变换到 GT 框的正确偏移量（Δx_{center}，Δy_{center}，Δw，Δh）。

6.4.1 损失函数

Faster R-CNN 没有采用简单的 L1 或 L2 损失用于边界框的回归误差计算，而是采用光滑 L1 损失（smooth L1 loss）的形式。光滑 L1 和 L1 基本相同，但是，当 L1 误差的取值非常小时，由一个确定的值替代。这样，损失函数可以更快地衰减，如图 9-33 所示，其表达式如下：

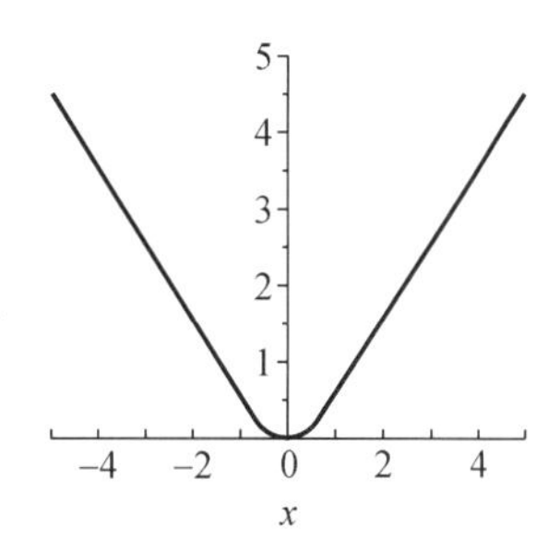

图 9-33 光滑 L1 损失示意图

$$smooth_{L1}=\begin{cases}0.5x^2 & |x|<1\\ |x|-0.5 & 其他\end{cases}$$

需要说明的是，采样时尽管可以尝试保持前景和背景的锚框比例平衡，但这并非始终是可行的。根据图像中真值对象和锚框的尺度与比例，很有可能得不到前景锚框，这也是目标检测中正负样本的问题的由来之一。

6.4.2 后处理

由于锚框一般是重叠的，因此，针对相同目标对象的建议区域往往也存在重叠。为了解决这一问题，可采用非极大值抑制进行处理：在满足预设的 IoU 阈值的所有候选框内，丢弃除最高得分以外的其他候选框。非极大值抑制看起来比较简单，但 IoU 阈值的预设需要谨慎处理：如果 IoU 阈值太小，可能会丢失目标区域中的一些建议区域；如果 IoU 阈值过大，可能会导致目标区域出现很多建议区域。在使用非极大值抑制后，一般会按照得分对前 N 个建议区域进行排序，比如 $N=2\ 000$，而在实战中，采用 $N=50$ 也能获得不错的结果。

事实上，RPN 可以独立使用。当检测单个目标时（如人脸检测、文字检测等），目标分数即可作为最终的类别概率。此时，前景即为单个目标，背景即为非单个目标。单独使用 RPN 的优点在于训练和测试速度较快。由于 RPN 是仅有卷积层的简单神经网络，其预测效率比采用基于分类的网络效率高。

6.5 RoI 池化

经过 RPN 处理后，可以得到 2 000 个没有类别的 RoI，此时的待处理问题为：如何利用这些 RoI 得到最终的目标边界框，并对其进行分类？一个天真的算法是按照每个 RoI 所限定的区域，从原始输入图像上剪裁相同大小的部分，将其送入经过预训练的 CNN 生成特征图，然后用该特征图训练分类器。但是，这样做意味着要对所有的 2 000 个 RoI 进行计算，效率低，速度慢。

在 Faster R-CNN 中，依然通过 RoI 池化方式，在 CNN 生成的特征图上，投影尺寸为 $w\times h$ 的 RoI，然后将其按照 $W\times H$ 的尺度，分割为 $W\times H$ 块进行最大池化，这样可以通过重用卷积特征图来提高计算效率。比如在 VGG-16 输出的深度为 512 的特征图上，通过 RoI

池化，得到 7×7 的特征图，然后将这些固定尺寸的特征图输入后续的全连接层进行分类，输出每个目标对象所对应的类别标签的概率，并对预测边界框进行微调。具体方法如下：

首先将 RoI 池化后的特征图展平，与两个大小为 4 096 维的全连接层(激活函数均采用 ReLU)连接，然后再连接到两个分列的全连接层：

- 一个包含 $N+1$ 个神经元，其中 N 为待测目标分类数量，1 为背景类。
- 另一个包含 $4N$ 个神经元。我们需要它给出关于边界框的四个偏移量回归预测结果 (Δx_{center}, Δy_{center}, Δw, Δh)，用于 N 个待测类别中的每一个。

第七节　基于区域的全卷积神经网络(R-FCN)

在前述的目标检测架构中，首先由 RPN 生成建议区域(RoI)，然后对其进行 RoI 池化，并通过全连接层(FC)进行分类和边界框回归。其中，RoI 池化之后的 FC 层不在 RoI 之间共享，这使得众多的 RPN 方法的速度较为缓慢。此外，FC 会增加参数数量，从而增加了复杂性。

用于图像分类任务的 CNN，有旧形态与新形态的区分。Faster R-CNN 及其之前的网络结构都是基于旧形态 CNN 设计的，如果把新形态 CNN 迁移到 Faster R-CNN 中，就会出现问题[12]。

图像分类任务与目标检测任务的性质是有所差异的：图像分类任务想要的是对于变换的不变性(translation invariance)，也就是说不管物体在图像的哪个位置，对分类的结果不应产生影响；目标检测任务想要的是对于变换的敏感性(translation variance)，因为需要知道物体到底在哪里。

然而，卷积的层数越多，不变性越强，而敏感性越弱，所以 Faster R-CNN 不适合新形态 CNN。

7.1　R-FCN 的基本思想

受全卷积神经网络的启发，在 R-FCN(region-based fully convolutional network)中，仍然使用 RPN 来获取区域建议，但与 R-CNN 不同，RoI 池化之后的 FC 被删除，改为通过位置敏感得分图(position-sensitive score map)和 RoI 池化直接得到投票结果，送入 Softmax 进行类别预测。由于计算简单，因此R-FCN比相同 mAP 下的 Faster R-CNN 更快。

为了更好地理解，举个例子。假设只有一个特征图检测到脸部的左眼部分，可以用它来定位一张脸吗？答案是可行的。由于左眼肯定位于面部图像的右上角，可以使用它来轻松定位面部，如图 9-34 所示。

尽管如此，特征图很少能提供如此精确的答案。但是，如果有专门检测左眼、鼻子或嘴巴的其他特征图，可以将这些信息组合在一起，使得面部检测更容易、更准确。为了概括这个解决方案，可以创建九幅基于 RoI 的特征图，每幅特征图分别检测目标对象的左上角、上中间、右上角、中左、中中、中右、左下角、下中间、右下角。通过梳理这些特征图的投票结果，最终确定目标对象的类别和位置。

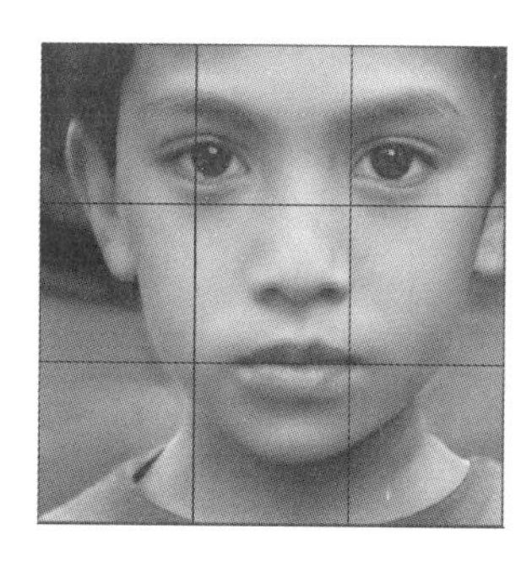
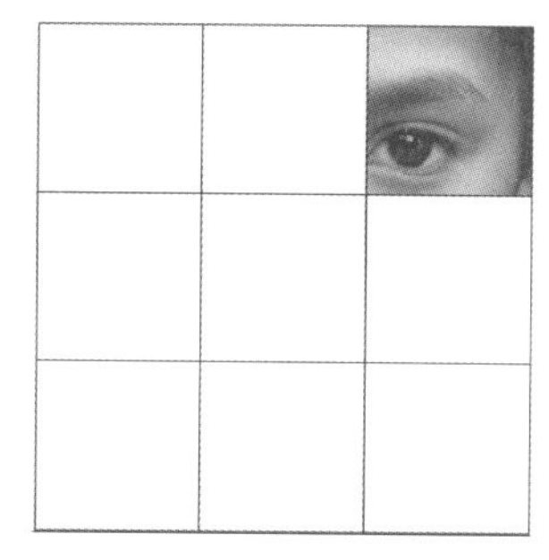

图 9-34 通过左眼的位置可以大致定位脸部

前面讲过，基于 R-CNN 的两阶段检测器，如 Fast R-CNN 或 Faster R-CNN，均通过两个阶段进行检测：

- 生成 RoI。
- 根据 RoI 进行分类和定位(边界框)预测。

再看一下 Faster R-CNN 的伪代码：

```
feature_maps = CNN_processor(image)
RoIs = region_proposal(feature_maps)
for RoI in RoIs
    patch = roi_pooling(feature_maps, RoI)
    class_scores, box = detector3(patch)
    class_probabilities = softmax(class_scores)
```

Faster R-CNN 通过卷积神经网络生成输入图像的特征图，然后直接从特征图中通过若干锚框生成 RoI。对于每个 RoI，不再单独提取特征。因此，这种方法能够显著减少计算量。遵循相同的逻辑，在 R-FCN 中，通过减少计算每个 RoI 的工作量来提高执行速度。基于区域的特征图与 RoI 无关，是在每个 RoI 之外计算的。这样，剩下的计算工作简单很多，这就是 R-FCN 比 Fast R-CNN 或 Faster R-CNN 更快的原因。下面是 R-FCN 的伪代码：

```
feature_maps = CNN_processor(image)
RoIs = region_proposal(feature_maps)
score_maps = compute_score_map(feature_maps)
for RoI in RoIs
    V = region_roi_pool(score_maps, RoI)
    class_scores, box = average(V)   # 更加简单!
    class_probabilities = softmax(class_scores)
```

通过两段伪代码的比较可以看出：在 Faster R-CNN 中，“detector”完成对“class_scores”及“box”的预测工作，这需要两个 FC；而在 R-FCN 中，由于事先对每个 RoI 生成“score_map”，可以得到每个 RoI 的池化结果“V”，“class_scores”及“box”的预测工作是简单地对“V”进行投票，因此速度会快很多。

7.2 位置敏感得分图和 RoI 池化

假设有一个 5×5 的特征图，里面有一个正方形目标对象。将该正方形目标对象均匀分解为 3×3 的网格区域（数字“3”就是下文的超参数“k”）。现在，为这个 5×5 的特征图创建一个新的特征图，用来检测这个正方形目标对象的右上角（TR），比如左眼。那么，这个新的特征图如图 9-35 右中第二行第四列的单元格所示，只有该单元格被激活。

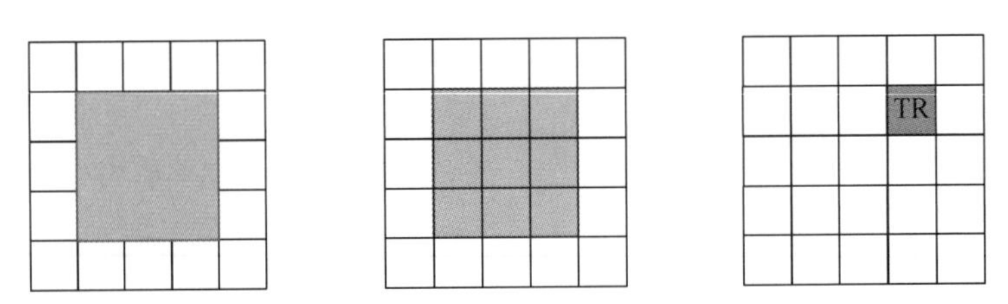

图 9-35 为一个 5×5 的特征图创建一个用来检测正方形目标对象右上角的新的特征图

由于正方形目标对象已经被均分为九个单元格（左上 TL，上中 TC，右上 TR，……，右下 BR），可以对这九个区域分别创建新的特征图，如图 9-36 所示。这些新创建的特征图像称为位置敏感分数图，每个图像检测（对其计分）正方形目标对象的一个子区域。

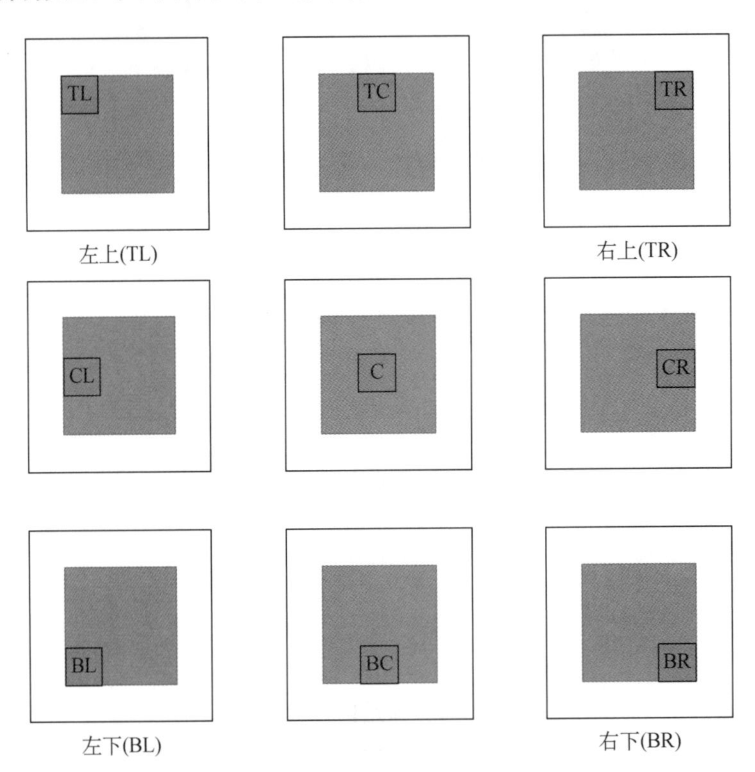

图 9-36 从原始特征图创建新的特征图

假设图 9-37 中的虚线矩形是一个 RoI，也将其划分为 3×3 的单元格，并询问每个单元格包含目标对象相应部分的可能性。例如，“右上角的单元格 TR 包含左眼的可能性有多大”？我们将结果存储在图 9-37(c)所示的 3×3 投票数组中。

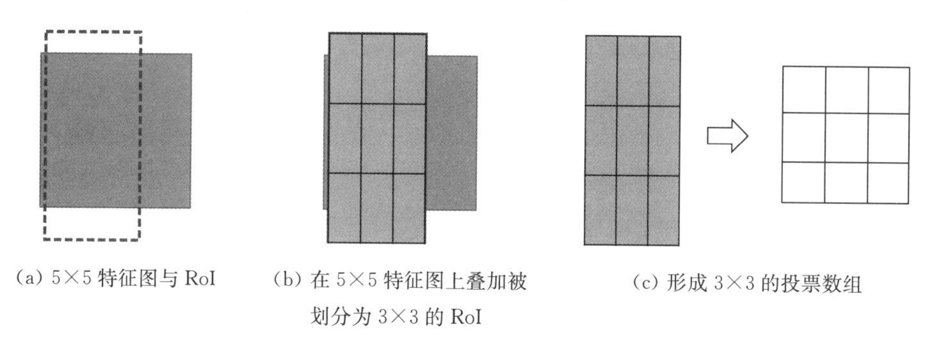

(a) 5×5 特征图与 RoI　(b) 在 5×5 特征图上叠加被划分为 3×3 的 RoI　(c) 形成 3×3 的投票数组

图 9-37　构造投票数组

这个将位置敏感得分图和 RoI 映射到投票数组的过程称为构造位置敏感 RoI 池(position-sensitive RoI-pool)，与 Faster R-CNN 中的 RoI 池化非常相似，具体做法如下(参考图 9-38)：

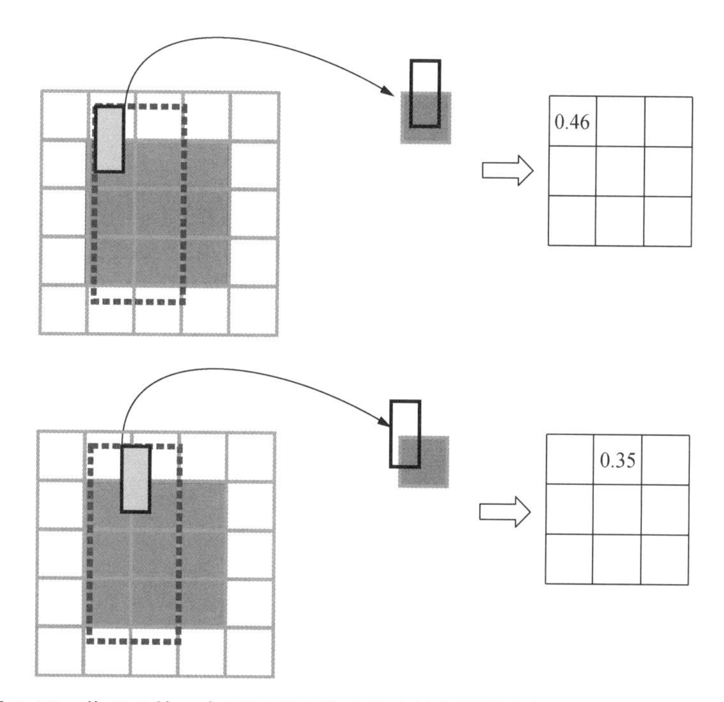

图 9-38　将 RoI 的一个子区域覆盖到相应的位置敏感得分图上，计算 $V_{[i][j]}$

- 首先取 RoI 的左上角(黑边浅灰色实心长方形单元格)，将其叠加到左上角的特征图上(上一行虚线箭头所示)。
- 计算叠加后的得分。由于该长方形单元格内约 54%的区域未激活(即位于被叠加的正方形区域外部)，46%的区域被激活，因此这个长方形单元格的平均得分为0.46。也就是说，检测到左上角存在目标对象的可能性是 0.46。将结果(0.46)存储到数组 $V_{[0][0]}$ 中。
- 同理，用 RoI 的第一行中间的长方形单元格重复上述步骤，得到的分数为 0.35。将结果(0.35)存储到数组 $V_{[0][1]}$ 中。

当计算出 $V_{[i][j]}$ 的各个结果之后，图 9-38 中虚线框所示的这个 RoI 所对应的类别分数(class score)就是 $V_{[i][j]}$ 的平均值(average pooling)，如图 9-39 所示。

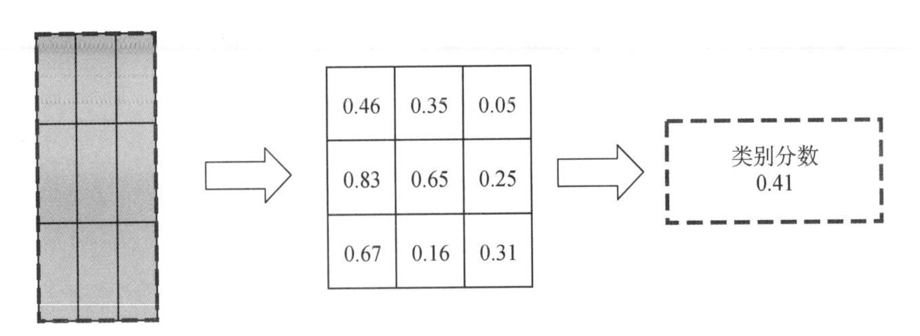

图 9-39 位置敏感池化的计算示例

假设有 c 个类别要检测，加上背景(非目标对象)类，一共是 $c+1$ 个类别。每个类别都有一个 3×3 位置敏感得分图，因此共有 $(c+1)\times 3\times 3$ 个位置敏感分数。如果对每个类别都使用它自身的一组得分，就能预测出每个类别的类别分数(class score)，然后通过这些分数上应用 Softmax 计算每个类别的分类概率。

7.3 R-FCN 的架构

如图 9-40 所示，在 R-FCN 中，来自 CNN(比如 ResNet-101)的输入特征图分作两路：一路输入 RPN 生成一批 RoI；另一路通过 1×1 的卷积，使用两个独立的位置敏感 RoI 池化分别完成分类和回归(图中主要绘制出用于分类的计算流程)。用于分类的分支再经过一次 1×1 的卷积，将通道数缩减为 $k\times k\times(c+1)$，构成位置敏感得分图。这里的 c 为目标分类数，1 为背景，通常 k 设置为 7。通过位置敏感 RoI 池化，得到类别分数，再输入 Softmax 进行分类预测。与此同时，用于边界框回归的分支同样通过 1×1 的卷积，把输入缩减为 $k\times k\times 8$ 通道的特征图，经过位置敏感 RoI 池化之后，通过位置回归得到对包围目标对象的边

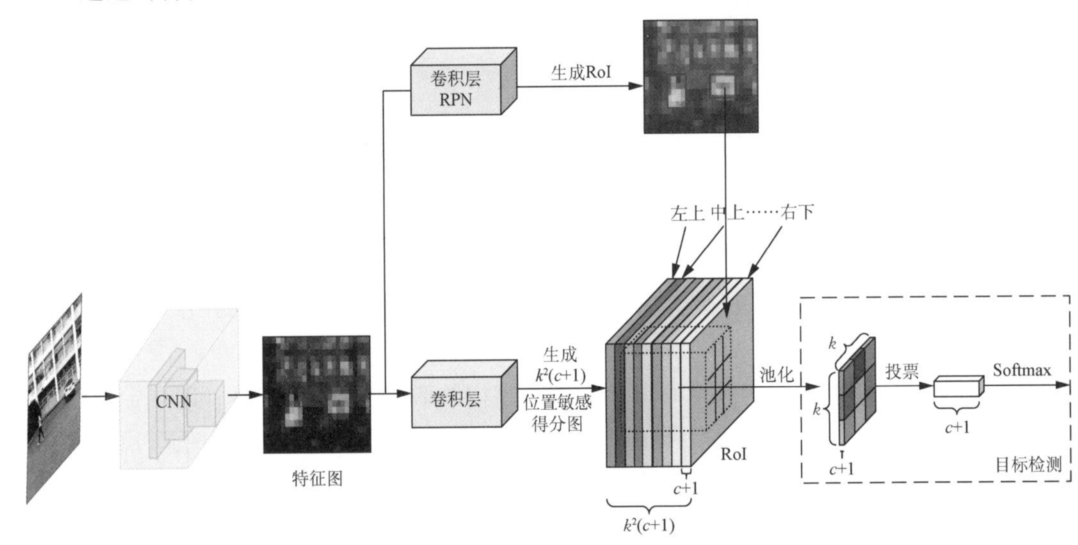

图 9-40 R-FCN 的架构

界框的预测值。这里的"8"来自于对背景类和前景类的边界框回归，每个类四个坐标，总计八个（事实上，背景类没有边界框，只有四个通道是真正被使用的）。由于只进行前景和背景的二分类，因此这种做法在 Faster R-CNN 的实现中被认为是类别未知（class agnostic）方法，当然也有一些方案在具体实现中，选用类别已知（class specific）方法，此时就使用"$4\times(c+1)$"代替"8"的位置，即为每个类别单独构造边界框回归器。

到目前为止，详细解释了常用的几个二阶段目标检测器（two-stage object detector）的工作原理。下面介绍速度更快的一阶段目标检测器（one-stage object detector），比如经典的 YOLO。

第八节 YOLO

8.1 什么是 YOLO?

YOLO 代表"You Only Look Once"，即"你只看一次"。它充分利用滑动窗口的思想，通过对不同尺度下的目标对象进行检测，一次性解决分类及边界框回归问题，因此是一种速度较快的目标检测算法。到本书撰写时，YOLO 共有四个版本①，这里介绍的是 YOLO-V3[13]，其架构如图 9-41 所示。

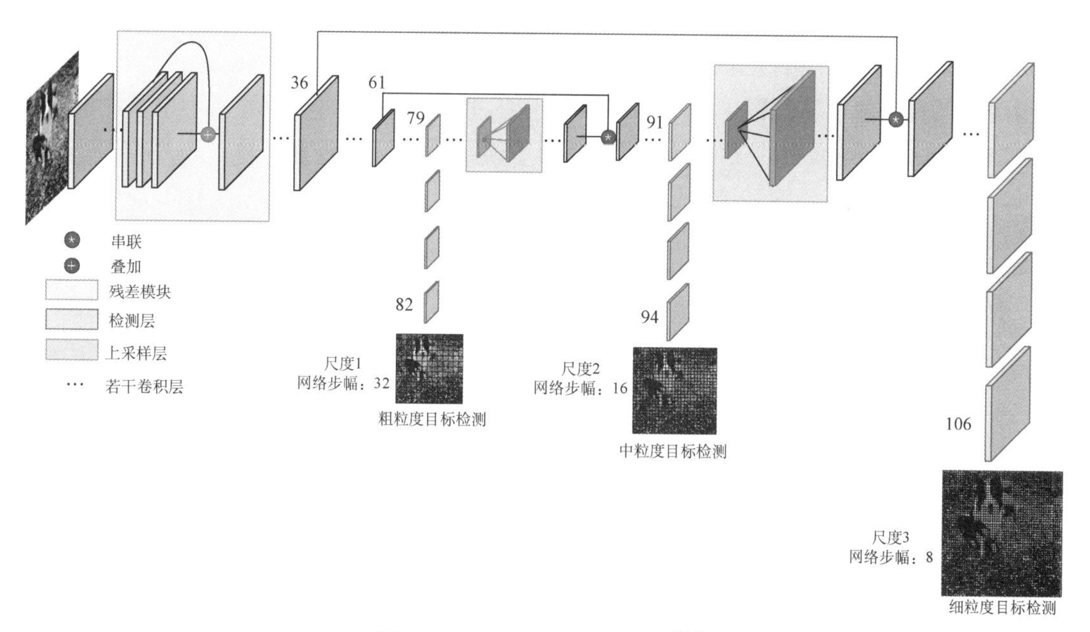

图 9-41 YOLO-V3 架构示意[14]

① YOLO 作为目标检测算法中独树一帜的代表，目前发表的前三个版本的作者都是 Joe Redmon。当他因为个人原因退出计算机视觉领域的研究工作之后，Alexey Bochkovskyi 接手，并于 2020 年推出了 YOLO-V4 版本。从算法的角度而言，YOLO-V3 更具特色，因此我们以它为例进行讲解。

8.2 完全卷积神经网络

YOLO-V3 的设计广泛吸纳了现代卷积神经网络的设计优点，它是一个由 75 个卷积层构成的完全卷积神经网络，其中包含带有跨接的残差块，使得梯度传递更加稳健。此外，对称形式的下采样与上采样兼顾信息的浓缩与还原，便于对不同尺度的目标对象进行精确的检测。该网络不使用任何形式的池化，改用步长为 2 的卷积层对特征图进行下采样，从而有助于防止由于池化所造成的底层特征丢失。

作为 FCN，YOLO 对输入图像的大小不敏感。然而在实践中，往往会选择固定大小的输入图像，这可以减轻数据预处理的负担。YOLO 通过网络步幅(stride of the network)对图像进行下采样。例如，如果网络步幅是 32，那么一个 416×416 的输入图像将产生一个 13×13 的输出(416/32=13)。通过这种方式，YOLO-V3 在三种网络步幅下可以分别产生三种不同大小的输出，从而完成粗粒度、中粒度及细粒度的目标检测任务。

8.2.1 YOLO-V3 的输出

与前文阐述的分类与回归任务相同，在 YOLO 中，依然将卷积层学习的特征输入分类器和边界框回归器。通过 1×1 的卷积完成对类别标签、边界框坐标的检测。由于采用 1×1 的卷积，因此预测图的大小与之前的特征图的大小相同。在 YOLO-V3 中，最终输出的预测图中的每个单元，都可以预测固定锚框数量的边界框。为了便于理解，将输出特征图中的每个单元称为一个单元格(cell)。

在深度方面，输出特征图中有 $B\times(5+C)$ 项，其中 B 表示每个单元格可以预测的边界框的数量。B 个边界框中的任何一个都可以用于检测某种目标对象。每个边界框都有 $5+C$ 个属性，这些属性描述的是每个边界框的中心坐标(t_x, t_y)、尺寸(t_w, t_h)、包含目标对象的概率(p_o) 和各个类别的分类置信度(p_1, p_2, …, p_C)。在 YOLO-V3 中，每个单元格预测三个边界框，即有三种不同尺寸的锚框。

当待检测目标对象的中心落在某个单元格的感受野中时，这个单元格就负责预测该目标对象是什么类别。(感受野是这个单元格可以“看到”的输入图像的区域，其内容详见本书第七章第四节)。这些概念的产生与 YOLO 的训练方式有关，即只有一个边界框负责检测任何给定的待检测目标对象。因此，首先必须确定这个边界框属于哪个单元格。

为此，将输入图像划分为与输出特征图相同单元格数目的网格。换言之，对于一幅 416×416 的图像，若网络步幅是 32，那么最终用于预测的特征图的尺寸将是 13×13，即将输入图像划分成 13×13 的网格，如图 9-42 所示①。

此时，包含待测目标对象真值边界框中心的那个单元格，作为“责任格”负责预测该目标对象的类别，以及其边界框有多大。在图 9-42 中，这个格子就是白色单元格，因为它包含真值边界框的中心点。

由于白色单元格是输入图像上第五行的第五个单元格，所以将输出特征图上第五行的第五个单元格指定为负责检测目标对象的责任单元。如前所述，YOLO-V3 共有三种锚框，

① 这张照片是一只名叫“小雷”的宠物犬，感谢它的友情出镜。

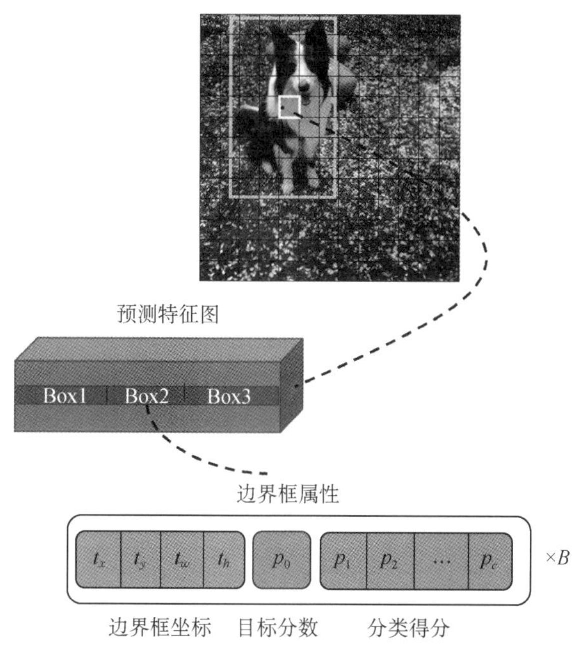

图 9-42 将输入图像划分为 13×13 的网格[14]

这个白色单元格此时的任务就是找出该单元格的三个锚框中与真值框之间的 IoU 最大者作为最终的锚框。

8.2.2 YOLO 中的锚框

尽管目标检测的目的是精确给出目标对象边界框的宽度和高度,但事实上,这会导致训练时梯度不稳定。因此,现代目标检测器都侧重于如何预测锚框与真值框之间的偏移量,并将其应用于锚框,从而计算出最终的预测边界框。虽然可以人工选择锚框的大小,然后交给神经网络训练,再调整其大小。但是,一个更好的方法是对训练集合中所有已标注的真值边界框进行聚类分析,获得锚框尺寸。此时,锚框或先验(prior)边界框能够进一步提高 YOLO 的目标检测性能。

以下四个公式给出了如何将神经网络输出的边界框结果变换为所需的预测边界框(参考图 9-43):

$$b_x = \sigma(t_x) + c_x$$

$$b_y = \sigma(t_y) + c_y$$

$$b_w = p_w e^{t_w}$$

$$b_h = p_h e^{t_h}$$

这里:b_x 和b_y 表示经过变换之后预测出来的边界框的中心点坐标;b_w 和b_h 表示经过变换之后预测出来的边界框的宽度和高度;t_x, t_y, t_w, t_h 表示网络预测的四个坐标量;c_x 和 c_y 表示图像网格左上角的坐标;p_w 和 p_h 表示锚框的宽与高;$\sigma(t)$ 代表 Sigmoid 函数。

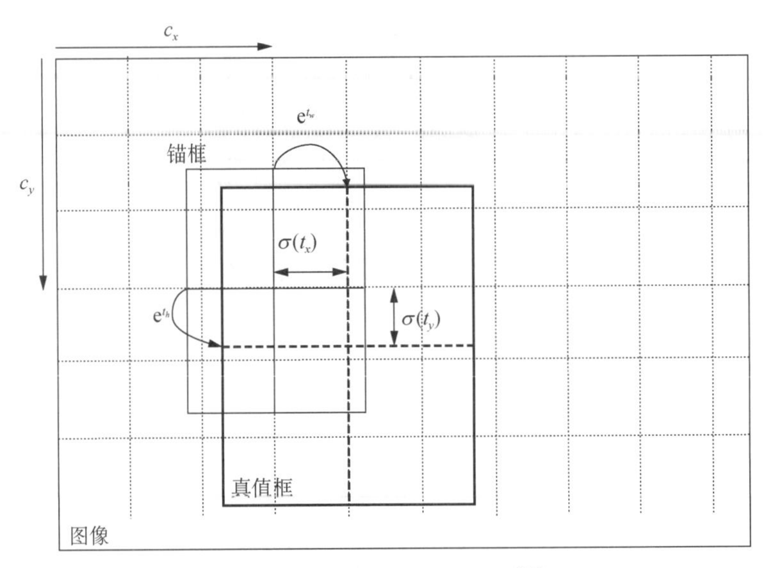

图 9-43 从锚框逼近真值框[14]

8.2.3 中心点坐标

注意:边界框中心点坐标的预测是通过 Sigmoid 函数完成的,即迫使输出值在 0 和 1 之间。那么,为什么要这样呢?如前所述,YOLO 不会去预测边界框中心的绝对坐标,它所预测的是相对于负责检测该目标对象的那个“责任单元格”左上角的偏移量,且其值是单位化之后的相对值。因此,中心点的坐标总是在区间(0.0, 1.0)内。仍以图 9-42 为例,如果对中心点坐标的预测结果是(0.1, 0.5),那么意味着中心点位于 13×13 的输出特征图上的(4.1, 4.5),因为白色单元格的左上角坐标是(4.0, 4.0)。

如果预测的中心点坐标大于 1,比如(1.2, 0.5),会发生什么?这意味着中心点位于(5.2, 4.5)。请注意,此时中心点位于白色单元格右侧的单元格中,或者位于第五行的第六个单元格中。这就打破了 YOLO 预设的理论,因为如果白色单元格负责预测目标对象,那么目标对象的中心点必须位于白色单元格中,而不是位于其旁边的单元格中。为了解决这个问题,在 YOLO-V3 中,最终的输出会传递给 Sigmoid 函数,此函数将输出压缩在 0~1,从而有效地将中心点保持在负责预测的单元格内。

8.2.4 边界框尺寸的精确计算

最终预测的边界框尺寸 (b_w, b_h) 是通过将对数空间变换应用于网络预测的坐标(t_w, t_h),然后乘以锚框尺寸获得的。因为在构造边界框的标签量时,会首先对图像的高度和宽度进行归一化处理,所以预测的 b_w 和 b_h 也是归一化之后的结果。换言之,如果包含目标对象的边界框的预测结果是(0.3, 0.8),那么在 13×13 的特征图上的实际宽度和高度是(13×0.3, 13×0.8)。

8.2.5 目标分数

目标分数表示目标对象包含在边界框内的概率(即前文中的前景和背景的二元分类概率)。对于白色及其相邻单元格,其目标分数应该接近于1,而对于角落处的单元格,其目标分数几乎为0。在YOLO-V3中,每个锚框都通过回归得到一个预测的目标分数。对于所有IoU大于阈值(0.5)的锚框,再通过非极大值抑制,留下IoU最大的锚框,预测所得目标分数通常接近于1。注意,在YOLO-V3之前的文章中,目标分数也被称为置信度得分(confidence score)。

8.2.6 分类预测

分类预测的目的在于给出检测到的目标对象属于某个类别(如上衣、裤子、高跟鞋)的概率。在YOLO-V3出现之前,YOLO一直使用Softmax给出分类概率。但是,Softmax在YOLO-V3中被替换为Sigmoid,原因是Softmax分类意味着预先假设这些类别是互相排斥的。简单地说,如果一个目标对象属于某个类别,那么它一定不属于其他类别。这对于COCO数据库来说是正确的。但是,对于女性(female)和人(person)这样的分类问题,上述假设就不能成立,这就是YOLO-V3中激活函数不再使用Softmax的原因。

8.3 多尺度检测

YOLO-V3在三种不同尺度的特征图上进行目标检测,网络步幅分别为32、16和8。若输入图像的尺寸为416×416,则YOLO-V3在13×13、26×26和52×52这三个不同尺度上进行目标对象的检测。这样设计的目的是希望能够同时兼顾大、中、小三种不同尺度(又称粗、中、细三种不同粒度)的目标检测任务。在每个尺度下,每个单元格使用三个锚框预测三个边界框,即三个尺度所使用的锚框总数为9,这有助于YOLO-V3更好地检测小物体。

在三种尺度下,对于尺寸为416×416的输入图像,YOLO-V3共预测出[(52×52)+(26×26)+(13×13)]×3=10 647个边界框。然而,对于图9-44所示的单一目标对象的检测问题,如何将预测的边界框数从10 647降为1呢?此时,就要利用每个预测边界框的目标分数。首先,将那些目标分数低于某个给定阈值(如0.5)的边界框剔除;然后,利用非极大值抑制进行第二次筛选,最终得到唯一的一个边界框。

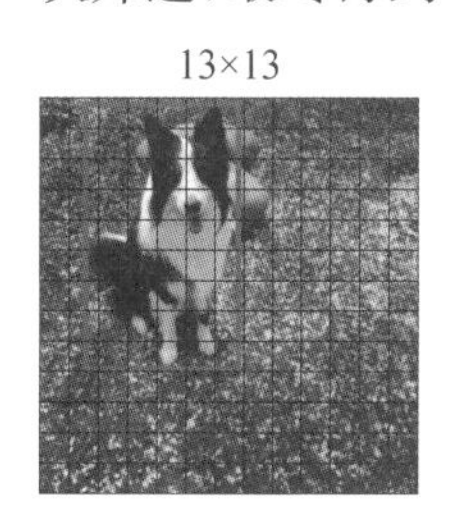

图9-44 YOLO-V3中用到的三种不同网络步幅下的不同尺度的网格[14]

8.4 YOLO-V3 架构详解

为什么 YOLO-V3 采用图 9-41 所示的架构呢？我们稍微看一点它的发展历史。自从 YOLO 问世之后，在各种主流神经网络架构的竞争下，又推出了 V2 版本。YOLO-V2 采用自定义的 19 层深度神经网络 Darknet-19 作为特征提取器，另外还有 11 层用于目标对象检测。因此，YOLO-V2 实际上采用的是 30 层的架构。但是，它在小目标检测中力不从心，这归因于细粒度特征的丢失，因为各卷积层都在对其输入进行下采样。为了解决这个问题，YOLO-V2 使用了类似于恒等映射的设计，通过特征串联来捕获细粒度特征。

然而，YOLO-V2 的架构仍然缺少一些重要元素，没有残差块，没有跨接，也没有上采样，而这些元素是大多数先进算法的主要精华。YOLO-V3 的架构是考虑了这些元素之后推出的。

首先，YOLO-V3 将 Darknet 的变体，即一个 53 层的 FCN 架构，用于图像特征提取，为应对检测任务，又在其上堆叠 53 层，形成 106 层的 FCN 架构，这也是它与 YOLO-V2 相比速度较慢的原因。

8.4.1 三个尺度下的检测

YOLO-V3 的架构拥有残差块的跨接和上采样，它最显著的特点是可以在三种不同尺度上进行检测。作为一个完全卷积网络，YOLO-V3 的最终输出是通过在特征图上应用 1×1 的卷积核生成的。具体来说，是通过在网络中的三个不同位置，在三种不同大小的输出特征图上分别应用 $[B\times(5+C)]$ 个 1×1 的卷积核来完成检测的。举例而言，在使用 COCO 数据集训练的 YOLO-V3 中，$B=3$，$C=80$，因此用于目标检测的卷积核的大小为 1×1×255。鉴于 1×1 卷积核的特质，该卷积核生成的特征图具有与输入特征图完全相同的高度和宽度，且其深度方向的各个分量就是我们所检测到的 $3\times(5+80)=255$ 维的检测结果向量。

假设图像大小是 416×416，第一次检测由第 82 层负责。对于前 81 层，图像经过一系列的下采样，使得第 81 层具有 32 的网络步幅。由于原始输入是 416×416 的图像，因此得到的特征图将具有 13×13 的大小，加上这里使用的是 1×1 检测卷积核，因此得到的是 13×13×255 的检测特征图。然后，来自第 79 层的特征图经历几个卷积层后被 2 倍上采样为 26×26 的维度，将该特征图与来自第 61 层的特征图在深度方向上串联，将串联后的特征图再次经过几个 1×1 卷积层，以融合来自第 61 层的特征。

同理，在第 94 层进行第二次检测，产生 26×26×255 的检测特征图。遵循类似的过程，来自第 91 层的特征图在与来自第 36 层的特征图在深度方向上串联之前，同样经历少量卷积层。再用几个 1×1 卷积层来融合来自第 36 层的特征。最后在第 106 层进行第三个尺度，也是最后一个尺度下的检测，产生尺寸为 52×52×255 的特征图。

仔细观察可以发现两个明显的特点。首先，这整个过程与特征金字塔网络的思想很类似[15]。其次，这种将上采样与前道特征相融合的网络架构，允许我们从上采样的特征中获得更有意义的语义信息，并从前道特征图中获得更细粒度的信息。

前面讲过，在 YOLO-V3 中共使用了九个锚框，即每个尺度下三个。如果读者在自己的数据集上训练 YOLO，则应该使用 K-Means 聚类来生成九个锚框。然后，按照锚框的尺寸降序排列它们[注意：在 YOLO-V3 的原文[4]中，将锚框称为“边界框先验”(bounding box prior)]，并为第一个尺度分配三个最大的锚框，为第二个尺度分配居中的三个锚框，为第三个尺度分配最后的三个锚框。

8.4.2 YOLO 系列中的损失函数

YOLO-V3 最大的特点是将多个目标检测的不同模块组合在一起，使用整幅图像的特征来预测每个边界框，同时预测一幅图像中所有目标对象类别的所有边界框。这意味着 YOLO-V3 能够全面地推理整幅图像和图像中的所有目标，实现端到端的训练和近乎实时的速度(当硬件条件具备时)，同时保持较高的平均精度。要了解 YOLO-V3 是如何做到这一点的，需要先了解 YOLO-V1 中的损失函数[16]。

根据 YOLO 的设计思路，它在每个单元格上预测多个边界框。在训练中，我们希望每个边界框只负责一种待测目标对象。这要看边界框中哪个与真值框之间的 IoU 最大，就由它负责检测该目标对象。这样，实际上提高了边界框的“专业程度”，每个边界框能够更好地预测目标对象的尺寸、长宽比或者其类别标签，最终提高召回率。

若某个单元格的确包含某个类别的目标对象，则该单元格还负责预测 c 个类别的条件概率 $P_r(\text{Class}_i|\text{Object})$。因此，每个单元格只预测一组类别概率，而不管边界框数量 B 是多少。

在训练完成进入测试阶段时，将类别条件概率和单个边界框的置信度预测值相乘：

$$P_r(\text{Class}_i \mid \text{Object}) \times P_r(\text{Object}) \times \text{IoU}_{\text{pred}}^{\text{truth}} = P_r(\text{Class}_i) \times \text{IoU}_{\text{pred}}^{\text{truth}}$$

其结果提供了每个边界框对某个特定类别的置信度分数，该分数实际上给出了该类别出现在这个边界框中的概率，以及边界框对目标对象拟合的好坏程度。

YOLO-V1 采用平方和误差的形式，因为该方法易于优化。但是，原始的平方和误差不利于提高平均精度，因为它将定位误差和分类识别误差看得同样重要。此外，在每幅图像上，其实很多单元格并不包含任何目标对象，这使得大量单元格中的置信度分数为 0。这样一个分布极不平衡的现象，在梯度下降时会淹没那些真正包含目标对象的单元格，使得模型变得不稳定，在训练早期出现发散。

为了解决这个问题，在 YOLO-V1 中就提出增加边界框坐标预测损失的权重，并减少不包含目标对象边界框的置信度预测损失的权重，即使用两个参数 $\lambda_{\text{coord}}=5$ 和 $\lambda_{\text{noobj}}=0.5$ 达成。采用平方和误差还有一个缺陷，就是在大边界框和小边界框出现预测误差时同等对待。然而事实上，误差项的设计应该使得大边界框中的小小偏差相比于小边界框中的小小偏差更加不重要。这类似于成人手指上割了个口子可以一笑了之，而小朋友手指被划破是要大哭特哭的。作为该问题的一个部分解决方案，YOLO-V1 的损失函数直接预测边界框的宽度和高度的平方根，而不是宽度和高度。

有鉴于此，在训练时，YOLO-V1 的损失函数由以下多个部分组成：

$$\lambda_{\text{coord}} \sum_{i=0}^{S^2} \sum_{j=0}^{B} 1_{ij}^{\text{obj}} \left[(x_i - \hat{x}_i)^2 + (y_i - \hat{y}_i)^2 \right]$$

$$
\begin{aligned}
&+\lambda_{\text{coord}}\sum_{i=0}^{S^2}\sum_{j=0}^{B}1_{ij}^{\text{obj}}\left[(\sqrt{w_i}-\sqrt{\hat{w}_i})^2+(\sqrt{h_i}-\sqrt{\hat{h}_i})^2\right]\\
&+\sum_{i=0}^{S^2}\sum_{j=0}^{B}1_{ij}^{\text{obj}}(c_i^2-\hat{c}_i)^2+\lambda_{\text{noobj}}\sum_{i=0}^{S^2}\sum_{j=0}^{B}1_{ij}^{\text{noobj}}(c_i{}^2-\hat{c}_i)^2\\
&+\sum_{i=0}^{S^2}1_i^{\text{obj}}\sum_{c\in\text{classes}}\left[p_i(c)-\hat{p}_i(c)\right]^2
\end{aligned}
$$

其中：1_i^{obj} 表示第 i 个单元格中是否有目标对象出现；1_{ij}^{obj} 表示第 i 个单元格中的第 j 个边界框是否负责这个目标对象的预测（只有 IoU 最大的边界框才负责该目标对象的预测）。当某个目标对象出现在该单元格中时，损失函数仅仅惩罚分类误差。同时，若某个边界框负责预测边界坐标（即该单元格上 IoU 最大的边界框），则损失函数也仅仅惩罚相应的坐标误差。

因此，上述损失函数中，第一项用于预测边界框中心点坐标，第二项用于预测边界框尺寸，第三项用于预测边界框包含目标对象的置信度，第四项用于预测边界框不包含目标对象的置信度，第五项用于预测类别。特别是后三项中，第一个用于惩罚包含目标对象的边界框的目标分数误差（理想情况下应为 1），第二个用于惩罚不包含目标对象的边界框的目标分数误差（理想情况下应为 0），最后一个惩罚预测边界框给出的目标类别预测结果误差。需要说明的是，YOLO-V1 中没有锚框的概念，从 V2 开始引入锚框，而在 V3 中，置信度分数被称为目标分数。按照前文所述的采用逻辑回归的方式对每个锚框进行计算，每个真值框只与一个责任锚框相关。对于没有责任的锚框而言，既没分类损失，也没有定位损失，只有目标置信度损失。此外，在 V1 和 V2 中，各误差项均为平方误差；而在 V3 中，除了宽度和高度部分的损失，其他部分均被二元交叉熵误差项取代。

第九节 Mask R-CNN

前面的内容主要针对目标检测，本节介绍一个著名的用于实例分割的神经网络。与目标检测不同，实例分割将目标检测问题和语义分割任务相结合。2017 年，何恺明等提出 Mask R-CNN 的框架来解决实例分割问题，取得了非常令人振奋的结果，如图 9-45 所示[17]。该模型不仅可预测每个像素的分类，还能预测每个像素属于哪个实例，并给出实例的边界。这样，即使是同一个类别的实例，也能被清晰分辨。

Mask R-CNN 的具体方法是在 Faster R-CNN 的基础上添加一个掩码分支，实现了同时预测目标分类/边界框和目标的图像掩码。尽管看似简单，但 Mask R-CNN 的目标检测和实例分割能力超过当时的众多模型。同时，这种多任务分支的框架也非常易于扩展，比如可以继续添加一个关键点预测任务，结果发现在 COCO 数据集中，这个思想也取得了当时最好的成绩。因此，在很多需要准确进行实例分割的任务中，Mask R-CNN 通常是算法的起点。

如图 9-46 所示，在图像掩码（mask）分支上，Mask R-CNN 对每个 RoI 使用全卷积网络（FCN）预测一个像素级别的二值化掩码。假设存在 C 个目标对象类别，对于每个 RoI 而言，掩码分支的输出维度为 $C\times m\times m$，其中 $m\times m$ 为掩码的分辨率。每个像素值为经过

图 9-45 实例分割示例

Sigmoid 激活的 0 到 1 之间的值。Mask R-CNN 的损失函数由三部分构成，分别是分类损失(L_{cls})、边界框回归损失(L_{box})及掩码损失(L_{mask})：

$$L = L_{cls} + L_{box} + L_{mask}$$

其中：L_{cls} 及 L_{box} 与 Fast R-CNN 中的计算方式相同；L_{mask} 为诸像素二值化交叉熵损失的平均值。

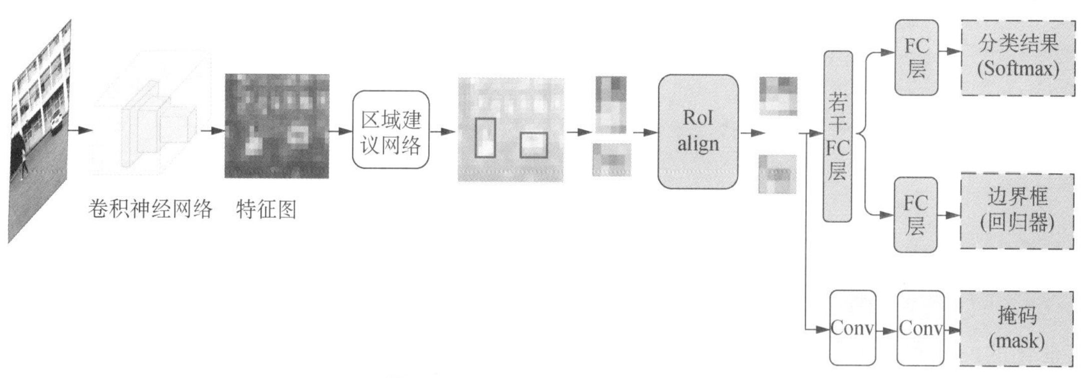

图 9-46 MaskR-CNN 的架构

对于与某个 RoI 相关联的真值类别 C 而言，L_{mask} 仅仅在第 C 个掩码上有定义(其他掩码的输出对该掩码的损失没有贡献)。该定义方式使得 Mask R-CNN 能够为每个目标类别生成相应的掩码，无需类别间的竞争，并通过类别标签预测分支选择对应的输出掩码，从而将掩码和类别预测分离开来。这也是它比其他实例分割算法的效果更佳的主要原因之一。

掩码实际上是对输入目标对象的空间布局(spatial layout)的一种编码形式。由于 Mask R-CNN 中的掩码分支通过 FCN 对每个 RoI 预测一个 $m \times m$ 的掩码，因此在掩码分支中的每个卷积层之间，目标对象间的空间布局关系能够得到很好的保持。然而，这种像素与像素间的关联需要 RoI 特征图像之间严格遵守原始的布局关系，而 Faster R-CNN 中的 RoI 池化在计算过程中会导致圆整误差，从而破坏实例分割的准确性。

为了解决这个问题，Mask R-CNN 采用 RoI 对齐(RoI align)替代 Faster R-CNN 中的 RoI 池化。RoI 池化在计算 RoI 边界的时候，进行了两次取整(图 9-47)，导致额外的误差：(1)所建议区域的中心点坐标及宽和高通常都是小数，为了方便，对它们进行取整；(2)将

RoI 平均分割成 $k\times k$ 个单元，每个单元的边界会进行取整。此时，候选框的位置和建议的位置产生偏差。这个误差在目标检测任务中不明显，但是在像素级别的任务如实例分割中，对结果的准确度有较明显的影响。

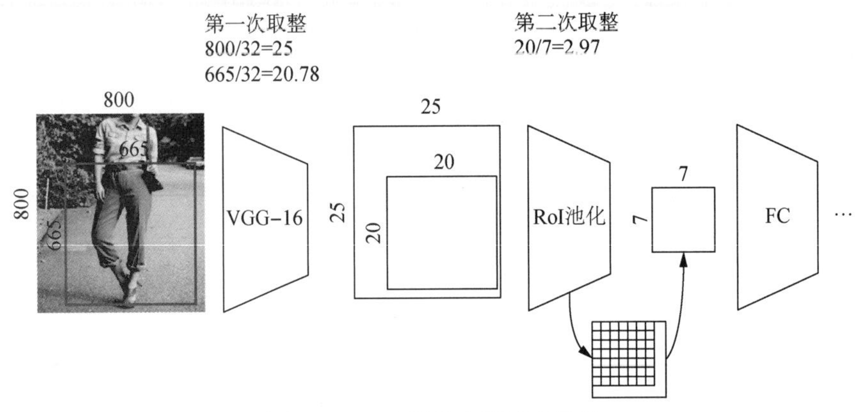

图 9-47 RoI 池化中的两次取整

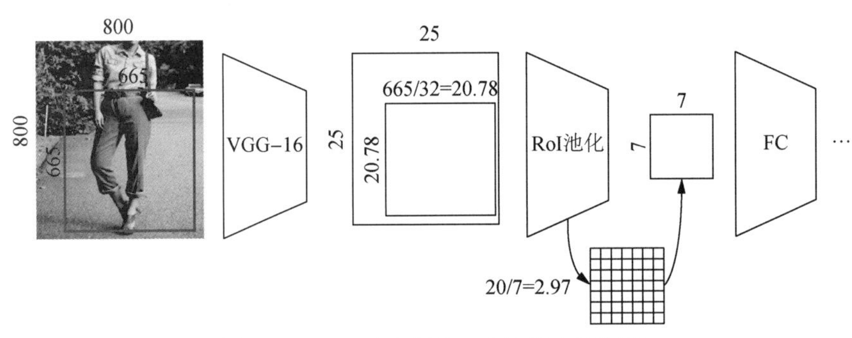

图 9-48 RoI 对齐取消 RoI 池化中的取整

针对这些问题，RoI 对齐的解决方法是在 RoI 池化的两次取整环节都保留小数(图 9-48)。为了得到 RoI 对齐之后的 7×7 区域内每个元素的值，对每个单元(原文称为“bin”)进行多次采样，如采用 2×2 采样，使用双线性插值方法得到采样点的值，然后对多次采样点使用最大池化或者平均池化得到一个单元的元素值(图 9-49)。这个过程中没有任何取整，有效解决了 RoI 边界框与建议的边界框不匹配的问题。

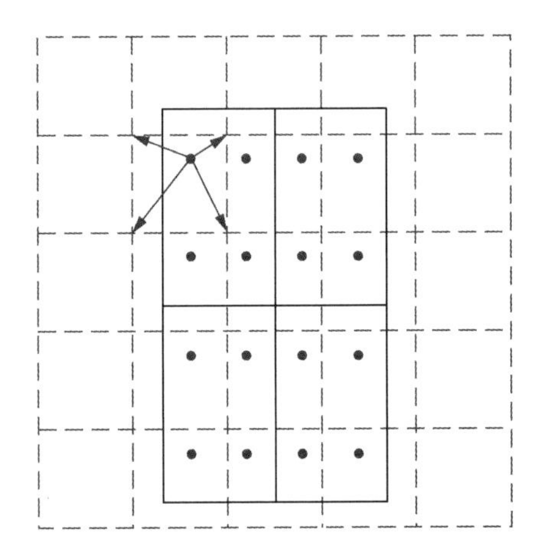

图 9-49 RoI 对齐使用双线性插值方法计算每个单元中四个采样点的值，然后使用最大池化或者平均池化得到一个单元的值

总的来说，Mask R-CNN 在 Faster R-CNN 的基础上建立了一个联合分类识别、目标检测、语义分割、关键点检测多个视觉任务的框架，同时利用 RoI 对齐替换 RoI 池化以解决 RoI 边界框不匹配的问题，是解决实例分割的有效框架，也是相关视觉任务的一个重要对比方案。

参考文献：

[1] Rafaelpadilla. Object-detection-metrics[CP/OL]. (2019-06-20)[2019-10-03]. https://github.- com/rafaelpadilla/Object-Detection-Metrics.

[2] Lin T Y, Goyal P, Girshick R, et al. Focal loss for dense object detection[C]// IEEE Transactions on Pattern Analysis & Machine Intelligence, 2017, 99: 2999-3007.

[3] Sermanet P, Eigen D, Zhang X, et al. OverFeat: Integrated recognition, localization and detection using convolutional networks[C]// Proceedings of the IEEE Conference on Computer Vision and Pattern Recognition. Piscataway, NJ: IEEE, 2014.

[4] Uijlings J R R, K. E. A. van de Sand, Gevers T, et al. Selective search for object recognition[J]. International Journal of Computer Vision, 2013, 104(2): 154-171.

[5] Girshick R, Donahue J, Darrel T, et al. Rich feature hierarchies for accurate object detection and semantic segmentation[C]// Proceedings of the IEEE Conference on Computer Vision and Pattern Recognition. Piscataway, NJ: IEEE, 2014.

[6] Information engineering[Z/OL]. [2019-10-03]. http://www.robots.ox.ac.uk/～tvg/publication-s/talks/fast-rcnn-slides.pdf.

[7] He K, Zhang X, Ren S, et al. Spatial pyramid pooling in deep convolutional networks for visual recognition[J]. IEEE Transactions on Pattern Analysis & Machine Intelligence, 2014, 37(9): 1904-1916.

[8] Girshick R. Fast R-CNN[C]//Proceedings of the IEEE Conference on Computer Vision and Pattern Recognition, 2016: 1015-1024.

[9] Ren S, Girshick R, Girshick R, et al. Faster R-CNN: Towards real-time object detection with region proposal networks[J]. IEEE Transactions on Pattern Analysis & Machine Intelligence, 2017, 39(6): 1137-1149.

[10] He K, Zhang X, Ren S, et al. Deep residual learning for image recognition[C]//Proceedings of the IEEE Conference on Computer Vision and Pattern Recognition, 2015: 788-796.

[11] Ankur6ue. Object detection and classification using R-CNNs. (2018-03-11)[2019-10-06]. http://w-ww.telesens.co/2018/03/11/object-detection-and-classification-using-r-cnns/.

[12] Dai J, Li Y, He K, et al. R-FCN: Object detection via region-based fully convolutional network-s[C]// Proceedings of the IEEE Conference on Computer Vision and Pattern Recognition, 2016: 235-245.

[13] Redmon J, Farhadi A. YOLOV3: An incremental improvement[C]//Proceedings of the IEEE Conference on Computer Vision and Pattern Recognition, 2018: 299-312.

[14] Kathuria A. What is new in YOLO V3. [2019-10-03]. https://towardsdatascience.com/yolo-V3-object-detection-53fb7d3bfe6b.

[15] Lin T Y, Dollár P, Girshick R, et al. Feature pyramid networks for object detection[C]// Proceedings of the IEEE Conference on Computer Vision and Pattern Recognition, 2016: 366-378.

[16] Redmon J, Divvala S, Girshick R, et al. You only look once: Unified, real-time object detection[C]// Proceedings of the IEEE Conference on Computer Vision and Pattern Recognition, 2015: 1124-1136.

[17] He K, Gkioxari G, Dollar P, et al. Mask R-CNN[C]// IEEE Transactions on Pattern Analysis & Machine Intelligence, 2017, 99:1-1.

第十章　常见深度神经网络架构

第一节　DenseNet

随着网络深度的增加，梯度消失问题有可能会愈加明显。很多研究都针对这个问题提出了解决方案，比如 ResNet[1]、Highway Networks[2]、Stochastic depth[3]、FractalNet[4]等。尽管这些算法的网络结构有差别，但核心都在于创建从早期层到后续层的跨层连接。此外，随着卷积神经网络技术的深入发展，人们发现如果卷积神经网络在靠近输入的层和靠近输出的层之间包含短接，则可以进行更深入、更准确和更有效的训练。有鉴于此，DenseNet 问世了，其架构如图 10-1 所示[5]。为了保证层与层之间信息流动的最大化，该神经网络中的每一层与其后面的层之间建立了跨接关系（前提是特征图尺寸相同）。若传统的 L 层卷积神经网络有 L 个层间连接，则 DenseNet 有 $L(L+1)/2$ 个层间连接。对于每一层而言，前面所有层的特征图在串联之后都作为其输入，因此第 L 层有 l 个输入，而本层的特征图也会传递给后续的第$(L-l)$层作为输入。DenseNet 的这一设计使得梯度消失问题进一步被减轻，同时加强了特征的传播及复用，从而降低了参数总量。

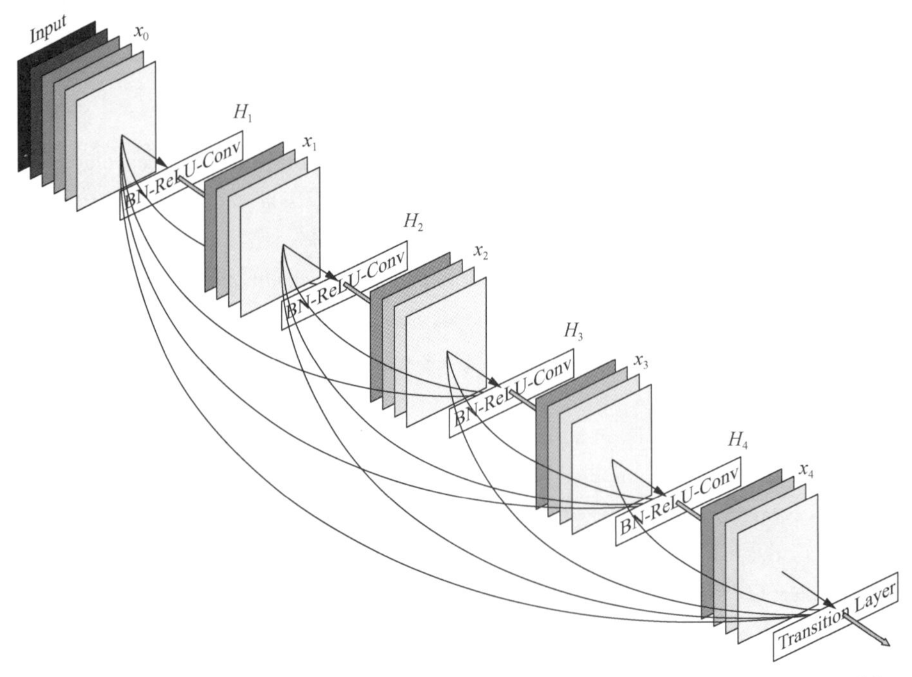

图 10-1　一个增长率 $k=4$ 的五层密集块，每层均将前面所有层的特征图作为输入[5]

DenseNet 与 ResNet 相比较，至关重要的一点是前者不采用将特征图像输入某层之前对其进行加和的方式，而是通过串联将特征图合并在一起。对于一幅输入图像 x_0，通过一个 L 层卷积神经网络。每层实现一个非线性变换 $H_l(\cdot)$，其中 l 表示层的编号，$H_l(\cdot)$ 可看作一个复合函数，由多种不同操作构成，比如批量归一化、ReLU、池化或卷积。若用 $\boldsymbol{x}_l$ 表示第 l 层的输出，则在向前传播的计算中，以第 l 层的输出作为第 $(l+1)$ 层的输入时，存在以下层间转换关系：

$$\boldsymbol{x}_l = H_l(\boldsymbol{x}_{l-1})$$

在 ResNet 中，可通过一个恒等函数添加一个跨接，绕过非线性变换：

$$\boldsymbol{x}_l = H_l(\boldsymbol{x}_{l-1}) + \boldsymbol{x}_{l-1}$$

ResNet 的优点是梯度可以直接通过恒等函数从后面的层流向前面的层。然而，由于恒等函数与 H_l 的输出之间进行的是求和运算，因此会阻碍网络中的信息流动。有鉴于此，在 DenseNet 中引入从任何层到其后面的各层的直接连接（图 10-1），第 l 层接收其前面的各层的特征图 $\boldsymbol{x}_0$，$\boldsymbol{x}_1$，…，$\boldsymbol{x}_{l-1}$ 作为输入：

$$\boldsymbol{x}_l = H_l([\boldsymbol{x}_0, \boldsymbol{x}_1, \cdots, \boldsymbol{x}_{l-1}]) \tag{10-1}$$

其中：$[\boldsymbol{x}_0, \boldsymbol{x}_1, \cdots, \boldsymbol{x}_{l-1}]$ 表示第 0，1，…，$l-1$ 层的特征图的串联（concatenation）。

在采用 TensorFlow 或 PyTorch 等框架进行编程实现时，这个串联结果是一个张量（tensor）。图 10-1 所示的 DenseNet 中的非线性函数 $H_l(\cdot)$，由批量归一化→ReLU→卷积，即“BN→ReLU→(3×3)Conv”构成。

式(10-1)所示的串联操作在特征图尺寸发生改变时是不可行的，因此，在 DenseNet 中，网络被划分为由多个密集连接所构成的密集块（dense block），如图 10-2 所示。密集块之间由卷积和池化构成过渡层（transition layer），从而完成对特征图大小的改变。具体地说，过渡层可由批量归一化接 1×1 卷积层，再接 2×2 平均池化层组成，即 BN→(1×1)Conv →(2×2)Avg Pooling。该设计保留了卷积神经网络通过浓缩特征完成特征提取的固有优点，同时保证了信息流的充分和有效传递。

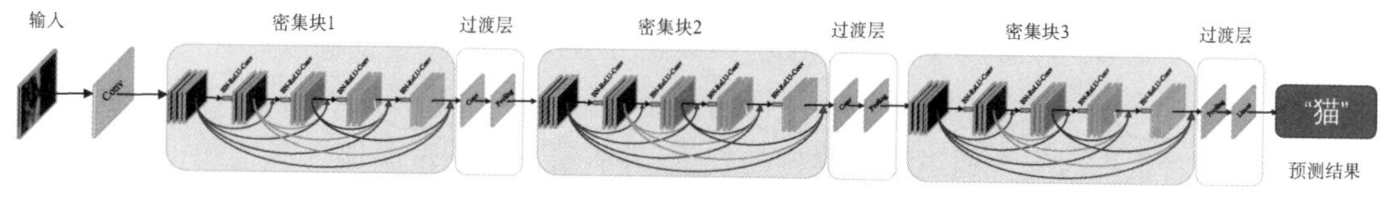

图 10-2　具有三个密集块的 DenseNet（两个相邻密集块之间的层称为过渡层，通过卷积和池化更改特征图大小[5]

若每个函数 H_l 产生 k 个特征图，那么第 l 层有 $k_0 + k \times (l-1)$ 个输入特征图，其中 k_0 为最初的输入层的通道数。每一层均可访问所在密集块中所有前面层的特征图，意味着可以访问神经网络的“集体知识”。换言之，若将特征图视为神经网络的全局状态，则各层都可以将自己的 k 个特征图添加到全局状态中。因此，超参数 k 规范了 DenseNet 中各层对全局状态贡献的新信息量，在 DenseNet 中，将其称为增长率。

DenseNet 具有以下优点：

(1) 有效利用特征图，加强特征传递。密集连接模式所需要的参数比传统的卷积神经网络少，无需重新学习冗余特征图。按照状态传递的思路，各层都从其前面的层读取状态，然后写入下一层，从而不仅可以更改状态，而且可以传递需要保留的信息。与 DenseNet 相比较，ResNet 通过附加的恒等函数保留相应的信息，其参数量大得多，因为各层有自己的权重。事实上，在达到与 ResNet 相同的精度水平时，DenseNet 所需的计算量只有 ResNet 的一半左右。对于实际应用而言，小模型可以显著地节省带宽，降低存储成本。

(2) 减轻梯度消失。除了参数量下降以外，DenseNet 的另一大优势是改善了整个网络中的信息流和梯度，因此易于训练。各层都可以直接从损失函数和原始输入中获得梯度，从而产生隐含的深层监督。这有助于深层网络架构的训练。此处，密集连接具有正则化的效应，能够减轻过拟合。

大量试验证明，DenseNet 在数据集不是很大时相较于其他模型的表现突出。除了图像识别与分类任务，基于 DenseNet 的全卷积网络在不需要预训练的情况下可以达到更高的精度，并且使用更少的参数[6]。同时 DenseNet 是目标检测的一个优秀骨干网络(backbone)。通过最大化 ResNet 模型的思想，DenseNet 模型对卷积神经网络的架构设计提供了有益的参考。

第二节 SENet

卷积核作为卷积神经网络的核心，通常被看作在局部感受野上，将空间上(spatial)的信息和特征维度上(channel-wise)的信息进行聚合的信息聚合体。在空间信息的整合方面，已经有多个网络取得了进展。如 Inception 的架构中嵌入了多尺度信息，聚合多种不同感受野上的特征，获得性能增益[7]。再如 Inside-Outside 的架构中考虑了空间中的上下文信息[8]。

为改善特征通道之间的相互依赖性，Hu 等提出了挤压与激励网络(squeeze-and-excitation networks，简称 SENet)[9]，并通过该网络模型取得了 ILSVRC 2017 图像分类竞赛的第一名。SENet 中 SE 模块的结构如图 10-3 所示，输入一个特征图 $\mathbf{X}$，其特征通道数为 C'，通过一系列卷积等变换(图中的 $\mathbf{F}_{tr}$)，得到一个特征通道数为 C 的特征图 $\mathbf{U}$。与传统的 CNN 在输出特征图时每个通道使用同样的权重不同，SENet 通过添加内容感知机制来自适应地加权 $\mathbf{U}$ 中的每个通道。

首先是特征压缩(如图 10-3 中的 $\mathbf{F}_{sq}$)。将每个特征通道压缩为一个数值(如果将每个

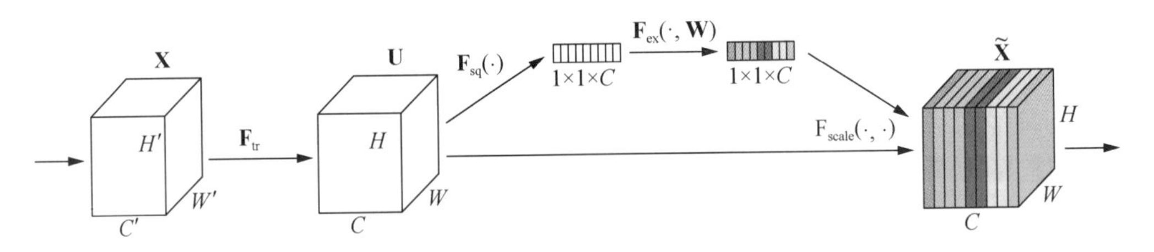

图 10-3 SENet 中 SE 模块的结构示意

通道理解为一个切片，可对该切片上的所有特征进行全局平均池化，得到唯一的一个数值。很显然，该数值在某种程度上具有全局的感受野)。鉴于特征图 U 的通道数为 C，特征压缩后的结果即为一个 C 维的向量(或者表示为图 10-3 中所示的 $1\times1\times C$ 的张量形式，从而与输入的特征通道数相匹配)。

其次是激励操作(如图 10-3 中的 $\mathbf{F}_{ex}$)。将特征压缩后 $1\times1\times C$ 的张量输入两个 FC 层，第一个 FC 层使用 ReLU 函数来增加所需的非线性，第二个 FC 层使用 Sigmoid 函数，从而对每个通道进行光滑的“门”运算。这两层网络的权重矩阵 $\mathbf{W}$(其具体值可通过学习获得)用于赋予每个特征通道相应的权重，从而显式地表征特征通道间的相互依赖性。

最后是缩放操作(如图 10-3 中的 $\mathbf{F}_{scale}$)。将激励操作输出的权重看作经过特征选择后每个特征通道的重要性度量，通过乘法逐通道加权到先前的特征上，得到带有每片特征图权重的 $\widetilde{\mathbf{X}}$，从而完成在通道维度上对原始特征 $\widetilde{\mathbf{X}}$ 的重标定。

通过 Keras 编写一个代码表示 SE 模块中进行的上述三个操作：

```
def  SE_Block(input, C, r = 16):
    x = GlobalAveragePooling2D()(input)
    x = Dense(C // r, activation = 'relu')(x)
    x = Dense(C, activation = 'sigmoid')(x)
    return multiply()([input, x])
```

其中：r 代表降维比，它是一个人为调节的超参数，通常，取 r=16 可以取得准确率和复杂度之间的平衡。

SE 模块通过学习的方式自动获取每个特征通道的重要程度，然后依照这个重要程度提升更有用的特征，并抑制对当前任务用处不大的特征。因此，可以把 SE 模块应用到多个模型中。图 10-4(a)是将 SE 模块嵌入 Inception 的一个示例[7]。各方框旁边的维度信息代表该

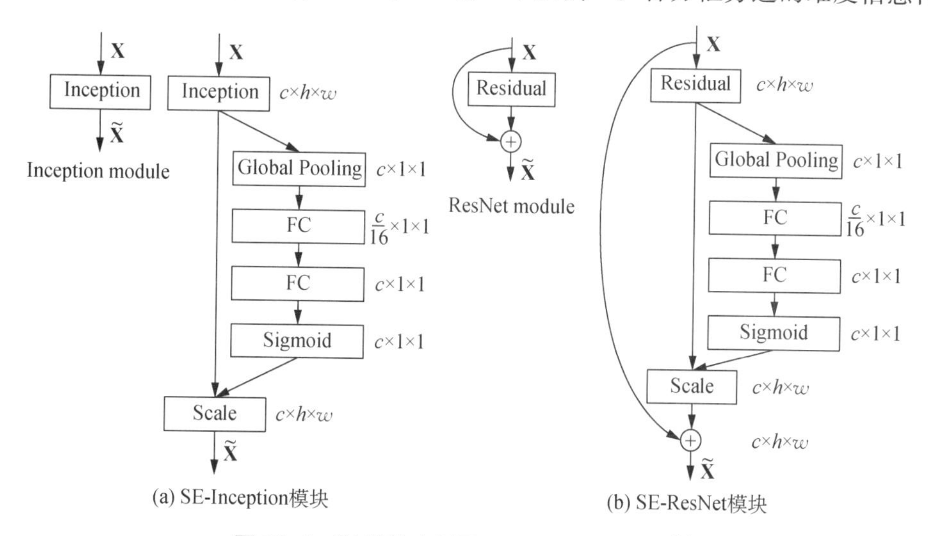

图 10-4　SE 模块应用于 Inception 与 ResNet[9]

层的输出。此例中,使用全局平均池化进行特征压缩操作;紧接着,两个全连接层组成一个瓶颈结构,计算通道之间的相关性,并输出与输入特征同样数目的权重。具体做法:首先将特征维度降低到输入的 1/16,然后经过 ReLU 激活,再通过一个 FC 层回到原来的维度。图 10-4(b)是将 SE 模块嵌入 ResNet 的一个示例[10],其操作过程基本和 SE Inception 一样,只是在特征相加前对残差块的一个分支进行特征重标定。

SeNet 的优点:(1)具有更多的非线性,可以更好地拟合通道间复杂的相关性;(2)极大地减少了参数量和计算量;(3)SE 模块可以嵌入多种常见的神经网络,如 SE-BN-Inception、SE-ResNet、SE-ResNeXt、SE-Inception-ResNet-v2 等。

第三节 ResNeXt

当超参数(卷积核尺寸、数量、步长等)不断增加,神经网络的设计也变得更加复杂。VGG[11]和 ResNet[12]使用了一种简单但有效的构建深层网络的方法,即堆叠相同拓扑结构的模块(block):若输入和输出的特征尺寸一致时,对应模块的超参数也一样;若输出特征尺寸为输入特征尺寸的 1/2 时,这些模块的通道数增加 1 倍。这个规则使得每个模块的计算复杂度大致相同,另外也减少了需要调节的超参数的数量。

Inception[13]系列则通过精心设计的拓扑结构,以更低的计算复杂度达到相同的精度。Inception 系列都使用分离—变换—合并(split-transform-merge)的策略,首先用 1×1 的卷积将输入特征分离成多个低维特征,然后用一组指定的卷积核(如 3×3、5×5 等)进行变换,最后通过串联合并。这个策略使其接近参数更多的网络层的拟合能力,并且显著降低了计算复杂度。但这种方式存在一个问题,就是每个拓扑分支上的模块都需要单独设计,因此需要调节的超参数较多。

ResNeXt[14]结合了重复堆叠网络层及"分离—变换—合并"两种策略,采用变换聚合(aggregated transformation)的方法,首先将输入特征用多个 1×1 的卷积分离成多个低维特征,再分别对这些低维特征做变换,然后将所有的结果求和得到输出特征,最后再参照 ResNet 直接与输入特征相加。具体公式如下:

$$y = x + \sum_{i=1}^{C} T_i(x)$$

其中:x 为输入特征;y 为输出特征;$T_i(x)$ 为变换函数,用来将 x 映射为低维特征并对它做变换;C 为基数(cardinality),表示变换函数的数量,是一个非常重要的超参数,会直接影响神经网络的性能(在 ResNeXt 中设置为 32)。

ResNeXt 通过融合 ResNet 与 Inception 的设计思想,在保持模型复杂度与训练参数量大致相同的情况下,进一步提升模型的性能。在 ImageNet5K 数据集(包含 5 000 个类别)上,ResNeXt 的准确率显著提升,ResNeXt-50 相比于 ResNet-50 和 Top-1 的错误率,均降低了3.2%左右。另外,由于 ResNeXt 的模块化设计及优秀的特征表达能力,它也被广泛用作目标检测、图像分割等框架的骨干网络(backbone),如 Faster R-CNN[16] 和 Mask R-

CNN[17]等。

图10－5中，(a)、(b)和(c)所示模块是等效的。因此，利用组卷积(group convolution)[15]可以更简洁地实现ResNeXt。组卷积是一种特殊卷积，输入首先被划分成多个组，每个组对应一个独立的卷积，分别得到输出，再通过串联合并在一起。另外，值得注意的是，当模块的深度(即卷积层的个数)小于3时，其等价形式只有常规卷积层，而没有组卷积。

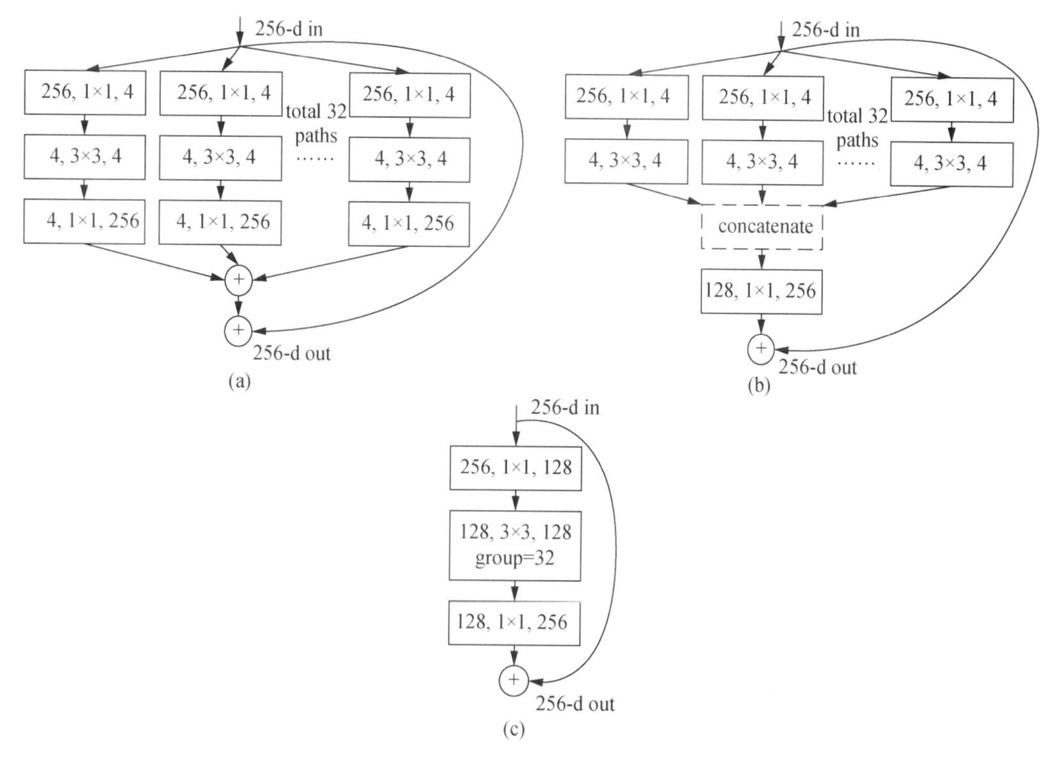

图10-5　ResNeXt的三种等价形式[14]

第四节　MobileNet

随着VGG、GoogleNet和ResNet等神经网络的出现，卷积神经网络的性能得到不断的提高，但与此同时，神经网络的层数也不断增加，许多神经网络的层数已经达到100以上，模型大小动辄达到几百兆字节，巨大的储存和计算开销严重地限制了深度卷积神经网络在移动设备和嵌入式场景中的应用。鉴于此，2017年谷歌发布了MobileNet[18]，可用于多种移动端的不同任务，如目标检测、分类与识别等。

MobileNet是基于深度可分离卷积(depthwise separable convolution)的一种高效而小型的神经网络模型。所谓深度可分离卷积，就是把标准卷积分解成深度卷积(depthwise convolution)和逐点卷积(pointwise convolution)。通过这种分步的卷积方式，可以大幅度地减少计算开销和参数数量。

如图 10-6(a)所示，若输入特征图的尺寸为(n_{H_in}，n_{W_in}，n_c)，使用n'_c个尺寸为(f，f，n_c)的标准卷积核，那么得到的输出特征图的尺寸为(n_{H_out}，n_{W_out}，n'_c)。

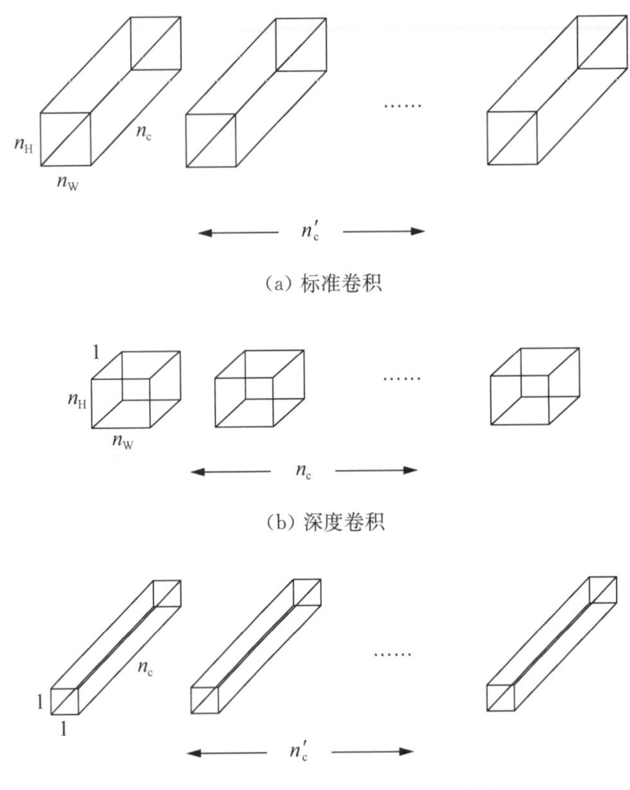

图 10-6 深度可分离卷积示意

标准卷积的计算成本为 $f\times f\times n_c\times n'_c\times n_{H\_in}\times n_{W\_in}$。若将标准卷积拆分成深度卷积与逐点卷积，那么深度卷积的计算成本为 $f\times f\times n_c\times n_{H\_in}\times n_{W\_in}$；逐点卷积的计算成本为 $n_c\times n'_c\times n_{H\_in}\times n_{W\_in}$，总计算成本为两者之和，即 $f\times f\times n_c\times n_{H\_in}\times n_{W\_in}+n_c\times n'_c\times n_{H\_in}\times n_{W\_in}$。

若比较标准卷积与深度可分离卷积的计算成本，则有：

$$\frac{f\times f\times n_c\times n_{H\_in}\times n_{W\_in}+n_c\times n'_c\times n_{H\_in}\times n_{W\_in}}{f\times f\times n_c\times n'_c\times n_{H\_in}\times n_{W\_in}}=\frac{1}{n'_c}+\frac{1}{f^2} \tag{10-2}$$

通常，n'_c的取值较大，若采用 3×3 的卷积核，深度可分离卷积相较于标准卷积可以降低约 9 倍的计算量。

如果在特殊场景下，要求更小更高效的模型，可以引入两个超参数对模型进行调整：

一个是宽度因子 α (width muitiplier，$\alpha\in(0,1]$)，用于控制输入和输出的通道数，即使输入通道数 n_c 变为 αn_c，输出通道数 n'_c变为 $\alpha n'_c$，由此深度可分离卷积的计算成本变为 $f\times f\times\alpha n_c\times n_{H\_in}\times n_{W\_in}+\alpha n_c\times\alpha n'_c\times n_{H\_in}\times n_{W\_in}$。$\alpha$ 通常取值为“1，0.75，0.5，0.25”。这时，若比较标准卷积与深度可分离卷积的计算成本，则有：

$$\frac{f \times f \times \alpha n_{c} \times n_{H\_in} \times n_{W\_in} + \alpha n_{c} \times \alpha n'_{c} \times n_{H\_in} \times n_{W\_in}}{f \times f \times n_{c} \times n'_{c} \times n_{H\_in} \times n_{W\_in}} = \frac{\alpha}{n'_{c}} + \frac{\alpha^{2}}{f^{2}} \quad (10\text{-}3)$$

另一个是分辨率因子 ρ (resolution mutiplier，$\rho \in (0, 1]$)，用以控制输入和内部层表示，即使用分辨率因子控制输入的分辨率，深度可分离卷积的计算成本变为 $f \times f \times \alpha n_{c} \times \rho n_{H\_in} \times \rho n_{W\_in} + \alpha n_{c} \times \alpha n'_{c} \times \rho n_{H\_in} \times \rho n_{W\_in}$。一般情况下，$\rho$ 通过设置分辨率进而进行隐式的设置，分辨率通常可设置为“224，192，160”或“128”。这时，若比较标准卷积与深度可分离卷积的计算成本，则有：

$$\frac{f \times f \times \alpha n_{c} \times \rho n_{H\_in} \times \rho n_{W\_in} + \alpha n_{c} \times \alpha n'_{c} \times \rho n_{H\_in} \times \rho n_{W\_in}}{f \times f \times n_{c} \times n'_{c} \times n_{H\_in} \times n_{W\_in}} = \frac{\rho\alpha}{n'_{c}} + \frac{\rho^{2}\alpha^{2}}{f^{2}} \quad (10\text{-}4)$$

由此可见，MobileNet 比使用标准卷积的神经网络得到了相当大的精简。使用深度可分离卷积的 MobileNet 与使用标准卷积的网络的比较如表 10-1 所示[18]，虽然前者的精度下降 1%，但是在计算量和参数量减少了一个数量级。

表 10-1　深度可分离卷积 MobileNet 与标准卷积网络的比较

模型名称	ImageNet 任务准确率	乘加操作量 (百万次)	参数量 (百万)
使用标准卷积的网络	71.7%	4 866	29.3
使用深度可分离卷积的 MobileNet	70.6%	569	4.2

表 10-2 描述了 MobileNet(其中“1.0”代表宽度因子 α，“224”代表分辨率)与 GoogleNet 及 VGG-16 的对比[8]，它与 VGG-16 具有相似的精度，但参数量和计算量减少了两个数量级。

表 10-2　MobileNet 与 GoogleNet 及 VGG-16 的对比[18]

模型名称	ImageNet 任务准确率	乘加操作量 (百万次)	参数量 (百万)
1.0 MobileNet-224	70.6%	569	4.2
GoogleNet	69.8%	1 550	6.8
VGG-16	71.5%	15 300	138

MobileNet 架构也有其特色，如图 10-7 所示[19]：(1)除了第一层为标准卷积层，后面的每一个卷积层都分为深度卷积层和逐点卷积层两层；(2)无论是标准卷积还是深度可分离卷积，在每一个卷积层后面都使用批量归一化进行正则化，并使用 ReLU 作为激活函数；(3)最后一层为全连接层，而且在全连接层前面使用平均池化，即新形态下的卷积神经网络架构。

由此可见，基于深度可分离卷积的 MobileNet 在模型尺寸、计算开销和运行速度等方面，更适合在移动设备端上面向多种应用场景使用。

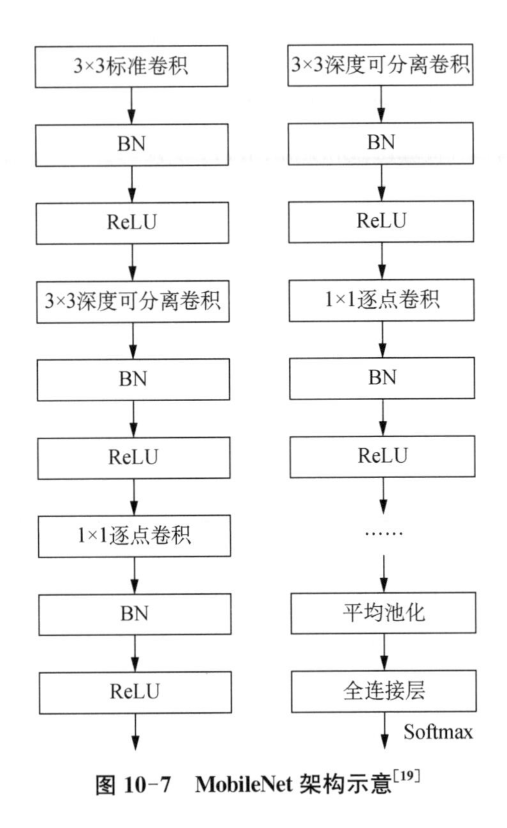

图 10-7 MobileNet 架构示意[19]

第五节 EfficientNet

在计算资源充足的情况下，对于卷积神经网络，可通过增加尺度（深度、宽度、分辨率）来获取更高的准确率。在 EfficientNet 问世之前，主流方式是改变一种尺度，虽然可以在设计神经网络架构时任意改变两种或三种尺度，但在实际操作中需要繁琐的手动调整，并且往往只能达到次优的效率和准确率。

为了省去手动反复调整宽度、深度、分辨率的放大比例的烦恼，Tan 等在 EfficientNet 中提出了一种复合放大方式[19]，如图 10-8 所示：以一个复合系数 ϕ 统一三者之间的关系。ϕ 是由计算资源决定的放大常数。α、β、γ 是用来控制如何将计算资源分配给神经网络的宽度、深度和分辨率的三个常数：

$$\begin{aligned}&\text{深度：} d=\alpha^{\phi}\\&\text{宽度：} w=\beta^{\phi}\\&\text{分辨率：} r=\gamma^{\phi}\\&\text{s.t. } \alpha\cdot\beta^{2}\cdot\gamma^{2}\approx 2\\&\alpha\geqslant 1,\ \beta\geqslant 1,\ \gamma\geqslant 1\end{aligned}\tag{10-5}$$

如式(10-5)所示，EfficientNet 是通过网格搜索(grid search)三个常数后确立的。需要

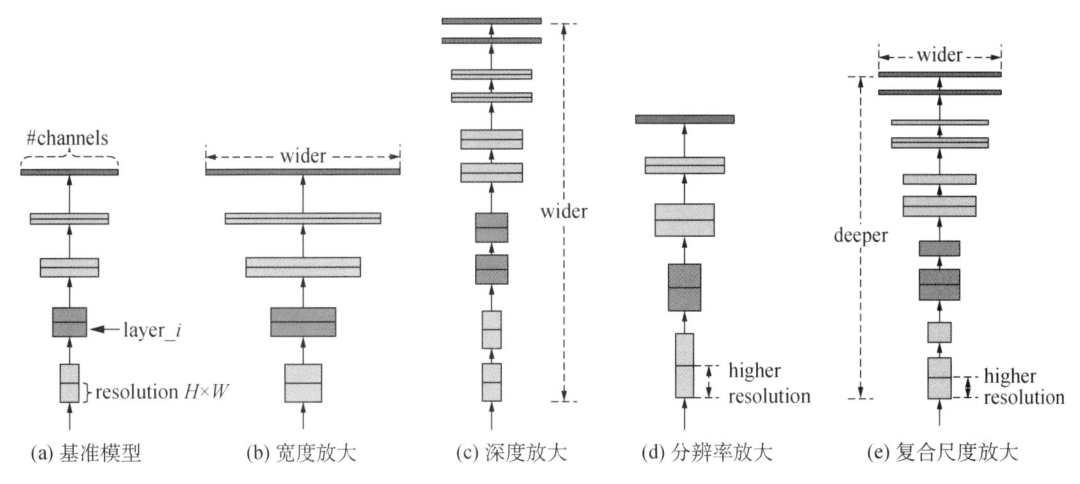

图 10-8　神经网络模型放大[19]

注意的是，常规卷积浮点运算次数(FLOPS)与 d，w^2，r^2 成正比，这意味着双倍深度会使计算量翻倍，而双倍宽度 / 分辨率会使计算量增加 4 倍。因此，使用式(10-5) 对卷积神经网络进行放大，计算量将近似地增加$(\alpha \cdot \beta^2 \cdot \gamma^2)^\phi$ 倍。在 EfficientNet 原文中[19]，将 $(\alpha \cdot \beta^2 \cdot \gamma^2)$ 设置为约等于 2。

鉴于模型放大的效果严重依赖于基准模型，受文献[20]的启发，EfficientNet 模型首先利用神经网络架构搜索得到基准模型 EfficientNet B0，其结构如表 10-3 所示。在式(10-5)，以及对 FLOPS 和内存限制(2 倍的计算资源)进行一定约束的情况下，当固定复合系数 $\phi=1$ 后，再对 α、β、γ 三个常数进行网格搜索，可找出适用于 EfficientNet B0 的最优参数组合：$\alpha=1.2$，$\beta=1.1$，$\gamma=1.15$。此时，将三个常数固定，取不同的 ϕ 即可对模型进行放大，最终获取 EfficientNet B1～B7 等模型。

表 10-3　EfficientNet B0 结构(MBConv：Mobile inverted bottleneck convolution)[19]

Stage(阶级编号) i	Operator(运算符) $\hat{F}_i$	Resolution(分辨率) $\hat{H}_i \times \hat{W}_i$	#Channel(通道数) $\hat{C}_i$	#Layers(层数) $\hat{L}_i$
1	Conv3×3	224×224	32	1
2	MBConv1，3×3	112×112	16	1
3	MBConv6，3×3	112×112	24	2
4	MBConv6，5×5	56×56	40	2
5	MBConv6，3×3	28×28	80	3
6	MBConv6，5×5	14×14	112	3
7	MBConv6，5×5	14×14	192	4
8	MBConv6，3×3	7×7	320	1
9	Conv1×1 & Pooling & FC	7×7	1 280	1

图 10-9 比较了基准模型 EfficientNet B0 通过不同方法放大后的性能差异(ImageNet

数据集)。总体说来,所有放大方法都会通过增加浮点运算次数来提高精度,但是复合放大方法能比其他放大方法进一步提高精度,最高可达 2.5%。可以看出在相同条件下,复合放大模型达到了更高的准确率,这同样说明了平衡神经网络的宽度、深度和分辨率的重要性。为什么复合放大方法的效果比其他方法更好呢? 图 10-10 给出了基准模型及其不同放大模型的类激活图。可以看出,复合放大模型集中在具有更多对象细节的区域,而其他模型则缺少对象细节或无法捕获图像中的所有对象。表 10-4 也证明了图 10-10 中复合放大模型的 Top-1 准确率最佳。

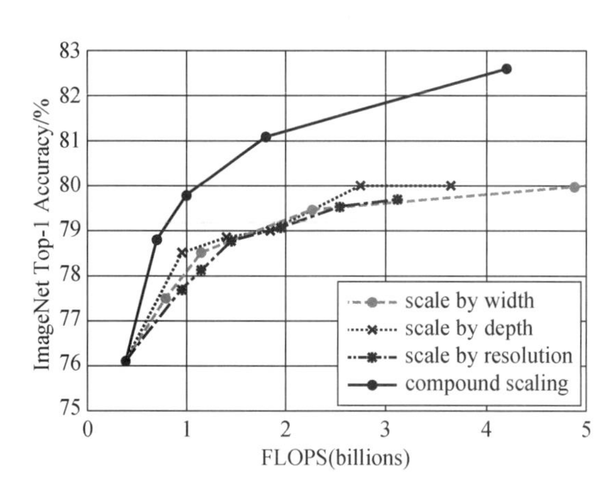

图 10-9 基维模型 EfficientNet B0 通过不同方法放大后的性能差异

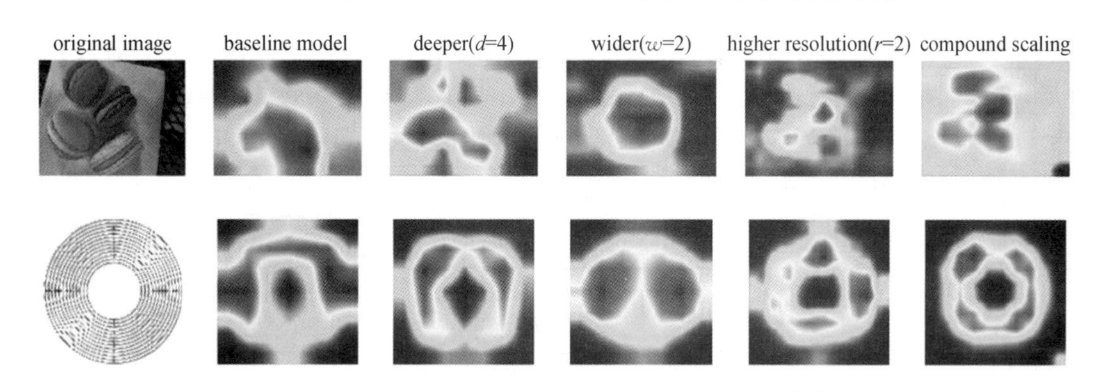

图 10-10 基准模型及其不同放大模型的类激活图[19]

表 10-4 不同放大方法下的性能比对[19]

模型名称	FLOPS	Top-1 准确率
基准模型(EfficientNet-B0)	0.4B	76.3%
Scale Model by Depth($d=4$)	1.8B	79.0%
Scale Model by Width($w=2$)	1.8B	78.9%
Scale Model by Resoltion($r=2$)	1.9B	79.1%
Compound Scale($d=1.4$, $w=1.2$, $r=1.3$)	1.8B	81.1%

与其他现有的神经网络架构相比,EfficientNet 系列模型在相同计算量条件下具有更高

的准确率，如图 10-11 所示。

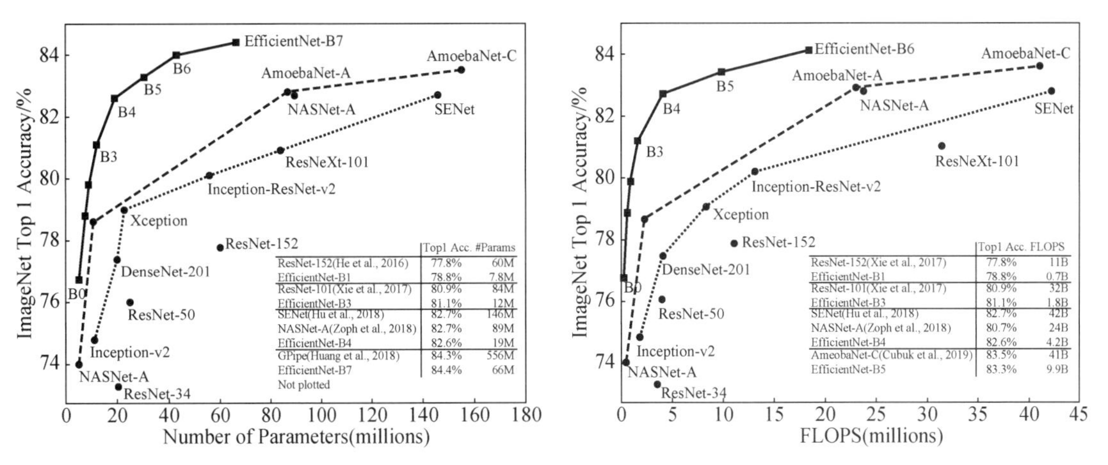

	Top1 Acc.	#Params
ResNet-152(He et al., 2016)	77.8%	60M
EfficientNet-B1	78.8%	7.8M
ResNet-101(Xie et al., 2017)	80.9%	84M
EfficientNet-B3	81.1%	12M
SENet(Hu et al., 2018)	82.7%	146M
NASNet-A(Zoph et al., 2018)	82.7%	89M
EfficientNet-B4	82.6%	19M
GPipe(Huang et al., 2018)	84.3%	556M
EfficientNet-B7	84.4%	66M
Not plotted		

	Top1 Acc.	FLOPS
ResNet-152(Xie et al., 2017)	77.8%	11B
EfficientNet-B1	78.8%	0.7B
ResNet-101(Xie et al., 2017)	80.9%	32B
EfficientNet-B3	81.1%	1.8B
SENet(Hu et al., 2018)	82.7%	42B
NASNet-A(Zoph et al., 2018)	80.7%	24B
EfficientNet-B4	82.6%	4.2B
AmeobaNet-C(Cubuk et al., 2019)	83.5%	41B
EfficientNet-B5	83.3%	9.9B

图 10-11 EfficientNet 系列模型参数量和 FLOPS 在 ImageNet 数据集下的 Top-1 准确率[19]

EfficientNet 系列模型是在综合考虑神经网络的深度、宽度、分辨率三要素间平衡的基础上，为最大限度地提升整体性能而提出的。这使得模型不再依赖于手动调整，鉴于基准模型主要由 MobileNetV2 中类似倒置残差结构的块堆叠而成，保证准确率的同时也有效地减少了参数量，同时减少了 FLOPS，已经成为众多应用中的首选网络之一。

参考文献：

[1] He K, Zhang X, Ren S, et al. Deep residual learning for image recognition[C]//Proceedings of the IEEE Conference on Computer Vision and Pattern Recognition, 2015: 1656-1667.

[2] Srivastava R K, Greff K, Schmidhuber J. Highway networks[C]//Proceedings of the IEEE Conference on Computer Vision and Pattern Recognition, 2015: 889-900.

[3] Huang G, Sun Y, Liu Z, et al. Deep networks with Stochastic depth[C]//Proceedings of the IEEE Conference on Computer Vision and Pattern Recognition, 2016: 745-756.

[4] Larsson G, Maire M, Shakhnarovich G. FractalNet: Ultra-deep neural networks without residuals[C]// Proceedings of the IEEE Conference on Computer Vision and Pattern Recognition, 2016: 1644-1656.

[5] Huang G, Liu Z, Laurens V D M, et al. Densely connected convolutional networks[C]//Proceedings of the IEEE Conference on Computer Vision and Pattern Recognition, 2016: 433-445.

[6] Jégou, Simon, Drozdzal M, Vazquez D, et al. The one hundred layers Tiramisu: fully convolutional DenseNets for semantic segmentation[C]// Proceedings of the IEEE Conference on Computer Vision and Pattern Recognition, 2016: 1866-1874.

[7] Szegedy C, Liu W, Jia Y, et al. Going deeper with convolutions[C]// Proceedings of the IEEE Conference on Computer Vision and Pattern Recognition, 2015: 1-9.

[8] Bell S, Lawrence Zitnick C, Bala K, et al. Inside-outside net: Detecting objects in context with skip pooling and recurrent neural networks[C]// Proceedings of the IEEE Conference on Computer Vision and Pattern Recognition: 2874-2883.

[9] Hu J, Shen L, Sun G. Squeeze-and-excitation networks[C]// Proceedings of the IEEE Conference on

Computer Vision and Pattern Recognition, 2018. 7132-7141.
[10] He K, Zhang X, Ren S, et al. Deep residual learning for image recognition[C]// Proceedings of the IEEE Conference on Computer Vision and Pattern Recognition, 2016: 770-778.
[11] Simonyan K , Zisserman A . Very deep convolutional networks for large scale image recognition[C]// Proceedings of the IEEE Conference on Computer Vision and Pattern Recognition, 2014: 1916-1928.
[12] He K, Zhang X, Ren S, et al. Deep residual learning for image recognition[C]//Proceedings of the IEEE Conference on Computer Vision and Pattern Recognition, 2016:770-778.
[13] Szegedy C, Liu W, Jia Y, et al. Going deeper with convolutions[C]// Proceedings of the IEEE Conference on Computer Vision and Pattern Recognition, 2015: 1-9.
[14] Xie S, Girshick R, Dollár P, et al. Aggregated residual transformations for deep neural networks[C]// Proceedings of the IEEE Conference on Computer Vision and Pattern Recognition, 2017: 1492-1500.
[15] Krizhevsky A, Sutskever I, Hinton G E. ImageNet classification with deep convolutional neural networks[C]// Advances in Neural Information Processing Systems, 2012: 1097-1105.
[16] Ren S, He K, Girshick R, et al. Faster R: Towards real-time object detection with region proposal networks[C]// Advances in Neural Information Processing Systems, 2015: 91-99.
[17] He K, Gkioxari G, Dollár P, et al. Mask R-CNN[C]// Proceedings of the IEEE international Conference on Computer Vision: 2961-2969.
[18] Howard A G , Zhu M , Chen B , et al. MobileNets: Efficient convolutional neural networks for mobile vision applications[C]// Proceedings of the IEEE Conference on Computer Vision and Pattern Recognition. 2017: 1987-1998.
[19] Tan M, Le Q V. EfficientNet: Rethinking model scaling for convolutional neural networks-[C]// Proceedings of the IEEE Conference on Computer Vision and Pattern Recognition, 2019: 265-276.
[20] Tan M, Chen B, Pang R, et al. MnasNet: Platform-Aware Neural Architecture Search for Mobile [C]// Proceedings of the IEEE conference on computer vision and pattern recognition, 2018: 667-678.

第十一章 图像分割

图像分割任务旨在将一幅完整图像分成若干个离散或连接的部分，并从中提取出目的区域。根据能否从图像中提取高级特征，可以将图像分割方法分为传统的图像分割方法和基于深度学习的图像分割方法。传统的图像分割方法需要人工设计特征，然后计算分割区域；而基于深度学习的图像分割方法能够通过学习，自动地从图像中提取高级特征，实现图像的自动分割。

第一节 传统的图像分割方法

传统的图像分割方法主要包括：(1)基于阈值的图像分割方法；(2)基于边缘的图像分割方法；(3)基于区域的图像分割方法；(4)基于聚类分析的图像分割方法；(5)基于小波变换的图像分割方法；(6)Graph Cut；(7) Grab Cut。下面对这些方法依次进行介绍。

1.1 基于阈值的图像分割方法

基于阈值的图像分割方法首先用若干阈值将图像的灰度直方图分开，然后依据灰度值分割图像[1-2]。基于阈值的图像分割方法计算简单，运算速度快。但是，该方法只考虑图像的灰度值，没有利用图像内容的空间信息。因此，在实际应用中，基于阈值的图像分割方法往往与其他方法并用。阈值是一个受多因素影响的变量，对噪声和亮度较为敏感。为此，人们提出了许多改进方法，比如用最大相关性原则计算最佳阈值、Yager 测度极小化方法[3]、峰值和谷值分析法、灰度共生矩阵方法、方差法和熵法等[4-5]。

1.2 基于边缘的图像分割方法

基于边缘的图像分割方法首先检测图像的边缘，然后依据这些边缘进行图像分割[6]。通常，先将图像转换为灰度图像，然后利用一阶微分 Sobel 算子或二阶微分拉普拉斯算子，或者基于模板操作的 Prewit 算子和 Kirsch 算子实现边缘检测。该方法充分利用了图像边缘灰度值变化剧烈的特点。但是在实际操作中，往往很难兼顾边缘检测的精度和去噪能力。换言之，较高的检测精度会使得噪声产生的伪边缘附加到真实边缘；而提高边缘检测的抗噪能力又会引起边缘检测的信息遗漏严重。针对这个问题，有人提出了多尺度的边缘检测方法[7]，根据实际问题设计多尺度边缘信息的结合，努力兼顾抗噪性和检测精度。

1.3 基于区域的图像分割方法

基于区域的图像分割方法首先将具有相似性质的像素连成通道，然后以此为依据实现图像分割[8]。由于该方法考虑了图像的局部位置信息(空间的邻接性)，能够克服图像分割空间不连续的缺点。在实际应用中，该方法可进一步细分：

(1) 区域生长的分割方法：从整幅图像出发，按区域属性特征一致的准则，决定每个像素的区域归属，形成区域图。

(2) 区域增长的分割方法：从像素出发，按区域属性特征一致的准则，将属性接近的连通像素聚集为区域。

(3) 分裂合并的图像分割方法：综合利用区域生长和区域增长的分割方法，首先将图像分割成很多一致性较强的小区域，然后将小区域融合成大区域，最终实现图像分割。

虽然基于区域的图像分割方法考虑了图像的局部位置信息，但是该方法往往会造成图像的过度分割。另一方面，单纯地基于边缘检测方法，有时不能提供较好的区域结构。因此，在实际应用中，往往会将基于区域的方法和边缘检测的方法结合起来，实现图像分割。

1.4 基于聚类分析的图像分割方法

基于聚类分析的图像分割方法首先将图像空间中的像素映射到对应的特征空间；然后利用聚类方法，如 K-means、模糊 C 均值聚类(fuzzy C-means，简称 FCM)对特征空间中的信息进行分割；最后将特征空间中的点映射回图像空间，同时保留分割信息，实现图像分割[9]。以 K-means 为例，其步骤：(1)从图像中选择 K 个初始类均值，将每个像素划入最相似的类中；(2)更新每个类的中心点；(3)重复执行分类和更新中心点的步骤，直到新类和旧类均值之差小于某一设定值。K-means 的算法思路简单，容易实现。但是，该方法中的初始类中心是随机确定的，这使得最终的类划分具有不确定性，即类的数目是不稳定的。同时，K-means 的结果可能趋于局部最小值而不是全局最小值。在 FCM 中，赋予每个像素点一个对应各类的隶属度，用这个隶属度表示每个像素点属于每个类的可能性。FCM 能够减少图像分割过程中的人为干预。然而，FCM 也有明显的缺点，那就是在聚类的过程中，聚类的类数如何确定，如何确定聚类的有效性，如何解决庞大的运算开销。不仅如此，FCM 对初始参数敏感，想取得好的图像分割效果，有时需要手动设定初始化参数，保证全局最优解并提高分割速度。与基于阈值的图像分割方法一样，传统 FCM 没有考虑图像的空间信息。

1.5 基于小波变换的图像分割方法

小波变换能实现数据的空域和频域之间的转换，而且比傅里叶变换更加有效。小波变换独有的多尺度、多通道特性，使得它能够有效地从信号中提取信息。小波变换中的伸缩和平移运算能够解决多尺度边缘检测问题，实现精确地分辨边缘的类型。因此，基于小波变换的图像分割方法得到了充分的重视。基于小波变换的图像分割方法包括四个步骤：(1)提取图像的直方图；(2)利用小波变换将该直方图分解成不同层次的小波系数；(3)依据设定的分割准则和小波系数选择阈值门限；(4)基于阈值实现图像分割[10]。为了保证分割效果，往往首先从大尺度空间进行图像分割，然后再实现小尺度图像分割。大尺度图像分割是指所提取图像的直方图细节较少，整体框架粗糙，在这种情况下，运算量较小。小尺度图像分割是指所提取图像的直方图长度较长，更多图像细节得以保留，该特性类似于相机的变焦操作，因此小波变换可以极大地减少或消除所提取的特征之间的相关性[11]，这有利于图像的精确分割。

1.6 Graph Cut

Graph Cut 运用图像分割技术将一幅图像分为目标和背景两个不相交的部分[12]。该方法将图像看成是图结构，包含两种顶点、两种边及两种权值。普通顶点指原始图像的像素，图像中每两个邻域像素之间存在一条边。边的权值根据边界平滑能量确定的，即两个像素之间的差异越大，该边的平滑能量越大。除了普通顶点，还有两个终端顶点 s（目标）和 t（背景）。每个普通顶点都和 s 通过边连接，这类边的权值由区域能量项 $Rp(1)$ 确定。每个普通顶点都和 t 通过边连接，这类边的权重由区域能量 $Rp(0)$ 确定。确定每个边的权重后，找到最小的割(cut)。这个最小割就是权值和达到最小时边的集合，它可以使目标和背景分离。这种基于图的图像分割方法只能将一幅图像分割成目标和背景两种，因此不能满足目标识别和检测任务的多语义多类型分割。

1.7 Grab Cut

Grab Cut 也是一种适用于二分类任务的图像分割方法[13]。该方法以 RGB 颜色空间为对象，分别用一个含有 K 个高斯分量的混合高斯模型（Gaussian mixture model，简称 GMM）对目标和背景进行建模。在此过程中，可以推导出一个额外的向量 $k=\{k_1, k_2, \cdots, k_n, k_{n+1}, \cdots, k_N\}$，其中 k_n 就是第 n 个像素对应的高斯分量，即 $k_n \in \{1, 2, \cdots, K\}$。图像中的任意一个像素，既可能是目标 GMM 的一个高斯分量，也可能是背景 GMM 的一个高斯分量。GMM 有三个参数：高斯分量的权重、高斯分量的均值向量（RGB 三通道对应三个均值向量）和协方差矩阵（3×3 矩阵）。这意味着目标 GMM 的三个参数和背景 GMM 的三个参数均需要学习确定。当 GMM 的三个参数和图像中任意一个像素的 RGB 颜色值确定后，该像素属于目标或者背景的概率即可求得。为了求得 GMM 的各个参数，需要最大化 GMM 的吉布斯能量(Gibbs)边界项。Grab Cut 中的吉布斯能量边界项和 Graph Cut 类似，其反映的是邻接像素 m 和 n 之间的相近程度：如果两个邻接像素值差别很小，那么它们属于同一个类别的概率就大；如果两个邻接像素值差别很大，则两个像素可能处于目标和背景的边缘部分，即像素差异越大能量越小。Grab Cut 与 Graph Cut 的不同之处有三个方面：(1)Graph Cut 的研究对象是灰度直方图，而 Grab Cut 的对象是 RGB 三通道的混合高斯模型 GMM；(2)采用 Graph Cut 进行图像分割时，模型的能量是一次迭代就可实现的，而 Grab Cut 是一个不断估计模型参数的迭代过程；(3)利用 Graph Cut 分割图像时，前景的目标和背景的种子点需要指定，但是 Grab Cut 只需标明背景区域的像素集。也就是说，Graph Cut 不允许不完全标注，而 Grab Cut 允许不完全标注。

传统图像分割方法的局限性主要体现在它们都基于人工设计的特征，每种方法都具有各自的适用范围，泛化能力不强，而且为了达到准确分割的目的，往往需要人工指定参数或图像区域。

第二节　基于深度学习的图像分割

深度学习在目标检测和识别等领域取得了显著的成就，让人们看到了深度学习的适用性。基于深度学习的图像分割之所以能发展得如此迅速，正是因为基于深度学习的图像分割模型中具有能自动提取图像高级特征的卷积结构，这也是该类型的图像分割模型区别于传统图像分割方法的关键所在。基于深度学习的图像分割模型主要有 FCN[14]、SegNet[15]、U-Net[16]、RefineNet[17]、PSPNet[18]和 DeepLab[19-20]等。

2.1　FCN

传统的基于神经网络的图像分割方法中，往往会将某个像素周围的一个小区域作为输入，对该像素进行分类，从而实现图像分割。这种方法的缺点在于难以确定像素邻域的大小。另外，像素邻域的大小限制了感受野的尺寸。因此，在训练神经网络时，只能提取一些局部特征。鉴于此，伯克利大学的研究人员提出用 FCN 进行图像分割[14]。FCN 的输出部分不是全连接层，而是全卷积层，因此最终的输出不是类别而是特征映射。该方法将图像级别的分类扩展到像素级别的分类。在具体实施中，使用上采样对特征图像按原始尺寸进行恢复，使得输出的特征图像与输入图像具有相同的宽度和高度。

以图 11-1 所示的基于 VGG-16 的 FCN-VGG-16 为例。图像输入模型，经过多次卷积和池化操作后，没有连接全连接层，而是用卷积层取代 CNN 中的全连接层。图像的语义分割要求输出特征图像与输入图像的宽度和高度完全相同。在 FCN-VGG-16 中，通过多次卷积提取输入图像的高级特征后，需要对特征进行上采样。在最终输出的特征图像中，其宽度和高度与原始图像完全相同，其深度与图像分割的类别数相同。每个像素的值代表原始图像的像素值属于每个分类的概率。为了更好地预测图像中的细节部分，FCN-VGG-16 还将

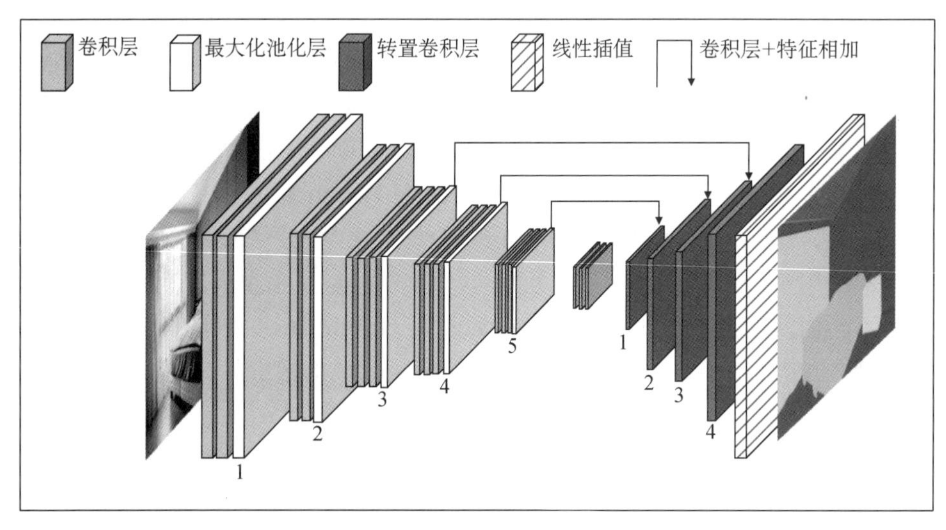

图 11-1　基于 VGG-16 的 FCN-VGG-16 结构示意

浅层的响应考虑进来。如图 11-1 所示，在 FCN-VGG-16 中，池化层 5 生成的特征矩阵经卷积处理后与转置卷积层 1 生成的矩阵相加，然后输入转置卷积层 2。池化层 4 生成的特征矩阵经卷积处理后与转置卷积层 2 生成的特征矩阵相加，然后输入转置卷积层 3。池化层 3 生成的特征矩阵经卷积处理后与转置矩阵层 3 生成的特征矩阵相加，作为最终的预测结果。池化层 3 提取的特征矩阵尺寸较大，细节保留较多，特征等级低；池化层 4 次之；池化层 5 提取的特征矩阵尺寸较小，特征等级高。这种利用卷积层和最大池化层堆叠实现信息精简并重排的操作，有利于图像分割中细节的保留。

FCN 的主要优点就在于将全连接层换成全卷积层，从而打破了全连接层只能输出固定大小的特征向量这一局限，使得模型可以处理任意大小的图像，输出和输入的宽度和高度完全相同。在图像分割过程中应用转置卷积层(decovolution)这个理念，对后来的 U-Net[16]、SegNet[15]、RefineNet[17]、DeepLab[19]等都产生了启发式的推动作用。

图 11-2 所示为基于 DenseNet 的 FCN-DenseNet 结构，其密集连接块中具有密集连接的卷积层，详见图 11-2。

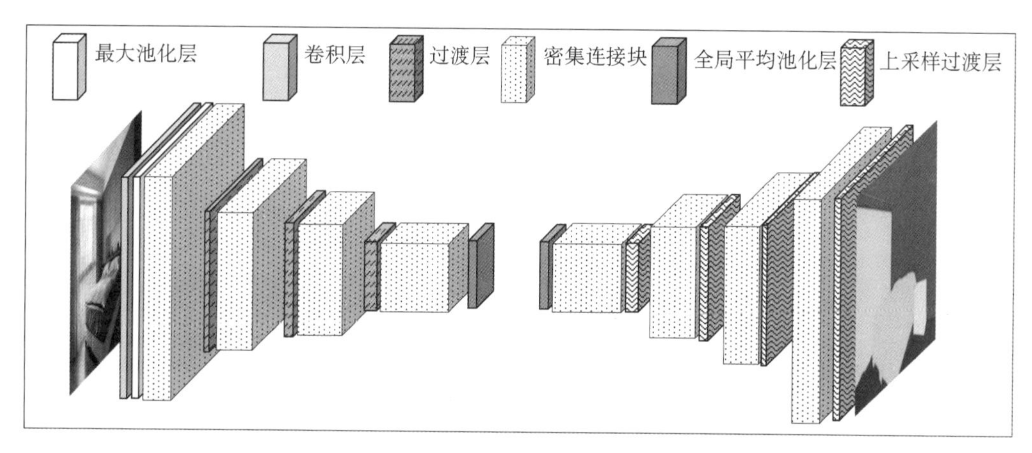

图 11-2 基于 DenseNet 的 FCN-DenseNet 结构示意

2.2 DeepLab

FCN 通过多次卷积与池化，对原始图像进行特征提取，输出特征图的分辨率经过下采样，使得 FCN 的直接预测结果处于低分辨率状态，从而导致分割对象边界相对模糊。为解决这个问题，DeepLab 的设计者剔除了最后几层的最大池化，代之以空洞卷积对特征图进行上采样。为了捕捉图像细节，采用了全连接条件随机场(fully connected conditional random field，简称 FC-CRF)。全连接条件随机场符合吉布斯分布，其二元函数描述的是每一个像素与其他所有像素的关系(故名“全连接”)，鼓励相似像素分配相同的标签，而相差较大的像素分配不同的标签，从而使图像尽量在边界处分割。如图 11-3 所示，在 DeepLab V1 中，输入图像通过常规的深度卷积层(即图中的 DCNN)，然后经过一个或两个空洞卷积层，生成一个粗糙得分图(coarse score map)。然后，使用双线性插值(bi-linear interpolation)将此得分图通过上采样转换为原始图像大小。最后，使用全连接条件随机场提高分割效果。

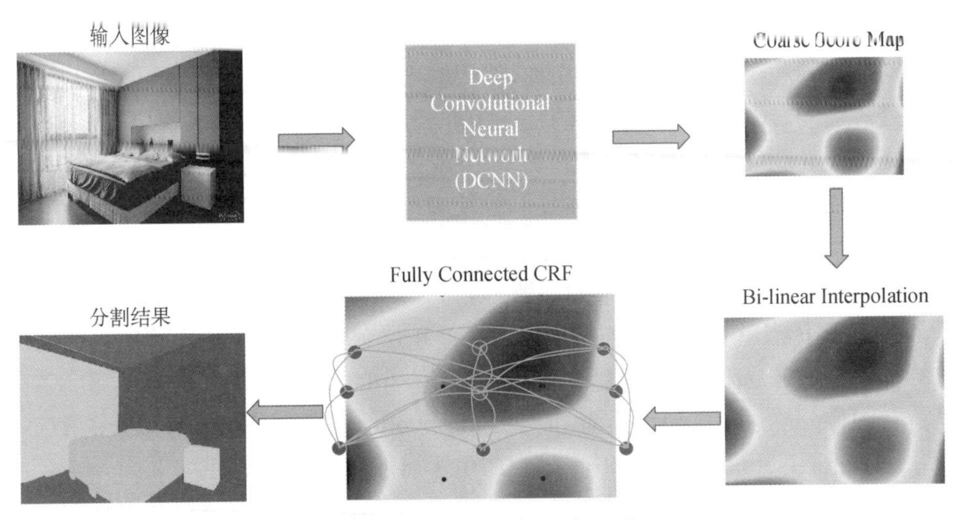

图 11-3　DeepLab V1 结构示意

为处理图像中目标对象的多尺度问题，DeepLab 团队又提出了 DeepLab V2[19] 模型。该模型不仅延续了 DeepLab V1 中的空洞卷积，而且引入了空洞空间金字塔池化(atrous spatial pyramid pooling，简称 ASPP)模块，大大提高了图像分割的鲁棒性。ASPP 的结构如图 11-4 所示，特征图是一个中间层特征矩阵，使用四种不同的膨胀率(rate)实现四种空洞卷积，然后将四种卷积结果融合。

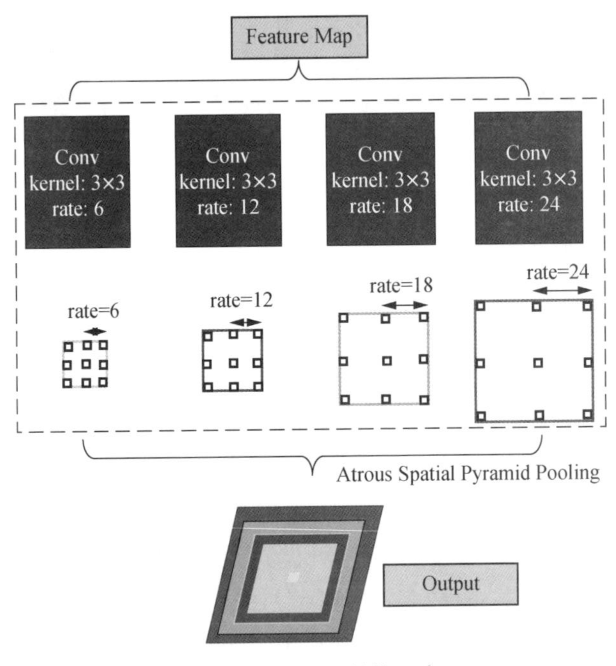

图 11-4　ASPP 结构示意

在 DeepLab V1 和 DeepLab V2 的基础上，通过深化空洞卷积的使用方法，可以实现 DeepLab V3[21]。DeepLab V3 的结构如图 11-5 所示。该模型通过综合运用级联[图 11-5(a)]和并行[图 11-5(b)]两种结构提取图像的特征，实现多尺度物体分割。特别是在并行结构中，将空洞卷积与空间金字塔结合，实现了对 DeepLab V2 中 ASPP 结构的改进。图 11-5 中的输出步长(output stride)是输入图像经过多次卷积、池化操作后尺寸缩小的值，用于对比最终输出的图像与输入图像的尺度，进而可以使用更深层的网络对图像进行深度分割。

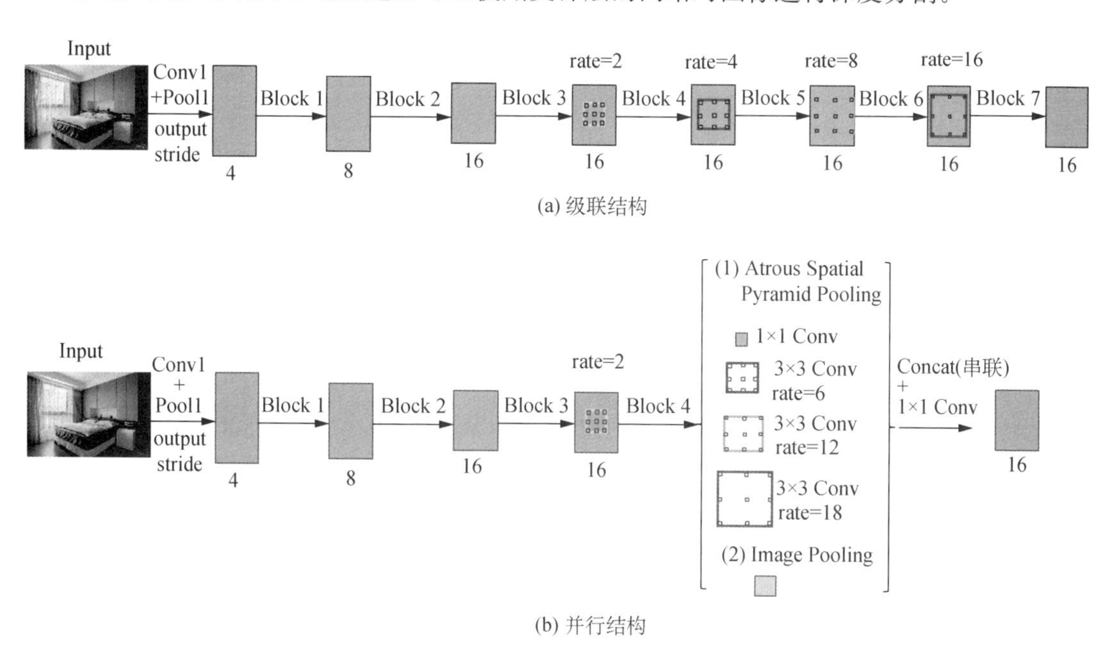

图 11-5 DeepLab V3 结构示意[21]

随后，该团队又提出了 DeepLab V3 的改进版，即 DeepLab V3+[22]，其结构如图 11-6 所

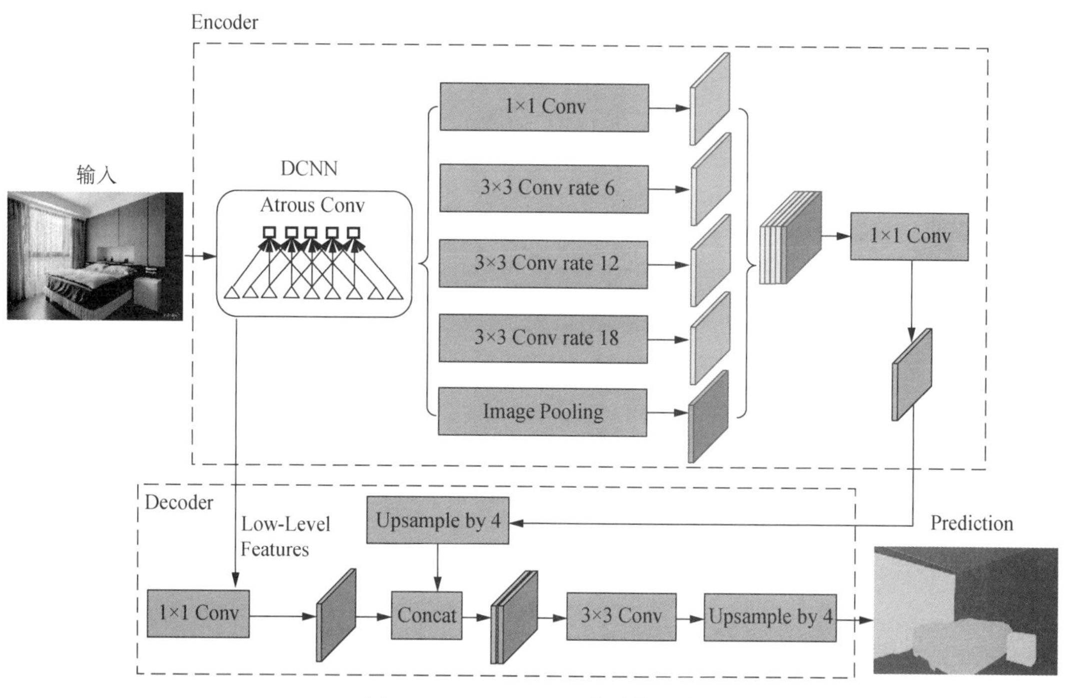

图 11-6 DeepLab V3+结构示意

示。整个模型由一个编码器(encoder)和一个解码器(decoder)组成。编码器通过多尺度下的深度分离空洞卷积,对多尺度上下文信息进行编码。解码器则沿着目标对象的边缘轮廓进行分割结果的细化。由于编码器使用的输出步长为16,即输入图像经过了16倍的下采样,因此,不同于DeepLab V3中使用16倍的双线性上采样这种"天真的"解码方式。在DeepLab V3中,编码后的特征图首先通过4倍的双线性上采样,并与编码器中具有相同空间尺寸的低级特征图串联。由于低级特征图通常包含较多的通道数,会湮没编码器输出特征的重要性,并使得网络难以训练,因此在串联之前,将1×1的卷积应用于低级特征图,以减少通道数。串联之后,使用3×3的卷积再对特征进行细化,并且使用4倍的双线性上采样,使得输出的预测结果的大小与输入图像的大小相同。

2.3 PSPNet

Zhao等[23]提出了PSPNet,其结构如图11-7所示。输入图像(Input)经过多个卷积层(CNN)提取高级特征后,采用四种不同的池化(POOL)方式分别提取图像的特征。四种不同的池化方式中,池化核的尺寸也不同。在此基础上,对四组特征矩阵分别进行卷积(CONV),提取图像的四组金字塔特征,然后采用空洞卷积对金字塔特征进行卷积,对每个金字塔特征进行上采样(UPSAMPLE)之后,四组空间金字塔模型特征具有相同的宽度和高度,再将多个金字塔特征串联(CONCAT),使其融合在一起。该模型独有的金字塔池化模块(pyramid pooling module)具有层次全局优先级,包含不同子区域之间的不同尺度信息,因此能够兼顾图像的全局信息和多尺度信息。

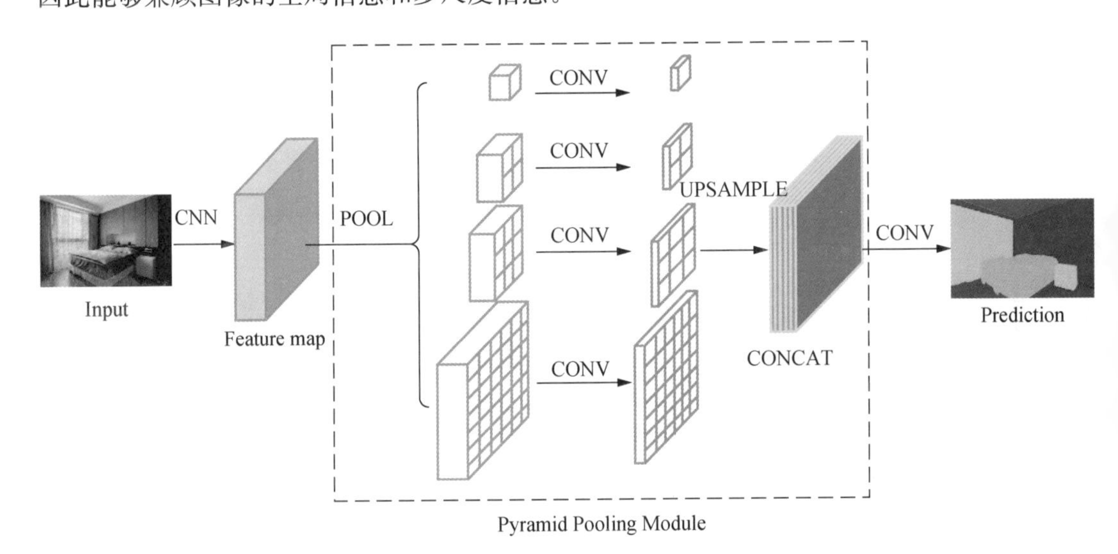

图11-7 PSPNet的结构示意

2.4 U-Net

U-Net与FCN都是既没有使用空洞卷积,也没有后接条件随机场的小分割网络。U-Net能够使用非常小的训练集(30幅图像)进行训练。U-Net的一侧采用卷积层和池化层提取图像的特征,另一侧采用转置卷积对图像上进行采样,使得最终输出的特征图像与原始图像具有相同的宽度和高度，类似于一个大写的字母U。U-Net的结构如图11-8所示，包括左边的压缩路径（contracting path）和右边的扩展路径（expansive path）。有时也可将U-Net的左侧看作编码器，右侧则为解码器。左边的压缩路径的结构与传统的卷积神经网络相同，主要包括卷积和作为下采样的最大池化操作，使图像尺寸逐渐减小，而深度逐渐增加，起到特征提取的作用。右边的扩展路径包括常规卷积和作为上采样的转置卷积，每进行一次上采样，就与特征提取部分对应通道数相同的尺度进行拼接，图像尺寸逐渐增大，而深度逐渐减小。这种将图像从低分辨率上采样到高分辨率的方法，有助于恢复定位信息。转置卷积可以很好地完成这项任务。

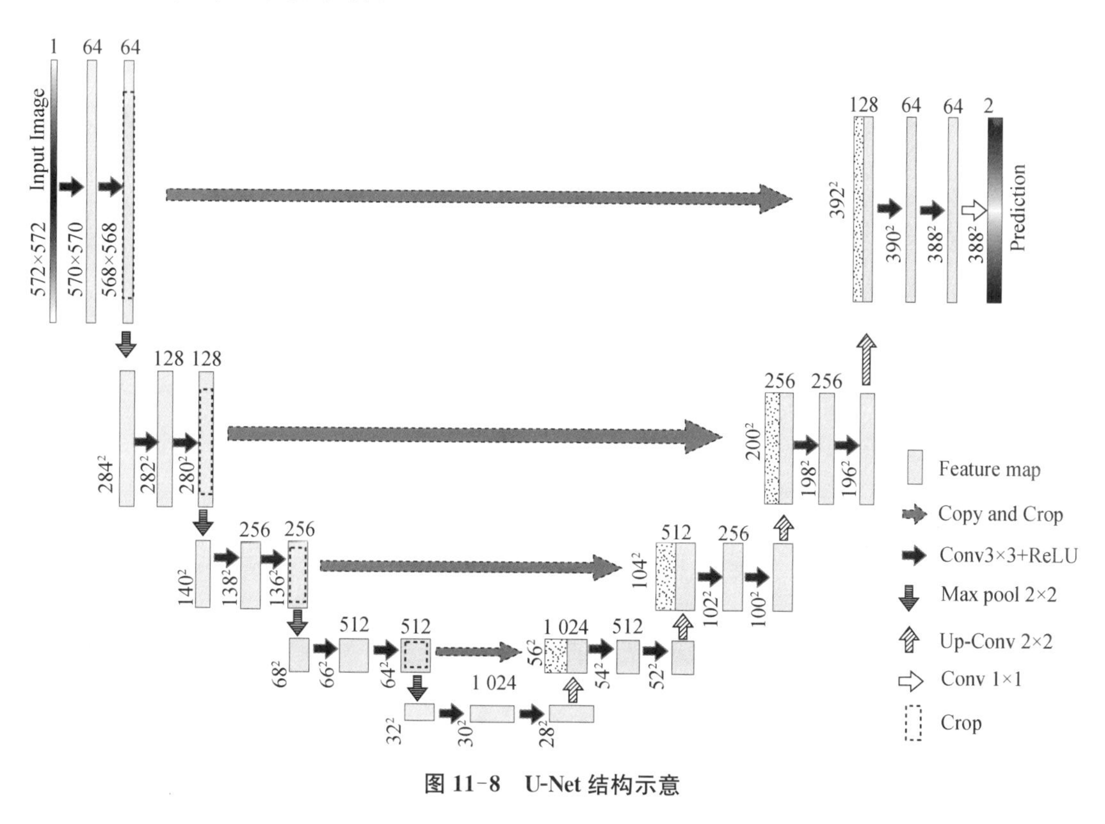

图 11-8 U-Net 结构示意

在转置卷积的过程中，对应卷积层的特征与对应小尺度的特征串联。这样，每个转置卷积层的输入都与相应卷积层的特征串联融合。该操作可以更多地保存图像的细节，使得图像分割的效果更好。U-Net与FCN的不同之处在于U-Net采用与FCN完全不同的特征融合方式，即FCN模型中特征通过相加融合，而U-Net模型中特征通过拼接融合。U-Net与FCN相比，重要的改进是在神经网络中进行上采样和卷积操作的同时，将较低分辨率的特征与较高分辨率的下采样特征结合，从而更好地实现定位和卷积。U-Net首先用于生物医学图像分割，获得了非常好的效果，目前是图像分割任务中的利器之一。

2.5 SegNet

SegNet[15]的结构如图11-9所示，包括一个编码器和一个解码器。编码器提取输入图像的特征矩阵，解码器根据提取的特征矩阵通过上采样预测分割结果。SegNet与FCN的不同之处在于图像的上采样方式。FCN 中上采样方式为转置卷积，而 SegNet 采用上池化(uppooling)的方式，即在编码器的池化层记录池化操作的数据索引，当对应的解码器进行上采样时，根据池化层的数据索引将特征矩阵精确地分配给上采样矩阵。如图 11-10 所示，在编码过程中，特征矩阵 A 经过池化操作后形成特征矩阵 B，索引矩阵 C 记录特征矩阵 B 中的值在特征矩阵 A 中的原始位置；在解码过程中，对而特征矩阵 D 进行上池化，上池化的依据就是编码器中对应层的索引矩阵 C，上池化后特征矩阵 D 的特征值被赋值到相应的位置，这对于图像分割的细节保留非常有利，有助于准确地定位目标的边缘细节。

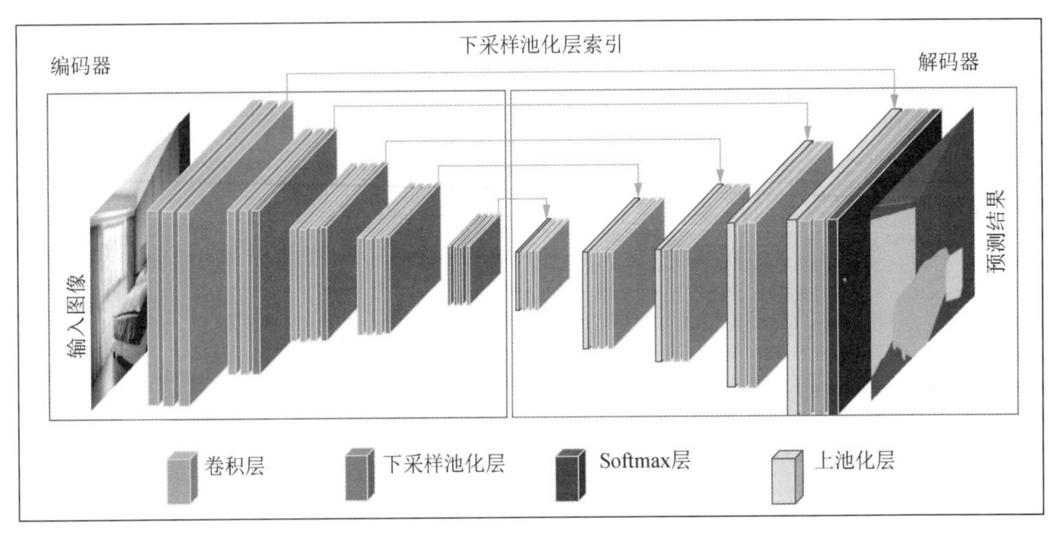

图 11-9　SegNet 结构示意

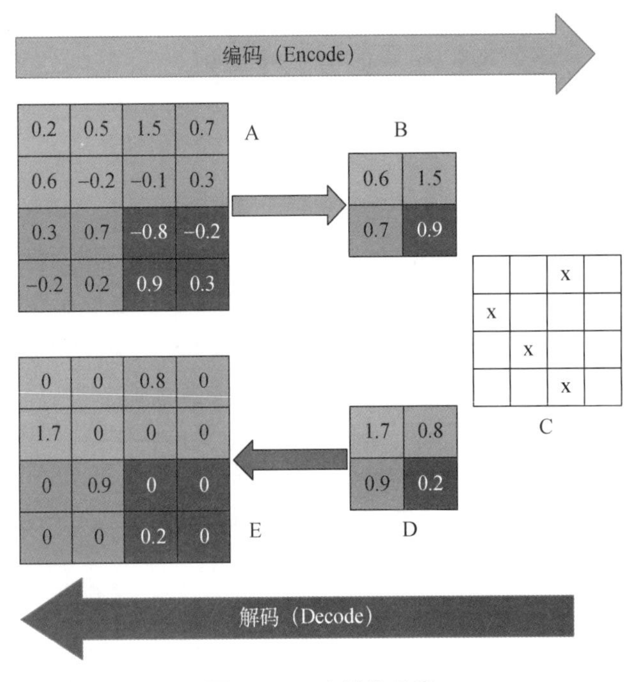

图 11-10　上池化示意

2.6　RefineNet

卷积神经网络在解决图像语义分割等密集预测任务时，卷积和池化的下采样操作使得最终输出的图像信息损失很大。针对这一问题，大部分的图像分割方法都采用上采样，但是仍然无法恢复损失的底层信息，而底层信息是保持图像分割任务中边界和细节的基础。DeepLab 采用的空洞卷积虽然能够在不进行下采样的基础上扩大感受野，但存在两个缺点：(1)整个过程需要计算大量的高维度卷积特征图，而且图像的高层特征和输出尺度局限在输入图像的 1/8；(2)空洞卷积会引起粗糙下采样，这会导致重要细节的丢失。为了对图像的细节做最大程度的保留，同时准确地分割图像，Lin 等[17]提出了 RefineNet，其结构如图 11-11 所示。

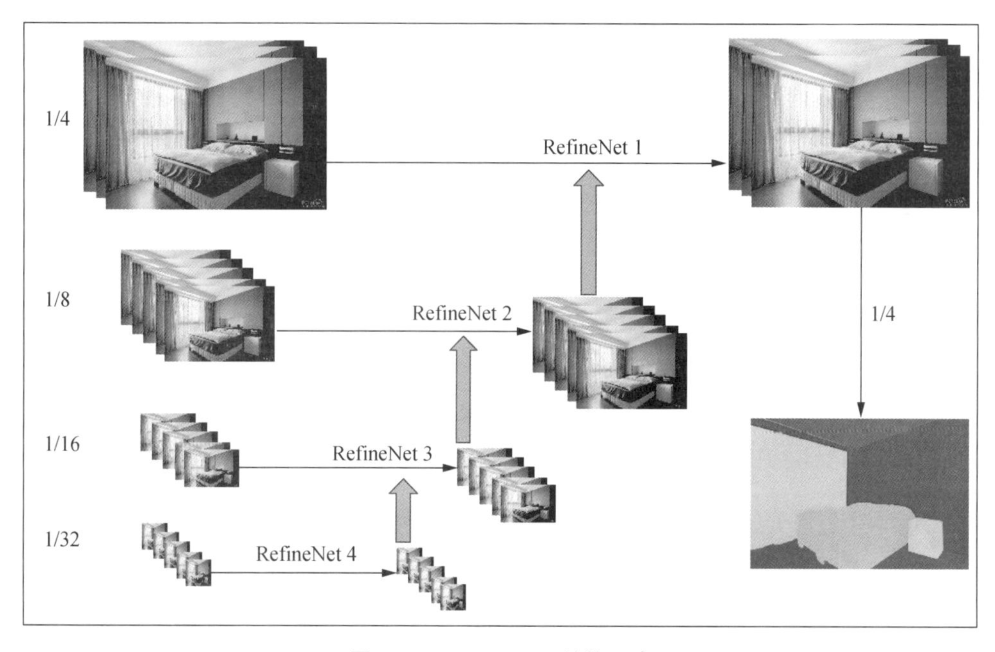

图 11-11　RefineNet 结构示意

如图 11-11 所示，RefineNet 首先通过下采样生成四幅分辨率不同的空间金字塔图像，然后使用残差连接方式显式地将各下采样层与后面的网络层结合在一起。其中：从 1/32 图像提取的特征融合到 1/16 图像中；从 1/16 图像提取的特征融合到 1/8 图像中；从 1/8 图像提取的特征融合到 1/4 图像中。因此，从 1/4 图像提取的特征包含各分辨率的特征，使得图像的局部细节最大限度地保留。

第三节　基于深度学习的图像分割实例

为了帮助读者对基于深度学习的图像分割更深入地理解，本节给出一个以织物图像为分割目标的基于深度学习的图像分割实例，其流程如图 11-12 所示。

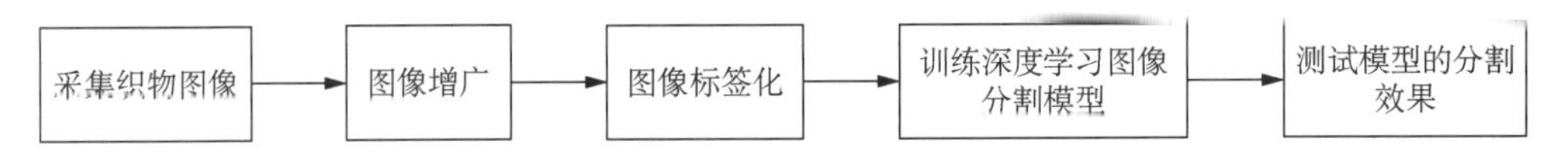

图 11-12 基于深度学习的织物图像分割流程示意

由图 11-12 可知，本实例包含五个步骤。下面对每个步骤进行详细的说明：

(1) 采集织物图像：收集 100 种纹理和颜色的具备多样性的织物样本。利用图 11-13 所示的织物图像采集装置采集织物图像。每种织物采集 10 次，共采集 1 000 幅 RGB 图像。在采集的过程中，对背景适当地添加噪声，如在织物附近放置杂物或调整采集图像的环境亮度等。

(2) 图像增广：利用平移、旋转、缩放等方法对织物图像进行增广，增广后的织物图像总数为 10 000 幅。

(3) 图像标签化：利用商业软件“Adobe PhotoShop”对织物图像进行分割，织物图像部分的标签设置为“1”，背景部分的标签设置为“0”。标签化后的图像如图 11-14 所示。

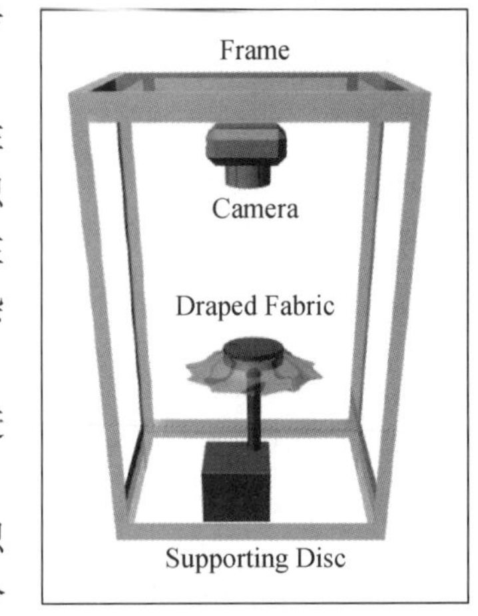

图 11-13 织物图像采集装置

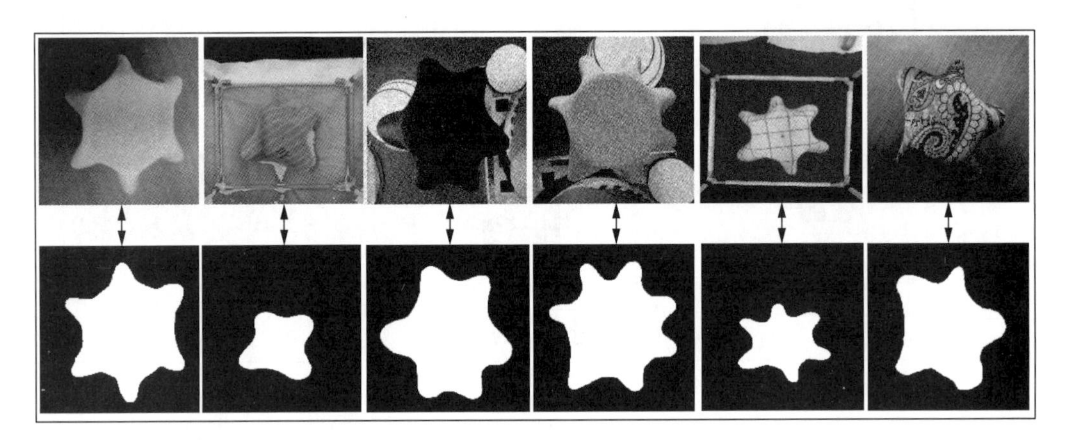

图 11-14 织物图像样本与标签化的图像

(4) 训练深度学习图像分割模型：以步骤(3)中的 RGB 图像为输入，以步骤(3)中的二值化图像为标签训练模型(如 U-Net)。RGB 图像与对应的二值化图像大小均为 128×128，采用梯度下降优化器，学习率为 0.000 1，训练周期数为 500，计算机主频率为 2.8 GHz，RAM 大小为 16 GB，NVDIA GTX1060 显卡，显存为 6 G。

(5) 测试模型的分割效果：采用步骤(4)训练好的模型测试图像分割效果，以分割图像的准确率为评价依据。

六组织物图像及其分割结果如图 11-15 所示，可以看见，分割的图像轮廓清晰，边缘细节也保留得较好，这说明采用神经网络进行图像分割的有效性。

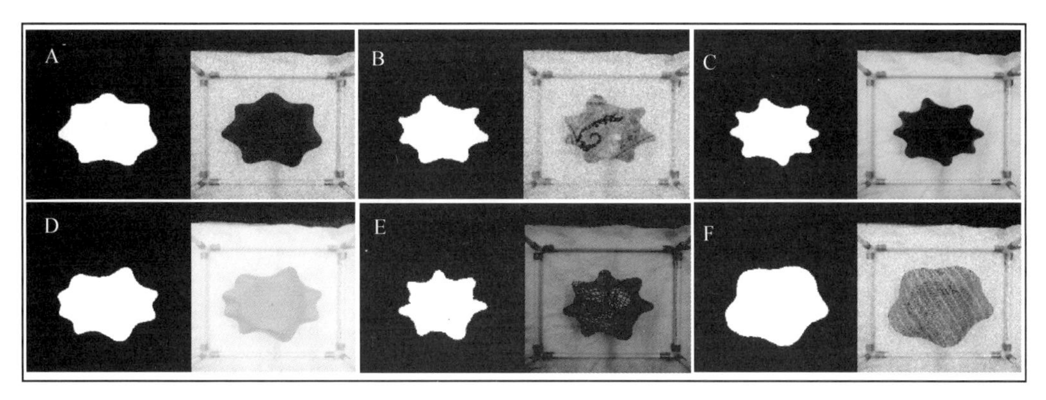

图 11-15　六组织物图像及其分割结果

参考文献：

[1] 刘媛媛，王跃勇，于海业，等.基于多阈值图像分割算法的秸秆覆盖率检测[J].农业机械学报，2018，49(12)：27-35.

[2] 郭璇，郑菲，赵若晗，等.基于阈值的医学图像分割技术的计算机模拟及应用[J].软件，2018，39(3)：12-15.

[3] Liang-Kai，Huang，et al. Image thresholding by minimizing the measures of fuzziness[J]. Pattern Recognition，1995，28：41-51.

[4] 林开颜，吴军辉，徐立鸿.彩色图像分割方法综述[J].中国图象图形学报，2005(1)：1-10.

[5] 韩思奇，王蕾.图像分割的阈值法综述[J].系统工程与电子技术，2002(6)：91-94.

[6] 董怡. 基于边缘信息的 RGB-D 图像分割算法研究[D].南京：南京邮电大学，2018.

[7] 严华刚，李海云. 一种基于多尺度分析的 CT 图像边缘检测方法[J].北京生物医学工程，2010，29(6)：603-607.

[8] 范群贞，吴浩，林真.基于形态学和区域生长法的医学图像分割[J].机电技术，2019(3)：26-29.

[9] 田丽华. 基于聚类分析的遥感图像分割方法[D].长春：吉林大学，2018.

[10] 杨志巧. 基于小波变换的变分法在图像分割中的应用[D].武汉：武汉大学，2018.

[11] 杨晓艺，汪远征，文成林.信号序列经小波变换后的相关性分析[J].河南大学学报(自然科学版)，2000(4)：30-34.

[11] Rother，Carsten，Vladimir Kolmogorov，Andrew Blake. Grabcut：Interactive foreground extraction using iterated graph cuts[J]. ACM Transactions on Graphics (TOG)，2004，23(3)：309-314.

[12] Yi F，Inkyu M. Image segmentation：A survey of graph-cut methods[C]// 2012 International Conference on Systems and Informatics (ICSAI). Los Alamitos，CA：IEEE Computer Society，2012：1936-1941.

[13] Long J，Evan S，Trevor D. Fully convolutional networks for semantic segmentation[C]// 2015 IEEE Conference on Computer Vision and Pattern Recognition. Piscataway，NJ：IEEE，2015：3431-3440.

[14] Badrinarayanan V，Kendall A，Cipolla R. SegNet：A deep convolutional encoder-decoder architecture for image segmentation[J]. IEEE Transactions on Pattern Analysis and Machine Intelligence，2017，39 (12)：2481-2495.

[15] Ronneberger O，Philipp F，Thomas B. U-net：Convolutional networks for biomedical image

segmentation[C]// International Conference on Medical Image Computing and Computer-assisted Intervention. Munich, Germany: Springer, Cham, 2015 (9351): 234-241.

[16] Lin G, Milan A, Shen C, et al. Refinenet: Multi-path refinement networks for high resolution semantic segmentation[C]// 2017 IEEE Conference on Computer Vision and Pattern Recognition. Piscataway, NJ: IEEE, 2017:1925-1934.

[17] Zhao H, Shi J, Qi X, et al. Pyramid scene parsing network[C]// 2017 IEEE Conference on Computer Vision and Pattern Recognition. Piscataway, NJ: IEEE, 2017: 6230-6239.

[18] Chen L C, Papandreou G, Kokkinos I, et al. Semantic image segmentation with deep convolutional nets and fully connected CRFs[J]. Computer Science, 2014(4):357-361.

[19] Chen, Liang Chieh, et al. DeepLab: Semantic image segmentation with deep convolutional nets, atrous convolution, and fully connected CRFs[J]. IEEE Transactions on Pattern Analysis & Machine Intelligence, 2016, 40(4): 834-848.

[20] Chen L C, Papandreou G, Schroff F, et al. Rethinking atrous convolution for semantic image segmentation[J]. arXiv preprint, arXiv: 2017: 1706.05587v3.

[21] Chen L C, Zhu Y, Papandreou G, et al. Encoder-decoder with atrous separable convolution for semantic image segmentation[C]// 15th European Conference on Computer Vision (ECCV). Berlin: Springer Verlag, 2018: 833-851.

[22] Zhao H, Shi J, Qi X, et al. Pyramid scene parsing network[C]// IEEE Conference on Computer Vision and Pattern Recognition. Piscataway, NJ: IEEE, 2017: 6230-6239.

第十二章 少样本学习与图像特征匹配

第一节 孪生神经网络简介

在机器视觉的模式识别领域,样本分类问题可以分为两种。

第一种是标准分类(standard classification)问题,通常分类数量较少,而且每个类别的数据量较多,比如 ImageNet、VOC 等。对于这种分类问题,在使用有监督学习范畴下的神经网络解决时,其样本需要满足两个条件:(1)在训练时,每个类别中的样本数量远远大于训练任务的类别数量;(2)每个样本要对应准确的类别,也就是说每个样本属于真值标签中唯一的一个类别,且不同类别之间具有准确的界限。此时,可以训练神经网络找到不同类别之间的差异。

标准分类需要将待识别图像输入一个由若干层构成且训练好的神经网络,通过向前传播输出类别概率。如果要识别羊绒或羊毛,可以在各式各样的羊绒或羊毛图像集上训练神经网络。当然,预测阶段所使用的数据集应该与训练阶段所使用的数据集具有相似的统计分布特征,以得到较为精确的预测结果。

如果要求在每个类别仅有一个训练样本时做出准确预测,就属第二种分类问题,称为一次性分类(one-shot classification)任务。其中最典型的就是人脸识别。通常,在各种角度、光照等条件下拍摄一些人脸图像,构成数据集,用其训练一次性分类模型。然后,如果想识别人物 X 是否在该人脸数据集中,则为人物 X 拍摄一张人脸照片,并输入训练好的模型加以判断(注意:一次性分类模型未使用人物 X 的照片进行训练)。

作为人类,我们往往见过某人一次之后,就能识别出他/她的脸,这也是训练一次性分类模型所希望达到的水平,因为很多时候数据量是非常少的。

就人脸识别而言,由于拍摄时的面部表情、光照条件、首饰和发型等不同,得到的样本图像所包含的信息非常多,因此,一般不直接比较原始图像,而是将其输入深层卷积神经网络提取面部特征。一幅彩色图像在最后一次卷积或池化之后,甚至在全连接层之后,将输出的激活值矩阵展平成为一个列矩阵,比如 512 维的特征向量,作为代表原始人脸图像的嵌入(embedding)。如果在识别时输入的是同一个人的脸部图像(可以是这个人的另外一幅脸部图像),那么这两个特征向量间的相似度会很高;同理,如果输入的是另外一个人的脸部图像,与原始图像相比,这两者的相似度会很低。之所以选择深度卷积神经网络,是因为它给出的低维特征向量(如 512 维),可以保留原始高维输入特征(即原始图像)中像素或者像素块间内在的结构关系,而这种通过深度卷积神经网络学习得到的低维特征向量之间的距离,能够有效地捕获高维输入之间的差异,同时保留高维输入特征中的不变量。

鉴于识别问题的解决需要训练神经网络去判断各种嵌入间的相似性，人们提出了孪生神经网络(Siamese neural network)[1]，用于解决类别数量多但每个类别的样本数量较少时的分类识别问题。孪生神经网络架构包含两个结构完全相同的分支网络，如图 12-1 中的分支 1 和分支 2。每个分支分别对应一个输入，该类输入可以是一维的信号、二维的图像、三维的点云或三角形网格。每个输入经过权重共享的分支网络后，被降维为一个长度固定的特征向量，如图一 12-1 中的特征向量 1 和特征向量 2。通过计算这两个特征向量间的相似程度(如欧式距离或者余弦相似度)，就可以判断两个输入是否属于同一类别。根据不同的分类任务，孪生神经网络的两个分支可以是全连接神经网络，也可以是卷积神经网络，或者是图卷积神经网络。

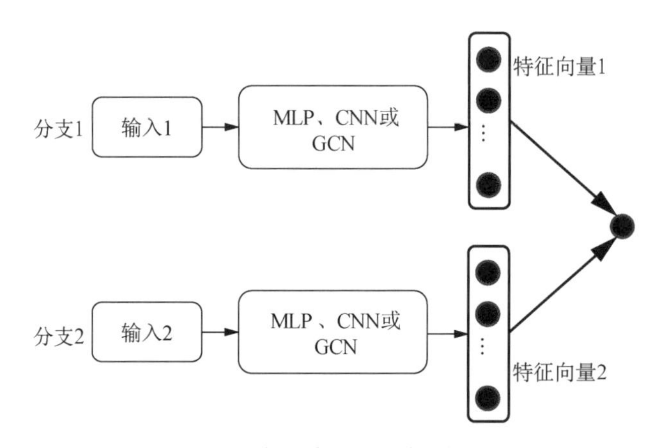

图 12-1 孪生神经网络的架构示例

第二节 孪生神经网络的损失函数

对孪生神经网络进行训练，目的是增大不同类别间的相似性差异，减少相同类别间的相似性差异，因此，其损失函数的设计格外重要。其中，对比损失和三元组损失都达到了较好的效果。

2.1 对比损失

在孪生神经网络的每个分支上，输入的两幅图像都会生成一个特征向量，通过计算两者之间的 L1 距离，再送入 Sigmoid 函数进行非线性激活，对激活值进行比较，就能判断两个输入是否属于同一类别。

假设有两个样本 $x^{(i)}$ 和 $x^{(j)}$，输入孪生神经网络，得到两个低维嵌入(或者称为低维编码，又或者称为低维特征向量) $f(x^{(i)})$ 和 $f(x^{(j)})$，两者之间的差异可以用 L1 距离表示：

$$\hat{y} = | f(x^{(i)}) - f(x^{(j)})|$$

此时可以将单个样本的对比损失定义为：

$$L(y,\ \hat{y})=(1-y)\frac{1}{2}(\hat{y})^2+(y)\frac{1}{2}[\max(0,\ m-\hat{y})]$$

其中：y 表示输入的两个样本是否匹配的标签($y=1$ 表示两个样本匹配，$y=0$ 表示不匹配)；m 表示阈值(margin)，它定义了 $f(x)$ 的半径范围，当不相似的两个样本间的距离在这个半径范围内时，才会对损失函数有所贡献。

由此可得包含 N 个样本的样本集合的代价函数：

$$J(w,\ b)=\frac{1}{N}\sum_{i=1}^{N}L(\hat{y}^{(i)},\ y^{(i)})=\frac{1}{2N}\sum_{i=1}^{N}(1-y)(\hat{y})^2+(y)[\max(0,\ m-\hat{y})]$$

对比损失最早出现在对高维输入进行不变映射的降维处理中[2]。后来，人们又提出了一种更直接的思想，即将低维特征向量 $f(x^{(i)})$ 和 $f(x^{(j)})$ 送入逻辑回归单元进行预测。如果两幅图像代表同一个对象，那么输出为“1”，如果代表不同的对象，则输出为“0”，如图 12-2 所示。因此，这是一个二元分类问题，此时的预测值 $\hat{y}$ 就是低维编码间的差异：

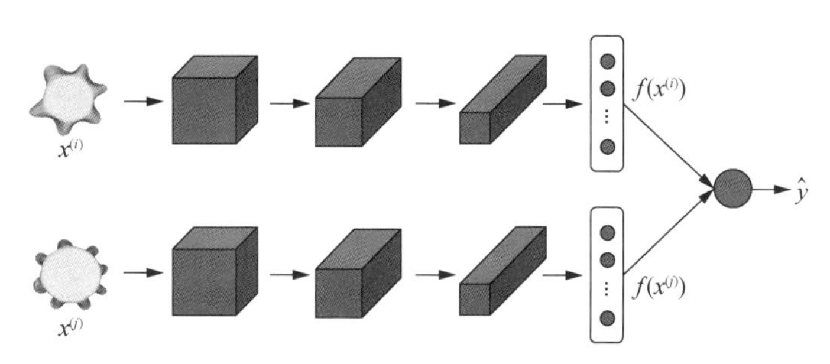

图 12-2　利用逻辑回归单元进行悬垂织物识别

$$\hat{y}=\sigma\left(\sum_{k=1}^{n}w_t\frac{[f(x^{(i)})_k-f(x^{(j)})_k]^2}{f(x^{(i)})_k+f(x^{(j)})_k}+b\right)$$

其中：n 表示低维编码的维度，比如 128 或 512，意味着输入被一个 128 维或 512 维的特征向量所替代，用于识别和验证；下标 k 表示这个向量中的第 k 个元素；$w_t\frac{[f(x^{(i)})_k-f(x^{(j)})_k]^2}{f(x^{(i)})_k+f(x^{(j)})_k}$ 表示带有权重的χ^2 相似度，其中 w_t 和 b 分别为第 t 对样本($x^{(i)}$，$x^{(j)}$)在逻辑回归中的权重参数和偏置量。

在 n 个神经元上训练合适的权重，即可预测两个样本是否属于同一个对象。此时，损失函数就是标准的二元交叉熵。此外，在实际应中，也可以简化 $\hat{y}$ 的表达方式，即使用

$$\hat{y}=\sigma(\sum_{k=1}^{n}w_t\mid f(x^{(i)})_k-f(x^{(j)})_k\mid+b)$$

来衡量两个样本之间的差异，或者说相似度[3]。

在实际应用中，如果要匹配已知数据库中的样本，不需要每次计算这些样本的特征嵌入 $f(x)$，可以利用孪生神经网络的一个分支提前计算，当一个新样本与之比较时，可以使用孪

生神经网络的另外一个分支计算新样本的低维编码，然后用它和预先计算好的编码进行比较，并输出预测值 $\hat{y}$。

2.2 三元损失

对于一次性识别任务，还有一种损失函数，即三元损失。假设有一个给定的样本，称为锚样本(anchor，简称 A)；还有一个与之类似的样本，称为正样本(positive，简称 P)；以及与锚样本完全不同的第三个样本，称为负样本(negative，简称 N)，如图 12-3 所示。

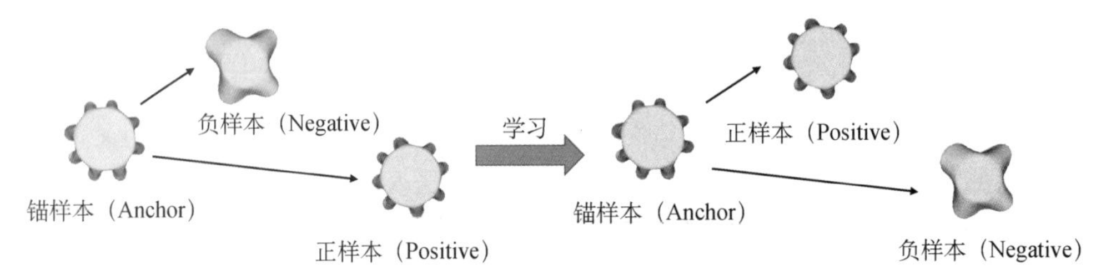

图 12-3 通过三元损失最小化锚样本与正样本之间的距离，最大化锚样本与负样本之间的距离

接下来，基于这样的三元图像组定义损失函数，目标是使得 $\| f(A)-f(P) \|^2 - \| f(A)-f(N) \|^2+\alpha \leqslant 0$。为了定义这个损失函数，取这个表达式和 0 之间的最大值：

$$L(A, P, N)=\max(\| f(A)-f(P) \|^2 - \| f(A)-f(N) \|^2+\alpha, 0)$$

这里 max 函数的作用：只要 $\| f(A)-f(P) \|^2 - \| f(A)-f(N) \|^2+\alpha \leqslant 0$，那么损失函数的值即为"0"；如果 $\| f(A)-f(P) \|^2 - \| f(A)-f(N) \|^2+\alpha > 0$，则取 $\| f(A)-f(P) \|^2 - \| f(A)-f(N) \|^2+\alpha$，此时得到一个正的损失函数值。通过最小化损失函数所能达到的效果，就是使"$\| f(A)-f(P) \|^2 - \| f(A)-f(N) \|^2+\alpha$"为"0"，或者"$\leqslant 0$"。

有了单个样本三元损失的定义，则代价函数为训练集中 n 个三元损失的总和。

$$J=\sum_{i=1}^{n} L(A^{(i)}, P^{(i)}, N^{(i)})$$

举个例子说明。假如有一个由 10 000 幅图像构成的训练集，里面是 1 000 个样本的照片，要做的是取 10 000 幅图像，生成许许多多这样的三元组，然后用梯度下降训练我们的学习算法。注意，为了定义三元组的数据集，需要成对的 A 和 P，即同一个样本的多张照片，从中提取成对的图像。1 000 个样本中，如果每个样本有 10 张照片，就可以组成整个数据集；但如果每个样本只有一张照片，就无法训练该网络。

现在来看，如何选择三元组形成训练集。如果从训练集中随机地选择 A、P 和 N，并遵守 A 和 P 属于同一个样本而 A 和 N 属于不同的样本这一原则，则约束条件 $d(A, p)+\alpha \leqslant d(A, N)$ 很容易达到，即 A 和 P 之间的距离加上阈值 α 很容易小于 A 和 N 之间的距离，这是因为对于随机选择的图像，A 和 N 之间的差别比 A 和 P 之间的差别大很多的概率很大。这里，$d(A, P)$ 就是 $\| f(A)-f(P) \|^2$，$d(A, N)$ 就是 $\| f(A)-f(N) \|^2$，$d(A, P)+\alpha \leqslant d(A, N)$ 就是 $\| f(A)-f(P) \|^2+\alpha \leqslant \| f(A)-f(N) \|^2$。换言之，

如果 A 和 N 是随机选择的不同的样本，则有很大的可能性使得 $\| f(A)-f(N) \|^2$ 比 $\| f(A)-f(P) \|^2$ 大，而且差距远大于 α，此时神经网络并不能真正得到有益的训练。

为了构建一个合格的数据集，要做的是尽可能选择难以训练的三元组 A、P 和 N。此时，若要所有的三元组都满足 $d(A, P)+a \leqslant d(A, N)$，就要选择 A、P 和 N，使得 $d(A, P)$ 很接近 $d(A, N)$，即 $d(A, P) \approx d(A, N)$，这样我们的学习算法会竭尽全力使 $d(A, N)$ 变大，或者使 $d(A, P)$ 变小，使两者之间至少有一个 α 的间隔。通常选择这样的三元组可以增加学习算法的计算效率，换言之，如果随机地选择这些三元组，其中势必有太多组会很简单，使得梯度下降法所进行的优化不会有什么效果，因为网络总是很轻松就能得到正确的结果。所以，只有选择难以训练的三元组，梯度下降法才能发挥作用，使得 $d(A, P)$ 与 $d(A, N)$ 之间的差异尽可能地大[4]。

第三节 少样本学习

3.1 少样本学习的基本概念

在一次性学习（one shot learning）中，每个类别只有一个样本。若每个类别多几个样本，比如 2～5 个样本，此时通常将其称为少样本学习（few shot learning）。事实证明，深度神经网络具有从大量数据集中提取复杂统计信息和学习高级特征的能力。然而，目前的深度学习方法与人类的感知形成鲜明对比的一点是其采样效率低下。对于人类而言，我们可以很轻易地通过观看几张照片，就知道一个未知类别的特征，并且在见到该类别的实物时，轻易地识别出来。比如一个没有见过长颈鹿的幼儿，当你给他看过几张长颈鹿的照片之后，他就能很容易地认出什么是长颈鹿。

在少样本学习中，通常将测试集称之为支撑集 S（support set），其中有 N 个类别，每个类别包含了 K 个支撑样本。若对每个类别输入 Q 个查询样本，则学习的目标是在 $N \times K$ 个支撑样本所构成的支撑集 S 上，通过某种“学习能力”，完成将这 $N \times Q$ 个查询样本分为 N 个类别的识别任务，即所谓的“N-way K-shot”学习任务。这里的“way”代表的是类别数目，“shot”代表的是样本的数目。

以图 12-4 所示的女装分类任务为例，训练集包含五种服装类型：短裙、T 恤、羽绒服、毛衣和西装。每个服装类别包含若干张图像。假设我们训练好了一个模型。输入一张待查询的图像（$Q=1$），如图 12-4(c)所示，要求该模型回答“它属于支撑集中哪个服装类别?”，并给出该类别中与其相似度最接近的样本。

这里，查询样本（旗袍）的类别不属于训练集中的任何一种，即我们无法用标准分类的方式来判断它是否属于“短裙、T 恤、羽绒服、毛衣、西装”中的某一类。因此，这样的神经网络模型，训练过程中它所学习的是一个“learning to learn”的能力。在深度学习中，通常将这样的学习称为元学习（meta learning）。在掌握了这个“学习能力”之后，模型通过“观察”支撑集中的这 6 张图片，就能很准确地判断出查询样本属于旗袍这个类别，尽管模型此前从未见过旗袍（只见过短裙、T 恤、羽绒服、毛衣、西装）。

图 12-4 少样本学习的训练集、支撑集和查询样本

3.2 案例分析

为了让读者对少样本学习问题有更深入的理解，本节首先介绍如何通过孪生神经网络解决织物悬垂图像的 5-way 1-shot 分类问题，其流程如图 12-5 所示，共包含四个步骤。

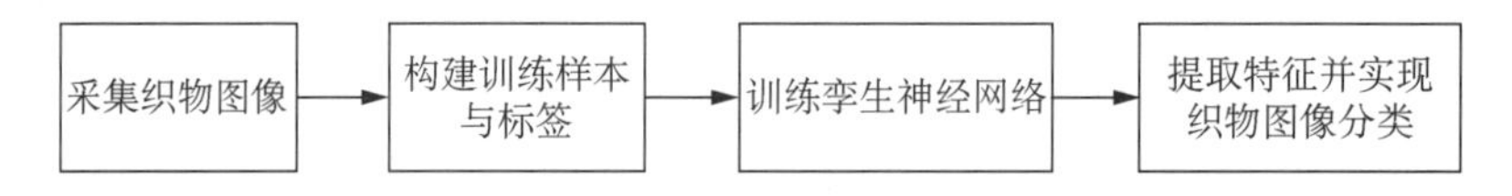

图 12-5 基于孪生神经网络的织物悬垂图像分类识别流程

步骤 1：收集 51 种织物，并在相同的条件下采集织物悬垂的灰度图像。每种织物采集 100 次。随机选择 32 种织物灰度图像构成训练集；其余 19 种织物灰度图像用于后续构成支撑集。

步骤 2：从训练集中随机抽取两张图像，若两张图像同属一种织物，则将这两张织物图像的标签设置为 1。若这两张图像不属于同一种织物，则将其标签设置为 0。重复上述操作 200 000次，得到 200 000 对样本。因为是随机抽取，所以最终的 200 000 对样本中的负例(标签为 0)的数目要比正例(标签为 1)的数目多，于是，从该 200 000 对样本中再抽取 10 000 对正例与 10 000 对负例，将其混合构成一个样本数为 20 000 对的训练样本，这样做的好处在于可以保证正负样本均衡，有利于孪生卷积神经网络的训练。构建的训练样本与标签如图 12-6 所示。

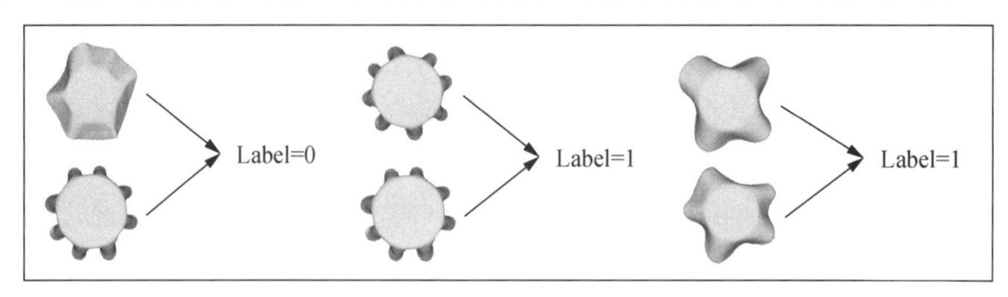

图 12-6 构建孪生神经网络的训练样本对

步骤3:以VGG-16为基础构建孪生神经网络。两张输入图像的大小均为224×224,经过多个卷积、池化和全连接操作得到一对特征向量,其维度设置为1×4096,最后计算两张输入图像之间的相似程度。

步骤4:从19种织物数据集中随机选择5种织物所对应的灰度图像用作测试。如图12-7所示,先在这5种织物类别中,每种织物选择两张图像,其中一张作为查询图像样本,另一张作为该类别的支撑图像样本。若进行10次实验,则每次实验中的支撑样本共5个类别,每个类别一张支撑图像,构成10次5-way 1-shot分类识别任务。

很显然,如果每次的5-way 1-shot分类识别任务中,以VGG-16所构成的孪生神经网络,都能准确地找到查询图像在支撑集上所属的正确类别,则其分类准确率为100%。这里,我们将该网络在支撑集里所查询到的类别样本置于支撑集最左侧(箭头所指)。在这个利用孪生神经网络进行少样本学习的例子中,5-way 1-shot 10次分类平均识别率为73.25%。与之相比,人类在5-way 1-shot的分类任务中,10次分类平均识别率为82%。

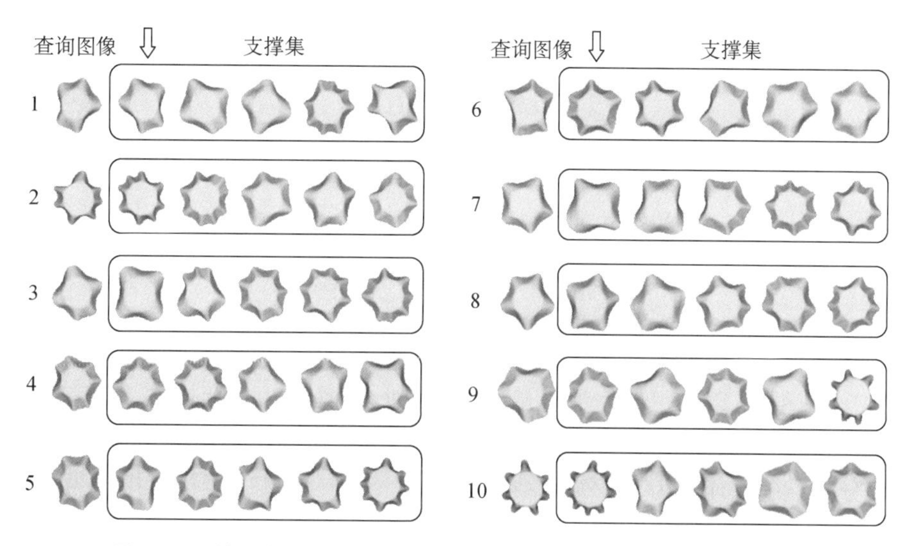

图12-7　基于孪生神经网络的织物悬垂图像5-way 1-shot分类结果

虽然孪生神经网络在手写字符、人脸识别等领域通常比较成功,但是在织物悬垂形态的少样本分类任务中,并不一定是最佳的选择。为了进一步提高识别率,这里给出Jake等提出的Prototypical network[6]来解决织物悬垂的少样本学习问题。它旨在通过均值计算每个类别的特征向量所构成的M维表达,或者说原型表达(Prototypical representation)。

如图12-8所示,若训练样本包含三个类别(不同颜色),每个类别包含五个样本,令k为类别编号,其取值范围为{1,2,3}。将每个类别的特征向量均值记为c_k($c_k \in \mathbb{R}^M$),其计算方法为:

$$c_k = \frac{1}{|S_k|} \sum_{(x_i, y_i) \in S_k} f_w(x_i)$$

其中:S_k是训练样本中属于第k类样本的集合;$x_i \in \mathbb{R}^D$作为D维特征向量,是集合S_k中的第i个样本;y_i是x_i的标签;$f_w: \mathbb{R}^D \to \mathbb{R}^M$为嵌入函数,$w$为待学习的参数。

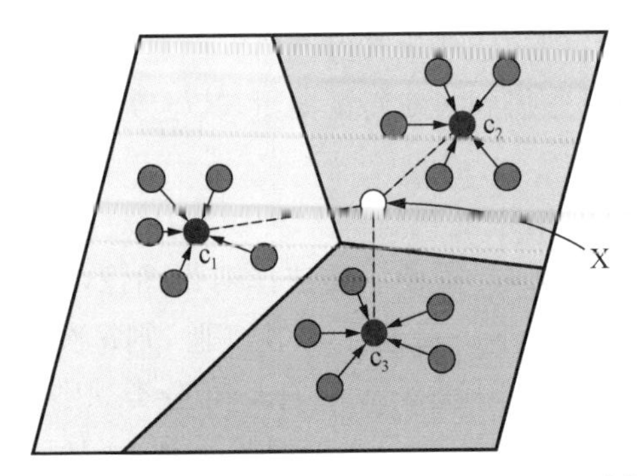

图 12-8 Prototypical network 原理示意图例[6]

以每个类别的特征向量均值 c_1、c_2、c_3 作为中心，若一个查询样本 **x** 属于如图 12-8 所示的 c_2 类，则 **x** 的特征向量与 c_2 之间的距离要小于其与 c_1 或 c_3 之间的距离。在训练的过程中以查询样本 **x** 与各个类别特征向量均值(c_1、c_2、c_3)间距离的负数构成样本 **x** 属于各个类别的概率，并通过交叉熵形式构造代价函数。即首先计算：

$$p_w(y=k \mid \mathbf{x})=\frac{\exp[-d(f_w(x),\ c_k)]}{\sum_{k'}\exp[-d(f_w(x),c_{k'})]}$$

然后计算如下的代价函数，并对其进行最小化(如采样随机梯度下降法)：

$$J(w)=-\log p_w(y=k \mid \mathbf{x})$$

训练完成后，在支撑集上也采用求特征向量均值的方法，然后计算查询样本与支撑集的每个类别中心的距离，以该距离作为度量依据，判断查询样本的类别。这里，采用与训练孪生神经网络时相同的数据集，通过 Prototypical network 解决织物图像 5-way 1-shot 分类问题时，其分类准确率均值为 84.2%。结果如图 12-9 所示，其中箭头所指即为该网络给出的查询图像所属类别。

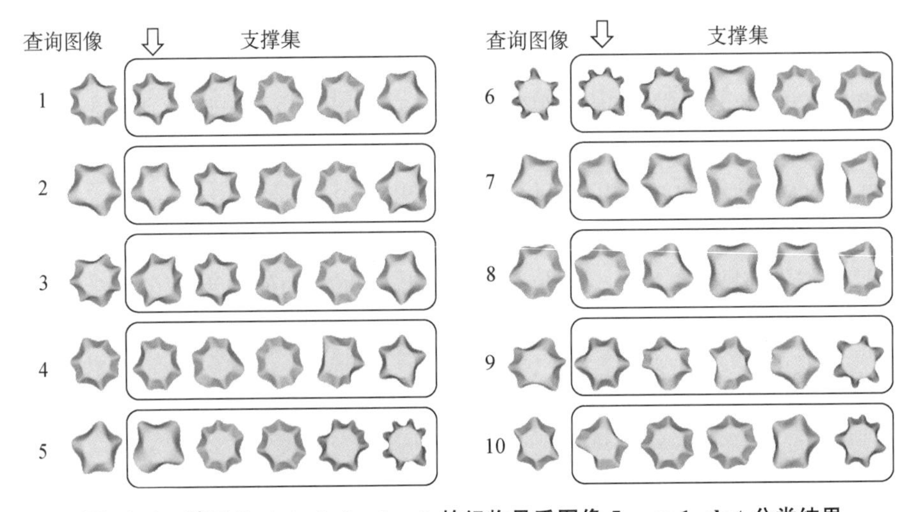

图 12-9 基于 Prototypical network 的织物悬垂图像 5-way 1-shot 分类结果

参考文献：

[1] Chopra S, Hadsell R, LeCun Y. Learning a similarity metric discriminatively, with application to face verification[C]// 2005 IEEE Computer Society Conference on Computer Vision and Pattern Recognition. 2005: 539-546.

[2] Hoffer E, Ailon N. Deep metric learning using triplet network[C]// International Workshop on Similarity-Based Pattern Recognition, 2015: 84-92.

[3] Hadsell R, Chopra S, LeCun Y. Dimensionality reduction by learning an invariant mapping[C]// Proceedings of the IEEE Conference on Computer Vision and Pattern recognition, 2006: 843-885.

[4] Taigman Y, Yang M, Ranzato M, et al. DeepFace: Closing the gap to human-level performance in face verification[C]// Proceedings of the IEEE Conference on Computer Vision and Pattern Recognition, 2014: 2604-2612.

[5] Schroff F, Kalenichenko D, Philbin J. FaceNet: A unified embedding for face recognition and clustering [C]// Proceedings of the IEEE Conference on Computer Vision and Pattern Recognition, 2015: 2154-2162.

[6] Jake S, Kevin S, Richard S. Zemel. Prototypical networks for few—shot learning[C]//Proceedings of the 31st International Conference on Neural Information Processing Systems, 2017: 4080-4090.

第十三章　风格迁移与生成对抗网络

第一节　图像风格迁移

在图像处理领域，对一幅图像用不同风格进行渲染始终是一个挑战。将一幅图像的风格迁移到另一幅图像，则是纹理迁移问题。随着卷积神经网络的兴起，图像风格迁移（image style transfer）成为非常有趣的应用[1]。

图像由内容和风格两大要素组成，内容决定图像中应该存在哪些目标对象及彼此间的位置关系（语义内容），风格则控制图像的艺术样式、纹理细节等。因此，风格迁移任务的目标就是将一幅图像的内容与另一幅图像的风格结合，形成一幅新图像。在风格迁移任务中，输入一般为一幅内容图像和一幅风格图像，将风格图像的样式应用于内容图像，合成一幅新图像。如图 13-1 所示，内容图像为东华大学校园景色，风格图像为梵高的作品《星月夜》（荷兰语：*De Sterrennacht*），通过风格迁移可以合成一幅具有梵高艺术风格的风景画且保留内容图像的大致信息。

图 13-1　输入内容图像和风格图像，实现风格迁移

1.1　基于卷积神经网络的风格迁移

风格迁移在深度学习出现之前已有相关研究。传统的非参数方法只能利用图像的低层特征进行变换，无法有效提取图像结构信息，因而能实现迁移的风格类型非常有限[2]。风格迁移的主要问题在于如何分离图像的内容信息和风格信息，以及如何根据内容信息和风格信息重建新图像。众所周知，深度卷积神经网络在图像特征表达方面具有非常大的优势，这也是其能够在图像分类、目标检测等领域大放异彩的原因之一。如前所述，浅层网络可以学习到低层图像特征（如边缘、颜色等），中层网络可以学习到中层图像特征（如形状、质地等），而深层网络可以学习到图像的高层语义特征（如人、汽车等）。

Gatys 等[1]提出利用在大型数据集(如 ImageNet)上预训练的卷积神经网络提取图像的内容信息及风格信息,首次实现了基于深度学习的风格迁移。该方法的主要思想是利用预训练的卷积神经网络对内容图像和风格图像分别进行特征提取,通过定义内容损失(content loss)和风格损失(style loss),对一幅随机初始化的图像或者直接采用内容图像,进行迭代优化得到合成图像。他们使用经过 ImageNet 预训练的 VGG-19[3]实现风格迁移。当然,其他常见的分类神经网络如 ResNet[4]也可以实现。以 VGG-19 为例,它有 16 个卷积层、5 个最大池化层,在风格迁移时去除用于分类的全连接层。另外,Gatys 等指出最大池化层可以采用平均池化层替换,有助于梯度的反向传播,进而能够在一定程度上提升最终合成效果。

使用 VGG 的一个主要原因是其构造较为简单,主要通过堆叠 5 个卷积块(以池化层表示一个卷积块的结束)构成。为便于表述,将 VGG 中每个卷积块的第一个卷积层分别命名为 conv1_1、conv2_1、conv3_1、conv4_1 和 conv5_1;类似地,每个卷积块的第二个卷积层分别命名为 conv1_2、conv2_2、conv3_2、conv4_2 和 conv5_2。

风格迁移网络如图 13-2 所示,内容图像和风格图像都作为输入图像,另外还需要一幅合成图像作为网络的输入。由于风格迁移结果将体现在这幅合成图像上,因此,需要对合成图像进行初始化,主要方法有两种:一是直接复制内容图像进行初始化;二是直接对其进行随机初始化。图 13-2 展示的是第一种方法。当然,在输入 VGG 之前,还需要对图像进行预处理,其步骤与 VGG 在 ImageNet 上训练时的预处理步骤一致,以更有效地提取特征。在 PyTorch 框架中,一般先对输入图像的所有像素值除以 255 归一化为 0～1,然后根据 ImageNet 数据集的图像均值和方差,再对输入图像的 RGB 三通道分别做标准化处理:

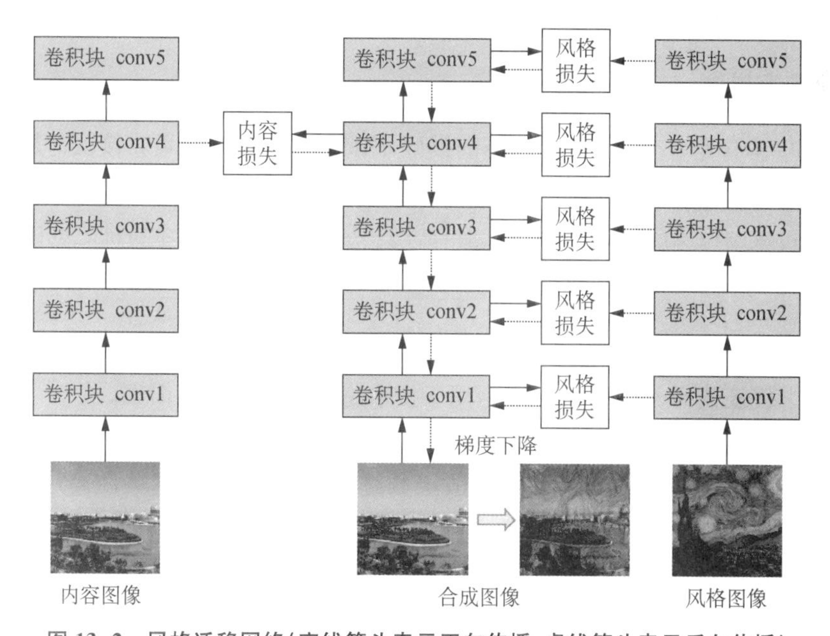

图 13-2 风格迁移网络(实线箭头表示正向传播,虚线箭头表示反向传播)

$$I' = \frac{\frac{I}{255} - mean}{std}$$

其中：I 代表输入图像；I' 代表预处理后图像；*mean* 代表 ImageNet 数据集 RGB 三通道的均值(0.485, 0.456, 0.406)；*std* 代表 ImageNet 数据集 RGB 三通道的方差(0.229, 0.224, 0.225)。

图像大小无需缩放到 224×224，但要保持内容图像、风格图像、合成图像的大小一致。

需要注意的是，该方法与常见的图像分类、分割任务不同，没有训练阶段和测试阶段，它通过不断迭代优化合成图像，直接得到结果。因此，在迭代优化的过程中，VGG 的相关参数保持不变，而把合成图像的所有像素作为风格迁移的参数。通过降低合成图像与内容图像的内容损失，以及合成图像与风格图像的风格损失作为优化目标，由于整个计算过程都是可导的，因此利用梯度下降算法进行参数更新。从图 13-2 可以看出，内容图像和风格图像进行一次正向传播后，不再更新参数，因此可以预先计算并存储从内容图像和风格图像提取的特征，在优化合成图像时可以直接调用，从而减少重复计算。

1.2 损失函数

基于卷积神经网络的风格迁移，其核心在于内容损失和风格损失的定义与实现。为便于表述，将内容图像、风格图像、合成图像分别记作 I_C、I_S、I_G。将图像 I 输入预训练的 VGG，对于第 l 层的输出特征图，记作 $a^{[l]}(I) \in \mathbb{R}^{n_c^{[l]} \times n_H^{[l]} \times n_W^{[l]}}$，其中 $n_c^{[l]}$ 为输出特征的通道数，$n_H^{[l]}$ 和 $n_W^{[l]}$ 分别为特征图的高度和宽度。内容损失记作 L_{content}，风格损失记作 L_{style}，总体损失记为 L_{total}。

1.2.1 内容损失

由于 VGG 本身是一个用于分类任务的模型，因此其提取的特征可直接认为是描述图像内容的特征，通过比较特征的差异即可用于评判图像内容是否相似。因此，内容损失被定义为内容图像 I_C 与合成图像 I_G 依次输入 VGG 后，从同一层分别提取的两个特征之间的平方误差：

$$L_{\text{content}}(I_C, I_G) = \frac{1}{2} \sum_{l \in \{l_{\text{content}}\}} \| a^{[l]}(I_C) - a^{[l]}(I_G) \|^2$$

其中：$\{l_{\text{content}}\}$ 代表选择 VGG 的第 l 层，用于提取特征并计算内容损失。

那么，应该选择哪一层卷积输出作为 $\{l_{\text{content}}\}$ 呢？

对于预训练的深度卷积神经网络，一般层数越多，其输出特征越关注高层语义特征（比如属于哪个类别、大致轮廓位置等），而对输入图像的低层特征（比如颜色、纹理等）越不敏感。Gatys 等通过内容重建对比了神经网络中不同层得到的内容损失的差异，具体做法是对经过随机初始化的合成图像 I_G 使用梯度下降算法进行优化（损失函数只有内容损失，没有风格损失）。结果表明，无论浅层、深层，均可实现内容重建。当然，使用越浅的层的内容损失进行重建，I_G 与 I_C 越接近（细节恢复得越好）。但是，风格迁移允许图像内容略微改动，使之能够变换不同的风格，因此选择较深的层（只选取 VGG 中的 conv4_2）计算内容损失。

1.2.2　风格损失

风格迁移的一个主要目标是使合成图像 I_G 与风格图像 I_S 的风格接近，因此希望采用一个距离（即风格损失）来衡量两幅不同图像的风格是否接近，通过最小化这个距离，即可合成与 I_S 风格接近的 I_G。然而，图像风格是一个非常抽象的概念，很难直接采用一个公式描述，因为它与图像的很多属性有关，比如主色调、纹理质地、光影明暗等，涵盖了图像的局部细节及整体结构。Gatys 等提出了一种基于深度卷积神经网络的纹理建模方法，利用同一层的特征间的相关性描述纹理，并通过该方法获取图像风格的特征表达[5]。与内容损失类似，风格损失也通过计算风格特征间的平方误差得到。

VGG 中卷积层输出的是深度为 $n_c^{[l]}$ 的特征图，如果将其看作 $n_c^{[l]}$ 片特征子图，则所谓的“特征间的相关性”就存在于 $n_c^{[l]}$ 片特征子图中。只要计算出该相关性，就能够得到风格损失。这种相关性可以由格拉姆矩阵（Gram matrix）计算。

对于输入图像 I，VGG 中第 l 层的输出特征图为 $a^{[l]}(I)$，其大小为 $n_c^{[l]} \times n_H^{[l]} \times n_W^{[l]}$。将 $a^{[l]}(I)$ 变换为 $n_c^{[l]} \times n_H^{[l]} n_W^{[l]}$ 的矩阵，记作 $a^{[l]}(I)'$，即行数为 $n_c^{[l]}$ 且每一行排列着原先矩阵的第 i 个通道上的所有特征 $a^{[l]}(I)_i$，其中 $i \in n_c^{[l]}$，则格拉姆矩阵 $\mathcal{G}$ 定义为变换后矩阵与其转置矩阵相乘：

$$\mathcal{G}(a^{[l]}(I)') = [a^{[l]}(I)'][a^{[l]}(I)']^T$$

其中：$[a^{[l]}(I)']^T$ 为 $a^{[l]}(I)'$ 的转置矩阵。

由于 $a^{[l]}(I)'$ 是 $n_c^{[l]} \times n_H^{[l]} n_W^{[l]}$ 的矩阵，$\mathcal{G}[a^{[l]}(I)']^T$ 为 $n_H^{[l]} n_W^{[l]} \times n_c^{[l]}$ 的矩阵，故 $\mathcal{G}(a^{[l]}(I)')$ 的大小为 $n_c^{[l]} \times n_c^{[l]}$。如图 13-3 所示，格拉姆矩阵的第 i 行第 j 列元素恰好为向量 $a^{[l]}(I)_i$ 与 $a^{[l]}(I)_j$ 的内积，其中 $i, j \in n_c^{[l]}$，其实质就是输出特征图 $a^{[l]}(I)$ 中第 i 通道和第 j 通道的特征图按元素相乘再求和。当 $i \neq j$ 时，第 i 通道和第 j 通道的特征图虽然由同一层输出，但它们是由不同的卷积核计算得到的。不同的卷积核会对不同的图像特征做出响应。比如：假设负责 i 通道的卷积核倾向于对图像中黄色区域做出响应（即输出更大的值），负责 j 通道的卷积核则倾向于对曲线形状做出响应，当某个区域存在黄色的曲线形状时，这两个通道的特征图都会得到更大的值，使得对应于格拉姆矩阵 (i, j) 处的值偏大，即这两个通道高度相关；如果该区域不存在黄色的曲线形状，会使格拉姆矩阵 (i, j) 处的值偏小，即这两个通道不相关。

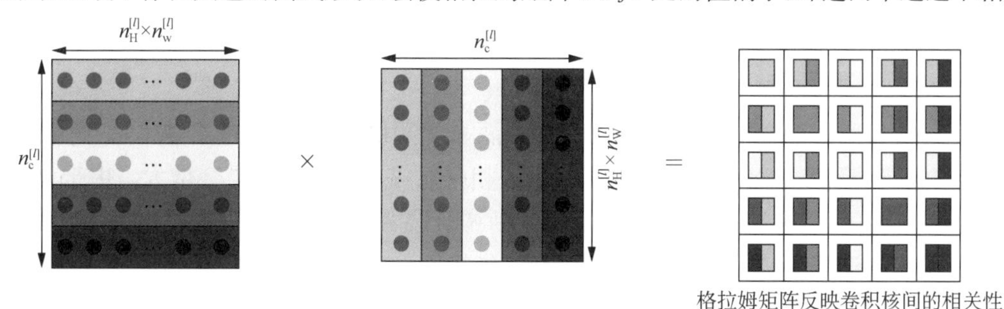

图 13-3　格拉姆矩阵的计算[6]

通过利用格拉姆矩阵，可以统计这些纹理的相关性，进而用以描述图像的纹理，其实质是利用二阶统计量对纹理建模。另外，鉴于深度卷积神经网络的浅层和深层分别提取图像的局部和全局信息，对浅层和深层的特征均计算格拉姆矩阵，就可以得到用于描述图像风格的多尺度风格特征，从而有效地捕捉图像的纹理信息。

在风格迁移中，分别计算合成图像 I_G 和风格图像 I_S 的风格特征，通过求它们的平方误差，即可表示 I_G 与 I_S 间的风格近似程度。因此，风格损失的定义如下：

$$L_{\text{style}}(I_S, I_G)=\sum_{l\in\{l_{\text{style}}\}}\frac{\| L[a^{[l]}(I_S)']-L[a^{[l]}(I_G)']\|^2}{n_c^{[l]}n_H^{[l]}n_W^{[l]}}$$

其中：$\{l_{\text{style}}\}$ 代表 VGG 中哪些层用于提取特征并计算风格损失；$n_c^{[l]}$ 表示第 l 层输出特征的通道数；$n_H^{[l]}$ 和 $n_W^{[l]}$ 分别表示第 l 层输出特征的高度和宽度。

Gatys 等同样利用风格重建(即仅使用风格损失对合成图像进行优化)对比了神经网络中不同层组合得到的风格损失的差异。图 13-4 展示了不同组合方法进行风格重建的结果对比[1]，可以看出，只利用浅层计算风格特征不能完全表达图像风格，而同时计算多个层的风格特征，可综合局部信息和全局信息，从而有效提取图像风格特征。因此，在风格迁移任务中，风格层 $\{l_{\text{style}}\}$ 可以根据要求选取图 13-4 中(d)或(e)所示的组合。

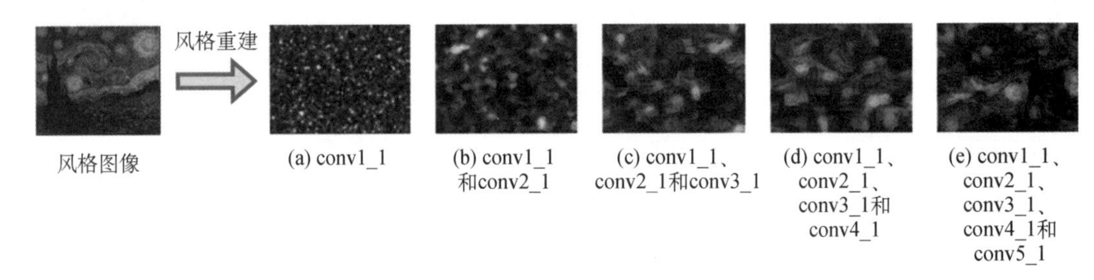

图 13-4 使用 VGG 中的不同层对风格图像进行风格重建

1.2.3 总体损失

风格迁移要使合成图像 I_G 既保留内容图像 I_C 的内容，又拥有风格图像 I_S 的风格。很显然，只要同时最小化内容损失和风格损失，即可实现这个目标。因此，在风格迁移中，总体损失的定义：

$$L_{\text{total}}(I_C, I_S, I_G)=\alpha L_{\text{content}}(I_C, I_G)+\beta L_{\text{style}}(I_S, I_G)$$

其中：α 和 β 分别为内容损失和风格损失的权重(可以根据需要自行设置)。

很显然，如果 α 设置得越大，内容损失分配的权重更多，最终得到的合成图像 I_G 会更接近内容图像 I_C；反之，I_G 会更接近风格图像 I_S，相应地，I_G 与 I_C 的差异会增大。由于评价风格迁移结果的好坏是比较主观的，因此需要不断调节这两个权重，得到满意的合成结果。一般来说，在优化过程中，要使内容损失和风格损失的权重值在同一个数量级。

定义总体损失之后，就可以将风格迁移任务转换成最优化问题。给定一幅内容图像 I_C 和一幅风格图像 I_S，同时对合成图像 I_G 进行初始化，优化目标就是寻找一幅最优的合成图

像 I_G^*，使其与 I_C 和 I_S 计算得到的总体损失最小：

$$I_G^* = \arg\min_{I_G} L_{\text{total}}(I_C, I_S, I_G)$$

由于向前传播过程主要包括 VGG 的特征提取及总体损失的计算，且整个过程都是可导的，因此可以利用梯度下降算法，通过反向传播损失函数的梯度更新合成图像 I_G，经过不断迭代优化，得到最优的合成图像 I_G^*。梯度下降算法的优化器有很多选择，比如图像分类任务中常用的 Adam 优化器。Gatys 等建议使用拟牛顿算法 L-BFGS[7]，合成的结果较好，收敛速度也较快。图 13-5 展示了利用图 13-1 中的内容图像作为合成图像的初始值在迭代优化过程中的结果，可以看到，合成图像是不断更新的，最终演变成想要的结果。

图 13-5 合成图像优化过程示例

1.3 快速风格迁移

前面介绍的风格迁移是深度风格迁移的开篇之作，还存在一些缺点，最大的问题就是优化迭代过程太慢，如果更换内容图像或风格图像，需要重新优化，应用起来非常不方便。后续有许多研究者提出了各种快速风格迁移来加速这一过程。一般分为单模型单风格、单模型多风格和单模型任意风格迁移[8]。

单模型单风格迁移是指输入任意内容图像，每个模型只输出同一种风格的合成图像。由于在训练阶段已经训练好某个风格的模型，因此在测试阶段，对于一幅内容图像，只需要做一次向前传播计算，就可以得到同一风格的合成图像，大大缩短了风格迁移的时间，甚至可以实现实时的风格迁移。另外，Ulyanov 等[9]发现相比于批量归一化，实例归一化(instance normalization)更适合训练风格迁移的模型，能够使收敛更快，且输出的质量更好。实例归一化实际上就是批大小(batch size)为“1”的批量归一化。

单模型单风格迁移虽然大大缩短了风格迁移的时间，但还存在一些问题，由于每个模型只能提供一种风格，如果需要很多种风格，就需要训练相同数量的模型，非常耗时耗力且不够灵活。因此，人们又提出了单模型多风格迁移，即用一个模型可以合成多种风格的图像。这种方案主要有两种思路：一是将神经网络中的一小部分参数与要训练的每个风格绑定，需要训练一个新风格时，只需要训练这些参数并固定剩余参数[10]；二是将风格图像转换为风格特征，与内容图像同时输入模型实现风格迁移，此时，风格特征相当于信号，它“通知”神经网络需要选择哪种风格进行迁移[11]。

单模型任意风格迁移是在单模型多风格迁移的基础上发展而来的，其目标是利用单模型就可对任意风格实现实时迁移。Huang 等[12]提出自适应实例归一化(adaptive instance normalization)，实现了实时的单模型任意风格迁移。当然，目前的方法或多或少都存在一定的缺陷，值得继续深入探索。

第二节　生成对抗网络

2.1　什么是生成对抗网络

生成对抗网络(generative adversarial net,简称GAN)是由Goodfellow等[13]于2014年提出的生成式神经网络框架,它由生成器和判别器组成,其核心思想是让生成器与判别器相互对抗,判别器要学习分辨接受到的样本是来自真实数据还是由生成器生成的,生成器则要学习生成更加真实的数据来“骗”过判别器。如果把生成器想象成制作假钞的犯罪团伙,那么判别器就是抓捕嫌犯的警察,犯罪团伙不断尝试妄图制作出能够以假乱真的钞票,而警察在不断提升自己判别假钞的能力。

生成对抗网络要解决的依然是一个最优化问题。为了让生成器G生成与真实数据分布$p_{data}(x)$接近的样本,首先从一个已知分布$p_z(z)$,例如正态分布中取样作为噪声z,将噪声输入生成器以生成数据,记作$G(z; \theta_g)$,其中θ_g为生成器G的参数。同样,还需要一个判别器D以预测输入的样本来自真实数据的概率,记作$D(x; \theta_d)$,其中θ_d为判别器D的网络参数。通过训练判别器,希望能找到一个最优的判别器D　,输入真实数据时预测的概率接近“1”,输入生成数据时预测的概率接近“0”,即最大化目标函数$V(D, G)$:

$$\max_D V(D, G) = E_{x \sim p_{data}(x)}[\log D(x)] + E_{z \sim p_z(z)}[\log(1 - D(G(z)))]$$

同时还需要训练生成器,希望生成样本输入判别器得到的概率接近“1”,即最小化$\log(1 - D(G(z)))$。综合考虑判别器和生成器的目标函数,可以将该问题视作一个极小极大(Minmax)优化问题,即:

$$\min_G \max_D V(D, G) = E_{x \sim p_{data}(x)}[\log D(x)] + E_{z \sim p_z(z)}[\log(1 - D(G(z)))]$$

图13-6所示为训练对抗生成网络的示例[13],黑色虚线代表真实数据分布p_{data},蓝色虚线代表判别器D的判别分布,绿色实线代表生成器的生成数据分布p_g,最下端的水平线代表噪声z,上方的水平线代表真实数据,水平线之间的箭头代表z与生成数据的映射。图13-6中,(a)表示p_g与p_{data}接近,D是一个待优化的判别器;(b)表示通过训练判别器得到了最优的D^*;(c)表示通过训练生成器,p_g与p_{data}更加接近,让判别器更加难以分辨生成数据和真实数据;(d)表示通过多轮训练,p_g与p_{data}一致,判别器无法分辨,此时$D(x) = \frac{1}{2}$。

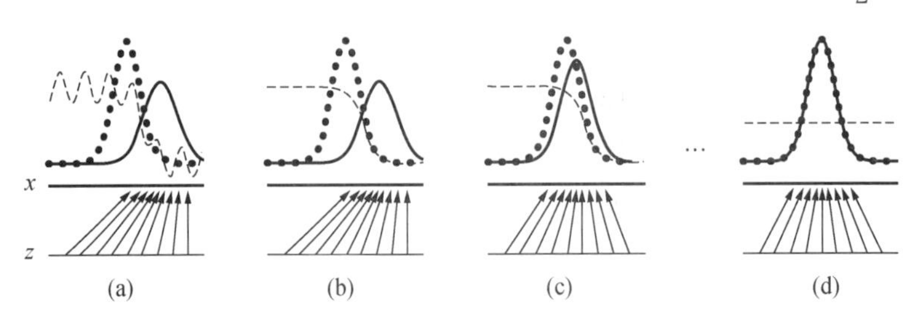

图13-6　训练对抗生成网络的示例

实际训练生成器时，通常将优化目标由“最小化 $\log(1-D(G(z)))$”替换为“最大化 $\log D(G(z))$”，这个改动可以为生成器在早期训练时提供更大的梯度。对抗生成网络的一般训练过程：

(1) 初始化生成器 G 和判别器 D 的参数 θ_g 和 θ_d。

(2) 在每一轮训练中执行：

- 重复训练判别器 k 次，$k \geqslant 1$。训练判别器的步骤：

从已知分布 $p_z(z)$ 中取 m 个噪声样本 $\{z^{(1)}, z^{(2)}, \cdots, z^{(m)}\}$，从真实数据分布 $p_{\text{data}}(x)$ 取 m 个样本 $\{x^{(1)}, x^{(2)}, \cdots, x^{(m)}\}$，通过最大化 $V(D, G)$ 更新判别器 D 的参数 θ_d，其梯度：

$$\nabla_{\theta_d} \frac{1}{m} \sum_{i=1}^{m} \left[\log D(x^{(i)}) + \log(1 - D(G(z^{(i)})))\right]$$

- 训练生成器 1 次。训练生成器的步骤：

从已知分布 $p_z(z)$ 中取 m 个噪声样本 $\{z^{(1)}, z^{(2)}, \cdots, z^{(m)}\}$，同样通过最大化 $\log D(G(z))$ 更新生成器 G 的参数 θ_g，其梯度：

$$\nabla_{\theta_g} \frac{1}{m} \sum_{i=1}^{m} \log(D(G(z^{(i)})))$$

2.2　深度卷积生成对抗网络

深度卷积神经网络作为一种监督学习模型，被广泛应用于计算机视觉领域。那么，对于生成对抗网络这种无监督学习模型，是否同样适用？答案是肯定的，其中一个著名框架就是深度卷积生成对抗网络（deep convolutional generative adversarial network，简称 DCGAN）[14]，其他许多著名的生成对抗模型都是在此基础上改进形成的。

在 DCGAN 提出之前，已经有研究者探索如何将深度卷积神经网络应用于 GAN，但由于 GAN 难以稳定训练而失败。因此，DCGAN 的主要贡献在于提出了一种深层卷积神经网络结构，使 GAN 的训练更加稳定，其具体规则：

(1) 生成器和判别器均使用卷积神经网络，并将卷积神经网络中的最大池化层替换为步长大于 2 的卷积层。另外，生成器的卷积层均使用转置卷积。

(2) 生成器和判别器均使用批量归一化。

(3) 去除了最后全连接层中的隐藏层。

(4) 对于生成器，除了最后的输出层使用 tanh 作为激活函数以外，其余各层的激活函数均使用 ReLU。

(5) 判别器的激活函数使用 LeakyReLU。

图 13-7 展示了在 MNIST 数据集上分别训练 GAN 与 DCGAN 的结果对比，(a)所示是从 MNIST 数据集中挑选的图片，(b)和(c)所示分别为 GAN 与 DCGAN 的生成结果。可以看出 DCGAN 的生成图像明显优于 GAN 的生成图像，特别是在边缘细节上，DCGAN 的生成结果更接近 MNIST 数据集中的真实图片。

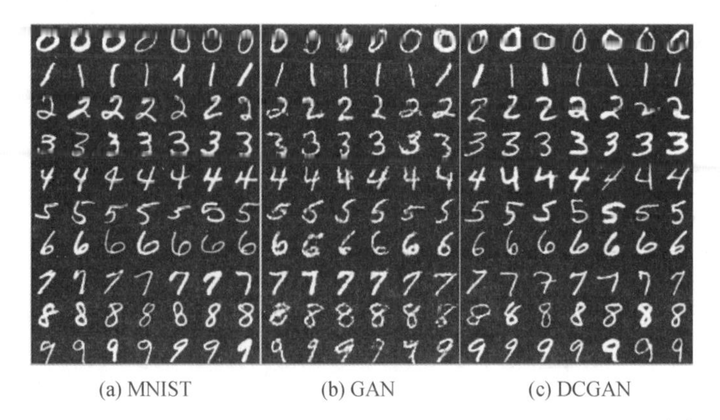

图 13-7 在 MNIST 数据集下 GAN 与 DCGAN 的生成结果对比[14]

2.3 循环生成对抗网络

2.3.1 图像翻译

基于深度卷积神经网络的对抗生成网络大大提升了网络生成逼真图像的能力，被应用于许多领域，比如图像编辑、图像修复、数据增广等，还有一个非常有趣的应用称为图像翻译(image-to-image translation)。图像翻译是指对图像的表达形式进行替换，而且图像中的场景保持不变，比如：将黑白照片转换为彩色照片，将简笔画作品转换为与其内容相符的真实图像(图 13-8 的左边一栏)，将真实照片转换为描绘其内容的艺术作品，等等。回想前文的风格迁移，我们会发现，这两个任务非常相似，它们的主要区别在于：风格迁移的主要目的是将一幅图像的风格转换到另一幅图像上，是对两幅特定图像而言的；图像翻译则是将一类图像(具有相似特点、属于同一分布)的风格转换到另一类图像上，而且内容保持一致，是对两类不同分布的图像集而言的。

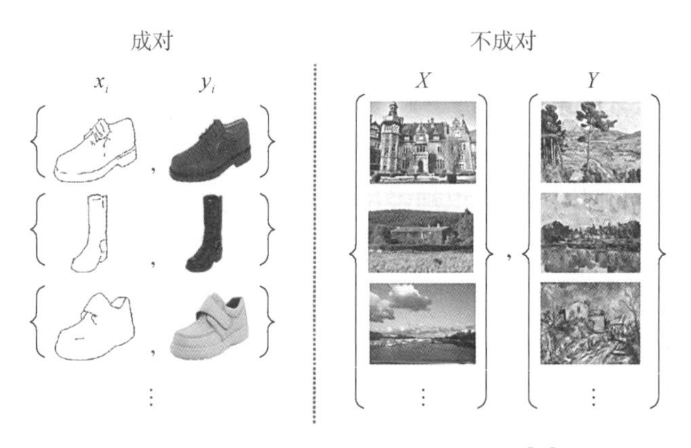

图 13-8 成对数据集与不成对数据集[16]

如果存在一个数据集，由成对(paired)的训练样本构成，即 $\{x_i, y_i\}$，$i \in N$，其中 x_i 指某类图像集中的一个样本，y_i 指另一类图像集中且与 x_i 对应的一个样本，N 指数据集的大小，如图 13-8(a)所示。那么，对于图像翻译任务，可以采用有监督学习的方式，如较为著名的模型 pix2pix[15]。然而，收集成对数据集是较为困难且昂贵的，特别是对于图像风格化(即将照片转换为艺术作品)这类任务,变得尤其困难,因为对于输入 x_i,其对应的真值 y_i 更加难以获取。比如将一幅真实照片转换为一幅水墨画作品,对于每幅真实照片,都需要通过艺术创作得到对应的水墨画作品,想以此构建一个大规模的数据集是几乎不可能完成的。

那么,在没有成对数据集的情况下,如何实现图像翻译呢?循环生成对抗网络(Cycle GAN)[16]给出了一个非常巧妙的解决方案,利用不成对(unpaired)数据集,设计一个循环一致损失,从而实现这一任务。

不成对数据集由两类图像集构成,这两类图像集分别属于它们各自的域(domain),且两个域之间存在一些隐含的联系。如图 13-8(b)所示,不成对数据集由来自域 X 与域 Y 的两类图像集构成,域 X 是由相机拍摄的风景照片,域 Y 是由画家手绘的风景画作品,它们描绘的都是风景,但使用不同的表现方法。与成对数据集的区别在于,不成对数据集不需要两类图像集间的精确对应关系。具体而言,对于来自域 X 的样本,比如在草原上拍摄的一张照片,不成对数据集无需知道它在域 Y 中应该是什么样的,即无需一幅内容完全一致的的绘画作品与之配对。

一个不成对数据集可以分为:

(1) 源集:由样本 x_1, x_2, …, x_N 构成,且都来自域 X,即 $\{x_i\}_{i=1}^N$, $x_i \in X$。

(2) 目标集:由样本 y_1, y_2, y_3, …, y_M 构成,且都来自域 Y,即 $\{y_j\}_{j=1}^M$, $y_j \in Y$。

由于源集与目标集不存在一一对应的关系,所以源集的样本数量 N 不需要与目标集的样本数量 M 相同。

显然,不成对数据集的收集比成对数据集简单很多,唯一的限制就是同类图像集需要来自同一个域。这使得 Cycle GAN 可以应用于大量的图像翻译任务,主要有五种:

(1) 艺术风格迁移:将一位艺术家的作品转换为另一位艺术家的风格,如将梵高的作品转换为莫奈风格。

(2) 物体变形:将图像中的某类物体变换为另一类物体,如将马变成斑马,或者将苹果变成橘子。

(3) 季节迁移:将某个季节的照片转换成另一个季节的照片,如夏天与冬天的转换。

(4) 照片与绘画作品的转换:将一幅照片转换为绘画作品,或者将一幅绘画作品转换为照片。

(5) 照片效果增强:将手机拍摄的照片景深变浅,达到专业相机的效果。

图 13-9 展示了上述应用中的第四种,输入一幅风景照片,Cycle GAN 可以呈现出它在不同艺术风格下是什么样的。需要说明的是,对于每种风格,要分别训练一个 Cycle GAN 模型,因此图 13-9 所示是四个不同的 Cycle GAN 模型的生成结果。

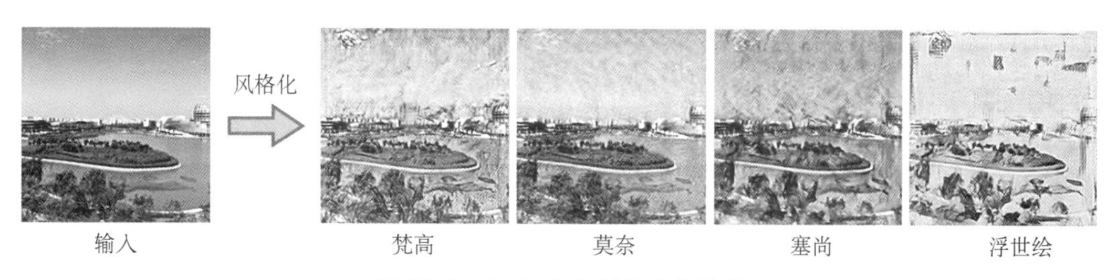

图 13-9　Cycle GAN 的风格化结果

2.3.2 循环一致损失

给定一个不成对数据集，由源集 $\{x_i\}_{i=1}^{N}$，$x_i \in X$ 和目标集$\{y_j\}_{j=1}^{M}$，$y_j \in Y$ 构成，源集的样本来自同一分布，记作 $x \sim p_{\text{data}}(x)$；目标集的样本来自另一个分布，记作 $y \sim p_{\text{data}}(y)$。想要实现图像翻译，实际上是学习如何从域 X 映射到域 Y，记作正映射 $G:X \to Y$。那么，由正映射 G 生成的图像就是我们想要的结果，记作 $\hat{Y}=G(x)$。我们需要生成图像 $\hat{Y}$ 与域 Y 中的图像非常相似，换言之，要使得生成的 $\hat{Y}$ 逼近域 Y 的分布。GAN 的训练目标恰好就是生成与某一分布接近的样本，所以可以借助 GAN 解决这一问题。

若将正映射 G 看作生成器，按照 GAN 的框架，还需要一个判别器 D_Y 以分辨出生成图像 $\hat{Y}$ 与来自域 Y 的图像 y。用对抗生成损失训练神经网络：

$$L_{\text{GAN}}(G, D_Y, X, Y)=\mathbb{E}_{y\sim p_{\text{data}}(y)}[\log D_Y(y)]+\mathbb{E}_{x\sim p_{\text{data}}(x)}[\log(1-D_Y(G(x)))]$$

然而，这个方案是行不通的，因为其优化目标是使生成图像 $\hat{Y}$ 与域 Y 的分布接近，而图像翻译任务除了要求生成图像具有域 Y 的某种风格外，还需要生成图像的内容保持不变。因此直接这样训练，生成图像 $\hat{Y}$ 的“内容”是无法保证与输入图像 x 一致的。另外，单独用 GAN 损失进行训练非常容易导致模式崩溃（mode collapse），即对于所有输入图像，只能生成一幅相同的图像且模型无法继续优化。

因此，需要增加新的优化目标，保证生成图像 $\hat{Y}$ 与输入图像 x 的内容一致。对于语言翻译任务，比如中文翻译成英文，会发现其存在这样一个属性：将一句中文 x 译成一句英文 $\hat{Y}$，如果再将这句英文 $\hat{Y}$ 译回中文 $\hat{x}$，则 $\hat{x}$ 应与 x 保持一致。我们将这个属性定义为循环一致性。那么，对于图像翻译任务，是否也有类似的属性？这就是 Cycle GAN 的核心思想，其利用循环一致性设计一个循环一致损失，在没有成对数据集的情况下，实现图像翻译任务。

由语言翻译这个例子可以看出，想要实现图像的循环一致性，不仅需要正映射 $G:X \to Y$，还需要其逆映射 $F:Y \to X$。因此，类似于正映射 G，我们可以将逆映射 F 看作另一个生成器，逆映射 F 的生成图像记作 $\hat{X}=F(y)$；同时，还需要另一个判别器 D_X，它能够分辨出生成图像 $\hat{X}$ 与来自域 X 的图像 x。类似于 $L_{\text{GAN}}(G, D_Y, X, Y)$，逆映射 F 的对抗生成损失：

$$L_{\text{GAN}}(F, D_X, Y, X)=\mathbb{E}_{x\sim p_{\text{data}}(x)}[\log D_X(x)]+\mathbb{E}_{y\sim p_{\text{data}}(y)}[\log(1-D_X(F(y)))]$$

如图 13-10(a)所示，训练正映射 G 与逆映射 F 的实质就是同时训练两个 GAN，且它们的输入和输出相反。

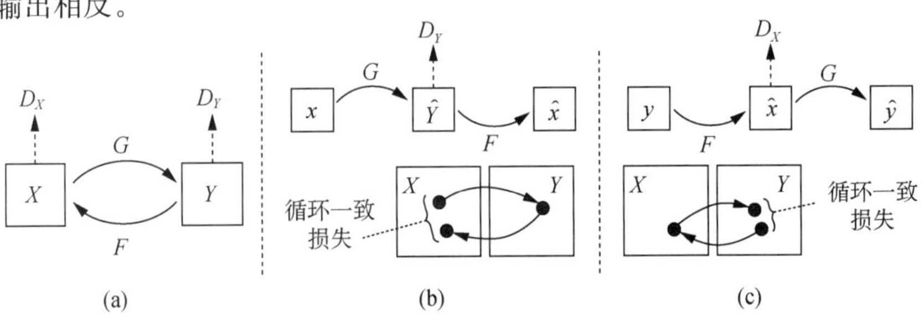

图 13-10 Cycle GAN 的整体框架与循环一致损失[16]

有了正映射 G 与逆映射 F，图像翻译的循环一致性即为先将一幅图像 x 输入正映射 G，得到生成图像 $\hat{Y}=G(x)$，然后将 $G(x)$ 输入逆映射 F，得到另一幅生成图像 $F(G(x))$，它应该与 x 一致，即 $F(G(x))\approx x$，如图 13-10(b) 所示。同样地，先将图像 y 输入逆映射 F，得到生成图像 $\hat{X}=F(y)$，再将其输入正映射 G，得到另一幅生成图像 $G(F(y))$，它应该与 y 一致，即 $G(F(y))\approx y$，如图 13-10(c)所示。此时，循环一致损失可以用 L1 距离计算 $F(G(x))$ 与 x，以及 $G(F(y))$ 与 y 之间的差异：

$$L_{\text{cycle}}(G,F)=\mathbb{E}_{x\sim p_{\text{data}}(x)}[\|F(G(x))-x\|_1]+\mathbb{E}_{y\sim p_{\text{data}}(y)}[\|G(F(y))-y\|_1]$$

综上所述，总体损失定义：

$$L_{\text{total}}(G,F,D_X,D_Y)=L_{GAN}(G,D_Y,X,Y)+L_{GAN}(F,D_X,Y,X)+\lambda L_{\text{cycle}}(G,F)$$

其中：λ 为循环一致损失的权重。

此时，我们的优化目标是在训练判别器 D_X 和 D_Y 时最大化总体损失，而在训练生成器 G 和 F 时最小化总体损失，寻找最优的 G^* 和 F^*，即：

$$G^*,F^*=\arg\min_{G,F}\max_{D_X,D_Y}L_{\text{total}}(G,F,D_X,D_Y)$$

2.3.3 网络结构与训练细节

Cycle GAN 的生成器 G 和 F 是两个结构相同的自编码解码器（auto-encoder），如图 13-11 所示。每个自编码解码器由两个步长为 2 的卷积层、若干个残差块及两个步长为 2 的转置卷积层构成。若输入图像尺寸为 128×128，则使用 6 个残差块；若输入图像尺寸为 256×256 或者更大，则使用 9 个残差块。生成器使用实例归一化[9] 和 ReLU 作为激活函数，卷积核尺寸均为 3×3。

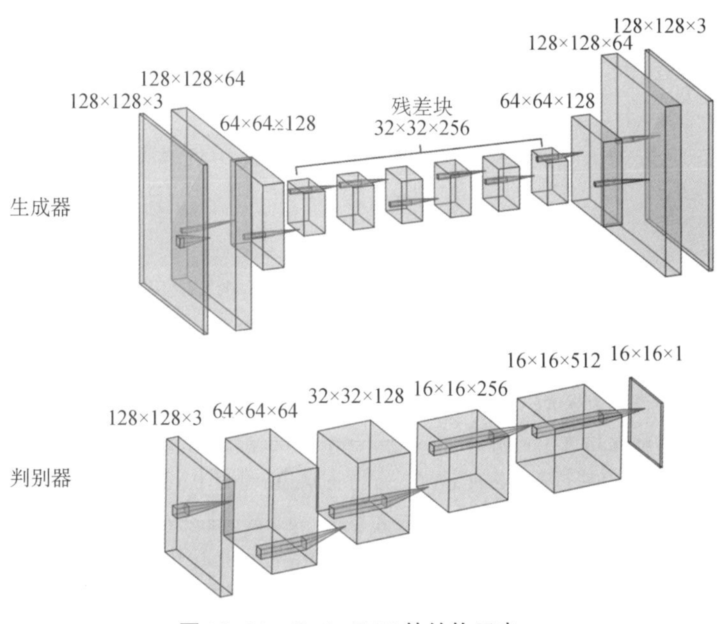

图 13-11 Cycle GAN 的结构示意

判别器 D_X 和 D_Y 均使用 70×70 的 Patch GAN[15]，如图 13-11 所示。Patch GAN 与一般判别器的不同之处在于输出的不是一个值，而是一个单通道特征，每个特征单元对应的理论感受野为 70×70。判别器使用实例归一化和 Leaky ReLU 作为激活函数，卷积核尺寸均为 4×4。

生成器和判别器的结构依然遵循 DCGAN 的设计规则。除此之外，为了训练稳定，还采用了最小二乘对抗生成网络(least squares GAN)[17]中的损失函数。Cycle GAN 的具体训练过程：

(1) 初始化生成器 G 和 F 及判别器 D_X 和 D_Y。

(2) 在每一轮训练中执行：

• 从源集中取 m 个样本 $\{x^{(1)}, x^{(2)}, \cdots, x^{(m)}\}$，从目标集中取 m 个样本 $\{y^{(1)}, y^{(2)}, \cdots, y^{(m)}\}$。

• 计算判别器 D_X 的鉴别损失并更新其参数：

$$L_{D_X} = \frac{1}{m}\sum_{i=1}^{m} (D_X(x^{(i)}) - 1)^2 + D_X(F(y^{(i)})$$

计算判别器 D_Y 的鉴别损失并更新其参数：

$$L_{D_Y} = \frac{1}{m}\sum_{i=1}^{m} (D_Y(y^{(i)}) - 1)^2 + D_Y(G(x^{(i)})$$

• 计算生成器 G 的生成损失：

$$L_G = \frac{1}{m}\sum_{i=1}^{m} (D_Y(G(x^{(i)})) - 1)^2$$

计算生成器 F 的生成损失：

$$L_F = \frac{1}{m}\sum_{i=1}^{m} (D_X(F(y^{(i)})) - 1)^2$$

生成器的总损失为 $L_G + L_F + \lambda L_{\text{cycle}}(G, F)$，由此可更新 G 和 F 的参数。

参考文献：

[1] Gatys L A, Ecker A S, Bethge M. Image style transfer using convolutional neural networks[C]// Proceedings of the IEEE Conference on Computer Vision and Pattern Recognition, 2016, 336-345.

[2] Drori I, Cohen-Or D, Yeshurun H. Example-based style synthesis[C]// Proceedings of the IEEE Computer Society Conference on Computer Vision and Pattern Recognition, 2003: 132-143.

[3] Simonyan K, Zisserman A . Very deep convolutional networks for large-scale image recognition[C]// Proceedings of the IEEE Conference on Computer Vision and Pattern Recognition, 2014: 1916-1928.

[4] He K, Zhang X, Ren S, et al. Deep residual learning for image recognition[C]// Proceedings of the IEEE Conference on Computer Vision and Pattern Recognition, 2016: 770-778.

[5] Gatys L, Ecker A S, Bethge M. Texture synthesis using convolutional neural networks[C]// Advances in Neural Information Processing Systems, 2015: 262-270.

[6] Convolutional neural networks[Z/OL]. [2019-09-29]. https://www.coursera.org/learn/convolutional-neural-networks/.

[7] Zhu C, Byrd R H, Lu P, et al. Algorithm 778: L-BFGS-B: Fortran subroutines for large-scale bound-constrained optimization[J]. ACM Transactions on Mathematical Software (TOMS), 1997, 23(4): 550-560.

[8] Jing Y, Yang Y, Feng Z, et al. Neural style transfer: A review[C]//Proceedings of the IEEE Transactions on Visualization and Computer Graphics, 2019: 289-300.

[9] Ulyanov D, Vedaldi A, Lempitsky V. Improved texture networks: Maximizing quality and diversity in feed-forward stylization and texture synthesis[C]// Proceedings of the IEEE Conference on Computer Vision and Pattern Recognition, 2017: 6924-6932.

[10] Dumoulin V, Shlens J, Kudlur M. A learned representation for artistic style[J]. arXiv preprint arXiv: 1610.07629, 2016.

[11] Zhang H, Dana K. Multi-style generative network for real-time transfer[J]. arXiv preprint arXiv:1703.06953, 2017.

[12] Huang X, Belongie S. Arbitrary style transfer in real-time with adaptive instance normalization[C]// Proceedings of the IEEE International Conference on Computer Vision, 2017: 1501-1510.

[13] Goodfellow I J, Pouget-Abadie J, Mirza M, et al. Generative adversarial nets[C]// International Conference on Neural Information Processing Systems, 2014:2672-2680.

[14] Radford A, Metz L, Chintala S. Unsupervised representation learning with deep convolutional generative adversarial networks[J]. arXiv preprint arXiv:1511.06434, 2015.

[15] Isola P, Zhu J Y, Zhou T, et al. Image-to-image translation with conditional adversarial networks [C]// Proceedings of the IEEE Conference on Computer Vision and Pattern Recognition, 2017: 1125-1134.

[16] Zhu J Y, Park T, Isola P, et al. Unpaired image-to-image translation using cycle-consistent adversarial networks[C]// Proceedings of the IEEE International Conference on Computer Vision, 2017: 2223-2232.

[17] Mao X, Li Q, Xie H, et al. Least squares generative adversarial networks[C]// Proceedings of the IEEE International Conference on Computer Vision, 2017: 2794-2802.

第十四章　深度学习在三维模型上的发展与应用

自 20 世纪 70 年代以来，各种传感器及相关的信息捕获、分析、重建等技术快速发展，直接带来了数字媒体类型的创新和数量的激增，使得人们利用计算机处理的数据由低维向高维、由简单向复杂逐步发展。最早的数字媒体通常以一维音频记录及存储，随着可用音频数量的增加，语言处理、语音识别的相关研究快速发展。20 世纪 90 年代到 21 世纪的最初 10 年，图像采集和显示设备逐步普及，使得图像、视频等二维数字媒体大量出现，方便的数据获取方式及计算机技术的发展，又使得围绕图像、视频的分析及处理技术如雨后春笋般涌现。之后，随着基于激光、结构光等三维传感器，以及微软 Kinect 等消费级三维扫描和动作捕捉设备的普及，数字媒体又引入新的数据表示方式，其数据描述能力进一步增强。通过三维设备捕捉到的各种几何模型，已成为继音频、图像、视频之后的第四代数字媒体，并在影视娱乐、计算机辅助设计、生物医药、工业制造、遗产保护、虚拟现实等方面得到广泛应用。

伴随着三维几何模型的增多，出现了一个与数字图像处理相呼应的交叉学科——数字几何处理。两者具有相同的理念，都利用各种技术和方法处理各自研究的数据对象。鉴于数字图像出现的时间更早，相关研究也更加成熟，很多几何方向的研究人员试图将图像处理技术迁移或扩展到三维领域，现今广泛使用的谱方法[1]就是其中的一个成功案例。与将传统机器学习应用于图像类似，早期的研究人员也尝试采用人工方式从三维几何对象中提取特征，之后再使用支持向量机、K-近邻等方法做进一步的分析和处理，如分类、识别、分割等。

近年来，深度学习在图像、视频领域获得巨大成功并展现出它在特征提取方面的强大能力。三维几何方向的研究人员自然不会对这种成功视而不见，他们尝试各种方法将深度学习与三维几何模型相结合。然而，图像、视频等数据在结构上与三维数据存在巨大差异，这给深度学习在三维模型上的应用和推广带来了巨大挑战。使用哪种结构对三维模型进行表征，进而使得深度神经网络能够更容易地分析和处理这些数据，成为人们面临的首要问题。

本章从三维模型数据的表示及其与图像、视频之间的差异入手，介绍深度学习在三维模型上的不同应用和研究进展，并介绍两个深度学习在三维应用上的经典模型：PointNet[2]和 O-CNN[3]。接着，详细介绍近年来在三维几何深度学习方面的热点——图卷积。最后，通过一个图卷积网络展示图卷积在三维网格重建上的巨大潜力。

第一节　三维模型数据的表示

三维几何对象与音频、图像、视频等低维数据最大的不同之处在于，后者可以在规则的欧式空间(平坦的空间结构,坐标轴为直线)中处理,而前者大多处于非欧式空间(弯曲的空间结构,坐标轴为曲线,如单位球面)中。

现有的几何数据有两类表示方式:边界表示和实体表示。边界表示包括表面网格、参数曲面、隐式曲面、细分曲面等;实体表示包括点云、实体几何、体网格、体素等。目前,深度学习所涉及的几何数据表示主要有三种,分别是体素、点云及网格(图 14-1)。此外,早期的深度学习也使用图像(包括多视角图像和深度图像等)作为输入。

图 14-1　三维几何模型的表示

1.1　图像

最早将深度学习扩展到数字几何的尝试是使用通过三维数据渲染或投影得到的图像。然而,将三维物体投影到一个平面上所得到的图像无法包含三维物体的完整信息。因此,人们提出使用多视角投影的方法,即获取某个三维物体在不同角度的图像。多视角图像通常是在以物体中心为球心的球面的各个位置上利用虚拟相机成像而得到的。这样生成的一组图像包含原始物体的更多信息,对物体的描述也更加完整。在此基础上,再使用成熟的深度神经网络进行训练,通常使用卷积神经网络提取多视角图像的特征。与体素、点云、网格等不同,在利用图像进行几何深度学习的情况下,研究人员更关注如何对提取到的特征进行融合并获得更好的网络模型,而不是如何从几何表示中提取特征。

1.2　体素

在所有的三维模型表示方式中,体素(voxel)应该是最接近图像的表示方式。体素具有标准的定义域,因此可以直接使用经典的用于图像处理的深度神经网络。目前,已有很多神经网络可使用体素作为输入进行训练[3-4]。

1.3　点云

点云(points cloud)可以说是三维模型最直接的表示方式,比如利用微软的 Kinect V2 深度相机直接捕获的数据就是点云。但是,由于直接扫描得到的点云数据相当庞大,以及数据点散乱无序、无拓扑结构信息、无旋转不变性等特点,没有图像那样标准的数据结构,点云很难直接用于深度学习。

2017 年提出的 PointNet[2],首次将点云表示融入深度学习。该网络首先利用空间变换网络解决了点云的旋转问题,对每个点进行特征提取,然后采用最大池化对点云整体提取全局特征，进而解决了点云的无序性问题。由于 PointNet 最终提取出固定维数的特征，实现了点云的向量化，可以用于三维物体的分割、分类、识别、检索等任务。但 PointNet 无法提取由于度量空间变化引起的局部结构差异，为了更好地适应精细的识别任务，研究人员随后提出了升级版 PointNet＋＋[5]，它对复杂场景具有更强的泛化能力。

1.4 网格

网格(mesh)是目前使用最广泛的三维几何模型的表示方式。与体素不同，网格不具备标准的定义域，很难直接应用于传统的深度学习。通常需要人为地在模型表面建立标准定义域，或者手动提取模型上的顶点特征进而向量化，然后用于神经网络训练。由于网格实质上是一种由边和顶点组成的图结构，近年来使用图卷积(graph convolution)对网格进行处理逐渐成为一种趋势和方向，详见本章第四节。通过在网格表面建立标准的定义域的方式，比如 Masci 等[6]利用测地线在网格表面建立局部极坐标系之后，就可以在网格上实现类似于图像卷积的操作，从而将图像 CNN 扩展到网格上，使得利用 CNN 的特征提取能力抽象出网格本身的特征成为可能。此外，有研究者从网格中手动提取出热核签名(heat kernel signature，简称 HKS)[7]、全局点签名(global point signature，简称 GPS)[8]等特征描述子，即将网格特征向量化，然后以此作为输入对神经网络进行训练。Guo 等[9]从网格中提取出七种不同的几何特征描述子，并将其组合成一个二维矩阵，再导入神经网络进行训练。因为图像本身是一个二维矩阵，因此将三维对象转化为二维矩阵表达，进而使用二维卷积神经网络的成熟技术，是很自然的想法。

第二节 深度学习在三维模型上的应用

本节将按照三维模型中深度学习的应用场景，对目前现有的神经网络及其应用和特点做简单概括，以期使读者能从全局把握深度学习在三维模型上的应用及发展动向。

2.1 三维模型的分类与分割

三维模型的分类与分割是深度学习应用于三维模型的主要方向之一，该应用场景下，需要对三维模型进行特征提取和描述。分割任务的特征通常是针对顶点和局部区域而言的，而分类任务则更加强调全局特征。传统模型的分类与分割方法都是事先提取人工定义的特征描述子，然后使用不同的无监督聚类算法进行分类与分割。由于人为提取特征的能力有限，必然会限制聚类算法的结果。深度学习具有强大的特征描述和提取能力，完全可以弥补传统方法中特征描述的不足。最初尝试使用深度学习的分类方法结合卷积和递归神经网络以描述和提取特征，进而完成 RGB-D 图像分类[10]。随后，有研究者对 RGB-D 信息进行扩展，不仅为每个像素提供颜色和深度信息，还为它们编码距离参考地面的高度和重力角度，取得了显著的效果[11]。Wu 等[12]提出了针对体素进行分类的体积架构，通过学习不同物体的三维形状分布，实现物体的分类和分割。同样地，Maturana 等[13]提出了针对体素的网络架构，并达到了实时运算要求。

利用多视角图像作为输入,也可以完成三维模型的分割。此方法也是利用图像卷积实现的。Shi 等[14]提出将三维模型投影到包围它的圆柱体上形成全景图,并对全景图进行卷积操作,进而提取特征。Su 等[15]通过联合训练多视角图像的方法对三维模型进行分类,也取得了令人满意的效果。

在点云方面,Qi 等[2]将每个点输入多层感知机单独学习一个特征,并采用一些对称性的操作获得全局特征,完成三维模型分类。这种方法解决了点云无序的问题。随后,PointNet++[5]采取多层采样方式,保证了网络对不同大小模型的鲁棒性,并借助跳跃连接,在特征传导过程中将每一层学到的信息正确拼接在每个点上,从而实现三维模型分割。

在网格方面,Guo 等[9]首先在网格上计算出多个人工定义的特征描述子,将其拼接成一个二维矩阵,然后直接利用二维卷积完成任务。Shu 等[16]将三维模型先分割成小片,然后利用深度神经网络从底层的描述子中提取出高层的语义描述,最后使用聚类方法实现分割。Wang 等[17]设计了一种形状全卷积网络(shape fully convolutional network, 简称 SFCN),其中包括作用于图上的卷积和池化操作,将图像分割中的全卷积网络应用于网格模型的分割,得到了很好的分割结果。

2.2 三维模型的检索和匹配

传统的检索和匹配方法都是通过人工定义的形状描述子,并对比模型顶点之间形状描述子的相似度来实现的。由于深度学习在图像检索和匹配上的成功,研究者也把目光转向三维模型的相关任务上,目的是利用深度学习抽象出三维模型上的特征以增强检索和匹配的效果。

Wei 等[18]首次利用卷积神经网络学习三维人体模型之间的对应关系,该方法只需要部分几何信息,不要求被扫描的人体数据具有相似的朝向。需要指出的是,该方法并不是直接利用神经网络求解匹配问题,而是利用卷积神经网络解决三维人体区域分割问题,从而提高神经网络学习到的特征在边界区域的平滑性,进而提高匹配的准确度。为了解决卷积神经网络不能直接应用于三维网格的问题,Masci 等[6]提出了基于测地线的卷积神经网络(geodesic convolutional neural network, 简称 GCNN)。该方法将传统的卷积神经网络向非欧几何流形进行扩展,通过在模型表面利用测地线建立标准的极坐标系,使得图像上的卷积操作可以在网格表面进行,其匹配效果大大超过人为定义的传统描述子。与上述这些直接学习对应关系的方法不同,Litany 等[19]利用深度残差网格(deep residual network, 简称 Deep ResNet)在模型上定义较为稠密的高级描述子,将其作为输入,学习模型之间的密集型函数映射和线性关系。

与匹配不同的是,检索依赖于整个三维模型的全局特征。Zhu 等[20]利用自编码方式进行特征学习,通过将三维模型投影到二维空间,融合多视角图像中学习得到的特征描述,实现三维模型的检索。Wang 等[21]利用两个卷积神经网络,其中一个用于训练草图,一个用于训练多视角投影,实现了基于草图的模型检索。

2.3 三维模型的修复与重建

随着三维扫描技术的发展和激光扫描设备的普及,任何人都可以简单快捷地获取三维模型。如同海量图像数据刺激深度学习的成功,大量三维模型的出现为深度学习在三维场景中的应用提供了坚实的数据基础。但直接扫描很容易受到光照、遮挡等因素的影响，得到的三维模型很难直接使用，必须通过适当的技术手段对模型进行修复与重建。传统的三维模型修复与重建方法主要依靠假设和先验知识，只能处理特定的模型，无法应用于大规模场景。目前，研究人员已经开始将相关方法迁移到三维模型的修复与重建方面。与传统方法不同，基于深度学习的方法直接从大量的数据中学习模型的结构信息，不再受限于应用场景及相关的假设与先验知识。

三维几何模型具体采用哪种表示方式，与实际的应用场景密切相关，应用场景不同，表示方式就不同。表示方式不同，必然会限制深度学习在三维几何模型上的推广与应用。图像处理领域的深度神经网络迁移到三维模型领域，最直接的方法就是使用体素这一表示方式，然后使用 3D 卷积完成后续操作。Dai 等[22]受到图像修复中自编码网络的启发，提出了一种基于体素的自编码网络对三维模型进行修复和重建。在训练阶段，借助 3D 卷积将输入的非完整三维模型映射到更高维的空间中，即编码操作；之后，通过 3D 反卷积恢复模型，即解码操作。该方法通过这种基于体素的自编码网络学习三维模型内在的概率分布，可有效地估计缺失部分。但由于受到内存限制，该网络目前还只能适用于较低分辨率的三维模型修复和重建。随后，Wang 等[23]对该方法做了改进，提出了全自动的三维几何模型修复网络，也采用自编码架构；同时，为了保证重构的准确性，加入了判别器，用以约束生成的三维几何模型。为了解决分辨率不高的问题，他们利用循环卷积神经网络自动重构出更高分辨率的几何模型。然而，这些方法都关注三维模型的全局信息，故无法修复和重建模型的细节。

为解决细节方面的问题，Han 等[24]提出了一种新的网络架构，先使用长短期记忆网络(long short term memory，简称 LSTM)提取模型的全局信息，之后在全局信息的监督下逐一对缺失区域、局部结构进行修复。该方法摆脱了内存对模型分辨率的限制，可完成更高分辨率下的重建，同时保留了细节特征。

虽然体素相对于网格、点云等表示方式更容易迁移到深度学习，但体素表示的效率低，并且受到内存的限制。相比于体素，点云的获取和存储相对容易。虽然 PointNet 成功地将深度学习应用到点云模型上，但受限于深度学习输入、输出固定的限制，目前还无法应用到点云模型的修复与重建。

不同于体素和点云，人们正在尝试将网格带入深度学习，目前已在模型生成方面有了进展。但是，受制于网络连接关系等因素，网格表示还很难直接处理修复问题。为了解决无法直接重构出缺失区域连接问题，来自谷歌的研究人员利用自编码卷积神经网络处理可变形的修复与重建[25]。他们首先借助于自编码神经网络学习几何模型的一个隐空间(Latent Space)，随后利用外部约束重构几何模型。不同于传统的模型修复方法，该自编码卷积神经网络可以针对模型的缺失部分给出修复的候选方案，为用户提供更多选择，从而满足不同的用户需求。

2.4 三维模型的变形与编辑

相比于下一小节介绍的三维模型的生成，对现有三维模型进行变形和编辑，在特定的应用场景中会更加有效。将深度学习运用到三维模型变形和编辑中，可显著提升数据集构造、模型设计等工作的效率。

三维模型变形是一种广泛使用的模型编辑方法。近年来,围绕基于深度学习的模型变形,已出现一系列优秀的网络。Tan 等[26]采用基于网格的变分自动编码器,探索三维模型潜在的形状空间,并通过对现有模型的变形生成原始数据集中不存在的新模型,这一方法可有效地用于数据增强。虽然三角形网格被广泛使用,但网格的参数化表示在深度学习领域仍有很大的发展空间。深度学习需要规则的输入和输出,而网格是高度非结构化的,这使得通过神经网络从二维实现三维变得十分困难。Dominic 等[27]利用模型变形的优势,通过传统的自由变形技术(free form deformation, 简称 FFD),提出了从单幅图像重构三维模型的方法。该方法使用简单的 CNN 推断出多个模板的多维 FFD 参数,进而产生具有相似形状的网格模型。

变形传递也是模型变形的重要方向之一。建立模型之间的对应关系是变形传递的关键步骤。但该问题需要一定的专业背景,特别是两个模型的形状差别比较大时,会严重依赖人工选择的关键点。Yang 等[28]提出了一种可自由选择关键点的变形传递方法。该方法可自动地在源模型上生成一组关键点,极大地简化了人工操作,并且生成的关键点比人工选择的更加可靠。另外一种常用的模型编辑方法是风格迁移。风格迁移是指将某个模型的样式应用到另一个模型上,同时保留后者的拓扑结构,其难点在于如何正确区分结构和风格。Berkiten 等[29]提出了基于几何细节特征的风格迁移方案,将一个高质量三维模型的细节特征转移到低分辨率的网格上。

2.5 三维模型的生成

三维模型的生成是数字几何领域最具挑战,也是最基础的命题之一。利用深度神经网络通过学习生成三维模型已经成为热门的研究领域。基于三维模型的不同表示,研究者已经提出很多针对三维模型重建任务的神经网络架构。

在将深度学习与三维模型生成结合的过程中,利用多视角图像是最直接的方法之一。人们很自然地想到将基于深度学习的三维模型重建先转化为多视角图像生成的问题,如此一来,三维模型自然可根据生成的多视角图像生成。Flynn 等[30]训练了一个端到端的神经网络,用以保留场景中相邻视图中共有的像素,并对未知像素进行预测,该网络可以用于真实场景中相邻视图间的插值。Jaderberg 等[31]提出的空间变换网络,通过在现有的 CNN 中引入可微的图像采样模块,具有利用数据的空间信息并对特征进行空间变换的能力。Zhou 等[32]使用卷积神经网络对像素点在相邻视图中的坐标变换进行预测,并根据输入的多视角图像对生成的图像进行优化。

前文讲过 3D 卷积可以直接在三维模型的体素上进行操作,通过卷积网络的训练,可将原始模型的体素转化为低维空间中的编码。Girhar 等[33]使用自动编码器构建了一个端到端的神经网络,以模型的体素和模型的单幅图像作为输入进行编码,使用体素编码的 L2 范数和图像编码的 L2 范数作为损失函数,可有效地重建三维模型。Wu 等[34]将图像处理领域的 GAN 应用到三维体素模型上,得到模型在高维空间中的特征分布,并将其投影到低维空间。GAN 无需任何参考图像或者已有模型,可以根据输入的低维特征直接生成体素模型。在此基础上,一些方法在体素模型上建立八叉树结构并以此作为网络输入,大幅提高了生成模型的精度[3,35]。

虽然多视角图像和体素表示都已用于生成三维模型，但与使用最广泛的网格表示相比，仍不够直接。Pixel2Net[36]是首次直接生成三维网格的神经网络架构，采用单幅图像作为输入，利用从图像中提取的特征，使用图卷积对一个给出的椭圆模板网格进行变形。这也是首次将图卷积用于三维网格模型的生成。该方法结合了二维图像卷积和图卷积，利用图像卷积提取单幅图像信息，而图卷积主要用于变形，并利用设计的投影层使得网格的每个顶点都能获取相应的图像特征。此外，Pixel2Net 中还融合了图的上采样，使得顶点个数逐步增加，在此过程中，既可保留模型的全局特征，也增加了网格的几何细节。

第三节　PointNet 与 O-CNN

本节介绍在三维模型中应用深度学习技术的两个典型神经网络：PointNet[2]和 O-CNN[3]。

3.1　PointNet

顾名思义，PointNet 是可以直接作用在三维点云上的神经网络架构，它可以直接用于对三维点云模型进行分割、分类等图像处理领域常见的应用。利用点云表示进行三维模型的分割和分类时，一般会遇到两种在图像处理领域不存在，但对三维模型的分割和分类至关重要的命题。

首先，三维点云模型的表现形式是一长串三维点组成的大小为 $N\times 3$ 的矩阵，其中 N 代表点的个数，3 代表点的维度（xyz 坐标）。在欧式空间中对三维点云模型可视化后，其几何形状是固定的；也就是说，不论三维点云模型中，三维点的顺序如何变换，其表征的都是同一个点云。但是，利用三维点云作为输入对三维点云进行分割和分类时，点的顺序对分割和分类结果有很大的影响。如图 14-2 所示，由五个点组成的点云，其几何形状是固定的；但是，当对点云中的点按照不同的编号排列时，该点云的表现形式就发生变化。

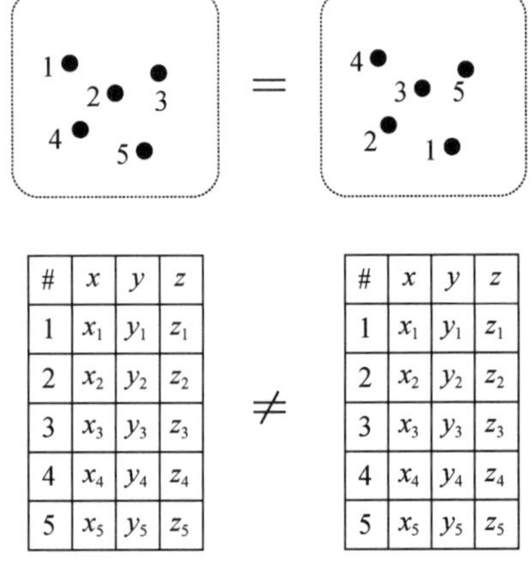

图 14-2　三维点云的几何形状与矩阵表现形式

其次，三维点云相对于二维图像具有更高的自由度，在三维空间内可以自由平移和任意旋转，这些特性都给基于三维点云的目标分类和分割带来了麻烦。因此，基于深度学习得到的点云应当对于目标的仿射变换具有不变性（affine transformation invariance）；也就是说，在点云整体平移和旋转等变换情况下，神经网络对点云的分割和分类结果不应当改变。

PointNet 主要就是针对以上两个问题设计的，其架构如图 14-3 所示。其中，T-Net 用来生成变换矩阵，其作用是对齐特征，使特征更利于提取。若输入为 $n\times 3$，则第一个 T-Net 生成一个 3×3 的仿射变换矩阵。该变换对空间中的点云进行调整，直观上的理解是旋转出一个更利于分割和分类的角度，比如把物体转到正面。由于第二个 T-Net 的输入为 $n\times 64$，生成一个 64×64 的变换矩阵。第二次变换是对提取的 64 维特征进行对齐，即在特征层面对点云进行变换。多层感知器(multi-layer perception，即图中的 MLP)通过共享权重的卷积实现，第一层的卷积核大小为 1×3(每个点的维度是 x、y、z)，之后每一层的卷积核大小都是 1×1，即特征提取层只是把每个点连接起来而已。经过两个空间变换网络和两个 MLP，对每个点提取 1 024 维特征。对每个点进行特征提取后，经过最大池化对整体点云提取 1×1 024 的全局特征。再经过一个 MLP 得到 k 个分数，输入 Softmax 层进行预测。若将 PointNet 用于三维点云模型的分割，需要将第二个 MLP 之前形成的特征矩阵与全局特征串联，再利用 MLP 提取高级特征。

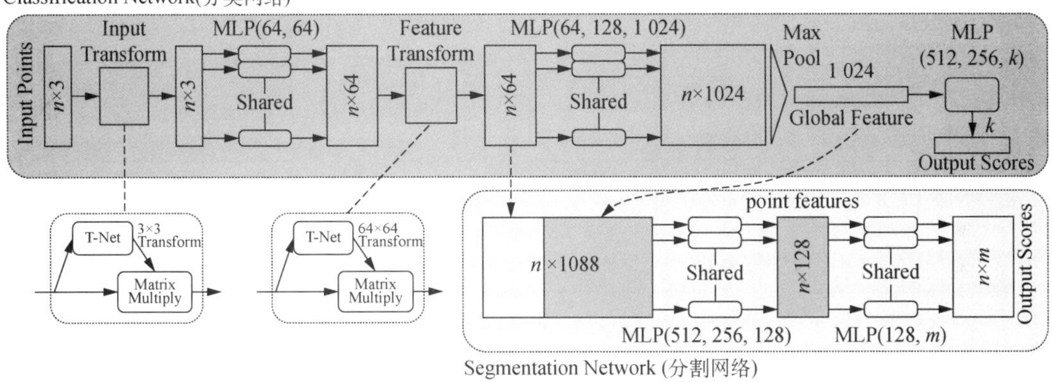

图 14-3　PointNet 架构

由此可见 PointNet 的优点：

(1) 利用两个变换矩阵对点云的空间位置进行调整并实现特征的对齐，从而解决点云的仿射变换敏感的问题。

(2) 利用最大池化提取点云的全局特征，消除点云中点的顺序对三维模型分割和分类的影响。

3.2　O-CNN

O-CNN(基于八叉树的卷积神经网络)是微软亚洲研究院于 2016 年提出的，利用八叉树结构将三维模型带入深度学习的范畴[40]。研究人员发现物体形状在空间中的分布具有稀疏性。O-CNN 的核心思想是利用物体形状的稀疏性，只存储稀疏形状的表面信号。其次，研究人员也注意到原始物体形状表面的区域所含有的信息对整体的贡献不大，可以将 CNN 计算约束在模型表面附近。所以，研究人员引入八叉树结构对三维模型进行分割存储。在本小节中，为了解释方便，利用二维图形讲解。需要注意的是，在二维平面上，八叉树被降维为四叉树。

给定图 14-4(a)中的二维图形，首先给出它的一个包围盒，当该包围盒包含形状信息时，就做一分为四的操作(在三维空间中，是一分为八)。按照此规则，可以一直分下去，直至一个预定的最大层数。同时，在树的节点上，可以存储形状的法向等信息作为输入。对比图像上的卷积，O-CNN 的关键在于如何在八叉树上实现卷积和池化操作(图 14-5)。

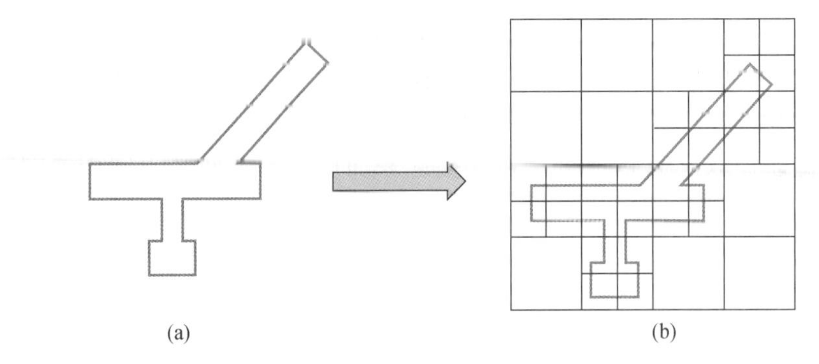

图 14-4 O-CNN 中八叉树的建立

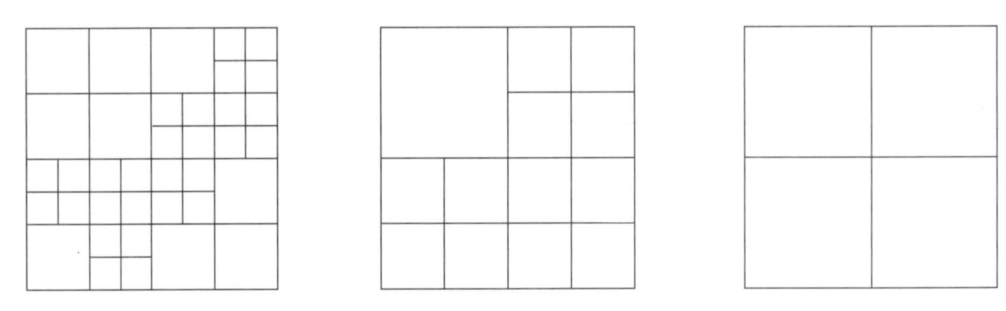

Conv→Pooling→Conv→Pooling→Conv

图 14-5 八叉树上的卷积与池化

O-CNN 中的卷积和池化操作：

(1) 卷积。卷积操作最重要的步骤是确定某个点的邻域。在 O-CNN 的实现中，采用哈希表。仍以二维形状、四叉树为例，每个节点的四个子节点挂接在哈希表的一个元素当中，进而可以快速地完成邻域寻找。

(2) 池化。借助父节点，池化操作将子节点的信息直接传递到父节点上。

有了池化和卷积操作，在八叉树上可定义出完整的卷积神经网络，以完成希望的相关应用。总的来说，基于八叉树的卷积神经网络从三维模型中提取八叉树结构，并将输入信息附加在八叉树的节点上。由于八叉树在局部是规则的，因此可以在八叉树的叶子节点上定义卷积和池化。有了这两个关键操作，再结合图像卷积网络中的成熟架构，就可以很自然地将卷积神经网络应用到三维模型上。O-CNN 看似没有直接在点云和网格等表达方式上进行，也没有手动提取任何特征描述子，但通过仔细分析可以看出，该网络其实利用形状的稀疏性对原始物体形状进行编码，相比于先从物体形状提取特征描述子，再利用卷积神经网络学习，前者无疑是巨大的进步。

第四节 图 卷 积

图是现实世界中非常重要的一种数据结构。社交网络、通讯网络、交通网络、蛋白质作用网络等，都可以由图的形式表达。图在生成与分类、社区发现、节点分类任务等方面也有着广泛的应用。以网格表示的三维模型，其本身就可看作一种无向图。近几年，图神经网络把深度学习中卷积的思想用到图的学习上，达到了非常好的效果。本节先简单介绍图的基本概念及术语，然后讲解图卷积的相关知识，说明信息是如何通过图卷积网络的隐藏层传递的。

4.1　图的基本概念及术语

图是由其顶点的有穷非空集合及顶点之间边的集合组成的，通常表示为 $G(V, E)$。G 表示一个图，V 表示 G 中顶点的集合，E 表示边的集合。为了理解图卷积，这里介绍一些基本概念及术语：

(1) 有向图。如果图中任意两个顶点之间的边都是有向边，即有方向的边，则称该图为有向图(directed graph)，如图 14-6(a)所示。

(2) 无向图。如果图中任意两点之间的边都是无向边，即没有方向的边，则称该图为无向图(undirected graph)，如图 14-6(b)所示。

(3) 顶点的度。某顶点 v_i 的度指图中与该顶点相关联的边的数目。对于有向图来说，有入度(in-degree)和出度(out-degree)之分。有向图的顶点的度等于入度和出度之和。例如在有向图 14-6(a)中，顶点 3 的出度为 2，入度为 1，其度为 3。

(4) 自环。如果一条边的两个顶点是同一个顶点，则称图中存在自环，如图 14-6(b)中虚线所示。

(5) 权。图的边上指定的数值称为权。如果有权，则称为有权图；反之，称为无权图。

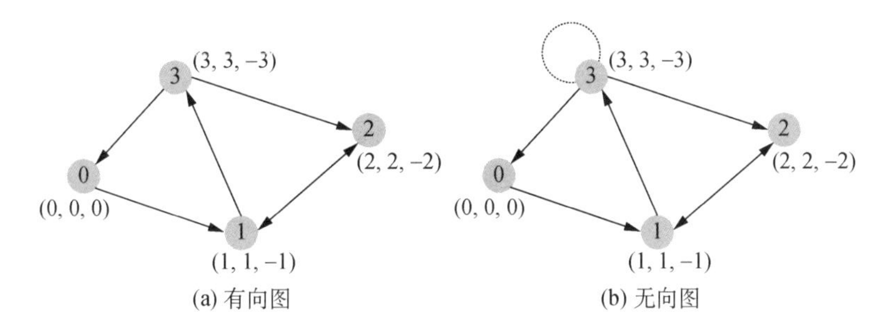

图 14-6　有向图与无向图

4.2　什么是图卷积神经网络？

图卷积神经网络(graph CNN，简称 GCN)是一种强有力的、可直接作用于图的神经网络架构。那么，什么是图卷积呢？首先给出一个图卷积操作的框架。给定一个图 $G=(V, E)$，GCN 的输入包括特征矩阵 $X \in R^{N \times F^0}$，其中 N 表示图中节点数目，F^0 表示每个节点所对应的特征向量的维度。此外，GCN 同时需要一个可以表示图结构的邻接矩阵 A。给定 X 与 A，GCN 中的隐藏层就可写成如下形式：

$$H^i = f(H^{i-1}, A) \tag{14-1}$$

其中：H^{i-1} 可看作前一层的输出，即本层输入，所以 H^0 对应于输入的特征矩阵；f 为传播函数。每层 H^i 对应于一个 $N\times F^i$ 的新特征矩阵，其中每行表示一个节点所对应的特征。在 GCN 中的每一层上，这些特征被聚合后再使用传播函数 f 形成下一层的特征。通过不断的特征聚合、传播等一连串操作，特征在每一个连续层上变得愈发抽象。

4.3 传播函数示例

在式(14-1)中，通过改变传播函数 f，可以产生很多不同的图卷积操作。传播函数的通用形式如下：

$$f(H^i, A)=g(AH^iW^i) \tag{14-2}$$

其中：$W^i\in R^{Fi\times Fi+1}$ 为第 i 层的权重矩阵，可以看出，权重矩阵的列数实际上决定了下一层的特征个数，这类似于图像卷积中的滤波，这些权重在图中的节点上都是共享的；g 代表一个非线性激活函数。

现在看最简单的情况。首先令激活函数 $g(z)$ 为一个恒等函数，即不起任何作用。其次，令 $i=1$，f 直接变成输入特征矩阵的一个函数。将 $i=1$ 分别代入式(14-1)和式(14-2)：

$$\begin{aligned}H^1&=f(H^{1-1}, A)\\&=f(H^0, A)=\sigma(AH^0W^0)\end{aligned}$$

由于 $g(z)$ 为恒等函数，不妨直接令 $g(z)=1$，就得到一个利用最简单的传播函数从第 0 层到第 1 层的传播结果，即：

$$H^1=AH^0W^0 \tag{14-3}$$

此时，A 是已知的，H^0 是输入特征矩阵 X，唯一的未知参数是 W^0，而权重 W 正是我们需要 GCN 学习的参数。假设 W^0 已经通过神经网络学习得到，并且刚好是一个单位矩阵，式(14-3)可以写成更简单的形式：

$$f(X, A)=AX \tag{14-4}$$

这个函数就是一个矩阵乘法，或者说相当于全连接神经网络省去了偏置量和激活函数。下面用这个最简单的传播函数看一个简单的例子。

图 14-6(a)给出了一个简单的有向无权图，即图中的边是有方向的，同时忽略边的权重。顶点旁边给出了人为设定的特征向量。注意，为了便于表述，图 14-6(a)中的特征向量值均为整数。该图的特征矩阵：

$$X=\begin{bmatrix}0&0&0\\1&1&-1\\2&2&-2\\3&3&-3\end{bmatrix} \tag{14-5}$$

对于邻接矩阵，约定如果存在从顶点 p 指向 q 的边，且不存在 q 指向 p 的边，即认为 q 是 p 的邻居节点，但 p 不是 q 的邻居节点。依据这一约定，计算图 14-6(a)中的邻接矩阵 A：

$$A=\begin{bmatrix}0&1&0&0\\0&0&1&1\\0&1&0&0\\1&0&1&0\end{bmatrix} \tag{14-6}$$

至此，根据式(14-4)，计算出图卷积 AX ：

$$AX=\begin{bmatrix}1&1&-1\\5&5&-5\\1&1&-1\\2&2&-2\end{bmatrix} \tag{14-7}$$

仔细观察式(14-5)、式(14-6)和式(14-7)，不难发现：AX 的每一个节点的新特征变成其相邻节点的原特征的和，即图卷积操作将每个节点表示为其邻域的集合。例如 1 号节点的聚合特征为(5，5，－5)，其相邻节点是 2 号和 3 号节点，这两个节点的特征的和即为 1 号节点的聚合特征。在实际中，这会带来一些问题。首先，节点的聚合特征没有包含它自己的特征，只包含其邻域的特征。要解决该问题，必须添加自环。其次，度较大的节点的特征具有较大的值，而度较小的节点的特征具有较小的值，这可能会在使用梯度下降的训练过程中导致梯度消失或梯度爆炸。

针对第一个问题，人为地为每个节点添加一个自环。在实际应用中，可以在邻接矩阵 A 上加一个单位矩阵 I 来实现，即添加自环之后的邻接矩阵 $\hat{A}$：

$$\hat{A}=A+I=\begin{bmatrix}1&1&0&0\\0&1&1&1\\0&1&1&0\\1&0&1&1\end{bmatrix} \tag{14-8}$$

然后，利用式(14-4)，得到：

$$\hat{A}X=\begin{bmatrix}1&1&-1\\6&6&6\\3&3&3\\5&5&5\end{bmatrix} \tag{14-9}$$

再次观察可以发现式(14-9)中，每个节点的特征变成所有邻接节点的特征与该节点本身的特征的和，即包含自身特征。

对于上述第二个问题，需要将新特征做归一化处理。这里采用 Kipf 等[37]提出的归一化处理方法，将邻接矩阵与节点的度矩阵 D 的逆相乘。注意，由于之前关于邻居节点的约定，此处使用的是出度矩阵。因此，传播函数即式(14-4)变为：

$$f(X,A)=D^{-1}AX \tag{14-10}$$

其中：出度矩阵

$$D=\begin{bmatrix}1&0&0&0\\0&2&0&0\\0&0&1&0\\0&0&0&2\end{bmatrix}\tag{14-11}$$

之后，依据式(14-10)，先计算 $D^{-1}A$：

$$D^{-1}A=\begin{bmatrix}0&1&0&0\\0&0&0.5&0.5\\0&1&0&0\\0.5&0&0.5&0\end{bmatrix}\tag{14-12}$$

对比式(14-12)和式(14-6)，不难看出原邻接矩阵 A 已经被每个顶点对应的度相除，再代入式(14-10)：

$$D^{-1}AX=\begin{bmatrix}1&1&-1\\2.5&2.5&-2.5\\1&1&-1\\1&1&-1\end{bmatrix}\tag{14-13}$$

可得与相邻节点的特征均值所对应的新的节点特征矩阵。

至此，上述两个问题分别得到解决。下面将两种方法结合在一起，同时加入对权重矩阵 W 和激活函数 $g(z)$ 的考虑。

由于要使用带自环的邻接矩阵 $\hat{A}$，需要重新计算 $\hat{A}$ 所对应的出度矩阵 $\hat{D}$：

$$\hat{D}=\begin{bmatrix}2&0&0&0\\0&3&0&0\\0&0&2&0\\0&0&0&3\end{bmatrix}\tag{14-14}$$

并加入对权重矩阵 W 的考虑。如前所述，权重矩阵第二维的大小实际上决定了下一层的特征个数，对于集合模型中的三维网格，我们仍希望图卷积神经网络的输出是一个 $N\times 3$ 的矩阵，因此，这里将 W 的第二个维度设为 3。注意，对于图卷积神经网络的中间层，往往需要设置大的数值，以保证网络具有更强的学习能力。换言之，如果我们希望增大输出特征的维度，就要增加 W 的大小，反之则减小。为了方便，直接给出一个 3×3 的矩阵 W：

$$W=\begin{bmatrix}1&-1&1\\-1&1&-1\\1&1&-1\end{bmatrix}\tag{14-15}$$

之后，代入式(14-3)，得到：

$$\hat{D}^{-1}\hat{A}XW=\begin{bmatrix}-2&-2&2\\-18&-18&18\\-6&-6&6\\-15&-15&15\end{bmatrix}\tag{14-16}$$

最后，考虑激活函数 $g(z)$，这里使用 ReLU，所以：

$$g(\hat{D}^{-1}\hat{A}XW)=\mathrm{ReLU}(\hat{D}^{-1}\hat{A}XW)=\begin{bmatrix}0 & 0 & 2\\0 & 0 & 18\\0 & 0 & 6\\0 & 0 & 15\end{bmatrix} \tag{14-17}$$

这就是图卷积神经网络中的一层所涉及的全部操作。注意，在整个网络的传播过程中，$\hat{D}^{-1}$ 和 $\hat{A}$ 都是常量，只有 W 需要优化。

4.4　简单的图卷积三维网格重建案例

本小节将利用 PyTorch 搭建一个使用二维掩码图像作为输入，重建三维人体的例子。为了便于理解，省略了网络中所有与图卷积不相关的内容，包括正则化、全连接、上采样、下采用等，只关注图卷积的实现，具体代码如下：

```
class GraphConvolution(nn.Module):
    def __init__(self, in, out, adj, bias=True):
        super(GraphConvolution, self).__init__()
        self. in=in
        self.out=out
        self.adj=adj
        self.weight=nn.Parameter(torch.FloatTensor(in, out))
        if bias:
            self.bias=nn.Parameter(torch.FloatTensor(out))
        else:
            self.register_parameter('bias', None)
        self.reset_parameters()

    def forward(self, x):
        if x.ndimension()==2:
            support=torch.matmul(x, self.weight)
            output=torch.matmul(self.adj, support)
            if self.bias is not None:
                output=output+self.bias
            return output
        else:
            output=[]
            for i in range(x.shape[0]):
                support=torch.matmul(x[i], self.weight)
```

```
            output.append(torch.matmul(self.adj, support))
        output = torch.stack(output, dim = 0)
        if self.bias is not None:
            output = output + self.bias
        return output
```

图 14-7 所示为图卷积神经网络架构。该网络非常简单,只有中间一个隐藏层,整个网络全部采用图卷积。其实现细节说明如下:

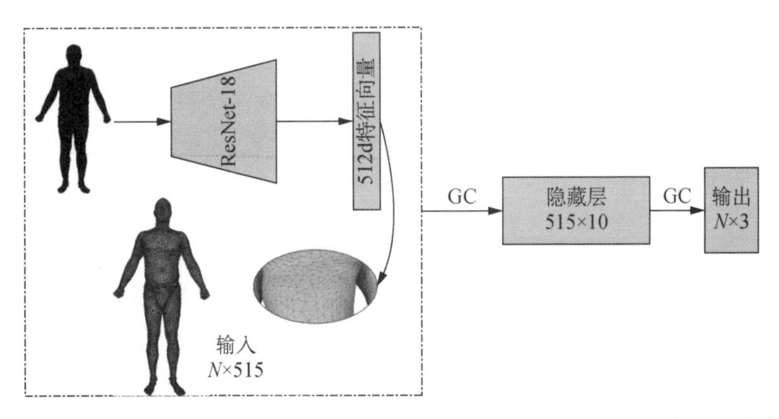

图 14-7 简单的图卷积神经网络架构(左上角为人体正投影所得的掩码图像,GC 代表图卷积)

4.4.1 数据准备

SPRING 是一个公开的三维人体数据集[下载地址为 https://graphics.soe.ucsc.edu/data/BodyModels/],包含 3 000 多个三维人体数据[38]。在本例中,仅使用其中的 100 个三维人体数据作为示例。使用的三维模型投影到二维平面上得到人体正面的掩码图像,如图 14-7 左上角所示。

4.4.2 网络架构

采用基于 ImageNet 预训练的 ResNet-18 作为掩码图像的特征提取器,也可以采用其他的预训练 CNN 或者自行设计神经网络。具体而言,将掩码图像输入经过预训练的 ResNet-18,并使用平均池化层输出的 512 维特征向量与每个顶点的三维坐标共同构成图卷积神经网络的输入。换言之,若三维模型的每个顶点被看作图的节点,则每个节点都包含 512+3=515 维的特征向量,其中“3”为每个顶点本身的 x, y, z 坐标。此外,利用输入的三维人体网格模型,可以计算出带自环的邻接矩阵 $\hat{A}$ 及相应的出度矩阵 $\hat{D}$,它们在网络的整个训练过程中都是常量,不需要每次计算。

在第一层图卷积中,我们可以首先确定权重矩阵的第一个维度是 515,第二个维度代表我们希望该层图卷积输出的大小。在本例中,设置输出大小为 10,即 $W^1 \in R^{515\times10}$。对于第二层图卷积,由于其输出就是我们希望的结果,即一个 $N\times3$ 的矩阵,因此 $W^2 \in R^{10\times3}$。

此外,网络中内置了一个三维人体模板(网格表示),从图像中提取的特征最终附加在模板网格的顶点上。该模板对终端用户是不可见的；也就是说，对于终端用户而言，只需要图像。邻接矩阵 $\hat{A}$ 及相应的出度矩阵 $\hat{D}$ 都是在该模板网格上计算得到的。

4.4.3　重建结果

上述基于图卷积的重建结果如图 14-8(b)所示，图 14-8(a)所示为某个输入三维人体模型的真值。可以看出，重建结果非常粗糙，包含非常多的噪声，并且模型表面凸凹不平，虽然依稀保留了人体的形态特征。因此，加深网络的图卷积层数，并进行超参数的调优操作，优化后的重建结果如图 14-8(c)所示。

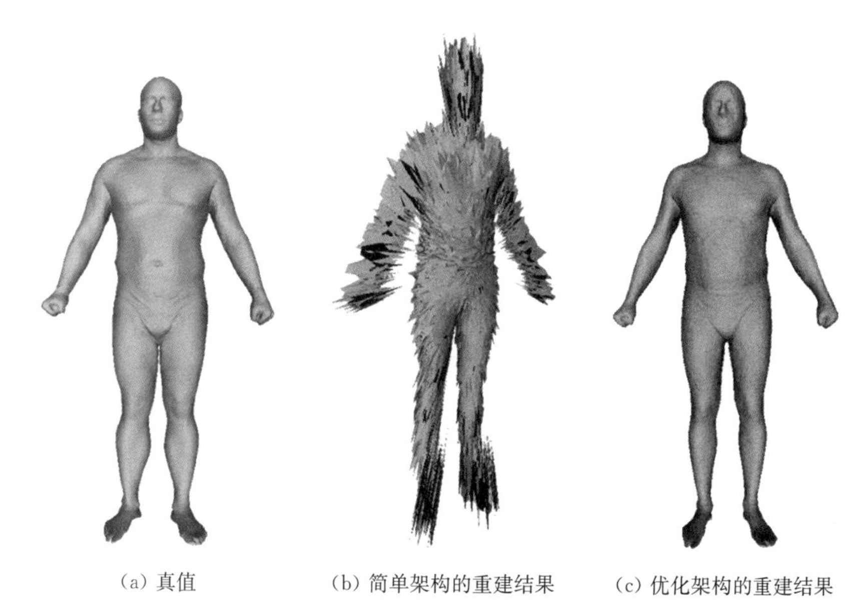

(a) 真值　(b) 简单架构的重建结果　(c) 优化架构的重建结果

图 14-8　图卷积重建结果

参考文献：

[1] Lévy B, Zhang H. Elements of geometry processing[C] //Proc. of the SIGGRAPH Asia 2011 courses, 2011:1-48.

[2] Qi C R, Su H, Mo K, et al. PointNet: Deep learning on point sets for 3d classification and segmentation[C] //Proc. of the IEEE Conference on Computer Vision and Pattern Recognition, 2017: 652-660.

[3] Wang P S, Liu Y, Guo Y X, et al. O-CNN: Octree-based convolutional neural networks for 3D shape analysis[J]. ACM Transactions on Graphics, 2017, 36(4): 1-11.

[4] CHoy C B, Xu D, Gwak J, et al. 3D-R2N2: A unified approach for single and multi-view 3D object reconstruction[C] //Proc of the European Conference on Computer Vision, 2016: 628-644.

[5] Qi C R, Y L, Su H, et al. Pointnet++: Deep hierarchical feature learning on point sets in a metric space[C]//Proc. of the Advances in Neural Information Processing Systems. 2017: 5099-5108.

[6] Masci J, Boscaini D, Bronstein M, et al. Geodesic convolutional neural networks on riemannian manifolds[C]//Proc. of the IEEE International Conference on Computer Vision, 2015: 37-45.

[7] Sun J, Ovsjanikov M, Guibas L. A concise and provably informative multi-scale signature based on

heat diffusion[J]. Computer Graphics Forum, 2009, 28(5): 1383-1392.

[8] Rustamov R M. Laplace-Beltrami eigenfunctions for deformation invariant shape representation[C] //Proc. of the the Fifth Eurographics Symposium on Geometry Processing, 2007: 225-233.

[9] Guo K, Zou D, Chen X. 3D mesh labeling via deep convolutional neural networks[J]. ACM Transactions on Graphics, 2015, 35(1): 1-12.

[10] Socher R, Huval B, Bath B, et al. Convolutional-recursive deep learning for 3d object classification[C] //Proc. of the Advances in Neural Information Processing Systems, 2012: 656-664.

[11] Gupta S, Girshick R, Arbeláez P, et al. Learning rich features from RGB-D images for object detection and segmentation[C] //Proc of the European Conference on Computer Vision, 2014: 345-360.

[12] Wu Z, Song S, Khosla A, et al. 3d shapenets: A deep representation for volumetric shapes[C] //Proc. of the IEEE Conference on Computer Vision and Pattern Recognition, 2015: 1912-1920.

[13] Maturana D, Scherer S. VoxNet: A 3d convolutional neural network for real-time object recognition [C]//Proc. of the 2015 IEEE/RSJ International Conference on Intelligent Robots and Systems (IROS), 2015: 922-928.

[14] Shi B, Bai S, Zhou Z, et al. Deeppano: Deep panoramic representation for 3-d shape recognition[J]. IEEE Signal Processing Letters, 2015, 22(12): 2339-2343.

[15] Su H, Maji S, Kalogerakis E, et al. Multi-view convolutional neural networks for 3d shape recognition [C] //Proc. of the IEEE International Conference on Computer Vision, 2015: 945-953.

[16] Shu Z, Qi C, Xin S, et al. Unsupervised 3D shape segmentation and co-segmentation via deep learning [J]. Computer Aided Geometric Design, 2016, 43: 39-52.

[17] Wang P, Gan Y, Shui P, et al. 3D shape segmentation via shape fully convolutional networks[J]. Computers & Graphics, 2018, 70: 128-139.

[18] Wei L, Huang Q, Ceylan D, et al. Dense human body correspondences using convolutional networks [C] //Proc of the IEEE Conference on Computer Vision and Pattern Recognition, 2016: 1544-1553.

[19] Litany O, Remez T, Rodola E, et al. Deep functional maps: Structured prediction for dense shape correspondence[C] //Proc of the IEEE International Conference on Computer, 2017: 5659-5667.

[20] Zhu Z, Wang X, Bai S, et al. Deep learning representation using autoencoder for 3D shape retrieval[J]. Neurocomputing, 2016, 204: 41-50.

[21] Wang F, Kang L, Li Y. Sketch-based 3d shape retrieval using convolutional neural networks[C] //Proc. of the IEEE Conference on Computer Vision and Pattern Recognition, 2015: 1875-1883.

[22] Dai A, Qi R C, NieBner M. Shape completion using 3d-encoder-predictor CNNs and shape synthesis [C]//Proc. of the IEEE Conference on Computer Vision and Pattern Recognition, 2017: 5868-5877.

[23] Wang W, Huang Q, You S, et al. Shape inpainting using 3d generative adversarial network and recurrent convolutional networks[C] //Proc. of the IEEE International Conference on Computer Vision, 2017: 2298-2306.

[24] Han X, Li Z, Huang H, et al. High-resolution shape completion using deep neural networks for global structure and local geometry inference[C] //Proc. of the IEEE International Conference on Computer Vision, 2017: 85-93.

[25] Litany O, Bronstein A, Bronstein M, et al. Deformable shape completion with graph convolutional autoencoders[C] //Proc. of the IEEE Conference on Computer Vision and Pattern Recognition, 2018: 1886-1895.

[26] Tan Q, Gao L, Lai Y, K, et al. Variational autoencoders for deforming 3d mesh models[C] //Proc. of the IEEE Conference on Computer Vision and Pattern Recognition, 2018: 5841-5850.
[27] Jack D, Pontes J K, Sridharan S, et al. Learning free-form deformations for 3d object reconstruction [C] //Proc. of the Asian Conference on Computer Vision, 2018: 317-333.
[28] Yang J, Gao L, Lai Y, K, et al. Biharmonic deformation transfer with automatic key point selection [J]. Graphical Models, 2018, 98: 1-13.
[29] BErkiten S, Halber M, Solomon J, et al. Learning detail transfer based on geometric features[C] //Proc. of the Computer Graphics Forum, 2017: 361-373.
[30] Flynn J, Neulander I, Philbin J, et al. Deepstereo: Learning to predict new views from the world's imagery[C] //Proc. of the IEEE Conference on Computer Vision and Pattern Recognition, 2016: 5515-5524.
[31] Jaderberg M, Simonyan K, Zisserman A. Spatial transformer networks[C] //Proc. of the Advances in Neural Information Processing Systems, 2015: 2017-2025.
[32] Zhou T, Tulsiani S, Sun W, et al. View synthesis by appearance flow[C] //Proc. of the European Conference on Computer Vision, 2016: 286-301.
[33] Girdhar R, Fouhey D F, Rodriguez M, et al. Learning a predictable and generative vector representation for objects[C] //Proc. of the European Conference on Computer Vision, 2016: 484-499.
[34] Wu J, Zhang C, Xue T, et al. Learning a probabilistic latent space of object shapes via 3d generative-adversarial modeling[C] //Proc. of the Advances in Neural Information Processing Systems, 2016: 82-90.
[35] Tatarchenko M, Dosovitskiy A, Brox T. Octree generating networks: Efficient convolutional architectures for high-resolution 3d outputs[C] //Proc. of the IEEE International Conference on Computer Vision, 2017: 2088-2096.
[36] Wang N, Zhang Y, Li Z, et al. Pixel2Mesh: Generating 3d mesh models from single RGB images[C] //Proc. of the European Conference on Computer Vision, 2018: 52-67.
[37] Kipf T, Welling M. Semi-supervised classification with graph convolutional networks[J]. arXiv preprint, 2016: arXiv:1512.03012.
[38] Yang Y, Yu Y, Zhou Y, et al. Semantic parametric reshaping of human body models[C] //Proc of the 2nd International Conference on 3D Vision, 2014: 41-48.

第十五章　深度学习在服装推荐系统中的应用

深度学习模型可以有效地提取视觉特征，而服装商品的视觉外观对于商品推荐结果有非常大的影响[1]。因此，基于深度学习的服装推荐系统是当前的一个发展方向。本章首先介绍基于深度学习的服装推荐系统的动机和挑战，然后举例说明一个简单的基于视觉信息的服装推荐系统，最后简要介绍几个较复杂的服装推荐系统。

第一节　基于深度学习的服装推荐系统的动机与挑战

服装推荐系统的基本问题是判断两件服装是否搭配。图 15-1 中，学生服和套装裙是搭配的，而休闲 T 恤和套装裙是不搭配的。若两件服装搭配，则它们可以作为互相推荐的结果；若两件服装不搭配，则其中一件服装不应该出现在另一件服装的推荐列表里。在判断两件服装是否搭配时，最常用的信息包括服装的视觉信息（即服装的图像）和服装的文本信息（即服装商品的描述信息，包括品牌、尺寸、价格等，以及用户的评价信息等）。此外，这个判断还会受到一些外部信息的干扰（如流行趋势、文化背景等）。

深度学习模型在图像识别、自然语言处理方面的进展，促使人们去思考能否使用相关模型使推荐系统的表现更加良好，尤其是视觉信息对推荐结果有重要影响的服装推荐系统。

图 15-1　服装推荐系统的基本问题即判断两件服装是否搭配

之所以考虑将深度学习模型用于服装推荐系统，原因有二：

(1) 首先，深度学习模型在提取非结构信息的特征方面非常有效（如图像、视频、长文本、音频），有助于解决推荐系统中的“冷启动”问题。在深度学习得以广泛应用之前，推荐系统的最主要方法是基于协同滤波进行推荐。协同滤波的基本思想是使用用户和商品的交互历史（比如点击、购买的记录），过滤出用户感兴趣的商品。但是，协同滤波的方法在用户和商品的交互记录非常少的情况下难以正常工作，这个情况被称为推荐系统中的“冷启动”问题。对于用户交互量少的商品，使用商品自身的特征建立推荐结果是一个有效的方案，而深度学习模型最擅长的任务之一就是提取图像、文本等信息的特征。

(2) 深度学习模型在学习特征间的复杂关系方面表现出优势。在机器学习领域内，一个共识是如果模型自身的复杂度高，那么可以更好地对训练数据进行拟合，也更可能取得更好的预测准确度。在将深度学习模型应用于推荐系统之前，用户和商品之间未知关系的预测通常由矩阵分解完成，而这种方法在数据拟合方面的能力有限。随着大量用户数据的获取和多种多样的深度学习模型的问世，使用深度学习模型来拟合用户和商品之间的关系无疑是值得探索的。

除了上述优势之外，深度学习模型在推荐系统方面的应用也带来一些问题：

(1) 深度学习模型的计算量大。在图像识别方面，ImageNet 的参赛模型的参数量逐年增加，其 Top-1 准确率由 62.5%增加到 86.4%[2]。但是从 2017 年至今，参数量由PNASNet-5[3]的 86.1M 增加到 FixResNeXt-101 32×48d 的 829M，其 Top-1 准确率仅由 82.9%增加了 3.5%。巨大的计算量使得训练时间和预测时间漫长、硬件尤其是移动平台的能耗大等问题。在推荐系统方面，相对于快速、可行、易扩展的基础算法模型，投入大量数据和训练时间的深度学习模型能否取得预期的性能收益，一直是一个值得关注的问题[4]。

(2) 深度学习模型的可解释性差。几乎所有的基于神经网络层的模型都难以解释，原因在于中间层输出的含义难以准确定义，且模型的权重几乎均由拟合而来。然而，在推荐系统领域，模型的可解释性也是非常重要的，因为有效的解释可以提高推荐结果的说服力和有效性。例如，如果知道模型是由于学习到用户喜欢运动装而推荐了相应的运动款式，那么这会使得推荐结果更加有说服力。同时，模型的可解释性为模型应用提供了更多的可能。例如，当我们知道用户期望得到一款商务服装而模型给出的推荐结果是运动风格的，这时我们可以调整模型，从而得到用户期望的结果。

服装推荐系统的应用还存在很多挑战，其中一些挑战与通用推荐模型相似，而另外一些挑战则是服装商品独有的。(1)如何将推荐结果与用户兴趣有效结合？目前已经有很多工作尝试解决两件服装的搭配问题，然而将搭配问题与用户兴趣结合的研究报道仍然有限。(2)如何预测两件以上服装之间的搭配关系？这是服装推荐特有的一个问题，因为用户购买服装通常是为了满足全身的搭配，甚至还要考虑和买过的其他服装能否搭配，所以引出了套装搭配[5]和衣橱搭配[6]问题。(3)如何捕捉时间的变化对服装推荐的影响？从短期时间来看，服装推荐受到季节、供货等因素的影响；从长期时间来看，服装推荐受到流行元素的影响[7]。因此，如何同时捕捉并结合长期时间变化和短期时间变化，对建立有效的服装推荐系统也具有非凡的意义。(4)如何满足服装推荐的多样性？这是由于服装搭配的多样性决定的，同一件服装可以根据不同场合、不同风格得到不同的推荐结果；即使是同一场合和风格，由于搭配性这一非严格约束，模型也应当返回多样的结果[8]。

第二节　服装推荐系统示例

本节介绍基于服装图像构建一个简单的服装推荐系统，可以实现给定一件上装商品推荐出合适的下装商品或者给出一件下装商品推荐出合适的上装商品的功能。

2.1　FashionVC

这里使用的数据集为 FashionVC，它是由 Song 等[9]在 2017 年构建并发布的。为了构建一个同时包含服装元信息（图像、文本、类别）和服装搭配信息的数据，FashionVC 通过从 Polyvore 网站追踪 248 位用户发布的套装，将套装中的上装和下装提取并组成搭配。同时，考虑到有些套装可能是用户随机搭配的，将用户点赞数小于 50 的套装剔除。最终，FashionVC 包含 20 726 套服装的上下装搭配，其中包含 14 870 件上装单品和 13 662 件下装单品。每件单品包含一幅图像、所属类别及单品的文字描述。每件单品的描述中，平均单词量是 4.18。FashionVC 中的样本示例见图 15-2。

ID (商品代号)	Image (图像)	Category (类型描述)	Title (逐层分类标签)
189058595		Hollister + Sydney Sierota Sequin Tank	>Women's Fashion>Tops>Tank Tops>Hollister Co. tops
194424130		MANGO Lapels Wool Coat	>Women's Fashion>Outerwear> Coats>MAN GO coats
174321348		Balenciaga Stretch - leather skinny pants	>Women's Fashion>Clothing> Pants>Balencia ga pants
192586709		Valentino corded lace and crepe mini dress	>Women's Fashion>Dresses>Day Dresses>Valentino dresses

图 15-2　FashionVC 中的样本示例

2.2　基于矩阵分解的服装推荐系统

服装推荐问题可以定义如下：设 $T=\{t_1, t_2, \cdots, t_{N_t}\}$ 是所有的上装商品（如外套、T 恤），$B=\{b_1, b_2, \cdots, b_{N_b}\}$ 是所有的下装商品（如牛仔裤、短裙），其中 N_t 是数据集中上装商品的总数量，N_b 是所有下装商品的总数量。数据集中标注好的成对的上装和下装可以看作正样本，表达为 $S=\{(t_{i_1}, b_{j_1}), (t_{i_2}, b_{j_2}), \cdots, (t_{iN}, b_{jN})\}$，其中 N 为全部正样本的数量。我们可以将数据集中所有的商品关系表达成一个 $N_t \times N_b$ 的关系矩阵（图 15-3）。

如图 15-3 所示，如果有 5 件上装（top）商品和 4 件下装（bottom）商品，那么所有的上下装之间的推荐关系可以表达为一个 5×4 的关系矩阵，关系矩阵中的每一个元素意味着一对上下装的关系。如果矩阵中的某一个元素值为 1，意味着这个元素对应的一对上下装是可以互相推荐的；如果矩阵中的某一个元素值为 0，那么意味着这个元素对应的一对上下装是不希望被相互推荐的。数据集的正样本集合 S 中的所有样本都可以在关系矩阵中标注为 1，而剩余的上下装的关系都是未知的，因此在关系矩阵中使用问号表示。推荐系统的任务是预测关系矩阵中所有问号元素的值。如果我们知道某一个未知元素的值，那么可以根据这个值来判断这对上下装是否可以相互推荐。

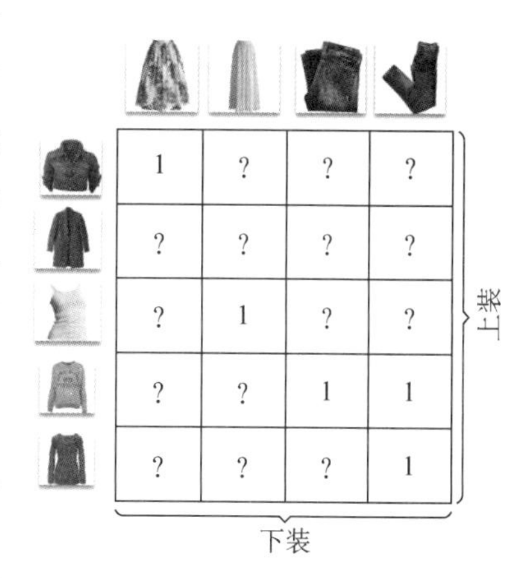

图 15-3　服装推荐系统的矩阵表达形式

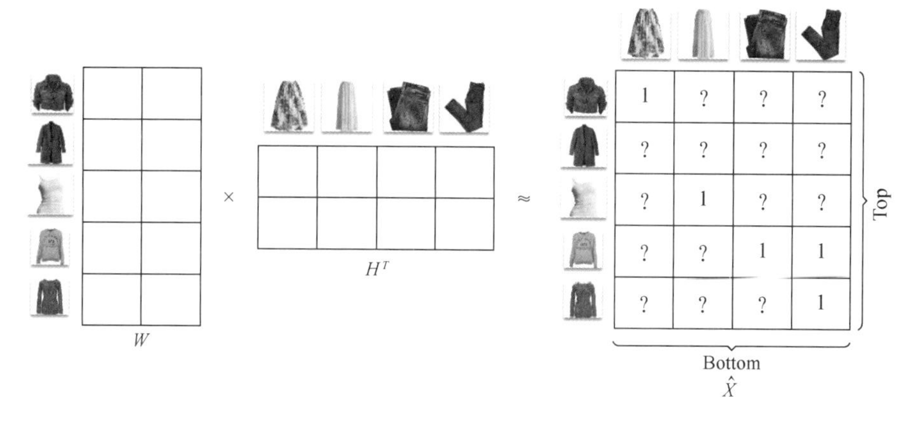

图 15-4　使用分解矩阵重建原始矩阵

为了得到矩阵中未知元素的值，最常用的方法是矩阵分解。将关系矩阵表示为 $X \in R^{N_t \times N_b}$，即 N_t 行 N_b 列的矩阵。根据矩阵乘法运算，$\hat{X}$ 是由两个分解矩阵相乘而估计得到的关系矩阵，即：

$$\hat{X} = WH^T$$

其中：W 是一个维度为 $N_t \times K$ 的矩阵；H 是一个维度为 $N_b \times K$ 的矩阵；K 是一个远小于 N_t 和 N_b 的值。

例如图 15-4 中，如果 X 是一个 5×4 的矩阵，那么可以设置 W 是一个维度为 5×2 的矩阵，H 是一个维度为 4×2 的矩阵。W 和 H 中的每一行，通常称为这个商品的嵌入（embedding）。关系矩阵中的每一个值对应两个嵌入的内积，即：

$$\hat{x}_{ij} = \langle w_i, h_j \rangle = \sum_{f=1}^{K} w_{if} \cdot h_{jf}$$

剩下的问题就是如何得到低维矩阵 W 和 H。

通过观察可得 $X=WH^T$ 的形式与奇异值分解非常相似，故可以利用奇异值分解得到近似解。但是，奇异值分解得到的矩阵往往对于关系矩阵 X 有较大的过拟合，这导致对未知商品之间的关系预测结果非常不准确。因此，许多工作提出了不同的方法来防止关系矩阵求解的过拟合问题，其中一个有名的方法就是 BPR(Bayesian personalized ranking)。

2.3 BPR 求解矩阵分解

BPR 将求解分解后的矩阵问题转化为机器学习领域的学习排序(learning to rank)问题[10]，由此可以得到对于每件上装商品 t_i，都有一个对应的下装正样本集合 $B_i^+=\{b_j \in B \mid (t_i, b_j) \in S\}$。我们可以将服装推荐系统的任务转化为对排序的学习：在给定上装商品的情况下，使得在正样本集合中的样本顺序比不在正样本中集合中的样本顺序靠前，即希望正样本集合中的样本比非正样本集合中的样本出现在推荐列表中更靠前的位置。可以用公式表达，对于一个三元组 $(t_i, b_{j+}, b_{j-}) \in D_S$，其中：

$$D_s:=\{(t_i, b_{j+}, b_{j-}) \mid b_{j+} \in B_i^+ \wedge b_{j-} \in B \backslash B_i^+\}$$

这里使用 $\wedge$ 表示两个条件需要同时成立，$B \backslash B_i^+$ 意味着下装样本集合 B 中去除正样本 B_i^+ 之后剩余的部分。我们希望正样本的关系值始终大于非正样本的关系值，即 $\hat{x}_{ij+} > \hat{x}_{ij-}$，其中 $\hat{x}_{ij+}=\langle w_i, h_{j+}\rangle$，即 $\hat{x}_{ij-}=\langle w_i, h_{j-}\rangle$，$w_i$，$h_{j+}$，$h_{j-}$ 分别为商品的嵌入。为了达到这一目标，可以设计如下损失函数：

$$L=-\ln \sigma(\hat{x}_{ij+}-\hat{x}_{ij-})$$

其中：$\sigma(x)=\dfrac{1}{1+e^{-x}}$。

这个损失函数使得当 $\hat{x}_{ij+}$ 远大于 $\hat{x}_{ij-}$ 时，损失函数的值变得很小，它的函数曲线如图 15-5 所示。

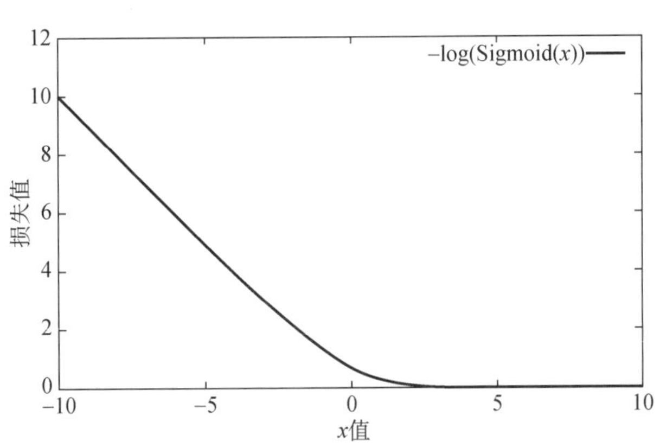

图 15-5　BPR 损失函数曲线

在模型训练阶段，可以将三元组集合 D_S 分割为训练集、验证集、测试集。但是，该方法在正样本数量较少的情况下不能正常工作，训练数据不足会导致模型的参数不能有效学习到一个有用的模式。例如 FashionVC 中包含 14 870 件上装单品和 13 662 件下装单品，那么关系矩阵中的元素大约有 14 870×13 662≈10^{10}个，而标注出来的关系只有 20 726 个，后者远远小于前者，而可能组成的三元组有 14 870×13 662×13 662≈10^{15}种。标注不完整也是推荐系统的常见问题，因为几乎不可能将每件上装商品去比对下装商品，然后标注出关系值。在生活中，用户只对一件上装和极少量的下装进行搭配观察。图 15-6 给出了 FashionVC 中每件上装商品(或下装商品)已标注好的推荐数量统计图(注意：统计图的纵坐标采用对数)，可以发现绝大多数商品的标注数量不超过 10 个。

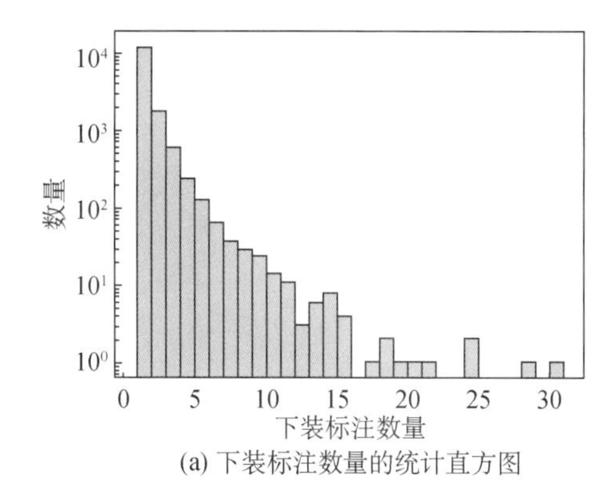

(a) 下装标注数量的统计直方图

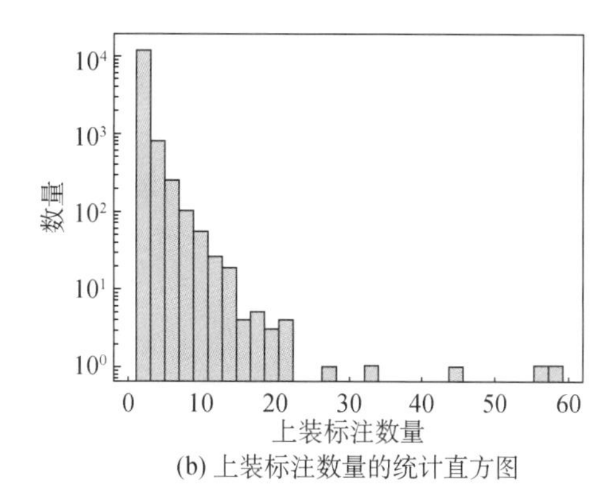

(b) 上装标注数量的统计直方图

图 15-6 FashionVC 中每件商品已标注的推荐单品数量统计图

2.4 利用视觉信息的 BPR 模型

利用视觉信息，可以使得普通的嵌入方法在拟合不充分的情况下，利用视觉嵌入的分数部分得到正确的结果。由于所有的上装商品和下装商品的图像都是完备的，所以视觉嵌入的加入可以有效缓解关系矩阵中标注不充分所导致的数据稀疏问题，从而建立更加有效的推荐系统。

对于每一件上装(或下装)，可以使用一个模型得到它的视觉特征，如上装表示为 v_i^t，下装表示为 v_j^b。这里的视觉特征既可以是各类计算机视觉中的描述子(如 SIFT 或 SURF)，也可以是卷积神经网络提取的特征向量。考虑到卷积神经网络在图像识别方面的优势，这里使用卷积神经网络中倒数第二层全连接层的输出作为特征，比如使用经过 ImageNet 数据集预训练的 ResNet18 作为后端网络。鉴于经过预训练的卷积神经网络的输出特征仍然代表图像视觉上的相似性，为了使视觉特征代表图像信息的搭配关系，可以添加额外的线性层将图像特征 v_i^t 映射到另一个空间中，称为搭配空间，记为 Ev_i^t。此时，我们可以构建公式，用以预测关系矩阵中元素的值：

$$\hat{x}_{ij}=\beta < w_i, h_j > + (1-\beta) < Ev_i^t, Ev_j^t > = \sum_{f=1}^{K} w_{if}\cdot h_{jf} + \sum_{f=1}^{K} (Ev_i^t)_f \cdot (Ev_j^t)_f$$

其中：$< v_i^t, v_j^t >$ 为预测分数中的视觉信息部分；β 为非视觉嵌入部分计算所得分数的权重，则$(1-\beta)$为视觉嵌入部分计算所得分数的权重。

这里，分数的计算参考了 VBPR[11]。不过，这里将 VBPR 用于计算上装与下装间的关系，而非用户与商品间的关系。

下面对几个基础方法进行对比，具体方案如下：

- RAND：采取随机采集的下装作为推荐列表中的商品。
- RAW：使用经过预训练的 ResNet18 的输出特征直接计算分数，进行排序。
- BPR：只使用普通的嵌入进行分数的计算。
- VBPR：同时使用普通的嵌入和视觉特征的嵌入进行分数的计算。

对比试验采取的评价指标是 AUC(area under ROC curve，即 ROC 曲线下的面积)。ROC 曲线(receiver operating characteristic curve，即接收器操作特性曲线)是用于衡量分类性能的一个常用指标。对于一个二分类任务，如果将不同阈值下正阳性(true positive)比例作为坐标系的 y 轴，将假阳性(false positive)的例作为 x 轴，可以得到类似图 15-7 所示的曲线。直观地说，如果分类标准严格，将阈值提高到 1，则没有样本被判断为正样本，如图 15-7 中左下角所示；反之，如果分类标准宽松，把阈值降低为 0，那么所有样本都被判断为正样本，这也是不合理的，如图 15-7 中右上角所示。ROC 曲线反映了正阳性比例和假阳性比例的变化，为了使用单个数值描述该曲线，可以使用 ROC 曲线和 x 和 y 轴围成的面积，这个数值就是 AUC。理想状态下，我们希望在正阳性比例较高时仍然保持较低的假阳性比例，即提高 AUC 的数值。

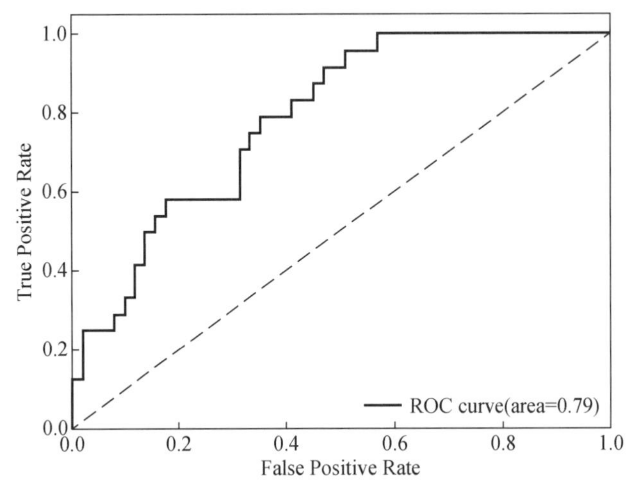

图 15-7　ROC 曲线示例[12]

前述对比试验的测试数据集采用以 1∶1 的比例生成正样本对 (t_i, b_j^+) 和未知样本对 (t_i, b_j^-)。经过试验得到的几种方法的结果见表 15-1，可以发现 BPR 方法在 FashionVC 上的结果并不好，说明普通的嵌入在稀疏条件下不能训练出有效的推荐模型。加入视觉特征嵌入 VBPR 方法得到的 AUC 相对于其他方法有明显的提升，说明视觉信息的加入有效地缓解了训练数据不充分所造成的模型不能有效拟合的问题。

表 15-1　不同方法的结果比较

方法	RAND	RAW	BPR	VBPR
AUC	0.504 9	0.509 2	0.518 3	0.629 3

图 15-8 统计了模型对测试集中的正样本和非正样本的预测分数,可以发现预测分数已经出现分界,但是两种样本的预测分数分布依然存在较大的重合。图 15-9 绘制了测试集中样本预测分数的 ROC 曲线,可以发现模型对于推荐商品和不推荐商品已经具备基本的判断能力,但是仍然存在提高空间,其原因一部分是数据稀疏导致的训练不充分,另一部分可能是服装推荐结果本身的多样性。

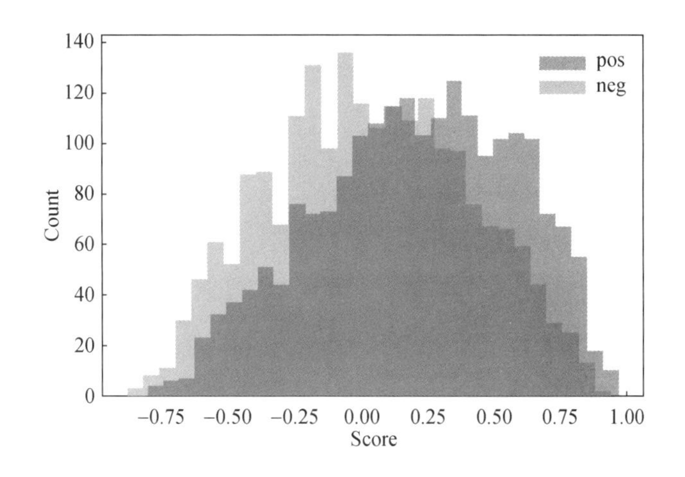

图 15-8　测试集中正样本和非正样本的预测分数的统计直方图

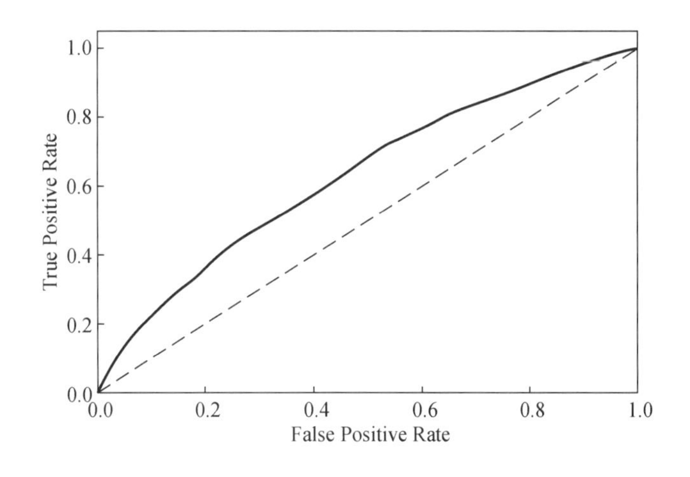

图 15-9　测试集预测结果的 ROC 曲线

为了更加直观地了解模型的推荐结果,图 15-10 展示了 5 件不同上装的下装推荐结果。为了更加清晰地对比,每幅图像给出了 5 件分数最高的商品作为推荐商品,并给出 5 件分数最低的商品作为不推荐商品,每件商品的推荐分数标注在对应图像的上方。由此可知,结合视觉信息的推荐服装系统可以有效地根据上装商品推荐出合适的下装商品。

图 15-10　给定不同上装时服装推荐系统的下装推荐结果示例

第三节　基于深度学习的服装推荐系统

上一节介绍了一种简单有效的上装/下装推荐模型。下面介绍更先进的服装推荐模型。总体来说，先进模型的创新可归纳为两个大方向：

（1）为了更好地预测一对服装商品的推荐结果，使用更复杂的神经网络架构。

（2）提出新的服装推荐任务（如服装套装推荐、服装衣橱推荐），并探索新的方法。

3.1　用户个性化推荐

与上一节介绍的方法类似，很多服装推荐系统侧重于建立一种通用的服装商品推荐关系。然而，服装商品之间是否能够相互推荐，或者说服装商品之间是否搭配，实际上是一个非常主观的问题，每位用户都有自己的个性化评价标准。那么如何将用户的偏好与服装商品之间的关系有效地结合起来呢？Song 等[13]针对这一问题提出了 GP-BPR 模型，其架构如图 15-11 所示。

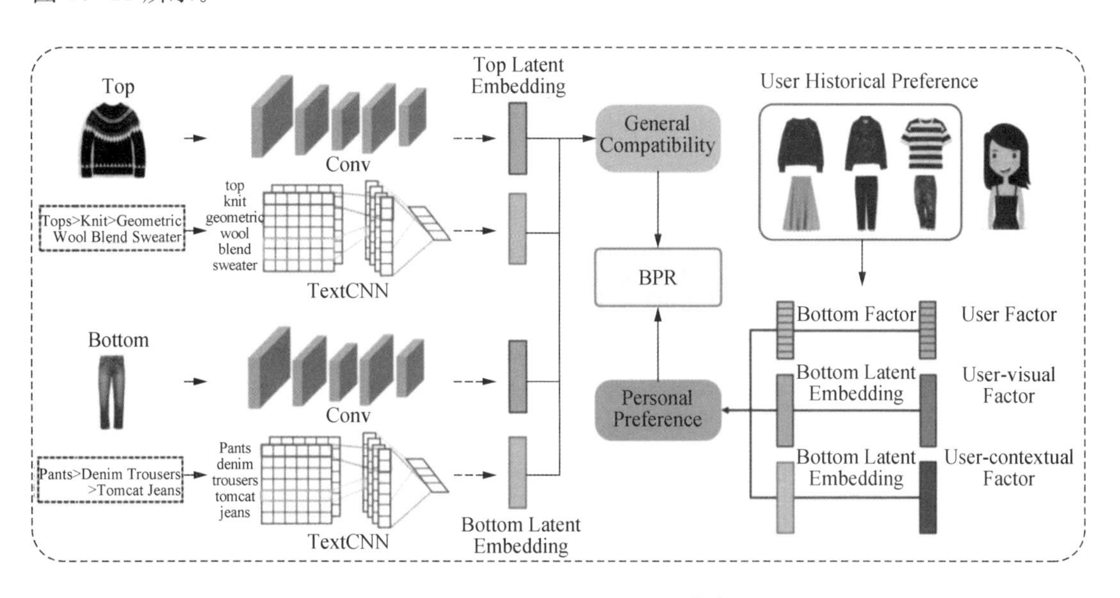

图 15-11　GP-BPR 模型架构[13]

GP-BPR 模型的输入包含三个部分：图像、文字及用户偏好。图像输入部分使用多层卷积层提取图像特征，文字输入部分使用 TextCNN 提取文字特征，由此可预测一个通用推荐分数：

$$s_{ij}=\pi(v_i^t)^T v_j^b+(1-\pi)(c_i^t)^T c_j^b$$

其中：v_i^t 为上装图像特征；v_j^b 为下装图像特征；c_i^t 为上装文字特征；c_j^b 为下装文字特征；π 为平衡图像特征和文字特征的权重参数。

对于用户 m，GP-BPR 模型设置三个嵌入表示用户偏好：用户总体嵌入 γ_m，用户视觉信

息嵌入 v_m，用户文字信息嵌入 v_c。使用这二个嵌入与服装商品的图像特征和文字特征，并通过下面的公式计算用户个性化分数 p_{mj}：

$$p_{mj}=\alpha+\beta_m+\beta_j+\gamma_m^T\gamma_j+\eta(v_m^T v_j^b)+(1-\eta)(c_m^T c_j^b)$$

将通用推荐分数和用户个性化分数相加，得到 GP-BPR 模型的预测分数：

$$\hat{x}_{ij}^m=\mu s_{ij}+(1-\mu)p_{mj}$$

GP-BPR 模型需要一个标注好用户信息的数据集，比如从网站 IQON(iqon.jp)抓取的 308 747 件服装套装组成的数据集 IQON3000。GP-BPR 模型的训练过程同样需要从数据集中采样三元组，包含一件上装、一件优先推荐的上装和一件未知推荐关系的下装，其损失函数：

$$L=-\ln(\sigma(\hat{x}_{ij}^m-\hat{x}_{ik}^m))+\frac{\lambda}{2}\|\Theta\|_F^2$$

3.2 融合美学特征的服装推荐

到目前为止，对于服装推荐系统，我们考虑了视觉特征和文字特征。然而，对于服装推荐这样一个基于审美的任务，能否构建一种审美特征(aesthetic feature)，用以帮助更好地推荐合适的服装？Yu 等[14]首先使用一个在图像美学评价的数据集上经过预训练的卷积神经网络提取审美特征，然后考虑到服装的审美评价同时受到用户和时间的影响，即不同的用户在不同的时间点，对于同一件服装的评价会产生变化。因此，可通过张量分解的方式将审美特征以一种个性化的方式加入模型。这里使用的张量的三个维度分别表示用户、服装和时间。

图像语义信息和图像审美信息的区别如图 15-12 所示，语义信息更关注服装的基本属性，比如领子类型、纹理、形状等；审美信息则更加抽象，比如图像的明暗、构图设计、风格等。

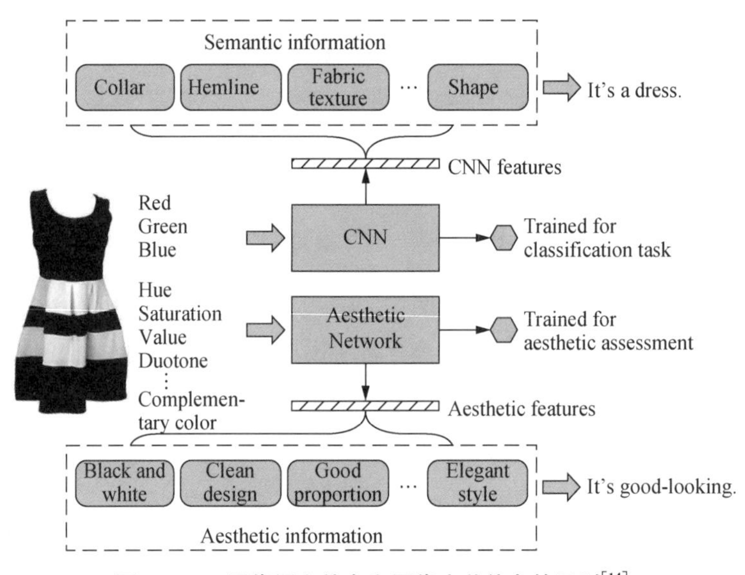

图 15-12 图像语义信息和图像审美信息的区别[14]

审美特征可以使用在包含审美标签的数据集上（如 NIMA[17]）经过预训练的卷积神经网络提取。NIMA 包含 14 种图像风格（如是否使用互补色，是否为双色调，是否使用三角构图等）。可以从这些审美标签中训练出子网络，用以提取服装的审美特征。同时，基本的颜色特征也是服装的重要审美依据，因此可以加入图像的色调、饱和度、颜色值一起训练，如图 15-13 所示。

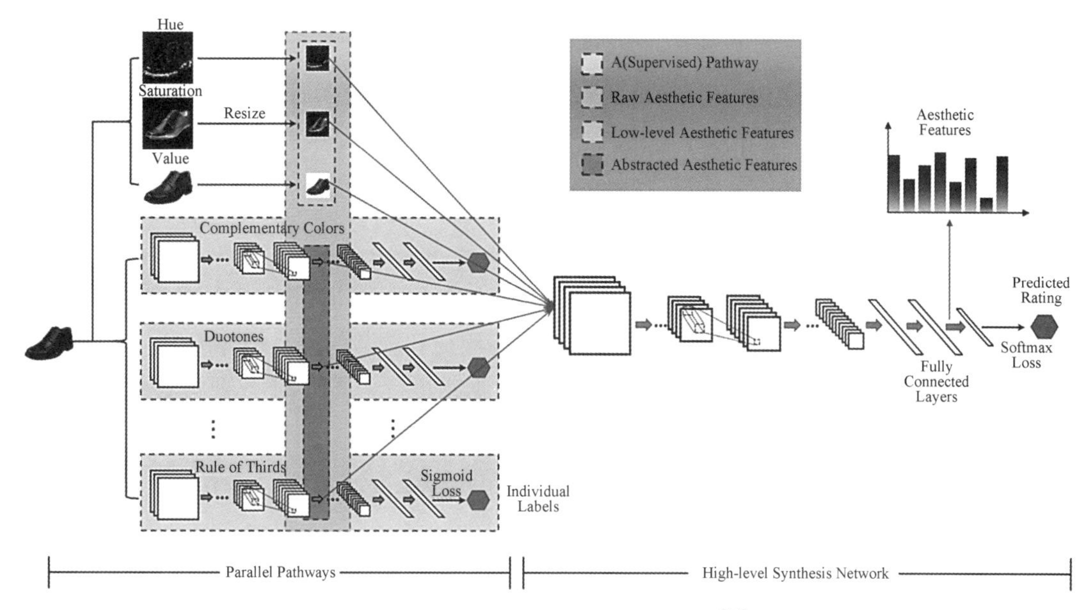

图 15-13　用于提取审美特征的网络[14]

在模型的设计方面，由于服装推荐任务受到服装搭配、用户偏好、时间变化的共同作用的，提出了动态协同滤波（dynamic collaborative filtering）的方法。对于服装 p、用户 q 和时间点 r，是否将服装 p 在时间点 r 推荐给用户 q 的预测分数为 $\hat{x}_{pqr}$：$\hat{x}_{pqr}=1$，那么可以将服装 p 推荐给用户 q；$\hat{x}_{pqr}=0$，则不应该推荐。所有的预测分数可以组成一个维度为 $P\times Q\times R$ 的张量，其中 P 为服装总数量，Q 为用户总数量，R 为时间点的点数量，而服装推荐系统的目标就是预测张量中缺失的元素。张量分解方法和矩阵分解方法类似。但是，张量的维度更多，因此需要更多的分解张量，用以组合计算。

针对服装推荐任务，可以根据任务设计特定的分解张量。如是否在时间点 r 将服装 p 推荐给用户 q 的预测分数可以分解为两个部分：一部分为服装和用户的搭配分数；另一部分为服装和时间的搭配分数。这两个分数应满足“与”的关系，因为只有当两个分数都较高时，所对应的组合才适合被推荐。可用公式表达：

$$\hat{x}_{pqr}=S_1\cdot S_2$$

$$S_1=\sum_{i=1}^{K_1}U_{ip}V_{iq}$$

$$S_2=\sum_{j=1}^{K_2}T_{jr}W_{jq}$$

其中：$U\in\mathbb{R}^{K_1\times P}$，每一列为一个用户的 K_1 维嵌入（一共有 P 件服装）；$V\in\mathbb{R}^{K_1\times Q}$，每一列为

一件服装对应用户的嵌入；$T \in \mathbb{R}^{K_2 \times R}$，每一列为一个时间点的 K_2 维嵌入（一共有 R 个时间点）；$W \in \mathbb{R}^{K_2 \times Q}$，每一列为一件服装对应时间点的嵌入（一共有 Q 个用户）。

因此，预测分数可以写成：

$$\hat{x}_{pqr} = (U^T_{*p} V_{*q})(T^T_{*r} W_{*q})$$

为了将审美特征加入到模型中，上式可以改写：

$$\hat{x}_{pqr} = (U^T_{*p} V_{*q} + M^T_{*p} F_{*q})(T^T_{*r} W_{*q} + N^T_{*r} F_{*q})$$

其中：$F_{*q} = \begin{bmatrix} f_{\text{CNN}} \\ f_{\text{AES}} \end{bmatrix}$，表示一个卷积神经网络特征（$f_{\text{CNN}}$）和审美特征（$f_{\text{AES}}$）的串接；$M \in \mathbb{R}^{K \times P}$，$N \in \mathbb{R}^{K \times R}$，分别表示用户和时间点对于审美特征的偏好，$K$ 的大小为 8 192。

在训练时，为了缓解数据的稀疏性导致的模型训练不充分，同时采用分解矩阵和分解张量，即不仅训练三维的张量 $A \in \mathbb{R}^{P \times Q \times R}$，而且训练用户和服装的关系矩阵 $B \in \mathbb{R}^{P \times Q}$，以及时间点和服装的关系矩阵 $C \in \mathbb{R}^{R \times Q}$。因此，从数据集进行采样时，不仅要构建包含时间点的四元组，还要构建三元组，即：

$$D_{pr} = \{(p, q, q', r) \mid p \in P \wedge r \in R \wedge q \in Q^+_{pr} \wedge q' \in Q \backslash Q^+_{pr}\}$$
$$D_p = \{(p, q, q') \mid p \in P \wedge q \in Q^+_p \wedge q' \in Q \backslash Q^+_p\}$$
$$D_r = \{(r, q, q') \mid r \in R \wedge q \in Q^+_r \wedge q' \in Q \backslash Q^+_r\}$$

最后联合的损失函数：

$$L = \sum_{(p, q, q', r) \in D_{pr}} \ln \sigma(\hat{A}_{pqq'r}) + \lambda_1 \sum_{(p, q, q') \in D_p} \ln \sigma(\hat{B}_{pqq'}) + \lambda_2 \sum_{(r, q, q') \in D_r} \ln \sigma(\hat{C}_{rqq'}) - \lambda_\Theta \| \Theta \|^2_F$$

该模型考虑了实际服装推荐中的用户偏好、时间变化，同时探索了如何在预训练中加入审美信息，并使用改进后的张量分解方法有效地将多种信息融合在一起，计算出最终的推荐分数，整个过程十分优雅。

3.3 考虑服装类型的服装推荐

当计算两件服装商品的推荐搭配分数时，传统方法是计算两件服装商品在搭配空间中嵌入的相似度，这意味着所有的服装商品存在于一个共同的搭配空间中。但是，这样的搭配空间在面对不同类型的服装商品（如上衣、裤子、鞋子、包）时会出现一些不合理现象：(1)服装嵌入之间的多样性被压缩，例如与同一双鞋子搭配合适的所有裤子，其特征在共同空间中的位置非常接近，因此这些裤子之间会被认为是搭配的，但实际上这是不合理的；(2)服装嵌入之间产生不合理的搭配传递性，例如一件上衣与一条裤子搭配，而这条裤子与一双鞋子搭配，那么这件上衣和这双鞋子在共同空间中的距离非常近，从而被认为是搭配的。

这个问题的一种解决方法是为不同的搭配条件（比如上装搭配下装、上装搭配鞋子）设置不同的子空间，使用子空间中的嵌入距离表示服装搭配分数，如图 15-14 所示。为了实现这样的子空间，可以同时训练多个神经网络，但是这会极大地增加模型的计算量和参数量，同时会失去不同类型服装之间的共同表达。因此，需要一种既能区分不同类型又能享有共同参数的模型，它可以通过下面的方法完成：

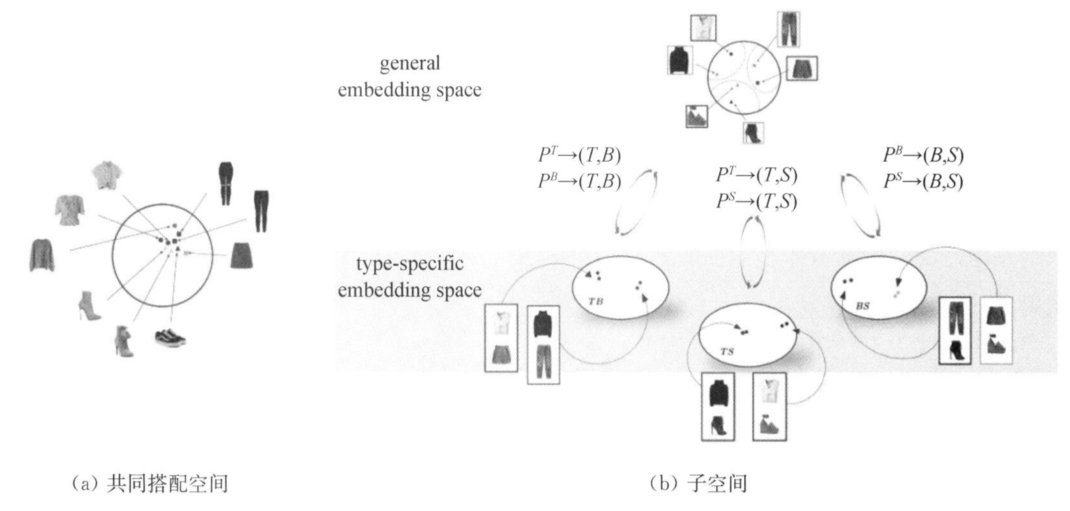

(a) 共同搭配空间　　(b) 子空间

图 15-14　服装商品的共同搭配空间和基于不同搭配条件的子空间[15]

如果计算服装嵌入的函数为 f(这个函数可以是传统的图像特征提取器，也可以是卷积神经网络模型)，对于两种类型的服装图像 $x_i^{(u)}$ 和 $x_j^{(v)}$，可以得到它们在共同空间中的特征 $f(x_i^{(u)};\theta)$ 和 $f(x_j^{(v)};\theta)$，它们都是维度为 d 的向量，然后使用一个维度同样为 d 的向量 $w^{(u,v)}$ 作为掩码，将特征 $f(x_i^{(u)};\theta)$ 和 $f(x_j^{(v)};\theta)$ 映射到子空间中，其中 (u, v) 表示不同的组合使用不同的掩码。这个过程可用以下公式表达：

$$d_{ij}^{uv}=d(x_i^{(u)}, x_j^{(v)}, w^{(u,v)})=\left| f(x_i^{(u)};\theta)\odot w^{(u,v)}-f(x_j^{(v)};\theta)\odot w^{(u,v)}\right|_2^2$$

对于 $w^{(u,v)}$，可以有不同的策略，比如使用二元(只包含 0 和 1)向量作为门单元。但是最有效的方法是令这个掩码中的权重为可学习的参数，参与到梯度的更新中。在训练阶段，可以设置三元组(待查询样本、正样本、负样本)，其损失函数：

$$L(x_i^{(u)}, x_j^{(v)}, w^{(u,v)})=\max\{0, d_{ij}^{uv}-d_{ik}^{uv}+\mu\}$$

其中：μ 是一个阈值，它的作用是使这个损失函数只有当 d_{ij}^{uv} 远大于 d_{ik}^{uv} 时，其值才大于 0。

3.4　利用上下文信息的服装推荐

到目前为止，我们介绍了深度学习可以提取服装商品的图像信息、文本信息和审美信息，并将这些信息用于推荐系统模型。除此以外，还可以引入更多类型的信息来进一步改善服装搭配系统。近年来，深度学习研究的一个重要趋势是将卷积运算推广到图关系数据当中[18]，这里卷积神经网络被称为图神经网络。图(graph)指的是节点和连接边所构成的集合，除了本书第十四章中介绍的用于三维模型，还可用于服装搭配。令一件服装单品作为一个节点，则成对服装搭配关系构成服装单品之间的连接边。对于一件单品，它的所有搭配单品构成它的上下文信息。由于不同服装存在不同的上下文信息，我们可以利用上下文信息作为特征来构建服装搭配系统。

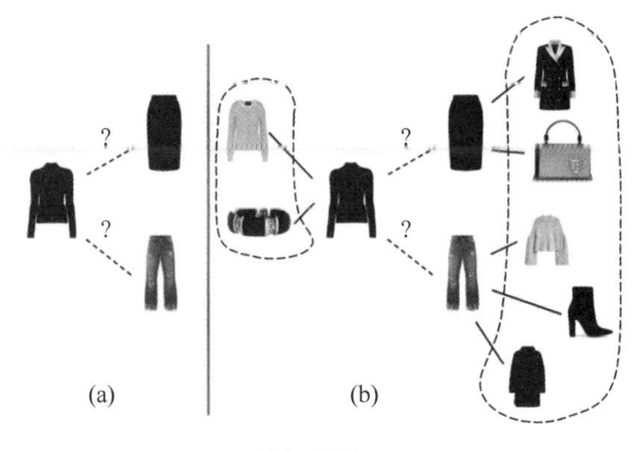

图 15-15　服装推荐的一般预测过程和结合上下文信息的预测过程

图 15-15 对比了服装推荐的一般预测过程和结合上下文信息的预测过程[16]。结合上下文信息时，对于每对服装商品，不仅需要考虑它们本身的信息，还要考虑它们曾经搭配的服装商品信息，如图 15-15(b)中的虚线框内所示的服装商品。

为了有效利用上下文信息，可以使用包含编码、解码结构的图神经网络。首先利用已经标注的搭配关系建立相应的图。该图中的节点(node)表示每件服装商品，如果两件服装存在搭配关系，那么对应的两个节点之间存在一条边(edge)。每个节点存在一个初始特征，比如使用卷积神经网络提取的视觉特征。在编码阶段，每个节点的特征需要和它的邻居节点(存在边的节点)的特征聚合，这个过程称为一次信息传递。通过多次信息传递，每个节点就可以和更远的节点产生联系。如果第 l 次信息传递时一个节点的特征为 $z_i^{(l)}$，那么经过一次信息传递后即第 $(l+1)$ 次时节点的特征：

$$z_i^{(l+1)}=\mathrm{ReLU}\left(z_i^{(l)}\Theta_0^{(l)}+\sum_{j\in N_i}\frac{1}{|N_i|}z_j^{(l)}\Theta_1^{(l)}\right)$$

其中：N_i 为当前节点 i 的所有邻居节点；Θ 为权重参数。

在解码阶段，由于每个节点已经包含多层的上下文信息，可以通过计算信息传递之后节点特征间的距离得到包含上下文信息的推荐分数，其计算公式为：

$$p=\sigma(|h_i-h_j|w+b)$$

其中：$h_i=z_i^{(L)}$，$h_j=z_j^{(L)}$，编码阶段共经过 L 次传递；$\sigma(\cdot)$ 为 Sigmoid 函数，使得输出的分数在 0 到 1 之间；w 和 b 为一层全连接网络层的参数。

上述编码和解码结构可以用图 15-16 展示。

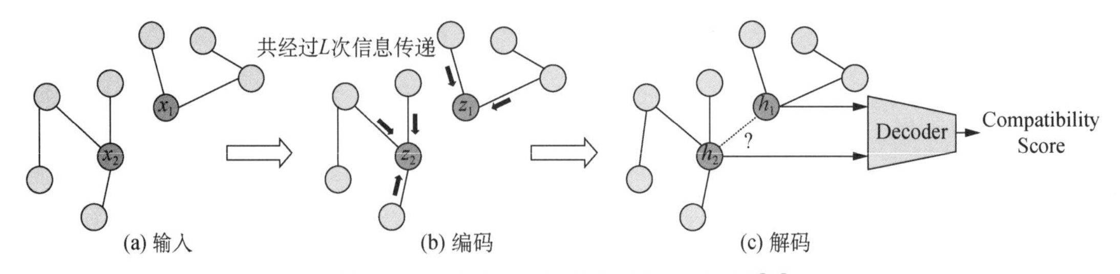

图 15-16　编码和解码结构的图神经网络[16]

3.5　基于 BiLSTM 的服装套装推荐

很多工作讨论了如何判断两件服装商品是否搭配并推荐，但是在实际生活中，有很多情况需要对全身多件服装进行搭配推荐。为解决该问题，Han 等[5]提出了一个用于多件服装（服装套装）的推荐方案，如图 15-17 所示。从直观上说，这是一个结合图像识别和自然语言处理的模型。在图像识别方面，对于套装中的每件服装，使用卷积神经网络提取图像特征。为了建立多件服装之间的关系，将每件服装看作一个单词，一套服装看作一个句子，使用自然语言处理中的长短时记忆网络（LSTM），得到综合多件服装的推荐分数。服装套装推荐分数预测示例如图 15-18 所示。类似于自然语言处理中的语句生成，该模型还可以基于给定的数件服装商品生成完整的服装套装推荐方案，如图 15-19 所示。

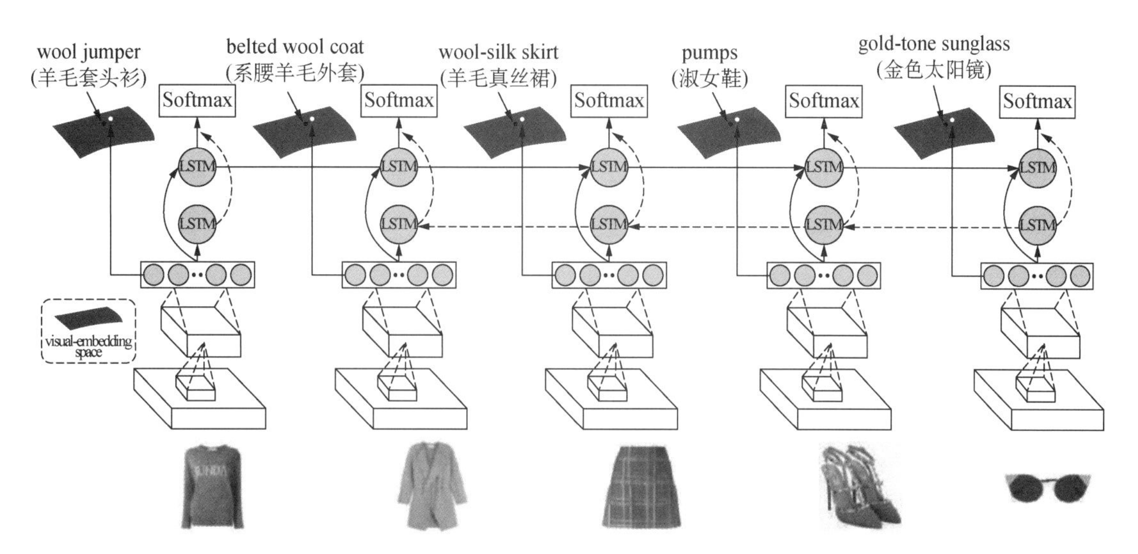

图 15-17　基于 LSTM 的服装套装推荐模型

图 15-18　服装套装推荐分数预测示例[5]

图 15-19　基于数件服装商品的服装套装推荐方案示例[5]

3.6　基于多层关系的服装套装推荐与诊断

服装套装的诊断[19]旨在给出一套服装中导致彼此不搭配的那件服装单品，并给出具体的原因（比如颜色、纹理、风格），诊断结果可以用于修改不搭配的套装，形成一套搭配的服装，如图 15-20 所示。

为了有效地建立既能预测推荐分数又能进行诊断的模型，王鑫等[19]提出了一个基于多层关系的服装套装推荐模型，如图 15-21 所示。简单地说，假设一套服装包含 N 件服装商品，那么 N 件服装商品之间的两两关系可以用矩阵表达：

$$R=\begin{bmatrix} r_{11} & r_{12} & \cdots & r_{1N} \\ r_{21} & r_{22} & \cdots & r_{2N} \\ \vdots & \vdots & \ddots & \vdots \\ r_{N1} & r_{N2} & \cdots & r_{NN} \end{bmatrix}$$

其中：r_{ij} 为两件服装商品的某个特征的相似度（比如颜色、纹理、风格），这些不同特征的相似度可以构成多个矩阵 $\{R^1, R^2, \cdots, R^K\}$。

为了构建不同特征的表达，一种简单的方法是使用不同的包含明确含义的特征，例如使

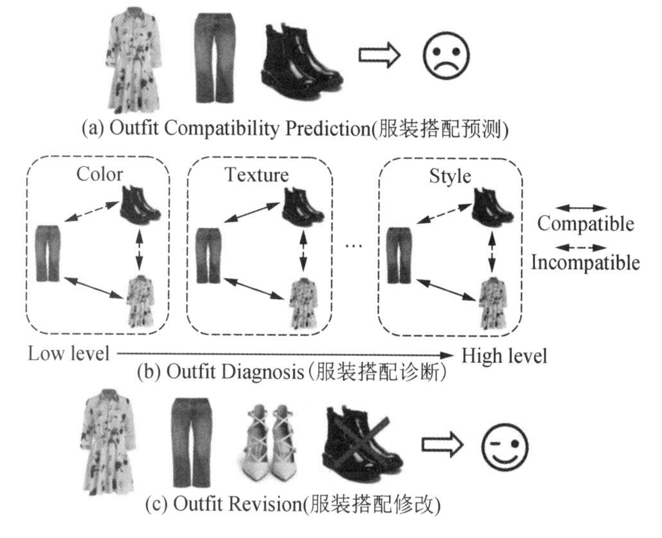

图 15-20　服装套装的诊断

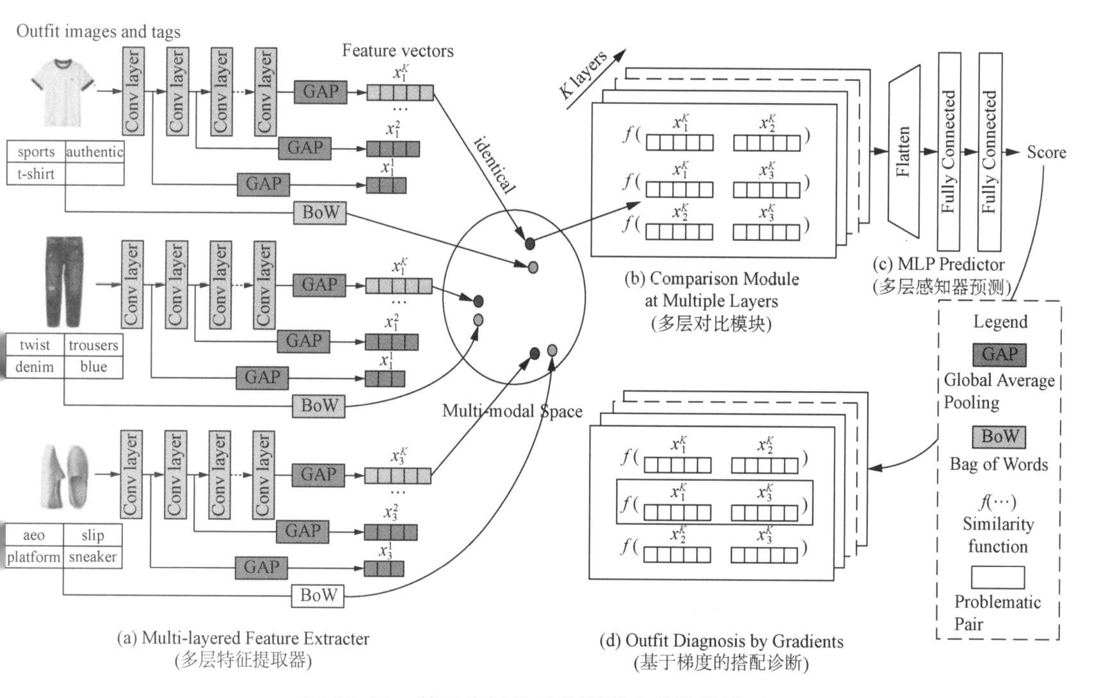

图 15-21　基于多层关系的服装套装推荐模型

用颜色直方图表示颜色特征，使用 Canny 边缘检测算法提取图像中的边缘表示形状特征等。但是这样做的缺点是不能完整覆盖所有描述服装的特征。因此，考虑使用卷积神经网络的层次化结构来构建不同的特征。对于卷积神经网络，随着层数的加深，越接近输出的层能提取越高层的语义特征。如图 15-21 所示，提取卷积神经网络中 K 个中间层的输出，其通过全局平均池化(GAP)转化为特征向量，即可得到 K 个特征。全局平均池化使得网络输出特征对于位置信息不会过于敏感。这 K 个中间层的特征实现了从浅层语义特征(如颜色)到高层语义特征(如风格)的自动描述。服装套装的推荐分数可以通过多个全连接层从全部特

征的相似度 $\{R^1, R^2, \cdots, R^K\}$ 的对比中得出：

$$s = W_2 \mathrm{ReLU}(W_1[R^1; R^2; \cdots; R^K] + b)$$

为了具体地分析是哪部分服装商品之间的关系导致一套服装出现不搭配，考虑到一阶泰勒估计可以作为多层全连接神经网络模型在某个点的近似，可通过计算预测分数相对于 $\{R^1, R^2, \cdots, R^K\}$ 的梯度，用以估计每个关系对于预测分数的权重：

$$s \approx W^{\dagger}[R^1; R^2; \cdots; R^K] + b$$

$$w_{ij}^k = \left.\frac{\partial s}{\partial r_{ij}^k}\right|_{[R^1; R^2; \cdots; R^K]}$$

通过对服装套装中每件服装商品的权重进行加和，可以得到这件服装商品对于服装套装的预测分数的权重，权重值最高的这件服装商品即为诊断结果。对诊断出来的服装商品进行替换，从而修改服装套装，得到更搭配的一套服装，同时尽可能保持其他服装商品不变。图 15-22 展示了几个服装套装诊断与修改例子。

图 15-22 服装套装诊断与修改示例

参考文献：

[1] Mcauley J J, Targett C, Shi Q, et al. Image-based recommendations on styles and substitutes[C]// International ACMSigir Conference on Research and Development in Information Retrieval, 2015: 43-52.

[2] Touvron H, Vedaldi A, Douze M, et al. Fixing the train-test resolution discrepancy[C]// ACM Multimedia, 2019: 454-466.

[3] Liu C, Zoph B, Neumann M, et al. Progressive neural architecture Search[C]//ACM Multimedia, 2017: 787-799.

[4] Dacrema M F, Cremonesi P, Jannach D. Are we really making much progress? A worrying analysis of recent neural recommendation approaches[C]//ACM Multimedia, 2019: 1126-1134.

[5] Han X, Wu Z, Jiang Y, et al. Learning fashion compatibility with bidirectional LSTMs[C]//ACM Multimedia, 2017: 1078-1086.

[6] Hsiao W L, Grauman K. Creating capsule wardrobes from fashion images[C]// European Conference on Computer Vision, 2017: 768-774.

[7] Heinz S, Bracher C, Vollgraf R. An LSTM-based dynamic customer model for fashion recommendation[C]//ACM Multimedia, 2017: 652-660.

[8] Shih Y S , Chang K Y , Lin H T , et al. Compatibility family learning for item recommendation and generation[C]// ACM Multimedia, 2017:824-833.

[9] Song X, Feng F, Liu J, et al. NeuroStylist: Neural compatibility modeling for clothing matching[C]// ACM Multimedia, 2017: 753-761.

[10] Rendle S, Freudenthaler C, Gantner Z, et al. BPR: Bayesian personalized ranking from imply-cit feedback[C]//Proceedings of the Twenty-fifth Conference on Uncertainty in Artificial Inteligence, 2009: 452-461.

[11] He R, Mcauley J J. VBPR: Visual bayesian personalized ranking from implicit feedback[J]. arXiv: Information Retrieval, 2015.

[12] Scikit-learn developers. Receiver operating characteristic[CP/OL]. [2019-09-26]. https://sc-ikit-learn.org/stable/auto_examples/model_selection/plot_roc.html.

[13] Song X, Han X, Li Y, et al. GP-BPR: Personalized compatibility modeling for clothing matching [C]//ACM Multimedia, 2019: 256-273.

[14] Yu W, Zhang H, He X, et al. Aesthetic-based clothing recommendation[C]//The Web Conference, 2018: 649-658.

[15] Vasileva M I, Plummer B A, Dusad K, et al. Learning type-aware embeddings for fashion compatibility[C]//European Conference on Computer Vision, 2018: 405-421.

[16] Cucurull G, Taslakian P, Vazquez D, et al. Context-aware visual compatibility prediction[C]// Proceedings of the IEEE Conference on Computer Vision and Pattern Recognition, 2019: 12617-12626.

[17] Wang Z, Chang S, Dolcos F, et al. Brain-inspired deep networks for image aesthetics assessment[J]. Michigan Law Review, 2016, 52(1):123-128.

[18] Wu Z, Pan S, Chen F, et al. a comprehensive survey on graph neural networks[C]//The Web Conference, 2019: 754-763.

[19] Wang X, Wu B, Ye Y, et al. Outfit compatibility prediction and diagnosis with multi-layered comparison network[C]// Proceedings of the IEEE Conference on Computer Vision and Pattern Recognition, 2019: 1623-1633.

第十六章　深度学习常用评价指标

评价指标用于评估训练后的模型在面对全新数据时的表现，它的作用在于不断优化模型，比较不同模型的表现性能，向用户展示模型的可靠度。深度学习的任务不同，常用的评价指标也不同：

（1）回归任务。评价指标包括平均值绝对误差（MAE）、均方误差（MSE）、决定系数（R^2）、校正决定系数（$\bar{R}^2$）和关键点检测中的归一化误差（normalized error）。

（2）分类任务。常见的评价指标有 Top-1 准确率、Top-k 准确率、混淆矩阵（confusion matrix）、精确率、召回率、F1 分数（F1 score）和 F2 分数（F2 score）。

（3）目标检测任务。在第九章 AP 和 mAP 的基础上简介 COCO 数据集（common objects in context）评测标准。

（4）运行效率检测任务。常用评价指标包括矩阵计算的浮点运算次数（FLOPs）、程序的实际运行时间（execution time）。

第一节　回归任务中的评价指标

1.1　平均绝对误差

平均绝对误差（mean average error，简称 MAE）是绝对误差的平均值，它是描述两个连续变量间误差的一个最基本的方式。假设有一组包含 n 个真值的 Y 和对应的一组包含 n 个预测值的 $\hat{Y}$，MAE 的定义为每对真值和预测值之差的绝对值的平均值：

$$\text{MAE}=\frac{\sum_{i=1}^{n} \mid y_i-\hat{y_i} \mid}{n}$$

在几何上来说，如果绘制一幅散点图，MAE 可以表示为每对数据点所在的两条水平线之间的距离的平均值。

1.2　均方误差

均方误差（mean squared error，简称 MSE）也是一个描述两个连续变量之间的误差的常用指标，它是真值和预测值之差的平方的期望值。对于一组包含 n 个真值的 Y 和对应的一组包含 n 个预测值的 $\hat{Y}$，MSE 的定义为每对真值和预测值之差的平方的平均值：

$$MSE=\frac{\sum_{i=1}^{n}(y_i-\hat{y_i})^2}{n}$$

MSE 的值总是非负的，当它的值为 0 时，意味着预测值和真值完全重合，这是最理想的情况。由于平方后导致 MSE 的单位和预测值的单位不同，通常采取平方计算的方法求得均方根误差(root mean squared error，简称 RMSE)，即：

$$RMSE=\sqrt{\frac{\sum_{i=1}^{n}(y_i-\hat{y_i})^2}{n}}$$

和 MAE 不同，MSE 不但经常作为评价指标，而且可以用于回归任务中损失函数的计算，这是因为绝对值函数在零点处不可导，而平方计算是处处可导的。MSE 也经常用于线性回归、神经网络等模型的损失函数计算。

1.3 决定系数

决定系数(coefficient of determination)又称为 R^2(R-squared)。给定一组真值 $Y=[y_1, y_2, \cdots, y_n]^T$ 和一组对应的预测值 $\hat{Y}=[\hat{y}_1, \hat{y}_2, \cdots, \hat{y}_n]^T$，令 $\bar{y}$ 为真值的平均值：

$$\bar{y}=\frac{1}{n}\sum_{i=1}^{n}y_i$$

根据 $\bar{y}$ 可以分别计算真值之间的方差 SS_{tot}，以及真值和预测值之差的平方和 SS_{res}：

$$SS_{tot}=\sum_{i=1}^{n}(y_i-\bar{y})^2$$

$$SS_{res}=\sum_{i=1}^{n}(y_i-\hat{y_i})^2$$

决定系数 R^2：

$$R^2=1-\frac{SS_{res}}{SS_{tot}}$$

决定系数的直观理解是数据中可解释部分的变化占数据总体变化的比例。$SS_{res}=\sum_{i=1}^{n}(y_i-\hat{y_i})^2$ 表示数据总体变化，而 $SS_{dot}=\sum_{i=1}^{n}(y_i-\bar{y})^2$ 是预测值和真值之差的总和，它属于不可解释部分，用 1 减去不可解释部分占总体变化的比例即得到可解释部分的占比。R^2 的值为 $0\sim1$，其值越大意味着可解释部分的占比越高，说明模型表现更好。

R^2 实际上是另一个描述回归性能的指标即相关系数 R 的平方：

$$R=\frac{\sum_{i=1}^{n}(x_i-\bar{x})(y_i-\bar{y})}{\sqrt{\sum_{i=1}^{n}(x_i-\bar{x})^2\cdot\sum_{i=1}^{n}(y_i-\bar{y})^2}}$$

但是 R 的意义不像 R^2 那样明显。和 MSE 相比，R^2 的优点在于它不受预测值大小的影响，仅描述预测值和真值之间的拟合程度，而 MSE 受到预测值大小的影响。例如 $Y=[1, 2, 3, 4, 5]$，$\hat{Y}=[1.3, 2.8, 3.2, 5.5, 6.2]$，可得到 R^2 的值为 0.554，MSE 的值为 0.892；如果将预测值扩大 100 倍，R^2 的值仍然为 0.554，而 MSE 的值扩大 100 倍。在计算机语言中，这可能会带来潜在的浮点数截断问题。

R^2 的缺点在于当输入特征增多时，比如原本用 3 个特征来预测目标，现在用 10 个特征，即便增加的特征和预测目标不相关，R^2 也总是增加的。这就导致即使模型在样本数较少的数据集上出现过拟合现象，其决定系数仍然很高。为了消除样本数量和特征数量对决定系数的影响，可以使用校正决定系数(adjusted R-squared)：

$$\bar{R}^2=1-(1-R^2)\frac{(n-1)}{(n-p-1)}$$

其中：n 为样本数量；p 为特征数量。

校正决定系数更加适合对比不同模型对于同一数据集的拟合情况或者模型的特征选择阶段。

1.4 归一化误差

2018 年，阿里巴巴的 FashionAI 国际挑战赛提出一个服装关键点预测挑战任务[1]。组委会提供了一个包含 100 000 幅已经标注的图像数据集，涉及 6 种常见女装类别(blouse, outwear, trousers, skirt, dress, jumpsuit)、41 个子类别和 24 种关键点。图 16-1 展示了其中的 5 种不同类别女装的图像。

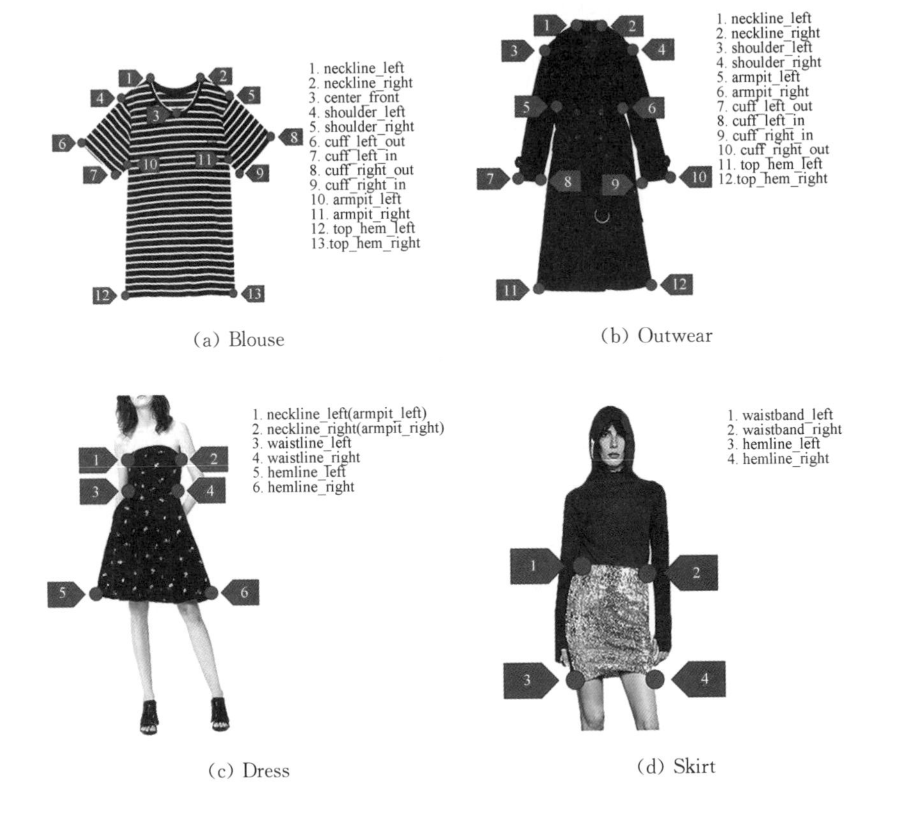

(a) Blouse　(b) Outwear

(c) Dress　(d) Skirt

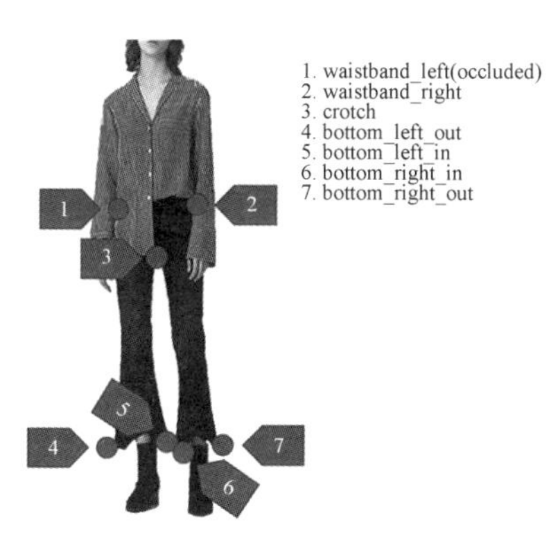

(e) Trousers

图 16-1　5 种不同类别女装的图像[1]

关键点预测任务可以看作典型的回归任务。在上述挑战赛中,使用的评价指标是归一化误差,其定义如下:

$$\mathrm{NE}=\sum_{k}\frac{\left\{\frac{d_k}{s_k}\delta(v_k=1)\right\}}{\{\delta(v_k=1)\}}\times 100\%$$

其中:k 为关键点索引;d_k 表示预测关键点和真实关键点之间的距离;s_k 为归一化参数(对于 blouse、outwear、dress 等女装类型,它的值为两个腋窝点之间的距离;对于 trousers、skirt 等女装类型,它的值为两个腰点之间的距离);v_k 表示关键点在图像中是否可见。

归一化误差仅针对可以看见的关键点,被遮挡的关键点则忽略不计。

第二节　分类任务中的评价指标

2.1　Top-1 准确率

Top-1 准确率是分类任务中最常见的评价指标,它的定义是所有测试样本中被正确分类的数量所占比例:

$$\text{Top-1 准确率}=\frac{\text{数量}(\{i\in S,\hat{y}_i=y_i\})}{\text{数量}(\{i\in S\})}$$

2.2　Top-5 准确率

Top-5 准确率也是分类任务中的常用评价指标。简而言之,如果一个模型的预测结果中,得分最高的前五项包含正确结果,那么这次预测结果可以被认为是正确的。

对于每幅图像,模型预测五个标签 $l_j(j=1,2,\cdots,5)$。令真值的标签为 $g_k(k=1,2,\cdots,n)$,共包含 n 个被标注的物体,那么可以按下式计算模型在这幅图像上的错误率:

$$e = \frac{1}{n} \cdot \sum_{k=1}^{n} \min_{j} d(l_j, g_k)$$

其中：$d(x, y)$ 的定义是如果 $x = y$，那么它的值为 1，否则它的值为 0[2]。

Top-5 准确率是相对于 Top-1 准确率更加宽松的评价指标。表 16-1 给出了某模型预测一幅图像的分类结果。

表 16-1　某模型预测一幅图像的分类结果

真值的标签	Tiger	Dog	Cat	Lynx	Lion	Bird	Bear
预测概率	0.40	0.30	0.10	0.09	0.08	0.02	0.01

上表中的预测结果按概率从高到低排列，预测为“Tiger”的概率为 0.4，因此排在第一位。如果该图像的真实标签为“Cat”，按照 Top-1 准确率的计算规则，由于预测结果中“Cat”不是排列在第一位，因此该图像会被认为预测错误；但是使用 Top-5 准确率的计算规则，由于“Cat”排列在预测结果中的第三位，未超过第五位，因此这时该图像会被认为预测正确。目前的深度学习模型在 ImageNet 验证集上，单个模型单张测试在不使用外部数据（即不使用官方提供的数据集以外的数据）的情况下，可以实现 84.3%的 Top-1 准确率和 97%的 Top-5 准确率[3]。

2.3　混淆矩阵

在多分类任务中，为了更好地分析每个类别的预测结果的准确率，通常将预测结果表达为混淆矩阵（confusion matrix）的形式。在混淆矩阵中，每一列代表预测值，每一行代表实际类别，对角线上的值代表每个类别中预测正确的个数。通过混淆矩阵，可以将实际类别与模型预测类别进行直观对比。

图 16-2 给出了六种动物纤维构成的测试集的混淆矩阵。动物纤维的类别数为 6，故混淆矩阵的大小为 6×6。混淆矩阵中，每一列代表通过深度学习得出的预测值，每一列的数值总和表示预测为该类别的纤维总根数；每一行代表实际类别，每一行的数值总和表示该实际类别中的纤维总根数；对角线上的数值表示正确预测的各个类别的纤维根数。

这里使用前文介绍的召回率表征每种纤维是否容易被模型正确区分。召回率指某个纤维类别中预测正确的纤维根数占该类别纤维总根数的百分比。召回率越大，表示该类别的纤维越容易被区分，反之则越难识别，也就是越容易被错误识别为其他纤维类别。从图 16-2 可以看出，普通毛条和蒙古紫绒非常容易被模型识别，它们的召回率非常高，分别达到 99.8%和 98.5%；其次是土种毛，其召回率达到 97.7%；国产白绒、国产青绒和蒙古青绒最难被识别，其召回率分别是 95.2%、95.5%和 96%。通过分析，可以认为羊毛和羊绒交向是比较容易识别的。换言之，以羊毛冒充羊绒，深度学习算法对此不难识破。但是将其他类别的毛绒或者等级较低的羊绒混杂于优质羊绒中，对于深度学习算法而言，依然是一个挑战。

通过混淆矩阵对模型进行诊断在多分类任务中是非常直观的，尤其在模型对不同类别的分类性能有显著差异时，可以帮助开发者迅速了解当前模型的短板。

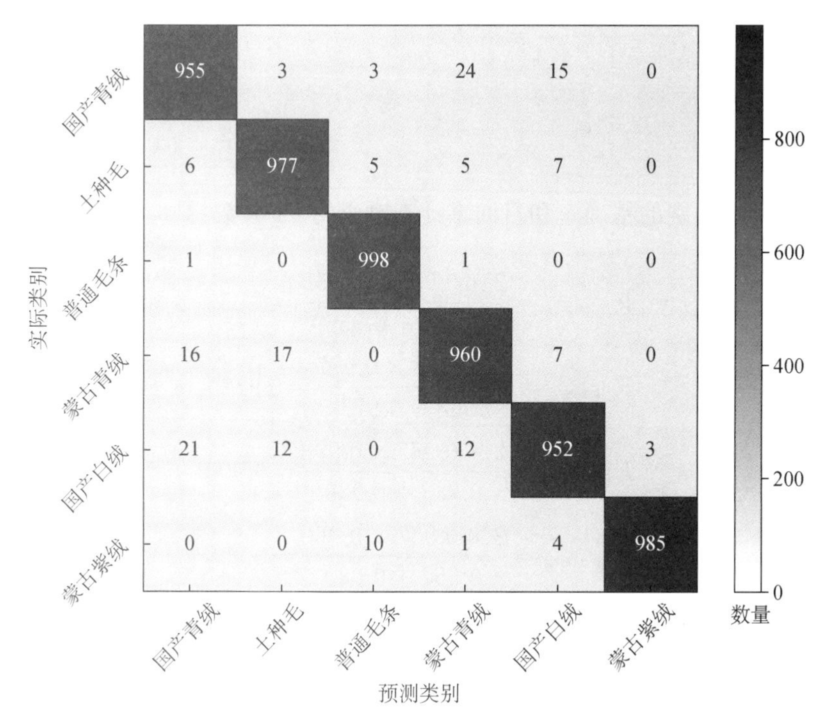

图 16-2　六种动物纤维测构成的试集的混淆矩阵

2.4　F1 分数

在分类任务中，如果需要同时考虑精确率（即第九章中的精度）和召回率，从而得到一个综合得分，常用的方法是 F1 分数（其符号采用 F_1 表示），它的定义如下：

$$F_1=\frac{1}{\frac{1}{2}\left(\frac{1}{p}+\frac{1}{r}\right)}=\frac{2pr}{p+r}$$

其中：$p=\frac{\mathrm{TP}}{\mathrm{TP}+\mathrm{FP}}$，即精确率；$r$ 为召回率。

以羊毛和羊绒的分类任务举例，要计算每种类别的 F1 分数。采用图 16-2 中的数据，首先整理出每个类别的精确率和召回率：

$$p_{国产青绒}=\frac{955}{955+6+1+16+21}=95.6\%\qquad r_{国产青绒}=\frac{955}{1\ 000}=95.5\%$$

$$p_{土种毛}=\frac{977}{977+3+17+12}=96.8\%\qquad r_{土种毛}=\frac{977}{1\ 000}=97.7\%$$

$$p_{普通毛条}=\frac{998}{998+3+5+10}=98.2\%\qquad r_{国产青绒}=\frac{998}{1\ 000}=99.8\%$$

$$p_{蒙古青绒}=\frac{960}{960+24+5+1+12+1}=95.7\%\qquad r_{蒙古青绒}=\frac{960}{1\ 000}=96.0\%$$

$$p_{\text{国产白绒}}=\frac{952}{952+15+7+7+4}=96.6\% \qquad r_{\text{国产白绒}}=\frac{952}{1\ 000}=95.2\%$$

$$p_{\text{蒙古紫绒}}=\frac{985}{985+3}=99.6\% \qquad r_{\text{蒙古紫绒}}=\frac{985}{1\ 000}=98.5\%$$

然后，根据每个类别的精确率和召回率计算对应的 F1 分数：

$$F_{1\text{国产青绒}}=\frac{2\times 0.956\times 0.955}{0.956+0.955}=0.955$$

$$F_{1\text{土种毛}}=\frac{2\times 0.968\times 0.977}{0.968+0.977}=0.972$$

$$F_{1\text{普通毛条}}=\frac{2\times 0.982\times 0.998}{0.982+0.998}=0.990$$

$$F_{1\text{蒙古青绒}}=\frac{2\times 0.957\times 0.960}{0.957+0.960}=0.958$$

$$F_{1\text{国产白绒}}=\frac{2\times 0.966\times 0.952}{0.966+0.952}=0.959$$

$$F_{1\text{蒙古紫绒}}=\frac{2\times 0.996\times 0.985}{0.996+0.985}=0.990$$

F1 分数实际上为精确率和召回率的调和平均(harmonic mean)。相对于数学平均(arithmetic mean)，调和平均容易受到较小的值的影响。如果精确率和召回率中一个极低，F1 分数就迅速降低。以蒙古紫绒为例，如果它的精确率由 99.6%降低到 50%，它的数学平均在降低前为$\frac{0.996+0.985}{2}=0.990$，降低后为$\frac{0.500+0.985}{2}=0.742$；而 F1 分数在降低前为 0.990，降低后为$\frac{2\times 0.500\times 0.985}{0.500+0.985}=0.663$。

2.5 F2 分数

在某些情况下，模型任务对精确率和召回率有不同的要求。比如在医院诊断严重疾病的情况下，召回率比精确率更加重要，因为医院不希望发生任何一个患病的人被判断为健康。F1 分数是对精确率和召回率等权重的平均，可以对其公式进行加权，其中一个方法是 F_β 分数，它的定义如下：

$$F_\beta=\frac{(1+\beta^2)pr}{\beta^2 p+r}$$

在衡量模型的分类性能时，如果认为精确率更重要，则调整 β 的值小于 1；如果认为召回率更重要，则调整 β 的值大于 1。一个常用的评价指标是 F2 分数(对应符号为 F_2)，它使得召回率成为相对重要的评价指标：

$$F_2=(1+2^2)\frac{pr}{2^2p+r}$$

第三节　目标检测任务中的评价指标

第九章详细介绍了目标检测任务中的主要评价指标，即平均精度 AP 和平均精度均值 mAP。本节结合目标检测任务常用的 COCO 数据集，对它们进行回顾。COCO 数据集的全称是 Common Objects in Context，是微软推出的一个大规模目标检测和分割数据集。

AP 主要受两个变量的影响，即 IoU 和置信度阈值。在 COCO 数据集推出之前，通常使用统一的阈值即 0.5 来计算 IoU，如 PASCAL VOC(Visual Object Classes)数据集。COCO 数据集提出计算从 0.05 到 0.95 不同阈值下的 IoU 平均值来作为评价标准。这样的标准被认为更加全面，因为较高的 IoU 意味着对模型定位目标对象的能力要求更加严格，此时只有预测框与真值框基本重叠才能被认为正确，而仅采取单一的 0.5 作为 IoU 阈值，即使 AP 很高，依然会存在预测值与真实值差距较大的情况。

COCO 数据集及其评价指标详情可见其主页[4]。这里仅取其中重点部分进行简介。COCO 数据集所采用的评价指标包含 12 个方面。一次模型的评估得到的输出内容如图 16-3 所示。

```
Average Precision (AP):
   AP               % AP at IoU=.50:.05:.95 (primary challenge metric)
   AP^IoU=.50       % AP at IoU=.50 (PASCAL VOC metric)
   AP^IoU=.75       % AP at IoU=.75 (strict metric)
AP Across Scales:
   AP^small         % AP for small objects: area < 32^2
   AP^medium        % AP for medium objects: 32^2 < area < 96^2
   AP^large         % AP for large objects: area > 96^2
Average Recall (AR):
   AR^max=1         % AR given 1 detection per image
   AR^max=10        % AR given 10 detections per image
   AR^max=100       % AR given 100 detections per image
AR Across Scales:
   AR^small         % AR for small objects: area < 32^2
   AR^medium        % AR for medium objects: 32^2 < area < 96^2
   AR^large         % AR for large objects: area > 96^2
```

图 16-3　COCO 数据集目标检测任务的评价指标

(1) AP 是该数据集的主要评价指标，按照不同的 IoU 阈值，从 0.5 到 0.95，以 0.05 为间隔，共 10 个。以这 10 个阈值对应的 AP 的平均值作为最终的评比标准。

(2) COCO 数据集所包含的目标对象的尺度不同，因此以像素为单位进行划分，目标对象的面积小于 32^2 者为小目标，面积在 32^2～96^2 者为中等目标，而面积大于 96^2 者为大目标。对不同面积的目标对象进行检测，所得 AP 可以帮助我们快速分析模型对不同面积的目标对象的检测性能的优劣。

(3) COCO数据集所采用的评价指标还包含平均召回率AR(average recall),它的计算方法是对每幅图像预测出固定个数的预测框(比如1、10、100个),分别计算三种条件下的最大召回率,并在不同类别和IoU阈值的结果中取平均[5]。

COCO数据集提出的评价标准是目前目标检测任务和实例分割任务最常用的评价方法,它还提供了相应的代码来帮助开发人员。换言之,在实际开发中,如果模型输出的结果与COCO数据集建议的格式一致,那么可以直接使用该数据集提供的代码,不需要自己编写评价指标的代码[6]。

第四节 运行效率的评价指标

4.1 浮点运算次数

矩阵或者向量计算的运行时间是由其维度及计算机的软硬件条件共同决定的。如果希望粗略地估计运行时间,可以通过"每秒所执行的浮点运算次数"(floating-point operations per second,简称FLOPS)表征。计算机硬件的计算性能可以用GFLOPS表征,其含义为每秒10^6次浮点运算。根据计算机硬件性能的不同,这个值可以从1GFLOPS到10 GFLOPS不等。在深度学习领域,除了我们此前介绍过的关于神经网络的参数的核算方式,通常还会用神经网络各层所需的计算量来衡量算法/模型的复杂度。此时的计算量采用"浮点运算次数"(floating-point operations,简称FLOPs)表征。换言之,读者在阅读文献时,如果遇到末尾为大写S的FLOPS,通常指运算速度,而遇到末尾为小写s的FLOPs,通常指计算量或复杂度。一次浮点数运算可以是一次浮点数之间的加法、减法、乘法或除法(由计算机定义在浮点数之间的基本运算)。深度学习中大量进行的矩阵或向量的计算可以拆解成数次浮点数运算,故可以用FLOPs表示计算的复杂度。下面通过一些常见计算操作的FLOPs来说明复杂度的表示方法,这些操作包括向量加法、向量数乘、向量内积和二维卷积计算。

(1) 向量加法。当两个一行一列的矩阵相加时,可以说这次计算的FLOPs为1,因为共进行1次浮点数乘法便得到结果矩阵:

$$[3]+[2]=[5]$$

两个长度为3的矩阵相加,它的FLOPs为3:

$$\begin{bmatrix}3\\3\\2\end{bmatrix}^T+\begin{bmatrix}1\\2\\1\end{bmatrix}^T=\begin{bmatrix}4\\5\\3\end{bmatrix}^T$$

由于向量相加是两个向量中每个元素分别相加,结果对应到等式右边的向量中的每个元素,因此可知两个n维的向量相加,计算的FLOPs为n。

(2) 向量数乘。向量数乘是一个标量和一个向量相乘,它的计算方法:

$$\lambda * \begin{bmatrix} a_1 \\ a_2 \\ \vdots \\ a_n \end{bmatrix}^T = \begin{bmatrix} \lambda a_1 \\ \lambda a_2 \\ \vdots \\ \lambda a_n \end{bmatrix}^T$$

为了计算等式右边的向量，经过 λx_1，λx_2，…，λx_n 共 n 次浮点数计算，所以向量数乘的 FLOPs 为 n。

(3) 向量内积。给定两个 n 向维向量，它们的内积(或点积)：

$$\boldsymbol{a} \cdot \boldsymbol{b} = a_1 b_1 + a_2 b_2 + \cdots + a_n b_n$$

例如当 $\boldsymbol{a} = [3 \quad 3 \quad 2]^T$，$\boldsymbol{b} = [1 \quad 2 \quad 1]^T$ 的时候，它们的内积为 $3\times1+3\times2+2\times1=11$。向量内积的复杂度可以分两步考虑，第一步是计算两个向量对应元素的乘积，即 a_1b_1，a_2b_2，…，a_nb_n，这一步的复杂度为 n；第二步是对这些乘积求和，这一步要做的加法次数为 $n-1$。将两步计算的复杂度相加，可知向量内积的 FLOPs 为 $2n-1$。当向量的长度 n 不断变大的时候，可以发现这里的 FLOPs 主要集中在 $2n$，而剩下的一项“1”的作用可以忽略。因此，向量内积的 FLOPs 也可以简化表示为 $2n$。

(4) 二维卷积计算。令 A 为 $m\times n$ 的矩阵，B 为 $p\times q$ 的矩阵，使用 B 作为卷积核，对 A 进行卷积计算，可得 $(m+p-1)\times(m+q-1)$ 的矩阵 C，其中的每个元素如下：

$$C_{rs} = \sum_{i+k=r+1,\ j+l=s+1} A_{ij} B_{kl}, \ r=1, 2, \cdots, m+p-1, \ s=1, 2, \cdots, n+q-1$$

上式定义了卷积计算后所得矩阵 C 中每个元素值的计算方式。对于矩阵 C 中第 r 行第 s 列的元素，需要计算两个尺寸为 $p\times q$ 的矩阵按元素乘积的和，所需要的 FLOPs 为 $2\times p\times q+(p\times q-1)\approx 3\times p\times q$，矩阵 C 中包含的元素个数为 $(m+p-1)\times(m+q-1)=2m^2+mq-2m+mp+1$，所以其 FLOPs 共为 $6m^2pq+3mq^2p-6mpq+3mpq^2+3p\approx 6m^2pq$。可以发现，二维卷积计算的复杂度主要在于输入矩阵的尺寸。

4.2　运行时间

程序的实际运行时间可以通过实际计时得到。一种常用的方法是在程序开始和结束时记录两个时间戳，这两个时间戳之间的时间可以被认为是程序的执行时间。在 Python 语言中，这个功能通过 time 模块实现[7]。

通常，时间纪元(epoch time)是计算机中的开始时间，即数字“0”所代表的时间，它的值取决于实际的操作系统。在 Unix 系统中，时间纪元是“January 1, 1970, 00:00:00 (UTC)”，即 1970 年 1 月 1 日的 0 点。UTC 指世界统一时间(coordinated universal time)，通常也被称为格林尼治平均时间(Greenwich mean time，简称 GMT)，一般认为 UTC 和 GMT 相等，但是会存在 0.9 秒的误差，这时由于地球不规则自转引起的。在 Python 的 time 模块中，时间戳的单位是秒，最小精度为 $1e^{-7}$ 秒。假设一个模型的预测函数为 predict (model, input)，那么这个模型的预测时间可以通过程序计算：

```
# Get time elapse
import timc
start_time = time.time()
predict(model, input)
run_time = time.time() - start_time
print("Executation time: {}".format(run_time))
```

通过 run_time 就可得到模型一次预测的运行时间。但是,由于很多干扰因素的影响,比如输入数据从硬盘读取到内存的时间的随机性或内存数据传入显卡内存的时间的长短,模型的每一次预测的运行时间存在随机性。为了预估一个更加可靠的运行时间,通常采用多次执行程序,计算多次程序运行的平均时间的方法得到相应的 run_time:

```
# Get time elapse from multiple runs
import time
repeat = 1000
start_time = time.time()
for t in range(repeat):
predict(model, input)
run_time = (time.time() - start_time()) / repeat
print("Executation time: {}".format(run_time))
```

上述方法对于评估预测函数来说是有效的,但是对于长时间运行的程序,比如模型训练阶段有时需要 1 天甚至 1 周的时间,这时要使用更加可读的时间戳在每个运行节点记录训练情况十分方便。可以使用 time 模块中的 strftime()函数来实现这个功能。假设每一轮训练的函数命名为 train_epoch(model, dataset),可以在每一轮训练结束时记录训练的情况。同时,利用时间戳为训练好的模型文件命名,也是非常好的习惯,因为每个时间戳都不相同。给函数 train_epoch(model, dataset)添加时间戳的代码示例:

```
# Format time stamp
import time
epochs = 100
for t in range(epochs):
    loss = train_epoch(model, dataset)
time_stamp = time.strftime("%Y-%m-%d %H:%M:%S %z")
    print("{} Loss: {:.4f}".format(time_stamp, loss))
save_path = "{}.pth".format(time_stamp)
save_model(model, save_path)
```

其中“strftime(format[, t])”函数的功能是转换出一个可读的时间戳,它需要一个必要参数“format”和一个可选参数“t”，“format”定义了打印出的时间戳格式，“t”为需要转换的时间，如果“t”没有给出，它默认使用当前的本地时间。需要重点强调的是“format”的使用，它是一个字符串模板，例如上述代码中的“%Y－%m－%d %H－%M－%S %z”，“%Y”代表当前的年份，“%m”代表月份，“%d”代表日期，“%H”代表小时，“%M”代表分钟，“%S”代表秒数，“%z”代表时区。关于这些替换符号的完全说明可以在 Python 的文档中找到[8]。如果单独打印这个时间戳，可以得到：

```
# Print formatted time stamp
import time
time_stamp = time.strftime(" %Y - %m - %d %H: %M %S %z")
print(time_stamp)
# 2019 - 09 - 27 10:21:01 + 0800
```

参考文献：

[1] Tian C. Keypoints detection of apparel-challenge the baseline[CP/OL]. [2020-03-01]. https://tianchi.aliyun.com/competition/entrance/231670/information.

[2] Microsoft. Scikit-learn[EB/OL]. [2020-03-01]. http://image-net.org/challenges/LSVRC/201-2/index.

[3] State of the art.ai[Z/OL]. [2020-03-01]. https://www.stateoftheart.ai/? area=Computer%20Vision&task=Image%20Classification&dataset=ImageNet%20ILSVRC2012%20Validation%20%28Single%20Model%20Single%20Crop%20No%20external%20Data%29.

[4] Cocodataset[DS/OL]. [2020-03-01]. http://cocodataset.org/#detection-eval.

[5] Hosang J, Benenson R, Dollár, et al. What makes for effective detection proposals? [J]. IEEE Transactions on Pattern Analysis & Machine Intelligence, 2015, 38(4):814.

[6] Yuxin W. Cocodataset/Cocoapi[CP/OL]. (2019-12-26)[2020-03-01]. https://github.com/cocodataset/cocoapi/blob/master/PythonAPI/pycocotools/cocoeval.py.

[7] Python. Time access and conversions[CP/OL]. [2020-03-01]. https://docs.python.org/3/libra-ry/time.html.

[8] Python. Time access and conversions[CP/OL]. [2020-03-01]. https://docs.python.org/3/libra-ry/time.html.